花境赏析 2023

中国园艺学会球宿根花卉分会　成海钟　魏　钰　吴传新　主编

中国林業出版社
CFPH China Forestry Publishing House

图书在版编目（CIP）数据

花境赏析. 2023 / 中国园艺学会球宿根花卉分会等主编. —北京：中国林业出版社，2024.3
ISBN 978-7-5219-2644-6

Ⅰ.①花…　Ⅱ.①中…　Ⅲ.①园林植物—花境—设计
Ⅳ.① S688.3

中国国家版本馆 CIP 数据核字（2024）第 053871 号

责任编辑：贾麦娥
封面设计：时代澄宇

出版发行：中国林业出版社
（100009，北京市西城区刘海胡同7号，电话83143562）
网　　址：https://www.cfph.net
印　　刷：北京博海升彩色印刷有限公司
版　　次：2024年3月第1版
印　　次：2024年3月第1次印刷
开　　本：889mm×1194mm　1/16
印　　张：21.5
字　　数：308千字
定　　价：198元

第三届花境专家委员会

（2023年4月，江苏大丰）

主　　委　成海钟（苏州农业职业技术学院）
副 主 委　夏宜平（浙江大学园林研究所）
董　丽（北京林业大学园林学院）
叶剑秋（上海智友园艺有限公司）
刘坤良（上海上房园艺有限公司）
魏　钰（国家植物园，北园）
吴芝音（上海恒艺园林绿化有限公司）
秘 书 长　吴传新（北京中绿园林科学研究院）
副秘书长　胡　平（盐城大丰区裕丰绿化工程有限公司）
王　琪（陕西省西安植物园园艺中心）
伍环丽（贵州综璟花境景观工程有限公司）
朱嘉珍（贵州兴仁县住建局园林站）
委　　员　（以上委员不再重复，以下按姓氏拼音排序）
程筱婉（成都漫诗地园艺有限公司）
邓　赞（贵州师范大学地理与环境科学学院）
段志明（郑州贝利得花卉有限公司）
方中健（广州市尚景生态景观有限公司）
房骐鸣（江苏尚花坊园艺有限公司）
顾顺仙（上海市园林绿化行业协会）
何向东（苏州市众易思景观设计有限公司）
胡春梅（重庆天华园艺有限公司）
黄建荣（上海上房园艺有限公司）
黄温翔（杭州凰家庭园造景有限公司）
李寿仁（杭州市园林绿化股份有限公司）
林声春（福州市金桂园林绿化有限公司）
马继红（北京市园林学校）
牛传玲（上海林玄园艺有限公司）
潘华新（深圳芦苇植物造景设计研究中心）
覃乐梅（苏州满庭芳景观有限公司）
曲　径（沈阳蓝花楹花境景观工程有限公司）
沈驰帆（海宁驰帆花圃）
沈洪涛（丽水市小虫园艺有限公司）
孙　杰（上海十方生态园林股份有限公司）
杨丽琼（成都农业科技职业学院）
杨秀云（山西农业大学林学院）
于学斌（北京市花木有限公司）
余昌明（杭州朴树造园有限公司）
余兴卫（社旗县观赏草花木发展有限公司）
虞金龙（上海北斗星景观设计工程有限公司）
张方秋（广东生态工程职业学院）
张丽君（山西田丰园艺科技有限公司）
赵建宝（北京草源生态园林工程有限公司）
周耘峰（合肥植物园）

中国花境大赛的特色

中国园艺学会球宿根花卉分会主办的中国花境大赛，从 2017 年开始每年一届，至今已经完成了七届。纵观过去七年的评奖结果，累计参赛（报名并提交材料）作品 556 件，参评（入围）364 件，占 65.5%。我们的要求其实很基本，包括种植设计图、植物名录、三季照片等。但有 1/3 的参赛作品达不到基本要求，这说明我们花境师的基本功还需要加强。从获奖等级来看，钻石奖、金奖、银奖、铜奖分别占 3%、24.5%、34.6% 和 37.6%（少数作品第二次提交获得了更高的奖励）。获奖面比较大，主要是为了鼓励参赛，以奖促进。最近四年还增加了单项奖，客观地扩大了获奖面，也适应了网络上大众参评的积极性。

2017—2023 年历届中国花境大赛获奖情况

届次	年度	参赛作品	参评作品	钻石奖	金奖	银奖	铜奖	最佳设计奖	最佳施工奖	最佳养护奖	最美视觉奖	最佳组织奖	最佳创意奖	最佳人气奖
一	2017	55	43	1	13	16	13							
二	2018	60	40	1	10	15	14							
三	2019	68	44	1	11	15	17							
四	2020	89	65	2	17	23	23	3	3	3	3	7		10
五	2021	93	67	2	16	23	26	3	3	3	3	3	1	3
六	2022	120	63	2	15	21	25	4	3	3	3	3	3	3
七	2023	71	53	2	7	13	19	3	3	3	3	3	3	3
合计		556	364	11	89	126	137	13	12	12	12	16	7	19
%			65.5	3	24.5	34.6	37.6							

目前国内的花境比赛很少有连续性的，中国花境大赛已经办了七届，显示了顽强的生命力。横观中国花境大赛，可以看出至少有四个特点，也是我们评奖、鼓励的方向。

（1）从花境设计竞赛，到花境设计、施工、养护系列化的工程竞赛。类似于中国建设工程鲁班奖（国家优质工程），如此从设计师到工程师，从艺术家到工匠，可能更符合花境营建的实际需求。

（2）从展示花境到长效花境。花境的长效性与花坛的节日性是二者的基本区别。如果花境也以当时的展示效果为主，那就很可能偏离了长效性的要求。我们的评奖要求三季的照片，而且翌年可以再次参评，就是要鼓励发挥花境景观的长效性和成本的经济性。

（3）从普适性到地方性、民族性。我们一直认为花境（Flower border）词汇虽非中国起源，但花境的思想和形式是我国固有的“师法自然，宛自天开”的一种表现形式。花境发展到较高的阶段，一定要从观赏性和长效性，向地方性和民族性发展，营建中国特色的花境是理所当然。

（4）从主题到意境。花境能表现意境（poetic surroundings）吗？答案是肯定的，因为更小的盆景都能表现意境。意境是中国园林的特色，花境理应为此做出贡献。花境营建过程中，既要有显而易见的主题，更要有藏而不露（顿悟）的、或若隐若现的诗意环境（意境）。如此，以观赏性、长效性为基础，增添地方性、民族性、意境，应该是中国花境发展的方向。

中国花境大赛在成功举办七届的基础上，也在守正创新，不断进步。如上所述，增加网络大众参评的单项奖，就是适应网络的变化之一。再如，我们举办的2021全国花境大师作品邀请展，给各位大师提供项目和竞争的平台，也是一点创新。如果有建设单位需要，我们也可以在同一块场地举办中国花境大赛，通过设计、施工、养护等多次筛选和评奖，体现花境的观赏性和长效性。

不管怎么创新，有两个基本点不能忘记。一是花境的长效性，节日性的、应景式的、临时性的“花境”不属于我们评奖的范畴。二是为产业服务的宗旨不能忘。为了竞赛而设计，给企业增加额外负担的竞赛，都不是我们的初衷。

历届中国花境大赛的作品集《花境赏析》已经在中国林业出版社出版了2018、2019、2020、2021共4集。《花境赏析2023》包含2021（第五届）和2022（第六届）的获奖作品，由中国园艺学会球宿根花卉分会副会长、花境专委会主委成海钟教授，副秘书长、副主委魏钰教授级高工，分会专职副秘书长、花境专委会秘书长吴传新院长主编。2023（第七届）的获奖作品也已列入编辑出版计划。编辑出版是我们学术分会的职责，既是我国花境发展的足迹，也是花境发展的铺路石。在此我谨对提供作品的各位作者和主编，尤其是中国林业出版社贾麦娥编审，表示衷心的感谢！

中国园艺学会球宿根花卉分会会长
中国农业大学园艺学院教授
博士

2023年11月8日

目　录

银奖

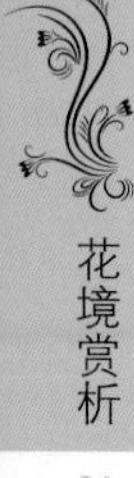

栖霞小屿

丽水市小虫园艺有限公司

沈洪涛　张灵智　金永富　雷德宝　汪志钢　俞进

春季实景

夏季实景

秋季实景

设计说明

本作品处于华强路绿地的中心位置，也是整个绿地的制高点。通过弯曲的岩石路径，可以到达全园的最高处，不仅可以360° 浏览岩石园，还可以俯瞰华强路绿地。该作品用了200多吨龟纹石，100多个植物品种。以‘辉煌’女贞、日本红枫等为骨架，划分杜鹃主题区、针叶乔木专类区等。在不违背植物适生性原则的前提下，尽可能多地选择植物品种，以丰富植物的多样性。

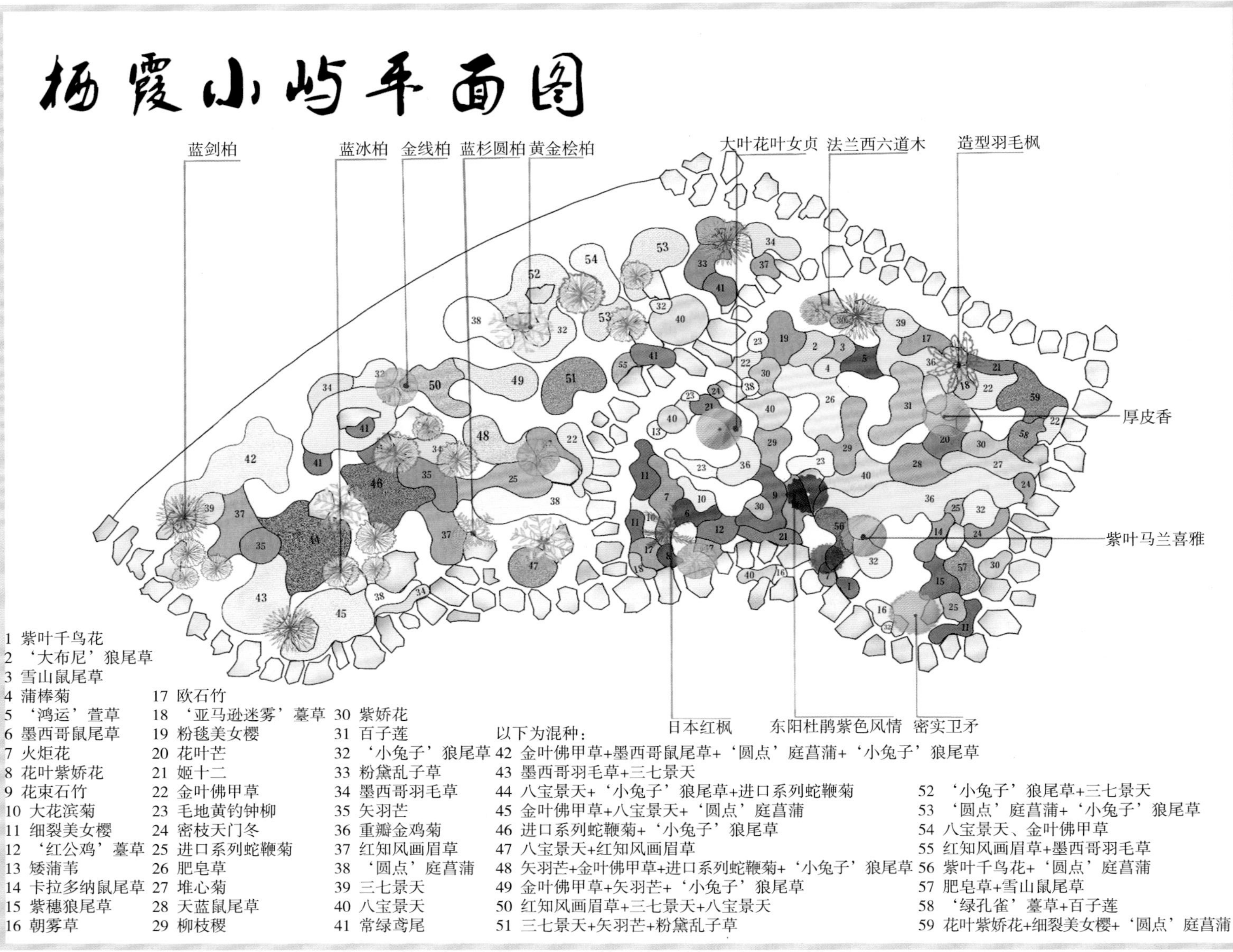

杨霞小屿平面图
蓝剑柏
蓝冰柏
金线柏
蓝杉圆柏
黄金桧柏
大叶花叶女贞
法兰西六道木
造型羽毛枫
厚皮香
紫叶马兰喜雅
日本红枫
东阳杜鹃紫色风情
密实卫矛
1 紫叶千鸟花
2 ‘大布尼’狼尾草
3 雪山鼠尾草
4 蒲棒菊
5 ‘鸿运’萱草
6 墨西哥鼠尾草
7 火炬花
8 花叶紫娇花
9 花束石竹
10 大花滨菊
11 细裂美女樱
12 ‘红公鸡’薹草
13 矮蒲苇
14 卡拉多纳鼠尾草
15 紫穗狼尾草
16 朝雾草
17 欧石竹
18 ‘亚马逊迷雾’薹草
19 粉毯美女樱
20 花叶芒
21 姬十二
22 金叶佛甲草
23 毛地黄钓钟柳
24 密枝天门冬
25 进口系列蛇鞭菊
26 肥皂草
27 堆心菊
28 天蓝鼠尾草
29 柳枝稷
30 紫娇花
31 百子莲
32 ‘小兔子’狼尾草
33 粉黛乱子草
34 墨西哥羽毛草
35 矢羽芒
36 重瓣金鸡菊
37 红知风画眉草
38 ‘圆点’庭菖蒲
39 三七景天
40 八宝景天
41 常绿鸢尾
以下为混种：
42 金叶佛甲草+墨西哥鼠尾草+‘圆点’庭菖蒲+‘小兔子’狼尾草
43 墨西哥羽毛草+三七景天
44 八宝景天+‘小兔子’狼尾草+进口系列蛇鞭菊
45 金叶佛甲草+八宝景天+‘圆点’庭菖蒲
46 进口系列蛇鞭菊+‘小兔子’狼尾草
47 八宝景天+红知风画眉草
48 矢羽芒+金叶佛甲草+进口系列蛇鞭菊+‘小兔子’狼尾草
49 金叶佛甲草+矢羽芒+‘小兔子’狼尾草
50 红知风画眉草+三七景天+八宝景天
51 三七景天+矢羽芒+粉黛乱子草
52 ‘小兔子’狼尾草+三七景天
53 ‘圆点’庭菖蒲+‘小兔子’狼尾草
54 八宝景天、金叶佛甲草
55 红知风画眉草+墨西哥羽毛草
56 紫叶千鸟花+‘圆点’庭菖蒲
57 肥皂草+雪山鼠尾草
58 ‘绿孔雀’薹草+百子莲
59 花叶紫娇花+细裂美女樱+‘圆点’庭菖蒲

花境植物材料

序号	名称	科属	拉丁名	花（叶）色	开花期及持续时间	长成高度（cm）	种植面积（m^2）	种植密度（株/m^2）	株数（株）
1	金边龙舌兰	天门冬科龙舌兰属	*Agave americana* 'Variegata'	主要呈绿色，边缘带有黄白色条	4～11月	80	—	—	17
2	‘紫巨人’朱蕉	天门冬科朱蕉属	*Cordyline fruticosa* cv.	叶条线形，紫红色	全年	70	—	—	6
3	‘紫巨人’朱蕉	天门冬科朱蕉属	*Cordyline fruticosa* cv.	叶条线形，紫红色	全年	140	—	—	9
4	象牙丝兰	天门冬科丝兰属	*Yucca flaccida*	常绿	全年	60	—	—	12
5	红知风草	禾本科画眉草属	*Eragrostis ferruginea*	淡红色及白色，叶尖带紫红色	9～10月	10	—	—	112
6	百子莲	石蒜科百子莲属	*Agapanthus africanus*	花蓝色或白色	7～8月	40～80	—	—	31
7	‘紫穗’狼尾草	禾本科狼尾草属	*Pennisetum orientale* 'Purple'	花序紫红色	6～8月	80	—	—	48
8	常绿鸢尾	鸢尾科鸢尾属	*Iris tectorum*	花紫红、大红、粉红、深蓝、白色	4～5月	70	—	9	227
9	‘小兔子’狼尾草	禾本科狼尾草属	*Pennisetum alopecuroides* 'Little Bunny'	黄色	6～8月	30～120	—	9	190
10	柳枝稷	禾本科黍属	*Panicum virgatum*	抽穗紫红	6～10月	60～120	—	9	97
11	‘亚马逊迷雾’薹草	莎草科薹草属	*Carex comans* 'Amazon Mist'	绿色	8～9月	40	—	9	60
12	克莱茵芒	禾本科芒属	*Miscanthus sinensis* 'Silberfeder'	深秋叶子变红	9～10月	70	—	—	31
13	‘花叶’芒	禾本科芒属	*Miscanthus sinensis* 'Variegatus'	粉白色—红色	9～12月	70	—	—	12
14	‘矮’蒲苇	禾本科蒲苇属	*Cortaderia selloana* 'Pumila'	银白色	9～10月	120	—	—	25
15	‘金纹’蒲苇	禾本科蒲苇属	*Cortaderia selloana* 'Splended Star'	常绿，叶片有金黄色条纹	8～11月	70	—	—	36
16	粉黛乱子草	禾本科乱子草属	*Muhlenbergia capillaris*	花粉红色	9～11月	70	—	9	71
17	矢羽芒	禾本科芒属	*Miscanthus sinensis* var. *purpurea*	绿	8～11	170～200	—	—	30
18	‘大布尼’狼尾草	禾本科狼尾草属	*Pennium orientale* 'Tall'	浅白色	6～8月	60～150	—	—	80
19	火炬花	百合科火把莲属	*Kniphofia uvaria*	花火红色	6～8月	50～80	—	—	44
20	‘绿孔雀’薹草	莎草科薹草属	*Carex virginica* cv.	绿	全年	50	—	9	116
21	‘红公鸡’薹草	莎草科薹草属	*Carex rubrum* cv.	红	全年	50	—	9	10

乡涧·樱语

成都农业科技职业学院

杨丽琼　赵春春　何柏成　蔡紫艳

春季实景

夏季实景

秋季实景

设计说明

一、背景及概况

该花境设计场地位于成都文化公园樱花园内一个圆形休闲广场旁边的草坪上，设计场地是一块约 104m^2 的公共开放绿地，原有地形平坦，土层较薄，建筑渣土较多。设计场地内有 3 株日本晚樱，但阳光充足，施工时增加了种植土和营养土做微地形。

二、设计理念

作品名称为“乡涧·樱语”，意在体现樱花林下自然散落着卵石的溪涧旁，自然生长着各种野花的大自然原野风光。

该作品是成都公园城市建设背景下花境的乡村表达，让原本热爱大自然却生活在城市的人们感受到美丽的乡野景观。

花境外部轮廓线设计成一颗流动水滴的形状，寓意清晨的草坪上滴落的一颗露珠。

花境中一条隐约可见的溪流由东向西穿插而过，各类观赏花草掩映在溪流中，春夏秋冬各种花草次第开放。溪流与植物动静结合，增添了花境几分生动的野趣。

春季景观意向：春日烂漫，樱花树下，沉睡在溪涧旁的各种野花被春风唤醒，春风带来了一场浪漫的樱花雨，粉色的樱花瓣撒满了整条溪涧，使春日的野花显得妩媚无比。木绣球和喷雪花也不甘示弱，开出了如云似霞的花朵，它们用美丽来共同演绎生活的美好。

夏季景观意向：夏日荫荫，此时的花草树木大多郁郁葱葱，枝繁叶茂，擎着蓝色球状花朵的百子莲和热情的火星花依然开得热烈，柠檬金边百里香和斑叶金钱薄荷在郁郁葱葱间展示着自己独特的风采，一股微风吹过，淡淡的柠檬香和令人神清气爽的薄荷香味随风而来，似乎在向行人打着招呼。

秋季景观意向：秋意渐浓，一些植物开始逐渐进入休眠，樱花的树叶染上了黄色，此时的观赏草正是最佳观赏季节，蒲苇银白色的花序在风中向你招手，针茅细柔的身影在秋风中追逐着光影，荷兰鼠刺在落叶之前还认真地在秋风中把自己装扮成了红色。

设计阶段图纸

1 澳洲朱蕉
2 ‘花叶’蒲苇
3 ‘金姬’小蜡（球）
4 亮金女贞（球）
5 木麻黄
6 ‘金姬’小蜡（棒棒糖）
7 ‘皮球’柏
8 荷兰鼠刺
9 ‘蓝冰’柏（棒棒糖）
10 木绣球
11 亮金女贞（棒棒糖）
12 ‘矮’蒲苇
13 三色千年木（棒棒糖）
14 龟甲冬青（球）
15 千层金（球）
16 一叶兰
17 青叶亚麻
18 狐尾天门冬
19 喷雪花
20 ‘金边’大叶黄杨（棒棒糖）
21 火星花
22 天堂鸟
23 ‘龙’柏
24 香松
25 杜鹃（球）
26 金边丝兰
27 山菅兰
28 ‘小丑’火棘
29 亚马逊薹草
30 粉边亚麻
31 ‘金丝’薹草
32 百子莲
33 ‘凤凰绿’薹草
34 常绿萱草
35 万年麻
36 双色茉莉
37 日本晚樱

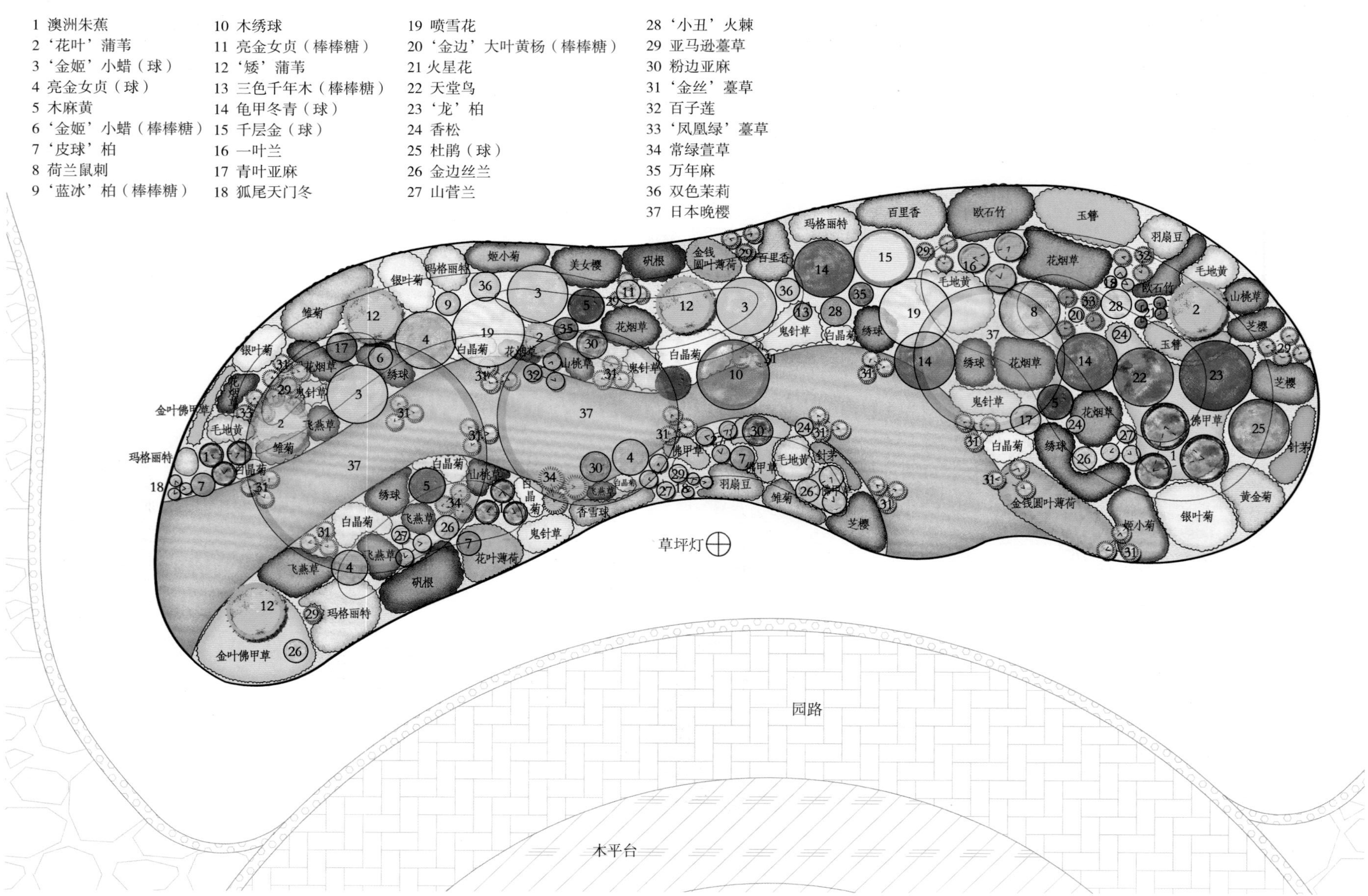

花境植物材料

序号	植物名称	科属	学名	花（叶）色	开花期及持续时间	长成高度（cm）	种植面积（m^2）	种植密度（株 /m^2）	株数（株）
点植									
1	澳洲朱蕉	天门冬科朱蕉属	*Cordyline australis*	朱红	全年	90	3	3	9
2	‘花叶’蒲苇	禾本科蒲苇属	*Cortaderia selloana* ‘Silver Comet’	黄绿相间	全年	90	3	1	3
3	‘金姬’小蜡（球）	木樨科女贞属	*Ligustrum sinense* ‘Jinji’	黄绿相间	全年	100	3	1	3
4	亮金女贞（球）	木樨科女贞属	*Ligustrum × vicaryi*	黄绿	全年	50	3	1	3
5	木麻黄	木麻黄科木麻黄属	*Casuarina equisetifolia*	绿	全年	80	1.8	1.6	3
6	‘金姬’小蜡（棒棒糖）	木樨科女贞属	*Ligustrum sinense* ‘Jinji’	黄绿相间	全年	150	0.25	1	1
7	‘皮球’柏	柏科刺柏属	*Juniperus chinensis* ‘Globosa’	绿	全年	40	1	3	3
8	荷兰鼠刺	鼠刺科鼠刺属	*Itea chinensis*	白	3 ~ 4 月	90	1	1	1
9	‘蓝冰’柏（棒棒糖）	柏科柏木属	*Cupressus* ‘Blue Ice’	蓝灰	全年	160	0.25	1	1
10	木绣球	忍冬科荚蒾属	*Viburnum macrocephalum*	白	3 ~ 4 月	160	0.5	0.5	1
11	亮金女贞（棒棒糖）	木樨科女贞属	*Ligustrum × vicaryi*	黄绿	全年	150	0.5	1	1
12	‘矮’蒲苇	禾本科蒲苇属	*Cortaderia selloana* ‘Pumila’	绿	全年	90	3	1	3
13	三色千年木（棒棒糖）	龙舌兰科龙血树属	*Dracaena marginata*	粉绿相间	全年	120	0.5	1	1
14	龟甲冬青（球）	冬青科冬青属	*Ilex crenata*	深绿	全年	90	3	1	3
15	千层金（球）	桃金娘科白千层属	*Melaleuca bracteata*	黄	全年	100	1	1	1
16	一叶兰	百合科蜘蛛抱蛋属	*Aspidistra elatior*	绿	全年	100	1.5	2	3
17	青叶亚麻	龙舌兰科新西兰麻属	*Phormium tenax*	绿	全年	100	3	1	3
18	狐尾天门冬	百合科天门冬属	*Asparagus densiflorus* ‘Myers’	绿	全年	40	1.8	5	9
19	喷雪花	蔷薇科珍珠梅属	*Spiraea thunbergii*	白	2 ~ 3 月	150	2	1	2
20	‘金边’大叶黄杨(棒棒糖)	卫矛科卫矛属	*Euonymus japonicus* ‘Ovatus Aureus’	黄绿相间	全年	160	0.45	1	1
21	火星花	鸢尾科雄黄兰属	*Crocosmia crocosmiflora*	红	6 ~ 11 月	40	1.2	5	6
22	天堂鸟	旅人蕉科鹤望兰属	*Strelitzia reginae*	绿	全年	180	1	1	1
23	‘龙’柏	柏科圆柏属	*Sabina chinensis* ‘Kaizuca’	绿	全年	110	0.5	1	1
24	匙叶甘松	忍冬科甘松属	*Nardostachys jatamansi*	黄绿	全年	100	1	3	3
25	杜鹃（球）	杜鹃花科杜鹃花属	*Rhododendron simsii*	红	3 ~ 4 月	90	2	0.5	1
26	金边丝兰	龙舌兰科丝兰属	*Yucca glorios*	黄绿相间	全年	40	2	3	6
27	山菅兰	百合科山菅属	*Dianella ensifolia*	绿白相间	3 ~ 12 月	60	4	3	12
28	‘小丑’火棘	蔷薇科火棘属	*Pyracantha fortuneana* ‘Harlequin’	白	3 ~ 4 月	80	1	1	1
29	亚马逊薹草	莎草科薹草属	*Carex liparocarpos*	棕	3 ~ 12 月	20	3	3	9
30	粉边亚麻	龙舌兰科新西兰麻属	*Phormium tenax*	粉绿相间	全年	70	3	1	3
31	‘金丝’薹草	莎草科薹草属	*Carex oshimensis* ‘Evergold’	黄	3 ~ 12 月	30	5	10	50
32	百子莲	石蒜科百子莲属	*Agapanthus africanus*	蓝	5 ~ 6 月	50	1	6	6
33	‘凤凰绿’薹草	莎草科薹草属	*Carex tristachya* cv.	绿	3 ~ 12 月	30	3	3	9
34	常绿萱草	百合科萱草属	*Hemerocallis fulva* var. *aurantiaca*	橙	6 ~ 8 月	40	1	6	6
35	万年麻	龙舌兰科万年兰属	*Furcraea foetida*	绿白相间	全年	60	1	1	2
36	双色茉莉	茄科鸳鸯茉莉属	*Brunfelsia acuminata*	紫	4 ~ 11 月	60	2	1	2
37	日本晚樱	蔷薇科李属	*Prunus serrulata* var. *lannesiana*	粉	3 ~ 4 月	400	/	/	3

（续）

序号	植物名称	科属	学名	花（叶）色	开花期及持续时间	长成高度（cm）	种植面积（m^2）	种植密度（株/m^2）	株数（株）
				团块种植					
1	毛地黄	玄参科毛地黄属	*Digitalis purpurea*	粉	3 ~ 5 月	60	4	10	40
2	飞燕草	毛茛科飞燕草属	*Consolida ajacis*	蓝	3 ~ 5 月	60	4	10	40
3	羽扇豆	蝶形花科羽扇豆属	*Lupinus micranthus*	粉	3 ~ 6 月	50	1.8	8	15
4	紫叶山桃草	柳叶菜科山桃草属	*Gaura lindheimeri*	红	4 ~ 11 月	50	1.5	6	9
5	芝樱	花荵科天蓝绣球属	*Phlox subulata*	粉、白	3 ~ 6 月，10 ~ 12 月	20	4	16	64
6	金叶佛甲草	景天科景天属	*Sedum lineare*	黄	全年	10	5	60	300
7	矾根	虎耳草科矾根属	*Heuchera micrantha*	红、黄	全年	30	1.7	30	50
8	小雏菊	菊科雏菊属	*Bellis perennis*	粉	3 ~ 6 月	20	2	25	50
9	斑叶金钱薄荷	唇形科活血丹属	*Glechoma longituba*	黄绿	全年	5	1	50	50
10	柠檬金边百里香	唇形科百里香属	*Thymus mongolicus*	黄绿	全年	10	1	80	80
11	玛格丽特	菊科木茼蒿属	*Argyranthemum frutescens*	粉、黄	2 ~ 6 月	20	2	25	50
12	黄金菊	菊科梳黄菊属	*Euryops pectinatus*	黄	3 ~ 12 月	30	2	25	50
13	银叶菊	菊科疆千里光属	*Jacobaea maritima*	白	3 ~ 12 月	30	2.4	30	72
14	美女樱	马鞭草科美女樱属	*Glandularia × hybrida*	粉紫	3 ~ 12 月	30	2.4	30	72
15	白晶菊	菊科白晶菊属	*Mauranthemum paludosum*	白	3 ~ 6 月	30	2	16	32
16	欧石竹	石竹科石竹属	*Dianthus carthusianorum*	红	全年	20	3.8	40	150
17	玉簪	百合科玉簪属	*Hosta plantaginea*	黄绿	3 ~ 12 月	30	3	25	75
18	香雪球	十字花科香雪球属	*Lobularia maritima*	紫	3 ~ 6 月，9 ~ 12 月	15	2	36	72
19	针茅	禾本科针茅属	*Stipa capillata*	绿	全年	40	2	36	72
20	绣球（巨无霸）	虎耳草科绣球属	*Hydrangea macrophylla*	蓝	4 ~ 11 月	50	4	5	20
21	鬼针草	菊科鬼针草属	*Bidens pilosa*	黄	3 ~ 5 月	15	2	36	72
22	姬小菊	菊科鹅河菊属	*Brachyscome angustifolia*	紫	全年	20	3.6	30	108
23	‘花叶’薄荷	唇形科薄荷属	*Mentha rotundifolia* ‘Variegata’	黄绿	全年	20	1	50	50
24	花叶百里香	唇形科百里香属	*Thymus mongolicus*	绿白	全年	10	1.4	50	70
25	花烟草	茄科烟草属	*Nicotiana alata*	粉	3 ~ 6 月	60	5	15	75

花境植物更换表

序号	植物名称	科属	学名	花（叶）色	开花期及持续时间	长成高度（cm）	种植面积（m^2）	种植密度（株/m^2）	株数（株）	更换时间
1	矮牵牛	茄科碧冬茄属	*Petunia hybrida*	粉、白	5 ~ 11 月	30	3	20	60	2021.6
2	孔雀草	菊科万寿菊属	*Tagetes patula*	黄	5 ~ 11 月	30	2	20	40	2021.6
3	一串红	唇形科鼠尾草属	*Salvia splendens*	红	5 ~ 12 月	30	2	20	40	2021.6
4	三角梅桩景	紫茉莉科叶子花属	*Bougainvillea spectabilis*	紫	4 ~ 11 月	200	3	0.3	1	2021.8
5	三角梅桩景	紫茉莉科叶子花属	*Bougainvillea spectabilis*	紫	4 ~ 11 月	150	3	0.3	1	2021.8

大美晋城·未来可期

晋城市园林绿化服务中心

霍欣瑜　牛伟静　赵永芳

春季实景

夏季实景

设计说明

宜居・宜养・宜游，晋善・晋美・晋城，作品以新型花境的设计手段突显了地域特色，塑造了层次分明的美丽晋城。从一张白纸到蓝图绘就，从沃野千里到万木吐翠，在助推新时代美丽晋城高质量转型发展的新赛道上再谱“丹河速度”。

秋季实景

设计阶段图纸

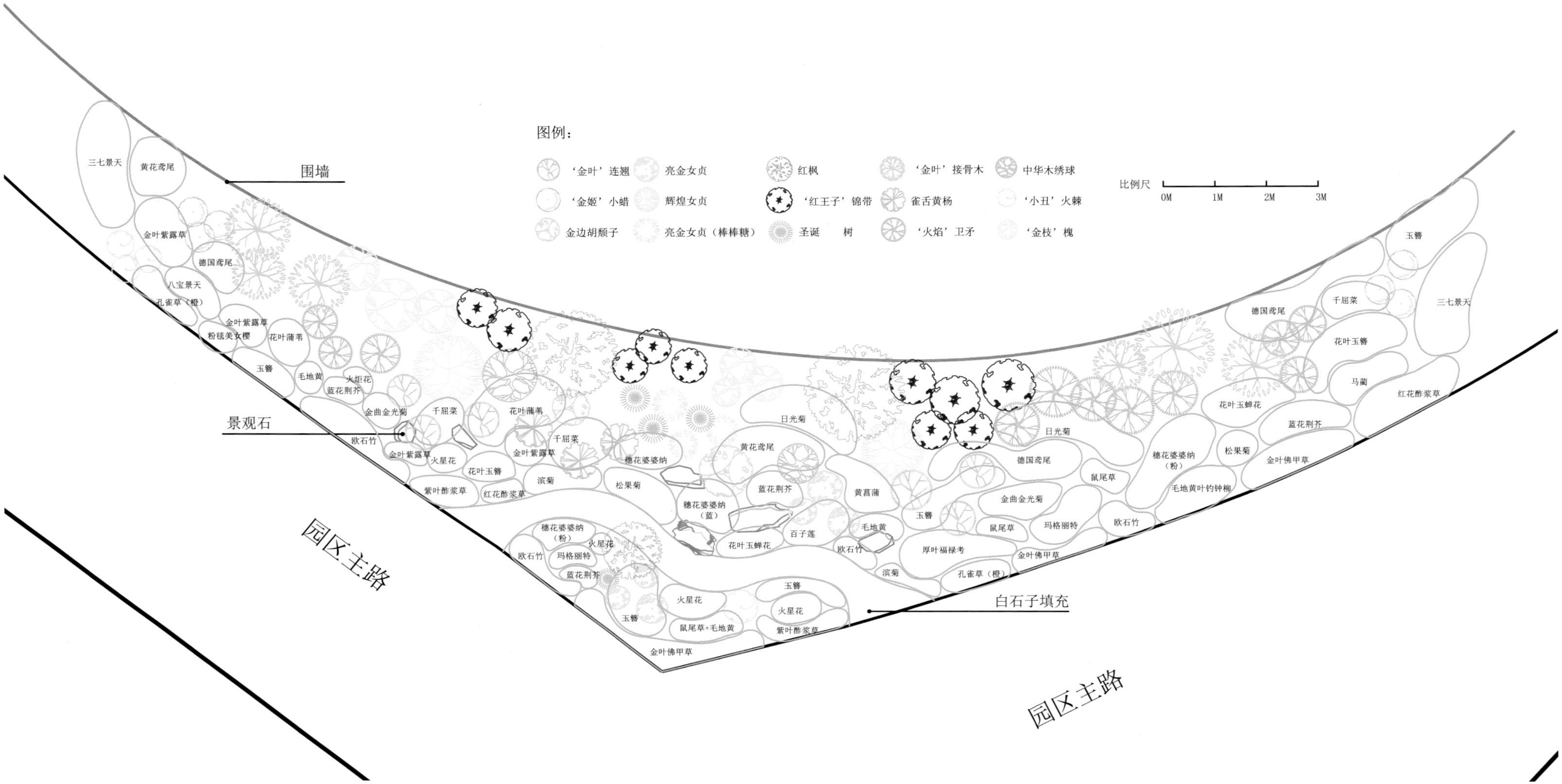

图例：

‘金叶’连翘　亮金女贞　红枫　‘金叶’接骨木　中华木绣球
‘金姬’小蜡　辉煌女贞　‘红王子’锦带　雀舌黄杨　‘小丑’火棘
金边胡颓子　亮金女贞（棒棒糖）　圣诞树　‘火焰’卫矛　‘金枝’槐

比例尺　0M　1M　2M　3M

围墙
景观石
白石子填充
园区主路
园区主路

三七景天　黄花鸢尾　金叶紫露草　德国鸢尾　八宝景天　孔雀草（橙）　金叶紫露草　粉毯美女樱　花叶蒲苇　玉簪　毛地黄　火炬花　蓝花荆芥　金曲金光菊　千屈菜　欧石竹　金叶紫露草　火星花　花叶玉簪　紫叶酢浆草　红花酢浆草　花叶蒲苇　千屈菜　金叶紫露草　滨菊　穗花婆婆纳　松果菊　穗花婆婆纳（粉）　火星花　玛格丽特　蓝花荆芥　欧石竹　玉簪　火星花　鼠尾草+毛地黄　金叶佛甲草　日光菊　黄花鸢尾　蓝花荆芥　穗花婆婆纳（蓝）　花叶玉蝉花　百子莲　黄菖蒲　毛地黄　欧石竹　玉簪　火星花　紫叶酢浆草　滨菊　玉簪　厚叶福禄考　孔雀草（橙）　日光菊　德国鸢尾　金曲金光菊　鼠尾草　玛格丽特　金叶佛甲草　鼠尾草　欧石竹　穗花婆婆纳（粉）　毛地黄叶钓钟柳　松果菊　金叶佛甲草　花叶玉蝉花　蓝花荆芥　德国鸢尾　千屈菜　花叶玉簪　马蔺　红花酢浆草　玉簪　三七景天

花境植物材料

序号	名称	科属	学名	花（叶）色	开花期及持续时间	长成高度（cm）	种植面积（m^2）	种植密度（株/m^2）	株数（株）
1	红枫	槭树科槭属	*Acer palmatum* ‘Atropurpureum’	叶红色	春夏秋	250 ~ 300	2	1	2
2	‘金叶’连翘	木樨科连翘属	*Forsythia koreana* ‘Sun Gold’	叶黄绿至黄色	3 ~ 4 月	100	3	2	6
3	圣诞树	松科云杉属	*Picea wilsonii*	叶绿色	四季常绿	100 ~ 130	2	2	4
4	‘金姬’小蜡	木樨科女贞属	*Ligustrum sinense* ‘Jinji’	叶心绿色，叶缘金黄色	春夏秋	110	3	2	6
5	金边胡颓子	胡颓子科胡颓子属	*Elaeagnus pungens* var. *variegata*	叶绿色，叶缘有不规则黄色斑纹	春夏秋	110	2	1	2
6	亮金女贞	木樨科女贞属	*Ligustrum* × *vicaryi*	叶金黄色	春夏秋	70	3	2	6
7	亮金女贞（棒棒糖）	木樨科女贞属	*Ligustrum* × *vicaryi*	叶金黄色	春夏秋	170	1	3	3
8	‘辉煌’女贞	木樨科女贞属	*Ligustrum lucidum* ‘Excelsum Superbum’	叶缘奶黄色	春夏秋	140	2	1	2
9	‘红王子’锦带	忍冬科锦带花属	*Weigela florida* ‘Red Prince’	红色	4 ~ 6 月	200	10	1	10
10	‘金叶’接骨木	忍冬科接骨木属	*Sambucus racemosa* ‘Plumosa Aurea’	白色	4 ~ 5 月	220	6	1	6
11	中华木绣球	忍冬科荚蒾属	*Viburnum macrocephalum*	白色	4 ~ 5 月	180	2	1	2
12	雀舌黄杨	黄杨科黄杨属	*Buxus bodinieri*	叶绿色	四季	80	3	1	3
13	‘小丑’火棘	蔷薇科火棘属	*Pyracantha fortuneana* ‘Harlequin’	叶花白色	四季	70	4	1	4
14	‘火焰’卫矛	卫矛科卫矛属	*Euonymus alatus* ‘Compacta’	叶春夏绿色，秋火焰红色	春夏秋	110	11	1	11
15	‘金枝’槐	豆科槐属	*Sophora japonica* ‘Winter Gold’	叶金黄色	春夏秋	250 ~ 300	6	1	6
16	金叶紫露草	鸭跖草科紫露草属	*Tradescantia ohiensis*	蓝紫色	4 ~ 9 月	50	3.0	20	60
17	德国鸢尾	鸢尾科鸢尾属	*Iris germanica*	蓝紫色	4 ~ 6 月	90	4.5	12	54
18	黄花鸢尾	鸢尾科鸢尾属	*Iris wilsonii*	黄色	4 ~ 6 月	55	3.0	16	48
19	三七景天	景天科景天属	*Sedum spetabiles*	黄色	6 ~ 8 月	30	4.5	9	41
20	八宝景天	景天科八宝属	*Hylotelephium erythrostictum*	粉色	6 ~ 8 月	50	1.0	6	6
21	花叶蒲苇	禾本科蒲苇属	*Cortaderia selloana* ‘Silver Comet’	叶带金边	春夏秋	130	2.5	9	23
4	金叶佛甲草	景天科景天属	*Sedum lineare*	叶金黄色	春夏秋	15	5.0	70	350
23	玛格丽特	菊科木茼蒿属	*Argyranthemum frutescens*	粉色	4 ~ 10 月	45	2.0	12	24
24	孔雀草	菊科万寿菊属	*Tagetes patula*	橙色 / 黄色	4 ~ 9 月	25	3.0	60	180
25	美女樱	马鞭草科美女樱属	*Glandularia* × *hybrida*	粉红色	4 ~ 10 月	25	2.0	49	98
26	蓝花荆芥	唇形科荆芥属	*Nepeta coerulescens*	蓝色	7 ~ 8 月	60	3.0	25	75
27	火星花	鸢尾科雄黄兰属	*Crocosmia crocosmiflora*	橙红色	6 ~ 8 月	110	1.5	12	18
28	千屈菜	千屈菜科千屈菜属	*Lythrum salicaria*	红紫色	6 ~ 9 月	120	2.0	20	40
29	欧石竹	石竹科石竹属	*Dianthus carthusianorum*	粉色	4 ~ 6 月	15	2.5	64	160

（续）

序号	名称	科属	学名	花（叶）色	开花期及持续时间	长成高度（cm）	种植面积（m^2）	种植密度（株 /m^2）	株数（株）
30	厚叶福禄考	花荵科天蓝绣球属	*Phlox* 'Carolina'	蓝紫色	6 ~ 9 月	45	1.5	16	24
31	穗花婆婆纳	玄参科婆婆纳属	*Veronica spicata*	蓝色	6 ~ 8 月	70	4.0	20	80
32	玉簪	百合科玉簪属	*Hosta tokudama*	叶绿色，花白色	春夏秋	50	5.0	5	25
33	花叶玉簪	百合科玉簪属	*Hosta undulata*	叶有黄色条斑，花紫色	7 ~ 8 月	35	2.0	7	14
34	百子莲	石蒜科百子莲属	*Agapanthus africanus*	紫色	7 ~ 8 月	80	1.0	16	16
35	毛地黄钓钟柳	玄参科钓钟柳属	*Penstemon digitalis*	粉白色	4 ~ 6 月	60	1.0	25	25
36	马蔺	鸢尾科鸢尾属	*Iris lactea*	蓝紫色	5 ~ 6 月	60	1.0	16	16
37	火炬花	百合科火把莲属	*Kniphofia uvaria*	橘红色	6 ~ 10 月	70	0.5	9	5
38	毛地黄	玄参科毛地黄属	*Digitalis purpurea*	白、粉、深红色混合	5 ~ 6 月	90	1.0	16	16
39	红花酢浆草	酢浆草科酢浆草属	*Oxalis corymbosa*	淡粉色	3 ~ 12 月	20	2.0	64	128
40	日光菊	菊科赛菊芋属	*Heliopsis helianthoides*	黄色	6 ~ 9 月	200	3.5	16	56
41	鼠尾草	唇形科鼠尾草属	*Salvia japonica*	蓝紫色	6 ~ 9 月	30 ~ 100	1.0	25	25
42	滨菊	菊科滨菊属	*Leucanthemum vulgare*	黄白色	5 ~ 9 月	15 ~ 80	1.0	25	25
43	金光菊	菊科金光菊属	*Rudbeckia laciniata*	金黄色	7 ~ 10 月	50 ~ 200	1.5	16	24
44	黄菖蒲	鸢尾科鸢尾属	*Iris pseudacorus*	淡黄色	5 ~ 6 月	60 ~ 100	1.0	16	16
45	花叶玉蝉花	鸢尾科鸢尾属	*Iris ensata*	深紫色	6 ~ 7 月	30 ~ 80	2.0	25	50

花境植物更换表

序号	植物名称	科属	学名	花（叶）色	开花期及持续时间	长成高度（cm）	种植面积（m^2）	种植密度（株 /m^2）	株数（株）
6 月初植物更换计划表									
1	蓝花荆芥	唇形科荆芥属	*Nepeta coerulescens*	蓝紫色	6 ~ 8 月	30	2	20	40
7 月下旬植物更换计划表									
1	松果菊	菊科松果菊属	*Echinacea purpurea*	紫色、白色等混色	7 ~ 10 月	50	1.5	16	24
2	孔雀草	菊科万寿菊属	*Tagetes patula*	橙色、黄色	4 ~ 10 月	25	2	49	98
3	粉毯美女樱	马鞭草科美女樱属	*Glandularua × hybrida*	粉红色	4 ~ 10 月	25	2.5	49	123
4	紫叶酢浆草	酢浆草科酢浆草属	*Oxalis violacea*	叶紫红色	春夏秋	25	1.5	16	24
5	玉簪	百合科玉簪属	*Hosta tokudama*	叶绿色，花白色	春夏秋	50	5	5	25

绿野仙踪

岭南师范学院　湛江市南国热带花园管理处

王子凡　欧阳烈　梁秋敏　唐瑞霄　李香茹

春季实景

夏季实景

秋季实景

设计说明

花境位于广东湛江市，属于热带季风气候，终年常夏，没有气象学意义的冬季。原有场地上种满了龙船花，但由于上方有凤凰木和腊肠树等乔木，夏季光照不足，龙船花开花不良。业主希望打造一个更适合湛江的、富有热带风情的林下花境。

基于场地条件和设计要求，该花境以各种观叶的姜、蕉、蕨类为主体植物，各种形态、色调、质感的叶片彼此映衬，长效而稳定。结合天南星科、爵床科、马鞭草科等花形奇特、花色绮丽的热带花卉，并以散植的枯木为视觉中心，模拟林间自然生长的状态，营造热带气氛浓郁的“绿野仙踪”林下空间。

春季，粉白仙子益智花娇俏可人，玉瓣紫纹鸭嘴花知性优雅，白掌清丽淡然，离被鸢尾则潇洒飘逸。夏季，大红赪桐垂枝羞放，红橙射干逐阳而长，珍珠狗牙花忽地冒出一簇簇小白花，配合着白掌、葱兰为酷夏添一抹清凉。秋冬时节，白姜花宛若蝴蝶翩跹，赤苞花上演赤子之心……更不说全年都可观赏的竹芋、朱蕉、棕竹、大叶仙茅和各种蕨类了，各种色调、形态的观叶植物交相辉映，鲜艳明丽，堪比花娇。

在清晨、午后、傍晚，尤其是雨后，露珠晶莹剔透，轻灵地起舞于叶片、花瓣上，流连于树的茎脉间；泥土混杂着姜花、益智花等南国花卉特有的清香，在空气中弥漫，置身其中，仿佛将整个身心都浸透了，这无疑是一场盛大的视觉、嗅觉盛宴。

设计阶段图纸

平面图

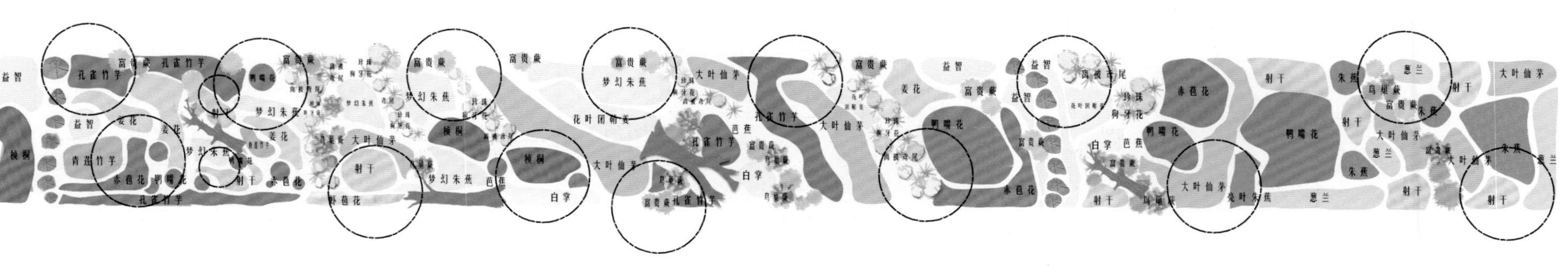

种植图

花境植物材料

序号	苗木名称	科属	学名	花（叶）色	开花（观叶）期	长成高度（cm）	种植面积（m^2）	种植密度（株 /m^2）	株数	更换情况	备注
1	赤苞花	爵床科赤苞花属	*Megaskepasma erythrochlamys*	叶浅绿色，花深粉色到红紫色不等	5 ~ 12 月	200 ~ 250	18.84	1	25	无	花期、株高等以湛江实际表现为准，下同
2	赪桐	马鞭草科大青属	*Clerodendrum japonicum*	花红色	4 ~ 11 月	100	16.75	6	100	无	
3	大叶仙茅	石蒜科仙茅属	*Curculigo capitulata*	花黄色，叶色翠绿	全年	50 ~ 70	52.75	5	250	无	
4	红虾花	爵床科麒麟吐珠属	*Calliaspidia guttata*	花红色	3 ~ 5 月	30 ~ 40	3.14	64	200	无	
5	射干	鸢尾科射干属	*Belamcanda chinensis*	花橙红色	2 ~ 10 月	80 ~ 100	25.12	16	400	每年春季进行分株	
6	鸟巢蕨（大）	铁角蕨科巢蕨属	*Asplenium nidus*	绿色有光泽	全年	70 ~ 90	6.28	2	10	无	
7	鸟巢蕨（小）	铁角蕨科巢蕨属	*Asplenium nidus*	绿色有光泽	全年	30 ~ 40	6.28	6	35	无	
8	富贵蕨	乌毛蕨科乌毛蕨属	*Blechnum orientale*	叶色翠绿	全年	40 ~ 50	17.76	6	100	无	
9	大花离被鸢尾	鸢尾科离被鸢尾属	*Dietes grandiflora*	花白色	10 月至翌年 5 月	40 ~ 50	19.01	9	150	无	
10	巴西野牡丹	野牡丹科蒂牡花属	*Tibouchina seecandra*	花紫色	10 月至翌年 5 月	60	10.8	1	10	无	
11	亮叶朱蕉	龙舌兰科朱蕉属	*Cordyline fruticosa*	花淡红色、青紫色至黄色，叶绿色或带紫红色	全年，春季新叶美丽	100 ~ 150	25	2	50	无	
12	孔雀竹芋	竹芋科肖竹芋属	*Calathea makoyana*	叶柄紫红色，叶面上有墨绿与白色或淡黄相间的羽状斑纹	全年	40 ~ 60	47.1	2	100	无	
13	白鹤芋	天南星科苞叶芋属	*Spathiphyllum kochii*	叶深绿色，佛焰苞白色或微绿色，肉穗花序乳黄色	春夏	30 ~ 40	8.4	25	200	每年夏季进行分株	
14	花叶芋	天南星科五彩芋属	*Caladium bicolor*	观叶，红、紫、粉、洒金各色	全年	35 ~ 40	6.28	8	50	无	
15	梦幻朱蕉	龙舌兰科朱蕉属	*Cordyline fruticosa*	叶暗绿色，上有暗红色条纹，新叶乳黄色，上有红色条斑	全年，春季新叶美丽	100 ~ 300	30.15	3	100	无	
16	珍珠狗牙花	夹竹桃科山辣椒属	*Tabernaemontana divaricata* 'Dwarf'	花白色	4 ~ 11 月	100 ~ 120	20.93	5	100	无	
17	姜花	姜科姜花属	*Hedychium coronarium*	花白色	5 ~ 12 月	100 ~ 150	23.12	3	75	每年夏季进行分株	
18	鸭嘴花	爵床科鸭嘴花属	*Justicia adhatoda*	花冠白色，有紫色或粉红色条纹	2 ~ 3 月	100 ~ 120	25.12	1	20	无	
19	益智	姜科山姜属	*Alpinia oxyphylla*	花冠白色，唇瓣粉白色而具红色脉纹	3 ~ 9 月	680	18	3	55	无	
20	葱兰	石蒜科葱莲属	*Zephyranthes candida*	叶亮绿色，花白色，外面常带淡红色	7 ~ 10 月	20 ~ 25	18.74	6	115	无	
21	'彩虹' 鸟蕉	蝎尾蕉科蝎尾蕉属	*Heliconia pittacorum* 'Sassy'	叶面鲜绿色，总苞黄至红色渐变，小花黄色	3 ~ 11 月	60 ~ 70	15.4	2	30	每年秋季进行分株	
22	花叶闭鞘姜	姜科闭鞘姜属	*Costus speciosus* 'Marginatus'	花朵带有红黄色条纹，花冠白色，叶绿色，上有白色纵纹	叶 2 ~ 12 月，花期 6 ~ 11 月	50 ~ 60	20.5	4	80	无	
23	孔雀木	五加科孔雀木属	*Dizygotheca elegantissima*	幼叶紫红色，后成深绿色，叶脉褐色，小花黄绿色	全年	40 ~ 50	3	1	3	无	
24	'银脉' 凤尾蕨	凤尾蕨科凤尾蕨属	*Pteris ensiformis* 'Victoriae'	叶脉银白色	全年，春季新叶美丽	20 ~ 30	2.1	16	30	无	
25	青莲竹芋	竹芋科肖竹芋属	*Calathea loeseneri*	叶中脉黄色，叶脉两侧依次为深绿和浅绿色条纹，花粉色	叶全年，花期 3 ~ 11 月	25 ~ 35	3.8	5	20	无	
26	细叶棕竹	棕榈科棕竹属	*Rhapis humilis*	叶绿色，叶鞘淡褐色	全年	40 ~ 50	3	1	3	无	

江上人家

苏州市众易思景观设计有限公司

何向东　朱惠忠

春季实景

设计说明

设计理念：由于本地块处于展区的末端，游客们在看完之后，大多都会原地返回。不仅要考虑来时的引人入胜，更是要让人流连忘返。因此，在花境的处理手法上，就要做到往来无重复、进退有佳境。

作品中，由砾石铺成海墁留白，如同江水般蜿蜒而又通达。它所呈现出的回旋曲线，使得原本不大的场地内，巧妙地拉伸出了若干个景观视角。这就可以为往来的游客，提供更为丰富饱满的观赏体验。

留白中，突起的那座花境小岛，与连绵蜿蜒的外围花境产生对比、形成聚焦。一衣带水、两相呼应，既是向往，亦是回归。

夏季实景

秋季实景

设计阶段图纸

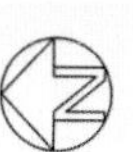

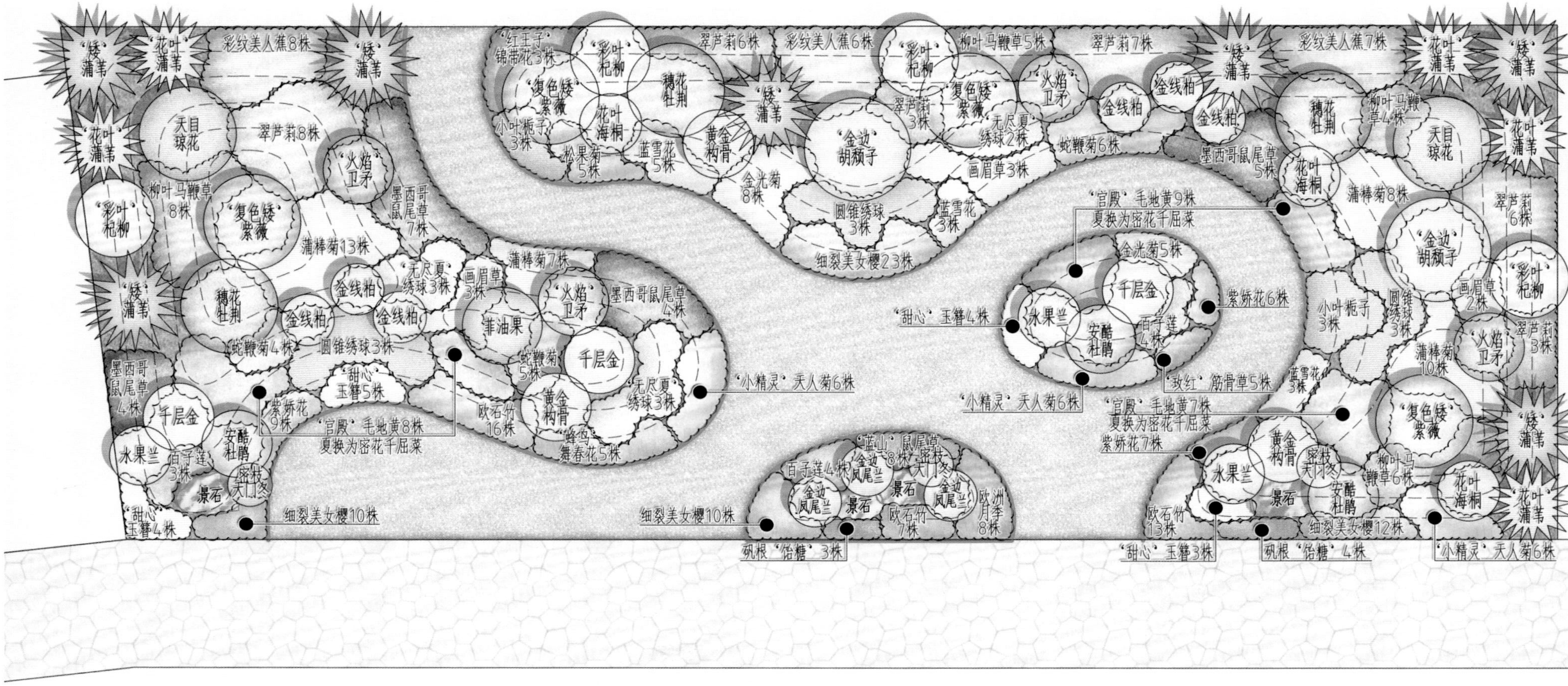

'矮'蒲苇
花叶蒲苇
彩纹美人蕉8株
天目琼花
翠芦莉8株
火焰卫矛
柳叶马鞭草8株
彩叶杞柳
复色矮紫薇
墨西哥鼠尾草7株
蒲棒菊13株
穗花牡荆
金线柏
蛇鞭菊4株
圆锥绣球3株
墨西哥鼠尾草4株
千层金
'甜心'玉簪5株
紫娇花9株
'宫殿'毛地黄8株
夏换为密花千屈菜
冰果兰
百子莲3株
安酷杜鹃
密枝天门冬
景石
'甜心'玉簪4株
细裂美女樱10株
'红王子'锦带花3株
小叶栀子3株
花叶海桐
松果菊5株
蓝雪花5株
黄金构骨
'无尽夏'绣球3株
画眉草3株
蒲棒菊7株
菲油果
墨西哥鼠尾草4株
蛇鞭菊5株
欧石竹16株
'无尽夏'绣球3株
蜂鸟舞春花5株
'小精灵'天人菊6株
金光菊8株
翠芦莉6株
彩纹美人蕉6株
'金边'胡颓子
圆锥绣球3株
细裂美女樱23株
翠芦莉3株
柳叶马鞭草5株
'无尽夏'绣球2株
画眉草3株
蓝雪花3株
翠芦莉7株
蛇鞭菊6株
'蓝山'鼠尾草8株
百子莲4株
金边凤尾兰
欧石竹7株
欧洲月季8株
细裂美女樱10株
矾根'焰糖'3株
金光菊5株
紫娇花6株
'甜心'玉簪4株
'玫红'筋骨草5株
'小精灵'天人菊6株
'宫殿'毛地黄9株
夏换为密花千屈菜
'宫殿'毛地黄7株
紫娇花7株
欧石竹13株
'甜心'玉簪3株
矾根'焰糖'4株
细裂美女樱12株
彩纹美人蕉7株
墨西哥鼠尾草5株
柳叶马鞭草4株
蒲棒菊8株
小叶栀子3株
蓝雪花3株
蒲棒菊10株
画眉草2株
柳叶马鞭草6株
'小精灵'天人菊6株

花境植物材料

序号	名称	科属	学名	花（叶）色	开花期及持续时间	长成高度（cm）	种植密度（株 /m^2）	株数
1	圆锥绣球	虎耳草科绣球属	*Hydrangea paniculata*	花白色	7 ~ 8 月	80 ~ 100	盆	9
2	‘无尽夏’绣球	虎耳草科绣球属	*Hydrangea macrophylla* ‘Endless Summer’	酸性土蓝花	5 ~ 9 月	80 ~ 100	盆	8
3	‘金线’柏	柏科扁柏属	*Chamaecyparis pisifera* ‘Filifera Aurea’	金黄色至金绿色	观叶	60 ~ 80	盆	6
4	‘火焰’卫矛	卫矛科卫矛属	*Euonymus alatus* ‘Compacta’	绿色，秋冬季变红色	观叶	100 ~ 120	盆	4
5	菲油果	桃金娘科菲油果属	*Feijoa sellowiana*	叶银灰色	观叶	100 ~ 120	盆	1
6	小叶栀子	茜草科栀子属	*Gardenia jasminoides*	亮绿色	5 ~ 8 月	50 ~ 60	盆	6
7	‘彩叶’杞柳	杨柳科柳属	*Salix integra* ‘Hakuro Nishiki’	叶粉白透红	观叶	120 ~ 130	盆	4
8	‘复色矮’紫薇	千屈菜科紫薇属	*Lagerstroemia indica* cv.	大红、桃红、紫、白色	6 ~ 10 月	60 ~ 80	盆	4
9	‘红王子’锦带花	忍冬科锦带花属	*Weigela florida* ‘Red Prince’	绿叶，花红色	5 ~ 9 月	80 ~ 100	盆	3
10	花叶海桐	海桐花科海桐花属	*Pittosporum tobira*	叶金黄色，花玫红色	观叶	100 ~ 120	盆	3
11	‘黄金’枸骨	冬青科冬青属	*Ilex × attenuata* ‘Sunny Foster’	叶金黄色	观叶	80 ~ 100	盆	3
12	穗花牡荆	马鞭草科牡荆属	*Vitex agnuscastus*	叶绿色，花蓝紫色	7 ~ 8 月	120 ~ 150	盆	3
13	‘金边’胡颓子	胡颓子科胡颓子属	*Elaeagnus pungens* ‘Aurea’	叶边缘乳黄色	观叶	120 ~ 150	盆	2
14	安酷杜鹃	杜鹃花科杜鹃花属	*Rhododendron simsii*	花紫红、玫红色	6 ~ 9 月	70 ~ 80	盆	3
15	水果蓝	唇形科香科科属	*Teucrium fruticans*	全株银灰色	观叶	70 ~ 80	盆	3
16	天目琼花	忍冬科荚蒾属	*Viburnum sargentii*	花大，白色	5 ~ 6 月	150 ~ 180	盆	2
17	千层金	桃金娘科白千层属	*Melaleuca bracteata*	叶小，黄色	观叶	100 ~ 120	盆	3
18	欧洲月季	蔷薇科蔷薇属	*Rosa* cvs.	粉色、红色、黄色等	4 ~ 9 月	30 ~ 40	盆	8
19	紫娇花	石蒜科紫娇花属	*Tulbaghia violacea*	花淡紫色	5 ~ 7 月	40 ~ 50	盆	21
20	‘玫红’筋骨草	唇形科筋骨草属	*Ajuga ciliata* ‘Rosea’	叶玫红色	4 ~ 8 月	20 ~ 30	盆	5
21	百子莲	石蒜科百子莲属	*Agapanthus africanus*	花蓝色或白色	7 ~ 9 月	40 ~ 60	盆	11
22	彩纹美人蕉	美人蕉科美人蕉属	*Canna generalis*	紫叶有黄色纹路	5 ~ 11 月	80 ~ 100	盆	21
23	矾根（饴糖）	虎耳草科矾根属	*Heuchera* cvs.	红色	4 ~ 6 月	20 ~ 40	盆	7
24	欧石竹	石竹科石竹属	*Dianthus carthusianorum*	粉色	5 ~ 11 月	20 ~ 30	盆	36
25	细裂美女樱	马鞭草科美女樱属	*Glandularia tenera*	粉色、白色、紫色、红色	5 ~ 11 月	20 ~ 30	盆	55
26	‘蓝山’鼠尾草	唇形科鼠尾草属	*Salvia nemorosa* ‘Blue Hill’	花蓝色	6 ~ 9 月	50 ~ 60	盆	8
27	墨西哥鼠尾草	唇形科鼠尾草属	*Salvia leucantha*	花紫色	8 ~ 10 月	60 ~ 80	盆	20
28	蛇鞭菊	菊科蛇鞭菊属	*Liatris spicata*	花紫红色	7 ~ 8 月	60 ~ 80	盆	15
29	‘宫殿’毛地黄	玄参科毛地黄属	*Digitalis purpurea*	奶油、淡紫、玫红	5 ~ 6 月	40 ~ 60	盆	24
30	‘金色风暴’金光菊	菊科金光菊属	*Rudbeckia hirta* ‘Goldsturm’	花黄色	7 ~ 10 月	40 ~ 60	盆	13
31	松果菊	菊科松果菊属	*Echinacea purpurea*	花红色、粉色、黄色	7 ~ 10 月	40 ~ 60	盆	5
32	蒲棒菊	菊科金光菊属	*Rudbeckia maxima*	花瓣黄色，花蕊黑色	7 ~ 8 月	100 ~ 120	盆	38
33	‘小精灵’天人菊	菊科天人菊属	*Gaillardia aristata* ‘Arizona Sun’	花黄色	6 ~ 8 月	40 ~ 60	盆	18
34	密枝天门冬	百合科天门冬属	*Asparagus cochinchinensis*	叶小，绿色	观叶	40 ~ 60	盆	3
35	‘甜心’玉簪	百合科玉簪属	*Hosta* ‘So Sweet’	叶大，有淡黄色条纹	8 ~ 10 月	30 ~ 40	盆	16
36	翠芦莉	爵床科单药花属	*Ruellia simplex*	蓝紫色	3 ~ 10 月	80 ~ 100	盆	33
37	柳叶马鞭草	马鞭草科马鞭草属	*Verbena bonariensis*	淡紫色、蓝色	5 ~ 9 月	80 ~ 100	盆	23
38	金边凤尾兰	龙舌兰科丝兰属	*Yucca gloriosa*	叶条线形，黄色	观叶	60 ~ 80	盆	3
39	‘矮’蒲苇	禾本科蒲苇属	*Cortaderia selloana* ‘Pumila’	青绿色	9 ~ 10 月	100 ~ 120	盆	7
40	‘花叶’蒲苇	禾本科蒲苇属	*Cortaderia selloana* ‘Silver Comet’	叶黄色	9 ~ 12 月	120 ~ 150	盆	5
41	画眉草	禾本科画眉草属	*Eragrostis pilosa*	花序红色	7 ~ 10 月	50 ~ 60	盆	8
42	蓝雪花	白花丹科蓝雪花属	*Ceratostigma plumbaginoides*	花蓝色	7 ~ 9 月	40 ~ 50	盆	11
43	‘蜂鸟’舞春花	茄科舞春花属	*Calibrachoa hybrida* cv.	樱桃红花边	4 ~ 11 月	30 ~ 50	盆	5
44	密花千屈菜	千屈菜科千屈菜属	*Lythrum* ‘Mordens Rose’	粉色、红色	7 ~ 10 月	60 ~ 80	盆	30
45	‘小钱币’角堇	堇菜科堇菜属	*Viola cornuta* cv.	粉色	11 ~ 4 月	15 ~ 30	盆	50
46	‘得大’三色堇	堇菜科堇菜属	*Viola tricolor* cv.	纯金黄	11 月至翌年 4 月	20 ~ 40	盆	15

锦绣百年

北京草源生态园林工程有限公司

赵建宝　李富强　刘晔　于美玲　张鑫　王志鑫

春季实景

夏季实景

设计说明

幸逢中国共产党建党百年之际，以花境之似锦繁花彰显中国共产党领导下的繁荣昌盛。

根据中国共产党的百年发展历程，花境整体设置三个节点区域，以飘带形式的旱溪为贯穿。入场区域用红色系组团点缀，表现星火燎原的坚定信念；中部区域以旱溪承接，红色系植物为主，配以浅色系植物为衬，表现建党初期艰苦奋斗、坚韧不拔的意志；第三部分区域以紫色系植物为主，展现祖国繁荣景象。整个花境展现党经历百年艰苦奋斗最终全面建成小康社会的锦绣蓝图。

秋季实景

设计阶段图纸

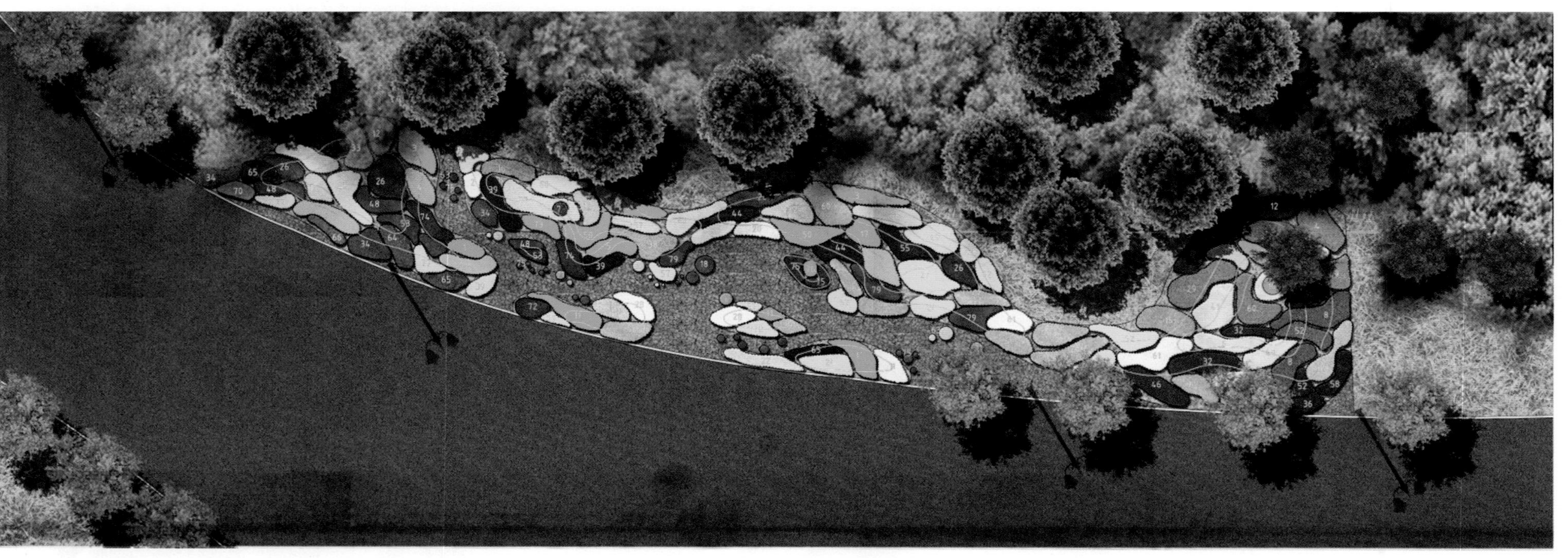

1	‘长穗’狼尾草	11	细叶画眉草	22	菱叶绣线菊（喷泉）	34	‘亚利桑那’天人菊	44	蛇鞭菊	54	墨西哥鼠尾草	64	黄芩	74	凤梨鼠尾草
2	玉带草	12	‘细叶’芒	23	‘紫叶’锦带	35	‘金娃娃’萱草（进口）	45	‘金色风暴’金光菊	55	柳叶马鞭草	65	‘球王’大花葱	75	‘花豹’斑叶山柳菊
3	‘长序’芒	13	亮晶女贞（球）	24	赛菊芋	36	荆芥	46	山韭	56	蜀葵	66	虾夷葱	76	地榆
4	蓝滨麦	14	‘银姬’小蜡	25	‘金叶’莸	37	金叶藿香	47	假龙头	57	‘金叶’薹草	67	德国鸢尾	77	‘金叶’石菖蒲
5	‘玲珑’芒	15	‘彩叶’杞柳	26	美国薄荷	38	‘阳光’滨菊	48	‘盛芳’蓍草	58	红脉酸模	68	蒲棒菊	78	龙芽草
6	‘小兔子’狼尾草	16	‘花叶’锦带	27	‘草原阳光’金光菊	39	西伯利亚鸢尾	49	蕨叶蓍	59	山桃草（玫红）	69	月见草	79	落新妇
7	‘紫叶’稠李	17	‘辉煌’女贞	28	‘烟花’山桃草	40	宿根蓝亚麻	50	鬼吹箫	60	大麻叶泽兰	70	蓝羊茅		
8	柳枝稷	18	蓝叶忍冬	29	‘海伦娜’堆心菊	41	高山刺芹	51	唐松草	61	柳叶白菀	71	灯芯草		
9	庭菖蒲	20	‘红王子’锦带	32	宿根鼠尾草	42	紫菀	52	婆婆纳	62	皱叶一枝黄花	72	大花水杨梅		
10	‘冬果王’山楂	21	水果蓝	33	‘绿奇才’金光菊	43	毛地黄钓钟柳	53	火星花	63	败酱	73	兔尾草		

花境植物材料

序号	植物名称	科属	学名	花（叶）色	开花期及持续时间	长成高度（cm）
1	‘长穗’狼尾草	禾本科狼尾草属	*Pennisetum alopecuroides* ‘Changsui’	叶绿色	8 ~ 10月	100 ~ 120
2	玉带草	禾本科虉草属	*Phalaris arundinacea*	叶花白色	观叶，叶花白色	30 ~ 40
3	‘长序’芒	禾本科芒属	*Miscanthus sinensis* ‘Long Inflorescence’	叶绿色	9 ~ 10月	120 ~ 150
4	蓝滨麦	禾本科滨麦属	*Leymus condensatus*	叶蓝色	观叶，叶蓝色	60 ~ 80
5	‘玲珑’芒	禾本科芒属	*Miscanthus sinensis* ‘Adagio’	叶绿色	8 ~ 10月	50 ~ 70
6	‘小兔子’狼尾草	禾本科狼尾草属	*Pennisetum alopecuroides* ‘Little Bunny’	叶绿色	7 ~ 10月	50 ~ 70
7	‘紫叶’稠李	蔷薇科稠李属	*Padus virginiana* ‘Canada Red’	叶绿色	8 ~ 10月	80 ~ 100
8	柳枝稷	禾本科黍属	*Panicum virgatum*	叶绿色	9 ~ 10月	100 ~ 120
9	庭菖蒲	鸢尾科庭菖蒲属	*Sisyrinchium rosulatum*	叶花白色	9 ~ 10月	80 ~ 100
10	‘冬果王’山楂	蔷薇科山楂属	*Crataegus pinnatifida* cv.	叶绿色	9 ~ 10月	180 ~ 200
11	细叶画眉草	禾本科画眉草属	*Eragrostis nutans*	叶绿色	6 ~ 8月	100 ~ 120
12	‘细叶’芒	禾本科芒属	*Miscanthus sinensis* ‘Gracillimus’	叶绿色	9 ~ 10月	100 ~ 120
13	亮晶女贞（球）	木樨科女贞属	*Ligustrum lucidum*	叶金色	观叶	120 ~ 150
14	‘银姬’小蜡	木樨科女贞属	*Ligustrum sinense* ‘Variegatum’	叶金白色	观叶	100 ~ 120
15	‘彩叶’杞柳	杨柳科柳属	*Salix integra* ‘Hakuro Nishiki’	叶淡粉色	观叶	100 ~ 120
16	‘花叶’锦带	忍冬科锦带花属	*Weigela florida* ‘Variegata’	叶花白色	7 ~ 9月	100 ~ 120
17	‘辉煌’女贞	木樨科女贞属	*Ligustrum lucidum* ‘Excelsum Superbum’	叶黄绿色	观叶	200 ~ 250
18	蓝叶忍冬	忍冬科忍冬属	*Lonicera korolkowii*	叶蓝绿色	5 ~ 7月	40 ~ 50
20	‘红王子’锦带	忍冬科锦带花属	*Weigela florida* ‘Red Prince’	叶绿色	7 ~ 9月	100 ~ 120
21	水果蓝	唇形科香科科属	*Teucrium fruticans*	叶蓝白色	5	50 ~ 70
22	菱叶绣线菊	蔷薇科绣线菊属	*Spiraea salicifolia*	叶绿色	5 ~ 7月	40 ~ 50
23	‘紫叶’锦带	忍冬科锦带花属	*Weigela florida* ‘Purpurea’	叶紫色	7 ~ 9月	60 ~ 80
24	赛菊芋	菊科赛菊芋属	*Heliopsis helianthoides*	叶绿色	7 ~ 9月	60 ~ 80
25	‘金叶’莸	马鞭草科莸属	*Caryopteris × clandonensis* ‘Worcester Gold’	叶白绿色	7 ~ 9月	80 ~ 100
26	美国薄荷	唇形科美国薄荷属	*Monarda didyma*	叶绿色	6 ~ 8月	80 ~ 120
27	‘草原阳光’金光菊	菊科金光菊属	*Rudbeckia hirta* ‘Praire Sun’	叶绿色	5 ~ 8月	30 ~ 40
28	‘烟花’山桃草	柳叶菜科山桃草属	*Gaura lindheimeri* ‘Sparkle White’	叶绿色	5 ~ 10月	30 ~ 40
29	‘海伦娜’堆心菊	菊科堆心菊属	*Helenium autumnale* cv.	叶绿色	8 ~ 10月	60 ~ 80
32	宿根鼠尾草	唇形科鼠尾草属	*Salvia officinalis*	叶绿色	5 ~ 7月	30 ~ 40
33	‘绿奇才’金光菊	菊科金光菊属	*Rudbeckia hirta* cv.	叶绿色	6 ~ 9月	40 ~ 50
34	‘亚利桑那’天人菊	菊科天人菊属	*Gaillardia pulchella* ‘Arizona Sun’	叶绿色	5 ~ 7月	20 ~ 30
35	‘金娃娃’萱草	百合科萱草属	*Hemerocallis fulva* ‘Golden Doll’	叶绿色	5 ~ 8月	30 ~ 40
36	荆芥	唇形科荆芥属	*Nepeta cataria*	叶绿色	5 ~ 10月	30 ~ 40
37	‘金叶’藿香	唇形科藿香属	*Agastache rugosa* ‘Green Jubilee’	叶金色	6 ~ 8月	60 ~ 80
38	大花滨菊	菊科滨菊属	*Leucanthemum maximum*	叶绿色	6 ~ 8月	80 ~ 120
39	西伯利亚鸢尾	鸢尾科鸢尾属	*Iris sibirica*	叶绿色	5 ~ 8月	30 ~ 40
40	宿根蓝亚麻	亚麻科亚麻属	*Linum perenne*	叶绿色	5 ~ 10月	30 ~ 40

（续）

序号	植物名称	科属	学名	花（叶）色	开花期及持续时间	长成高度（cm）
41	高山刺芹	伞形科刺芹属	*Eryngium foetidum*	叶绿色	8 ~ 10 月	60 ~ 80
43	毛地黄钓钟柳	玄参科钓钟柳属	*Penstemon laevigatus* subsp. *digitalis*	叶紫色	5 ~ 7 月	30 ~ 40
44	蛇鞭菊	菊科蛇鞭菊属	*Liatris spicata*	叶绿色	5 ~ 7 月	30 ~ 40
45	‘金色风暴’金光菊	菊科金光菊属	*Rudbeckia hirta* ‘Goldsturm’	叶绿色	6 ~ 9 月	40 ~ 50
46	山韭	百合科葱属	*Allium senescens*	叶绿色	5 ~ 7 月	20 ~ 30
47	假龙头花	唇形科假龙头花属	*Physostegia virginiana*	叶绿色	5 ~ 8 月	30 ~ 40
48	‘盛芳’蓍草	菊科蓍属	*Achillea millefolium* ‘Flowerburst White’	叶绿色	5 ~ 10 月	30 ~ 40
49	蕨叶蓍	菊科蓍属	*Achillea filipendulina*	叶绿色	6 ~ 8 月	60 ~ 80
50	鬼吹箫	忍冬科鬼吹箫属	*Leycesteria formosa*	叶紫色	6 ~ 9 月	60 ~ 80
51	唐松草	毛茛科唐松草属	*Thalictrum aquilegiifolium*	叶绿色	7 ~ 8 月	80 ~ 100
52	婆婆纳	玄参科婆婆纳属	*Veronica spicata* ‘Blue Bouquet’	叶绿色	5 ~ 7 月	30 ~ 40
53	火星花	鸢尾科雄黄兰属	*Crocosmia crocosmiflora*	叶绿色	7 ~ 8 月	60 ~ 80
54	墨西哥鼠尾草	唇形科鼠尾草属	*Salvia leucantha*	叶绿色	8 ~ 9 月	60 ~ 80
55	柳叶马鞭草	马鞭草科马鞭草属	*Verbena bonariensis*	叶绿色	7 ~ 10 月	60 ~ 80
56	蜀葵	锦葵科蜀葵属	*Althaea rosea*	叶绿色	6 ~ 7 月	120 ~ 150
57	‘金叶’薹草	莎草科薹草属	*Carex oshimensis* ‘Evergold’	叶金黄色	观叶	20 ~ 30
58	红脉酸模	蓼科酸模属	*Rumex sanguineus*	叶红色	观叶	20 ~ 30
59	山桃草（玫红）	柳叶菜科山桃草属	*Gaura lindheimeri* ‘Pink Butterfly’	叶红色	5 ~ 10 月	30 ~ 40
60	大麻叶泽兰	菊科泽兰属	*Eupatorium cannabinum*	叶绿色	8 ~ 9 月	80 ~ 100
61	柳叶白菀	菊科紫菀属	*Aster ericoides*	叶绿色	9 ~ 10 月	80 ~ 100
62	皱叶一枝黄花	菊科一枝黄花属	*Solidago decurrens*	叶绿色	8 ~ 10 月	80 ~ 100
63	败酱	败酱科败酱属	*Patrinia scabiosifolia*	叶绿色	7 ~ 8 月	120 ~ 150
64	黄芩	唇形科黄芩属	*Scutellaria baicalensis*	叶绿色	7 ~ 8 月	40 ~ 50
65	‘球王’大花葱	百合科葱属	*Allium* ‘Globe master’	叶绿色	4 ~ 5 月	50 ~ 60
66	虾夷葱	百合科葱属	*Allium schoenoprasum*	叶绿色	5 ~ 7 月	30 ~ 40
67	德国鸢尾	鸢尾科鸢尾属	*Iris germanica* ‘Blue Suede Shoes’	叶绿色	5 ~ 7 月	30 ~ 40
68	蒲棒菊	菊科金光菊属	*Rudbeckia maxima*	叶绿色	7 ~ 8 月	100 ~ 120
69	月见草	柳叶菜科月见草属	*Oenotherae rythrosepala*	叶绿色	6 ~ 8 月	30 ~ 40
70	蓝羊茅	禾本科羊茅属	*Festuca glauca*	叶蓝色	观叶	20 ~ 30
71	灯芯草	灯芯草科灯芯草属	*Juncus effuses*	叶绿色	观叶	50 ~ 60
72	大花水杨梅	茜草科水团花属	*Adina rubella*	叶绿色	5 ~ 7 月	40 ~ 50
73	兔尾草	禾本科兔尾草属	*Lagurus ovatus*	叶绿色	4 ~ 6 月	30 ~ 40
74	凤梨鼠尾草	唇形科鼠尾草属	*Salvia elegans*	叶绿色	9 ~ 10 月	80 ~ 100
75	‘花豹’斑叶山柳菊	菊科山柳菊属	*Hieracium maculatum* ‘Leopard’	叶绿色	5 ~ 10 月	30 ~ 40
76	地榆	蔷薇科地榆属	*Sanguisorba officinalis* ‘Great Bumet’	叶绿色	7 ~ 8 月	80 ~ 100
77	‘金叶’石菖蒲	天南星科菖蒲属	*Acorus gramineus* ‘Ogan’	叶金黄色	观叶	30 ~ 40
78	龙芽草	蔷薇科龙芽草属	*Agrimonia pilosa*	叶绿色	6 ~ 8 月	80 ~ 100
79	落新妇	虎耳草科落新妇属	*Astilbe chinensis*	叶红色	5 ~ 7 月	40 ~ 60

拾光花语

贵州综璟花境景观工程有限公司

伍环丽

春季实景

夏季实景

秋季实景

设计说明

本组花境位于上海市崇明区第十届中国花卉博览会山西园，分布在园中道路两侧，总面积约有 120m^2。设计理念是结合当代人对自然的向往，在现代生活中人们面对学习、生活及工作压力，失去了许多与自然共忆的时光。在这里漫步于花草之中，与花共处，与花同行，与花共语，重拾回忆的时光。

拾光，字面意思是拾起光阴，回想以前，珍惜时光。

花语，让时间张弛有度，让时光如流水般可缓可急！让心漫步于花草之中，用花语唤醒你那酣眠的灵魂。

拾光花语带您走出学习、生活及工作压力，拾回失去与自然共忆的时光。

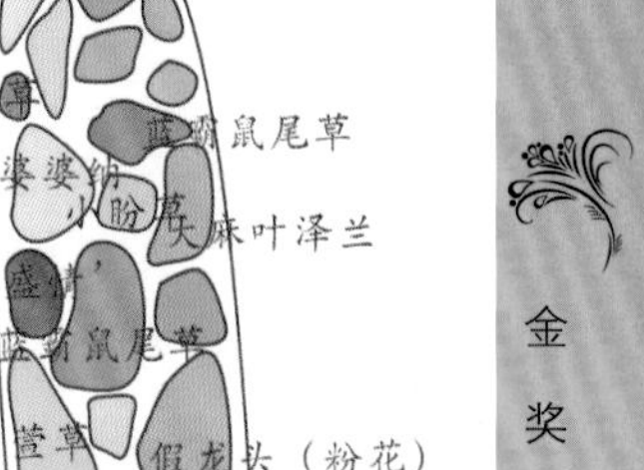

设计阶段图纸

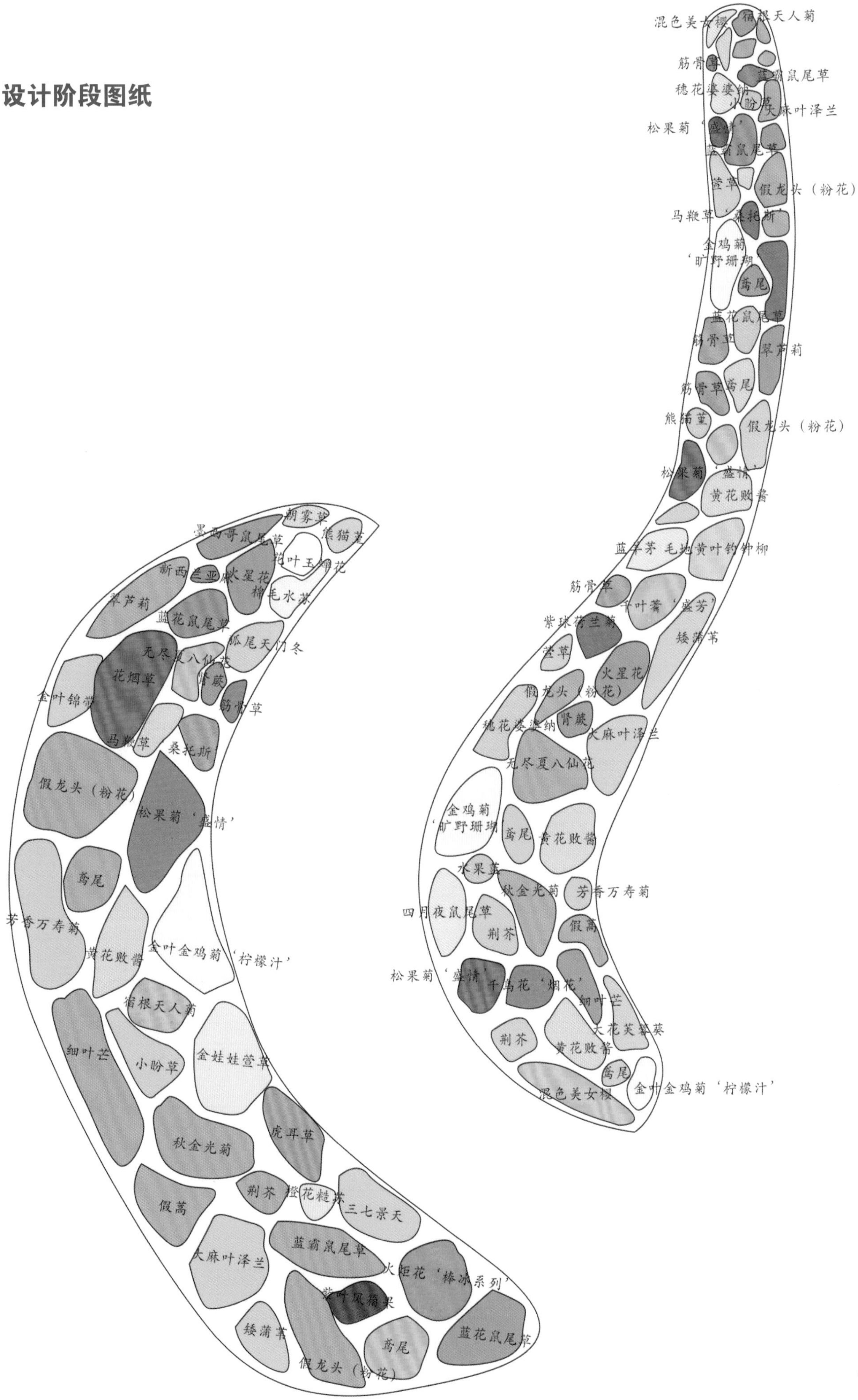

朝雾草
墨西哥鼠尾草
熊猫堇
花叶玉簪花
新西兰亚麻
火星花
绵毛水苏
翠芦莉
蓝花鼠尾草
狐尾天门冬
无尽夏八仙花
花烟草
肾蕨
金叶锦带
筋骨草
马鞭草‘桑托斯’
假龙头（粉花）
松果菊‘盛情’
鸢尾
芳香万寿菊
黄花败酱
金叶金鸡菊‘柠檬汁’
宿根天人菊
细叶芒
小盼草
金娃娃萱草
虎耳草
秋金光菊
假蒿
荆芥
橙花糙苏
三七景天
大麻叶泽兰
蓝霸鼠尾草
火炬花‘棒冰系列’
紫叶风箱果
矮蒲苇
鸢尾
蓝花鼠尾草
假龙头（粉花）

混色美女樱
宿根天人菊
筋骨草
蓝霸鼠尾草
穗花婆婆纳
小盼草
大麻叶泽兰
松果菊‘盛情’
蓝霸鼠尾草
萱草
假龙头（粉花）
马鞭草‘桑托斯’
金鸡菊‘旷野珊瑚’
鸢尾
蓝花鼠尾草
筋骨草
翠芦莉
筋骨草
鸢尾
熊猫堇
假龙头（粉花）
松果菊‘盛情’
黄花败酱
蓝羊茅
毛地黄叶钓钟柳
筋骨草
千叶蓍‘盛芳’
紫球荷兰菊
矮蒲苇
萱草
火星花
假龙头（粉花）
穗花婆婆纳
肾蕨
大麻叶泽兰
无尽夏八仙花
金鸡菊‘旷野珊瑚’
鸢尾
黄花败酱
水果蓝
秋金光菊
芳香万寿菊
四月夜鼠尾草
荆芥
假蒿
松果菊‘盛情’
千鸟花‘烟花’
细叶芒
大花芙蓉葵
荆芥
黄花败酱
鸢尾
混色美女樱
金叶金鸡菊‘柠檬汁’

花境植物材料

序号	植物名称	学名	花（叶）色	开花期及持续时间	长成高度（cm）	规格	数量（株）
1	‘矮’ 蒲苇	*Cortaderia selloana* ‘Pumila’	银白色、粉红色	9 ~ 10 月	120	5 加仑	2
2	蓝羊茅	*Festuca glauca*	白色	5 月	35 ~ 40	1 加仑	10
3	火星花	*Crocosmia crocosmiflora*	红、橙、黄色	6 ~ 7 月	30 ~ 50	1 加仑	30
4	毛地黄钓钟柳	*Penstemon laevigatus* subsp. *digitalis*	粉、蓝紫色	4 ~ 5 月	30 ~ 60	1 加仑	30
5	萱草	*Hemerocallis fulva*	橙黄色	5 ~ 10 月	30 ~ 35	1 加仑	50
6	‘花叶’ 玉蝉花	*Iiris ensata* ‘Variegata’	深紫色、蓝色	4 ~ 5 月	40 ~ 60	1 加仑	30
7	蓝花鼠尾草	*Salvia farinacea*	蓝紫色	5 ~ 10 月	30 ~ 80	1 加仑	20
8	墨西哥鼠尾草	*Salvia leucantha*	紫红色	10 ~ 11 月	80 ~ 100	1 加仑	50
9	假蒿	*Kuhnia rosmarnifolia*	绿色	1 ~ 12 月	100 ~ 120	1 加仑	30
10	小盼草	*Chasmanthium latifolium*	绿色	1 ~ 12 月	50 ~ 80	1 加仑	10
11	翠芦莉	*Ruellia simplex*	紫蓝色	4 ~ 10 月	80 ~ 100	1 加仑	15
12	‘蓝霸’ 鼠尾草	*Salvia* ‘Mystic Spires Blue’	蓝色	4 ~ 11 月	45 ~ 80	1 加仑	20
13	新西兰亚麻	*Linum usitatissimum*	红色	1 ~ 12 月	100 ~ 120	5 加仑	1
14	‘细叶’ 芒	*Miscanthus sinensis* ‘Gracillimus’	绿色	1 ~ 12 月	100	1 加仑	15
15	肾蕨	*Nephrolepis auriculata*	绿色	2 ~ 11 月	25 ~ 35	1 加仑	3
16	花烟草	*Nicotiana alata*	粉红色	3 ~ 7 月	100 ~ 120	1 加仑	50
17	大花芙蓉葵	*Hibiscus grandiflorus*	绿色、红色	7 ~ 9 月	100 ~ 150	3 加仑	6
18	假龙头花（粉花）	*Physostegia virginiana*	粉红色	5 ~ 10 月	45 ~ 65	1 加仑	30
19	‘棒冰’ 火炬花	*Kniphofia uvaria* cv.	橙红色	3 ~ 12 月	30 ~ 60	1 加仑	50
20	‘盛情’ 松果菊	*Echinacea purpurea* ‘Cheyenne Spirit’	红色	3 ~ 12 月	25 ~ 50	1 加仑	60
21	‘桑托斯’ 马鞭草	*Verbena rigida* ‘Santos’	蓝色	4 ~ 12 月	25 ~ 50	1 加仑	20
22	鸢尾	*Iris tectorum*	红色	4 ~ 5 月	25 ~ 50	1 加仑	30
23	‘旷野珊瑚’ 金鸡菊	*Coreopsis basalis* cv.	黄色	5 ~ 8 月	25 ~ 40	1 加仑	20
24	虎耳草	*Saxifraga stolonifera*	红、绿色	1 ~ 12 月	15 ~ 20	1 加仑	20
25	大麻叶泽兰	*Eupatorium cannabinum*	粉、红色	6 ~ 9 月	30 ~ 60	2 加仑	20
26	橙花糙苏	*Phlomis fruticosa*	黄色	6 ~ 8 月	25 ~ 50	2 加仑	20
27	水果蓝	*Teucrium fruticans*	蓝色	5 ~ 7 月	35 ~ 80	5 加仑	1
28	金叶锦带	*Weigela florida*	黄、红色	4 ~ 9 月	80 ~ 120	5 加仑	1
29	黄花败酱	*Patrinia scabiosifolia*	黄色	6 ~ 9 月	35 ~ 65	2 加仑	20
30	朝雾草	*Artemisia schmidtianai*	蓝色	2 ~ 12 月	25 ~ 50	3 加仑	2
31	三七景天	*Sedum aizoon*	红、粉色	5 ~ 10 月	15 ~ 30	1 加仑	15
32	混色美女樱	*Glandularia* × *hybrida*	红、粉、白、紫色	3 ~ 12 月	20 ~ 35	1 加仑	30
33	‘柠檬汁’ 金叶金鸡菊	*Coreopsis basalis* cv.	黄色	5 ~ 9 月	25 ~ 50	1 加仑	30
34	荆芥	*Nepeta cataria*	蓝色	5 ~ 10 月	30 ~ 50	2 加仑	30
35	‘无尽夏’ 八仙花	*Hydrangea macrophylla* ‘Endless Summer’	蓝色	4 ~ 10 月	35 ~ 80	5 加仑	6
36	‘盛芳’ 千叶蓍	*Achillea wilsoniana* ‘Heimerl’	粉、红、白色	2 ~ 12 月	30 ~ 60	1 加仑	30
37	穗花婆婆纳	*Veronica spicata*	蓝、粉色	4 ~ 9 月	25 ~ 50	1 加仑	30
38	‘烟花’ 千鸟花	*Gaura lindheimeri*	白、粉色	3 ~ 12 月	35 ~ 80	1 加仑	50
39	‘四月夜’ 鼠尾草	*Salvia nemorosa* ‘April Night’	蓝色	5 ~ 9 月	25 ~ 50	1 加仑	20
40	‘金娃娃’ 萱草	*Hemerocallis fulva* ‘Golden Doll’	黄色	4 ~ 6 月	20 ~ 35	1 加仑	50
41	狐尾天门冬	*Asparagus densiflorus* ‘Myers’	绿色	1 ~ 12 月	20 ~ 35	2 加仑	6
42	宿根天人菊	*Gaillardia pulchella*	橙色	3 ~ 7 月	20 ~ 35	1 加仑	15
43	‘紫叶’ 风箱果	*Physocarpus opulifolius* ‘Summer Wine’	紫红色	3 ~ 11 月	80 ~ 150	5 加仑	1
44	绵毛水苏	*Stachys lanata*	灰色	1 ~ 12 月	20 ~ 60	1 加仑	15
45	紫球荷兰菊	*Symphyotrichum novi-belgii*	蓝色	5 ~ 10 月	20 ~ 45	1 加仑	30
46	芳香万寿菊	*Tagetes eracta*	黄色	9 ~ 12 月	60 ~ 120	3 加仑	3
47	熊猫堇	*Viola banksii*	淡蓝、白色	4 ~ 10 月	15 ~ 25	1 加仑	15
48	秋金光菊	*Rudbeckia laciniata*	黄色	7 ~ 10 月	35 ~ 80	3 加仑	3
49	筋骨草	*Ajuga ciliata*	紫蓝色	5 ~ 9 月	20 ~ 30	1 加仑	30

花境植物更换表

序号	原品种	替换品种	学名	花（叶）色	开花期及持续时间	长成高度（cm）	数量（株）
1	花烟草	超级一串红	*Salvia splendens*	红色	8 ~ 12 月	35 ~ 60	60

花涧

上海恒艺园林绿化有限公司

范菲菲　罗光伟　石俊杰

春季实景

夏季实景

设计说明

“奇石诡松天然净，涧草山花自在芳”，现场为坡地地形，花境植物根据地形进行布置，整体花境植物以点植为主，增加少量的团块种植，尽量展现出植物的个体美，让植物如在山涧里自然生长一般，花境里蜿蜒的沙石，如山涧流淌的小溪，再加上错落开放的各色花卉，营造出一幅动静相间的景象。

在植物选材上，骨架植物以色叶花灌木为主，搭配不同季节开放的宿根花卉，做到四季有景、三季有花的效果。整组花境为多面观，观赏距离近，让行人有亲近自然之感。

在种植手法上采用套种的形式，有宿根花卉与一年生花卉进行套种，也有宿根花卉与球根花卉进行套种，满足不同季节的景观效果，每个季节都有不一样的植物，更具趣味性及探索性。

秋季实景

设计阶段图纸

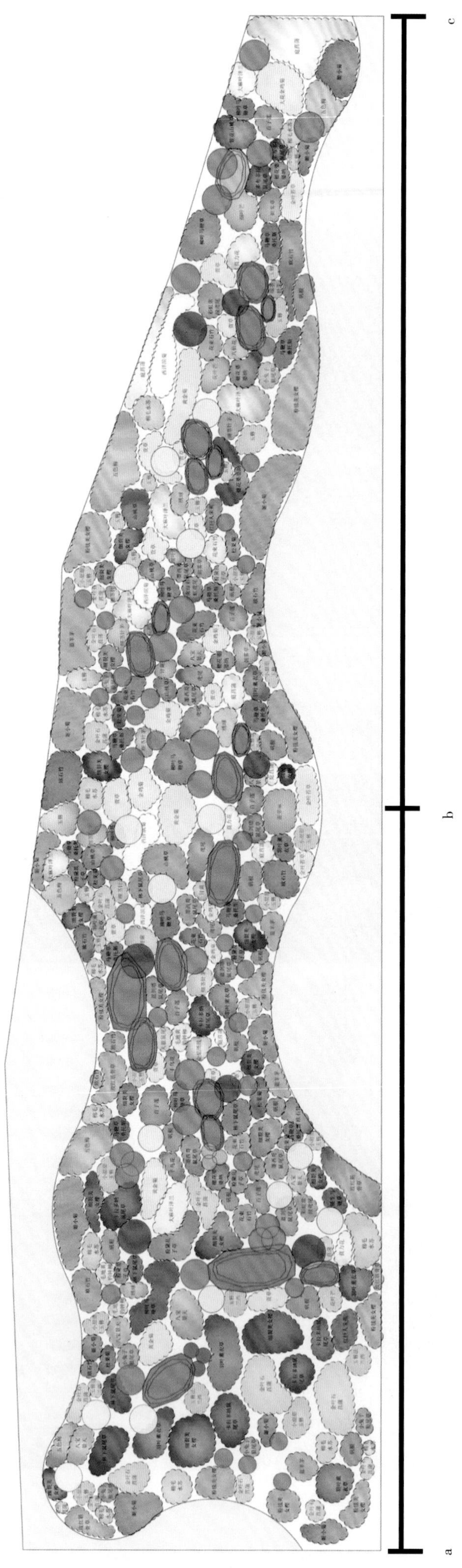

花境植物材料

序号	中文名	学名	科属	花色或叶色	花期或叶片观赏期	规格		数量（盆）
						高度（cm）	冠幅（cm）	
1	细裂美女樱	*Glandularia tenera*	马鞭草科美女樱属	紫色	4 ~ 10月	41 ~ 60	31 ~ 35	60
2	大花金鸡菊	*Coreopsis grandiflora*	菊科金鸡菊属	黄色	5 ~ 9月	21 ~ 50	31 ~ 40	100
3	柳叶马鞭草	*Verbena bonariensis*	马鞭草科马鞭草属	紫色	5 ~ 9月	91 ~ 120	26 ~ 30	48
4	穗花婆婆纳	*Veronica spicata*	玄参科婆婆纳属	蓝色	6 ~ 8月	41 ~ 60	41 ~ 50	60
5	粉毯美女樱	*Glandularia* × *hybrida*	马鞭草科美女樱属	粉红色	4 ~ 10月	41 ~ 60	31 ~ 35	150
6	双色墨西哥鼠尾草	*Salvia leucantha*	唇形科鼠尾草属	紫色、白色	5 ~ 11月	31~70	31 ~ 40	36
7	‘桑托斯’马鞭草	*Verbena rigida* ‘Santos’	马鞭草科马鞭草属	紫色	5 ~ 9月	91 ~ 120	26 ~ 30	36
8	八宝景天	*Hylotelephium erythrostictum*	景天科八宝属	粉色	7 ~ 10月	31 ~ 50	31 ~ 40	36
9	毛地黄钓钟柳	*Penstemon laevigatus* subsp. *digitalis*	玄参科钓钟柳属	粉色、白色	5 ~ 6月	51 ~ 70	31 ~ 40	36
10	山桃草	*Gaura lindheimeri*	柳叶菜科山桃草属	白色	5 ~ 8月	61 ~ 100	41 ~ 60	36
11	‘红蝴蝶’山桃草	*Gaura lindheimeri* cv.	柳叶菜科山桃草属	红色	5 ~ 8月	61 ~ 100	41 ~ 60	36
12	‘法兰西’玉簪	*Hosta* ‘Francee’	百合科玉簪属	叶绿色、花白色	全年	31 ~ 50	21 ~ 60	12
13	‘甜心’玉簪	*Hosta* ‘So Sweet’	百合科玉簪属	叶绿色、花白色	全年	36 ~ 40	46 ~ 55	18
14	玉簪	*Hosta plantaginea* cv.	百合科玉簪属	叶绿色、花白色	全年	16 ~ 50	16 ~ 50	36
15	‘路易斯安娜’鸢尾	*Iris hybrids* ‘Louisiana’	鸢尾科鸢尾属	红色	5 ~ 6月	46 ~ 55	16 ~ 25	96
16	‘鸿运’萱草	*Hemerocallis* ‘Baltimore Oriole’	百合科萱草属	深红色	7 ~ 8月	36 ~ 40	51 ~ 60	27
17	‘尼罗河之鹤’萱草	*Hemerocallis fulva*	百合科萱草属	黄色	7 ~ 8月	36 ~ 40	51 ~ 60	36
18	金鸡菊（进口矮生）	*Coreopsis grandiflora*	菊科金鸡菊属	黄色、橙色	5 ~ 9月	21 ~ 45	21 ~ 30	100
19	粉黛乱子草	*Muhlenbergia capillaris*	禾本科乱子草属	叶绿色、穗粉色	9 ~ 11月	71 ~ 80	51 ~ 60	12
20	‘盛情’松果菊	*Echinacea purpurea* ‘Cheyenne Spirit’	菊科松果菊属	紫色	5 ~ 9月	51 ~ 60	46 ~ 50	64
21	欧石竹	*Dianthus carthusianorum*	石竹科石竹属	红色	5 ~ 7月	16 ~ 20	11 ~ 15	180
22	多花香石竹	*Dianthus caryophyllus*	石竹科石竹属	红色、粉色	5 ~ 7月	21 ~ 25	21 ~ 25	48
23	‘金叶’石菖蒲	*Acorus gramineus* ‘Ogon’	天南星科菖蒲属	金黄色	全年	11 ~ 15	16 ~ 20	80
24	穗花庭菖蒲	*Sisyrinchium rosulatum*	鸢尾科庭菖蒲属	黄色	5月	41 ~ 45	16 ~ 20	108
25	姬小菊	*Brachyscome angustifolia*	菊科鹅河菊属	紫色	4 ~ 11月	11 ~ 15	15 ~ 20	64
26	‘小兔子’狼尾草	*Pennisetum alopecuroides* ‘Little Bunny’	禾本科狼尾草属	叶绿色，穗白色	9 ~ 10月	41 ~ 50	41 ~ 50	36
27	海滨羊茅	*Festuca glauca*	禾本科羊茅属	蓝色	全年	11 ~ 15	11 ~ 15	48
28	墨西哥羽毛草	*Nassella tenuissima*	禾本科侧针茅属	绿色	全年	41 ~ 50	26 ~ 35	100
29	德国鸢尾	*Iris germanica*	鸢尾科鸢尾属	黄色	5月	41 ~ 50	21 ~ 30	18
30	绵毛水苏	*Stachys lanata*	唇形科水苏属	紫色	7月	51 ~ 60	31 ~ 40	27
31	‘彩叶’杞柳	*Salix integra* ‘Hakuro Nishiki’	杨柳科柳属	绿色、白色	全年	111 ~ 120	81 ~ 90	2
32	丛生红枫	*Acer palmatum* ‘Atropurpureum’	槭树科槭属	红色	4 ~ 5月、9 ~ 10月	201 ~ 230	151 ~ 200	3
33	羽毛枫‘橙之梦’	*Acer palmatum* ‘Orange Dream’	槭树科槭属	橙黄	4 ~ 10月	281 ~ 300	200 ~ 230	3

（续）

序号	中文名	学名	科属	花色或叶色	花期或叶片观赏期	规格		数量（盆）
						高度（cm）	冠幅（cm）	
34	菱叶绣线菊	*Spiraea salicifolia*	蔷薇科绣线菊属	白色	5 ~ 6 月	61 ~ 80	61 ~ 80	3
35	‘小丑’火棘	*Pyracantha fortuneana* ‘Harlequin’	蔷薇科火棘属	绿色	全年	61 ~ 80	61 ~ 80	2
36	喷雪花	*Spiraea thunbergii*	蔷薇科绣线菊属	白色	5 ~ 6 月	61 ~ 80	101 ~ 120	2
37	‘黄金’花柏	*Chamaecyparis pisifera* cv.	柏科扁柏属	金黄色	全年	101 ~ 120	61 ~ 80	3
38	‘黄金’柏（塔形）	*Cupressus macrocarpa* ‘Goldcrest’	柏科柏木属	金黄色	全年	101 ~ 120	61 ~ 80	3
39	欧洲木绣球（进口）	*Viburnum macrocephalum*	忍冬科荚蒾属	白色	5 ~ 10 月	61 ~ 80	61 ~ 80	3
40	‘火焰’卫矛（进口）	*Euonymus alatus* ‘Compacta’	卫矛科卫矛属	红色	5 ~ 9 月	81 ~ 100	61 ~ 80	1
41	‘无尽夏’绣球	*Hydrangea macrophylla* ‘Endless Summer’	虎耳草科绣球属	蓝色、粉色	6 ~ 9 月	61 ~ 80	61 ~ 80	9
42	朝雾草	*Artemisia schmidtianai*	菊科蒿属	绿色	7 ~ 8 月	31 ~ 40	41 ~ 50	9
43	银石蚕	*Ludisia discolor*	兰科血叶兰属	绿色	全年	61 ~ 80	61 ~ 80	6
44	亮金女贞（球）	*Ligustrum vicaryi*	木樨科女贞属	黄色	全年	61 ~ 80	61 ~ 80	3
45	茛力花	*Acanthus mollis*	爵床科老鼠簕属	粉色	4 ~ 9 月	30 ~ 80	31 ~ 50	9
46	肾蕨	*Nephrolepis auriculata*	肾蕨科肾蕨属	绿色	全年	31 ~ 40	21 ~ 25	6
47	菠萝麻	*Agave sisalana*	龙舌兰科龙舌兰属	绿色	全年	61 ~ 80	31 ~ 40	9
48	‘花叶’芒	*Miscanthus sinensis* ‘Variegatus’	禾本科芒属	白色	9 ~ 11 月	81 ~ 100	61 ~ 80	9
49	红巨人朱蕉	*Cordyline fruticosa* ‘Red Sensation’	百合科朱蕉属	红色	全年	51 ~ 60	41 ~ 50	18
50	新西兰亚麻	*Linum usitatissimum*	亚麻科亚麻属	棕色	全年	61 ~ 80	31 ~ 40	6
51	‘金焰’绣线菊	*Spiraea* × *bumalda* ‘Gold Flame’	蔷薇科绣线菊属	粉色	5 ~ 6 月	61 ~ 80	61 ~ 80	18
52	黄金菊	*Chrysanthemum frutescens* ‘Golden Queen’	菊科菊属	黄色	7 ~ 9 月	81 ~ 100	31 ~ 40	12
53	矾根（四个品种）	*Heuchera micrantha*	虎耳草科矾根属	紫红色	全年	16 ~ 20	16 ~ 20	36
54	大麻叶泽兰	*Eupatorium cannabinum*	菊科泽兰属	粉色	9 ~ 10 月	51 ~ 100	31 ~ 40	18
55	大花滨菊	*Leucanthemum maximum*	菊科滨菊属	白色	4 ~ 6 月	31 ~ 70	31 ~ 40	48
56	百子莲	*Agapanthus africanus*	石蒜科百子莲属	蓝色	7 ~ 8 月	51 ~ 60	41 ~ 50	36
57	玫红筋骨草	*Ajuga ciliata* ‘Rosea’	唇形科筋骨草属	玫红	全年	16 ~ 20	16 ~ 20	64
58	迷迭香	*Rosmarinus officinalis*	唇形科迷迭香属	绿色	全年	36 ~ 45	36 ~ 45	12
59	‘金叶’薹草	*Carex oshimensis* ‘Evergold’	莎草科薹草属	黄色	全年	26 ~ 25	16 ~ 25	125
60	羽叶薰衣草	*Lavandula pedunculata*	唇形科薰衣草属	蓝色	11 月至翌年 5 ~ 6 月	51 ~ 80	46 ~ 50	100
61	林荫鼠尾草	*Salvia nemorosa*	唇形科鼠尾草属	蓝色	4 ~ 6 月、9 ~ 10 月（二次开花）	36 ~ 40	36 ~ 40	36
62	‘卡拉多纳’鼠尾草	*Salvia nemorosa* ‘Caradonna’	唇形科鼠尾草属	蓝色	4 ~ 6 月、9 ~ 10 月（二次开花）	36 ~ 40	36 ~ 40	36
63	‘蓝剑塔’鼠尾草	*Salvia japonica*	唇形科鼠尾草属	蓝色	4 ~ 6 月、9 ~ 10 月（二次开花）	36 ~ 40	36 ~ 40	27
64	天蓝鼠尾草	*Salvia uliginosa*	唇形科鼠尾草属	蓝色	8 ~ 10 月	36 ~ 50	36 ~ 50	27
65	朱唇（白色）	*Salvia coccinea*	唇形科鼠尾草属	白色	4 ~ 7 月	51 ~ 60	36 ~ 40	144
66	朱唇（粉色）	*Salvia coccinea*	唇形科鼠尾草属	粉色	4 ~ 7 月	51 ~ 60	36 ~ 40	144

林荫　梦微光

北京市植物园

刘婷　王扬　王东军　李岩　孟昕　代兴华

春季实景

设计说明

该花境位于大树林荫下，设计全部采用耐阴和耐半阴的宿根花卉，并以耐阴的灌木和一二年生草本花卉点缀其中。宿根花卉中既有玉簪、矾根、筋骨草等观叶为主的植物，又有八仙花、落新妇、赛菊芋等观花植物。灌木有黄杨、女贞，还有凤仙花等一二年生草本花卉。作品在展现耐阴植物不同种和品种的个体美的同时，展现植物的群体美。作品占地面积约 120m^2，共使用植物材料 60 余种（含品种）。

作品以乔灌木复层群落为背景，结合耐阴植物的生态特征进行配置。在原有植物结构的基础上进行补充，呈现出韵律感，既营造出高低错落的层次感，又有稳定感。整个植物空间张弛有度。

夏季实景

秋季实景

设计阶段图纸

平面图（植物种植图）

1 ‘无尽夏’绣球
2 大吴风草
3 ‘初恋’绣球
4 ‘三角洲黎明’矾根
5 ‘无尽夏’绣球
6 ‘爱国者’玉簪
7 ‘红辣椒’矾根
8 ‘上海’矾根
9 ‘阿拉巴马日出’矾根
10 ‘幸运符’紫露草
11 ‘金叶’薹草
12 ‘桃色火焰’矾根
13 ‘黑曜石’矾根
14 ‘疯狂’矾根
15 ‘蓝韵’钓钟柳
16 ‘口红’矾根
17 ‘朝阳’金鸡菊
18 ‘红色沼泽宝石红’落新妇
19 ‘甜心’玉簪
20 ‘华盛顿白色’落新妇
21 ‘红运’萱草
22 ‘太阳吻’金鸡菊
23 黄杨（球）
24 荚果蕨
25 ‘范娜尔亮红色’落新妇
26 金叶女贞
27 荷包牡丹‘爱慕粉色’
28 ‘大地之主’玉簪
29 ‘黄香蕉’玉簪
30 ‘红运’萱草
31 箱根草
32 ‘无尽夏’绣球
33 ‘狼獾’玉簪
34 ‘尼莫亮紫色’落新妇
35 ‘心叶牛舌草
36 ‘蓝叶高丛’玉簪
37 ‘大父’玉簪
38 ‘幻彩’八仙花
39 ‘花叶’八仙花
40 ‘中秋月’玉簪
41 ‘暗紫’筋骨草
42 ‘花叶’八仙花
43 ‘桃色火焰’矾根
44 ‘饴糖’矾根
45 ‘幻彩’八仙花
46 大吴风草
47 ‘粉蜻蜓’岩白菜
48 金叶佛甲草
49 ‘酒红之光’筋骨草
50 ‘黄香蕉’玉簪
51 ‘口红’矾根
52 ‘三角洲黎明’矾根+金叶反曲景天3：1
53 ‘大地之主’玉簪+‘上海’矾根2：1
54 ‘石灰灯’矾根
55 ‘午夜玫瑰’矾根
56 ‘米兰’矾根
57 凤仙
58 ‘暗紫’筋骨草
59 ‘姬十二单’筋骨草+‘金叶’薹草1：2
60 ‘粉蜻蜓’岩白菜
61 ‘法兰西’玉簪
62 ‘红色沼泽宝石红’落新妇
63 ‘爱国者’玉簪
64 ‘大花’萱草
65 ‘爱慕玫红’荷包牡丹
66 ‘魅力阳光’紫露草
67 ‘粉色幻想’落新妇
68 金边麦冬
69 ‘朝阳’金鸡菊
70 ‘大花’萱草
71 萓力花
72 ‘甜心’玉簪
73 ‘蓝韵’钓钟柳
74 ‘金叶’薹草
75 大叶铁线莲
76 ‘球王’大花葱
77 荚果蕨
78 ‘宽边’玉簪
79 ‘太阳吻’金鸡菊
80 ‘蓝韵’钓钟柳
81 ‘朝阳’金鸡菊
82 金边麦冬
83 ‘粉色幻想’落新妇
84 ‘大地之主’玉簪
85 ‘朝阳’金鸡菊
86 ‘宽边’玉簪
87 大叶铁线莲
88 赛菊芋
89 ‘蓝叶高丛’玉簪
90 黄杨（球）
91 荚果蕨
92 串叶松香草
93 ‘无尽夏’绣球
94 荚果蕨
95 ‘蓝叶高丛’玉簪
96 ‘紫水晶亮紫色’落新妇

花境植物材料

序号	名称	科属	学名	数量（株）	规格	面积（m^2）	密度（株/m^2）	花期/观赏期	长成高度（cm）	花色/叶色
1	‘阿拉巴马日出’矾根	虎耳草科矾根属	*Heuchera* ‘Alabama Sunrise’	5	1 加仑	0.3	16	4 ~ 11 月	30 ~ 35	叶脉春季和夏初为红色，叶片金色，秋季老叶片变成橘红色
2	‘爱国者’玉簪	百合科玉簪属	*Hosta fortunei* ‘Patriot’	11	2 加仑	2.8	4	5 ~ 10 月	35 ~ 40	叶边缘纯白色，内部深绿色
3	‘暗紫’筋骨草	唇形科筋骨草属	*Ajuga ciliata* ‘Atropurpurea’	63	13cm	2.1	30	5 ~ 10 月	15 ~ 20	叶片紫黑色，春季开蓝紫色花
4	‘朝阳’金鸡菊	菊科金鸡菊属	*Coreopsis grandiflora* ‘Early Sunrise’	115	15cm	4.6	25	5 ~ 10 月	55 ~ 60	花黄色
5	‘初恋’八仙花	虎耳草科绣球属	*Hydrangea macrophylla* ‘Early Sensaton’	3	2 加仑	0.8	4	6 ~ 8 月	50 ~ 70	叶亮绿色，花粉红色
6	‘大地之主’玉簪	百合科玉簪属	*Hosta* ‘Ground Master’	28	18cm	3.1	9	5 ~ 10 月	35 ~ 45	叶片银色边纹，花紫色
7	‘大父’玉簪	百合科玉簪属	*Hosta* ‘Big Daddy’	2	3 加仑	1.6	1	5 ~ 10 月	70 ~ 80	叶片蓝色，花白色
8	‘大花’萱草	百合科萱草属	*Hemerocallis hybrida* ‘Bergmans’	21	18cm	1.3	16	6 ~ 8 月	40 ~ 50	花橙色
9	‘法兰西’玉簪	百合科玉簪属	*Hosta* ‘Francee’	36	18cm	4	9	5 ~ 10 月	60 ~ 70	叶片绿色，边缘银白色镶边
10	‘范娜尔亮红色’落新妇	虎耳草科落新妇属	*Astilbe* ‘Fanal’	30	15cm	1.2	25	6 ~ 7 月	25 ~ 35	花红色
11	‘粉蜻蜓’岩白菜	虎耳草科岩白菜属	*Bergenia purpurascens* ‘Pink Dragonfly’	80	15cm	3.2	25	4 ~ 12 月	25	花亮粉色，冬季叶片亮紫色
12	‘粉色幻想’落新妇	虎耳草科落新妇属	*Astilbe chinensis* ‘Visions in Pink’	43	15cm	1.7	25	4 ~ 7 月	25 ~ 35	花粉色
13	‘疯狂’矾根	虎耳草科矾根属	*Heuchera* ‘Rave On’	30	13cm	1	30	4 ~ 11 月	20	粉红色花，叶片银色
14	‘黑曜石’矾根	虎耳草科矾根属	*Heuchera* ‘Obsidian’	13	1 加仑	0.8	16	4 ~ 11 月	25	叶黑红色，花红色，秆红色
15	‘红辣椒’矾根	虎耳草科矾根属	*Heuchera* ‘Paprikav’	7	1 加仑	0.4	16	4 ~ 11 月	20	叶片春季由鲜橙色变为橙色，花白色
16	‘红色沼泽宝石红’落新妇	虎耳草科落新妇属	*Astilbe chinensis* ‘Lowlands Red’	88	15cm	3.5	25	6 ~ 7 月	25 ~ 35	花红色
17	‘红运’萱草	百合科萱草属	*Hemerocallis minor* cv.	26	18cm	1.6	16	6 ~ 8 月	40 ~ 50	花大红色，喉部黄色
18	‘花叶’八仙花	虎耳草科八仙花属	*Hydrangea macrophylla* ‘Varegata’	10	2 加仑	2.4	4	5 ~ 10 月	50 ~ 70	叶亮绿色有白边
19	‘华盛顿白色’落新妇	虎耳草科落新妇属	*Astilbe* ‘Japonica Washington’	15	15cm	0.6	25	6 ~ 7 月	25 ~ 35	花白色
20	‘幻彩’八仙花	虎耳草科八仙花属	*Hydrangea macrophylla* ‘Symphony’	8	2 加仑	2.1	4	5 ~ 10 月	50 ~ 70	叶亮绿色，花粉红色
21	‘黄香蕉’玉簪	百合科玉簪属	*Hosta* ‘Fried Bananas’	22	18cm	2.5	9	5 ~ 10 月	50 ~ 60	金色叶片
22	‘酒红之光’筋骨草	唇形科筋骨草属	*Ajuga ciliata* ‘Burgundy Glow’	9	13cm	0.3	30	5 ~ 10 月	15 ~ 20	花叶，春季开蓝紫色花
23	‘口红’矾根	虎耳草科矾根属	*Heuchera* ‘Lipstick’	48	1 加仑	3	16	4 ~ 11 月	20 ~ 25	叶片绿色并有银色脉纹，花红色
24	‘宽边’玉簪	百合科玉簪属	*Hosta fortunei* ‘Wide brim’	10	2 加仑	2.6	4	5 ~ 10 月	55 ~ 60	叶片中心深绿色，边缘不规则浅黄色
25	‘蓝叶高丛’玉簪	百合科玉簪属	*Hosta* ‘Blue & Straight’	82	15cm	6.5	12	5 ~ 10 月	55 ~ 60	叶深蓝色
26	‘蓝韵’钓钟柳	玄参科钓钟柳属	*Penstemon campanulatus*	63	15cm	2.5	25	5 ~ 6 月	45	花深蓝色
27	‘狼獾’玉簪	百合科玉簪属	*Hosta* ‘Wolverine’	22	15cm	1.8	12	5 ~ 10 月	40 ~ 45	叶片蓝绿色，镶有金边
28	‘米兰’矾根	虎耳草科矾根属	*Heuchera* ‘Milan’	36	13cm	1.2	30	4 ~ 11 月	23	花粉红色，叶片银色，低温变栗色
29	‘尼莫亮紫色’落新妇	虎耳草科落新妇属	*Astilbe* ‘Nemo’	43	15cm	1.7	25	6 ~ 7 月	25 ~ 35	花亮紫色
30	‘三角洲黎明’矾根	虎耳草科矾根属	*Heuchera* ‘Delta Dawn’	22	1 加仑	1.4	16	4 ~ 11 月	20 ~ 25	春秋两季叶片红色并镶嵌有金边，夏季仅叶脉为红色
31	‘上海’矾根	虎耳草科矾根属	*Heuchera* ‘Shanghai’	19	1 加仑	1.2	16	4 ~ 11 月	25	花白色，叶片银紫色
32	‘石灰灯’矾根	虎耳草科矾根属	*Heuchera* ‘Electric Lime’	24	1 加仑	1.5	16	4 ~ 11 月	30	凉爽温度下红色脉络，花白色
33	‘太阳吻’金鸡菊	菊科金鸡菊属	*Coreopsis grandiflora* ‘Sunkiss’	53	15cm	2.1	25	5 ~ 10 月	35	花黄色，花心橘色
34	‘桃色火焰’矾根	虎耳草科矾根属	*Heuchera* ‘Peach Flambe’	16	1 加仑	1	16	4 ~ 11 月	18	花白色，叶片桃红色

（续）

序号	名称	科属	学名	数量（株）	规格	面积（m^2）	密度（株 /m^2）	花期 / 观赏期	长成高度（cm）	花色 / 叶色
35	‘甜心’玉簪	百合科玉簪属	*Hosta* ‘So Sweet’	20	18cm	2.2	9	5 ~ 10 月	40 ~ 45	花白色，叶片绿色白边
36	‘无尽夏’八仙花	虎耳草科绣球属	*Hydrangea macrophylla* ‘Endless Summer’	17	2 加仑	4.3	4	5 ~ 10 月	50 ~ 100	花粉色、淡紫色，花色可变
37	‘午夜玫瑰’矾根	虎耳草科矾根属	*Heuchera* ‘Midnight Rose’	30	13cm	1	30	4 ~ 11 月	25	叶片黑色有亮粉色斑点，最终变成奶油色
38	‘饴糖’矾根	虎耳草科矾根属	*Heuchera* ‘Caramel’	30	13cm	1	30	4 ~ 11 月	25 ~ 35	夏季棕黄色叶片，秋季叶片变为鲜艳的红棕色
39	‘中秋月’玉簪	百合科玉簪属	*Hosta* ‘August Moon’	11	18cm	1.2	9	5 ~ 10 月	55 ~ 60	金色叶片
40	‘紫水晶亮紫色’落新妇	虎耳草科落新妇属	*Astilbe amethyst*	28	15cm	1.1	25	6 ~ 7 月	25 ~ 35	花紫色
41	串叶松香草	菊科松香草属	*Silphium perfoliatum*	64	1 加仑	4	16	6 ~ 8 月	200 ~ 300	叶片深绿，花黄色
42	‘球王’大花葱	百合科葱属	*Allium* ‘Globemaster’	4	2 加仑	0.7	5	5 ~ 7 月	40	花蓝紫色
43	大叶铁线莲	毛茛科铁线莲属	*Clematis heracleifolia*	51	1 加仑	3.2	16	5 ~ 7 月	100	花蓝紫色
44	大吴风草	菊科大吴风草属	*Farfugrium japonicum*	24	1 加仑	1.5	16	8 月至翌年 3 月	70	叶片上面绿色下面淡绿色，花黄色
45	凤仙	凤仙花科凤仙花属	*Impatiens balsamina*	113	11cm	1.4	81	7 ~ 10 月	30 ~ 40	花白色
46	茛力花	爵床科老鼠簕属	*Acanthus mollis*	16	18cm	1	16	5 ~ 9 月	70	花淡紫色
47	‘爱慕粉色’荷包牡丹	罂粟科荷包牡丹属	*Dicentra* ‘Amore Pink’	19	1 加仑	1.2	16	4 ~ 6 月	20 ~ 25	花粉红色，叶片浅绿色
48	黄杨（球）	黄杨科黄杨属	*Buxus sinica* subsp. *sinica* var. *parvifolia*	3	50cm	2.5	1	常绿	55	叶片绿色
49	荚果蕨	球子蕨科荚果蕨属	*Matteuccia struthiopteris*	88	18cm	5.5	16	4 ~ 10 月	40 ~ 50	叶片绿色
50	金边麦冬	百合科麦冬属	*Liriope spicata* var. *variegata*	24	18cm	1.5	16	5 ~ 10 月	30	叶片绿色镶嵌金边
51	金叶佛甲草	景天科景天属	*Sedum lineare*	44	12cm	0.9	49	5 ~ 6 月	10 ~ 20	叶片金色
52	金叶女贞	木樨科女贞属	*Ligustrum* × *vicaryi*	2	40cm	0.5	4	4 ~ 10 月	50	叶片金黄色
53	‘金叶’薹草	莎草科薹草属	*Carex oshimensis* ‘Evergold’	43	18cm	2.7	16	4 ~ 5 月	20	叶边缘深绿，中间宽条纹乳黄色
54	赛菊芋	菊科赛菊芋属	*Heliopsis helianthoides*	8	2 加仑	2	4	6 ~ 9 月	70 ~ 150	花黄色
55	心叶牛舌草	紫草科牛舌草属	*Brunnera macrophylla*	50	15cm	2	25	5 ~ 10 月	30	斑叶绿色，小花蓝色
56	‘魅力阳光’紫露草	鸭跖草科紫露草属	*Tradescantia ohiensis* cv.	5	2 加仑	1.2	4	6 ~ 7 月	30 ~ 40	叶片金黄色，花淡紫色
57	‘幸运符’紫露草	鸭跖草科紫露草属	*Tradescantia ohiensis* ‘Good Fortune’	5	2 加仑	1.1	4	6 ~ 7 月	30 ~ 40	叶片金黄色，花蓝色
58	金叶反曲景天	景天科景天属	*Sedum reflexum*	40	12cm	0.8	49	4 ~ 9 月	15 ~ 20	叶金黄色
59	‘爱慕玫红’荷包牡丹	罂粟科荷包牡丹属	*Dicentra* ‘Amore Rose’	6	1 加仑	0.4	16	4 ~ 6 月	20 ~ 25	花粉红色
60	筋骨草‘姬十二单’	唇形科筋骨草属	*Ajuga multiflora*	29	13cm	0.9	30	5 ~ 10 月	15 ~ 20	叶片绿色、棕色

花境植物更换表

序号	名称	科属	学名	数量（株）	规格	面积（m^2）	密度（株 /m^2）	花期 / 观赏期	长成高度（cm）	花色 / 叶色
1	橐吾	菊科橐吾属	*Ligularia hodgsonii*	18	15cm	0.7	25	7 ~ 10 月	100	花黄褐色
2	风铃草	桔梗科风铃草属	*Campanula medium*	19	18cm	1.2	16	5 ~ 6 月	60 ~ 90	花蓝紫色

旭辉彩园

苏州满庭芳景观工程有限公司

覃乐梅

设计说明

旭辉彩园位于全国著名的太湖5A级景区核心，是集自然、生态、人文于一体的康养胜地。

参赛作品位于“晓月一隅”——长者的集体户外活动场地中。由于作品受众主要为年长者，所以选取具有药用价值或者芳香气味的植物，如八角金盘、南天竹、红千层、千层金、‘芳香’万寿菊、黄金菊等作为花境骨架植物，搭配大麻叶泽兰、‘深蓝’鼠尾草、天蓝鼠尾草、‘蓝霸’鼠尾草、‘紫绒’鼠尾草、玉簪、迷迭香等宿根花卉，打造一个具有药用和芳香价值的适宜长者可远观可近赏的功能性花境。从长者康养的角度出发，在药用和芳香的理念之外，还需要色彩的加持，因此，花境中使用了红色的‘天堂之门’金鸡菊，粉色的美人蕉、‘霹雳’石竹，玫红色的三角梅，紫红色的‘紫叶’狼尾草、‘花叶’络石等红色系植物，以及亮金女贞、‘金姬’小蜡、‘辉煌’女贞等金色系的植物，配上棕红色的覆盖物，整体色系以暖色调为主，带给长者温暖、明媚之感。

春季实景

夏季实景

秋季实景

设计阶段图纸

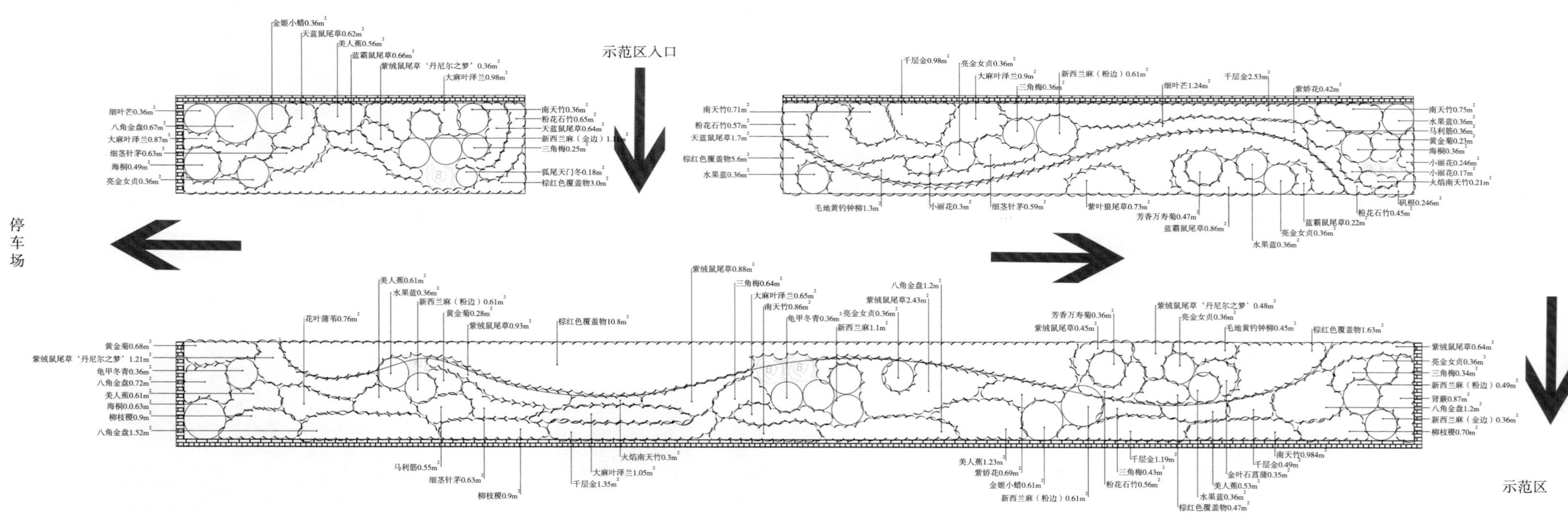
示范区入口
停车场
示范区
金姬小蜡0.36m^2
天蓝鼠尾草0.62m^2
美人蕉0.56m^2
蓝霸鼠尾草0.66m^2
紫绒鼠尾草‘丹尼尔之梦’0.36m^2
大麻叶泽兰0.98m^2
细叶芒0.36m^2
八角金盘0.67m^2
大麻叶泽兰0.87m^2
细茎针茅0.63m^2
海桐0.49m^2
亮金女贞0.36m^2
南天竹0.36m^2
粉花石竹0.65m^2
天蓝鼠尾草0.64m^2
新西兰麻（金边）1.1m^2
三角梅0.25m^2
狐尾天门冬0.18m^2
棕红色覆盖物3.0m^2
千层金0.98m^2
亮金女贞0.36m^2
大麻叶泽兰0.9m^2
三角梅0.36m^2
新西兰麻（粉边）0.61m^2
细叶芒1.24m^2
千层金2.53m^2
紫娇花0.42m^2
南天竹0.71m^2
粉花石竹0.57m^2
天蓝鼠尾草1.7m^2
棕红色覆盖物5.6m^2
水果蓝0.36m^2
毛地黄钓钟柳1.3m^2
小丽花0.3m^2
细茎针茅0.59m^2
紫叶狼尾草0.73m^2
芳香万寿菊0.47m^2
蓝霸鼠尾草0.86m^2
水果蓝0.36m^2
亮金女贞0.36m^2
蓝霸鼠尾草0.22m^2
粉花石竹0.45m^2
矾根0.246m^2
南天竹0.75m^2
水果蓝0.36m^2
马利筋0.36m^2
黄金菊0.23m^2
海桐0.36m^2
小丽花0.246m^2
小丽花0.17m^2
火焰南天竹0.21m^2
美人蕉0.61m^2
水果蓝0.36m^2
新西兰麻（粉边）0.61m^2
黄金菊0.28m^2
紫绒鼠尾草0.93m^2
花叶蒲苇0.76m^2
棕红色覆盖物10.8m^2
紫绒鼠尾草0.88m^2
三角梅0.64m^2
大麻叶泽兰0.65m^2
南天竹0.86m^2
龟甲冬青0.36m^2
亮金女贞0.36m^2
新西兰麻1.1m^2
紫绒鼠尾草2.43m^2
八角金盘1.2m^2
芳香万寿菊0.36m^2
紫绒鼠尾草0.45m^2
紫绒鼠尾草‘丹尼尔之梦’0.48m^2
亮金女贞0.36m^2
毛地黄钓钟柳0.45m^2
棕红色覆盖物1.63m^2
黄金菊0.68m^2
紫绒鼠尾草‘丹尼尔之梦’1.21m^2
龟甲冬青0.36m^2
八角金盘0.72m^2
美人蕉0.61m^2
海桐0.63m^2
柳枝稷0.9m^2
八角金盘1.52m^2
紫绒鼠尾草0.64m^2
亮金女贞0.36m^2
三角梅0.34m^2
新西兰麻（粉边）0.49m^2
肾蕨0.87m^2
八角金盘1.2m^2
新西兰麻（金边）0.36m^2
柳枝稷0.70m^2
马利筋0.55m^2
细茎针茅0.63m^2
柳枝稷0.9m^2
火焰南天竹0.3m^2
大麻叶泽兰1.05m^2
千层金1.35m^2
美人蕉1.23m^2
紫娇花0.69m^2
金姬小蜡0.61m^2
新西兰麻（粉边）0.61m^2
千层金1.19m^2
三角梅0.43m^2
粉花石竹0.56m^2
棕红色覆盖物0.47m^2
南天竹0.984m^2
千层金0.49m^2
金叶石菖蒲0.35m^2
美人蕉0.53m^2
水果蓝0.36m^2

花境植物材料

序号	植物名称	植物科属	学名	花（叶）色	开花期及持续时间	长成高度（cm）	冠幅（cm）	种植密度（株/m²）	面积（m²）	株数（株）
花灌木类										
1	海桐	海桐科海桐花属	*Pittosporum tobira*	花白色，四季观叶	春花，花期 3 ~ 5 月	60 ~ 70	60	4	1.69	7
2	亮金女贞	木樨科女贞属	*Ligustrum* × *vicaryi*	叶黄绿色，白花	四季观叶，春花，花期 3 ~ 5 月	60 ~ 70	60	4	2.52	10
3	‘金姬’小蜡	木樨科女贞属	*Ligustrum sinense* ‘Jinji’	叶常绿，白花	观叶，春花，花期 4 ~ 6 月	60 ~ 70	60	4	1.12	4
4	南天竹	小檗科南天竹属	*Nandina domestica*	春夏秋冬红叶，秋冬红果	花期 3 ~ 6 月、果期 5 ~ 11 月	200	25 ~ 35	16	4.19	67
5	三角梅	紫茉莉科叶子花属	*Bougainvillea spectabilis*	玫红色花	冬春花，花期 11 月至翌年 6 月	300	40 ~ 50	9	2.31	21
6	黄金菊	菊科黄蓉菊属	*Euryops pectinatus*	黄花	四季开花，花期 4 ~ 12 月	50	30 ~ 40	16	1.47	24
7	龟甲冬青	冬青科冬青属	*Ilex crenata*	叶常绿	四季观叶	60 ~ 70	70 ~ 80	2	0.84	2
8	水果蓝	唇形科香科科属	*Teucrium fruticans*	叶灰蓝色，花淡紫色	四季观叶，春花，花期 3 ~ 5 月	40 ~ 50	40 ~ 50	4	2.10	8
9	千层金	桃金娘科白千层属	*Melaleuca bracteata*	叶黄绿色	四季观叶	200	40 ~ 50	9	7.46	67
10	‘火焰’南天竹	小檗科南天竹属	*Nandina domestica* ‘Firepower’	春夏秋冬红叶、秋冬红果	花期 3 ~ 6 月，果期 5 ~ 11 月	15 ~ 25	15 ~ 25	36	0.59	21
11	八角金盘	五加科八角金盘属	*Fatsia japonica*	黄白花，四季观叶	秋花，花期 10 ~ 11 月	200 ~ 250	80 ~ 100	1	4.70	5
多年生花卉类										
1	‘芳香’万寿菊	菊科万寿菊属	*Tagetes erecta*	花橙黄色	秋花，花期 9 ~ 11 月	50 ~ 60	40 ~ 50	9	0.95	9
2	矾根	虎耳草科矾根属	*Heuchera micrantha*	叶黄色，花白色	四季观叶，夏花，花期 4 ~ 10 月	30 ~ 80	20 ~ 30	25	0.28	7
3	肾蕨	肾蕨科肾蕨属	*Nephrolepis auriculata*	叶常绿	四季观叶	30	20 ~ 30	25	0.99	25
4	‘金叶’石菖蒲	天南星科菖蒲属	*Acorus gramineus* ‘Ogan’	叶金黄	观叶	40	20 ~ 30	25	0.41	10
5	大麻叶泽兰	菊科泽兰属	*Eupatorium cannabinum*	花粉色	秋花，花期 8 ~ 10 月	50 ~ 100	20 ~ 30	25	7.56	189
6	‘丹尼尔之梦’鼠尾草	唇形科鼠尾草属	*Salvia leucantha*	花粉白色	秋花，花期 9 ~ 12 月	100 ~ 150	20 ~ 30	25	2.35	59
7	天蓝鼠尾草	唇形科鼠尾草属	*Salvia uliginosa*	花蓝色	春夏花，花期 6 ~ 7 月	150	20 ~ 30	25	3.37	84
8	美人蕉	美人蕉科美人蕉属	*Canna indica*	花粉色	夏秋花，花期 6 ~ 11 月	180	20 ~ 30	25	4.05	101
9	‘蓝霸’鼠尾草	唇形科鼠尾草属	*Salvia* ‘Mystic Spires Blue’	花蓝色	春夏花，花期 6 ~ 7 月	70 ~ 80	20 ~ 30	25	1.99	50
10	新西兰麻	龙舌兰科新西兰麻属	*Phormium tenax*	叶片绿色带金边	四季观叶	40 ~ 50	40 ~ 50	9	1.68	15
11	新西兰麻	龙舌兰科新西兰麻属	*Phormium tenax*	叶片深红色带粉边	四季观叶	40 ~ 50	40 ~ 50	9	3.92	35
12	‘紫绒’鼠尾草	唇形科鼠尾草属	*Salvia leucantha*	花紫色	秋冬花，花期 9 ~ 12 月	100 ~ 150	20 ~ 30	25	6.08	152
13	紫娇花	石蒜科紫娇花属	*Tulbaghia violacea*	花紫色	春夏花，花期 5 ~ 7 月	50 ~ 70	20 ~ 30	25	1.26	32

（续）

序号	植物名称	植物科属	学名	花（叶）色	开花期及持续时间	长成高度（cm）	冠幅（cm）	种植密度（株 /m^2）	面积（m^2）	株数（株）
14	毛地黄钓钟柳	玄参科钓钟柳属	*Penstemon gloxinioides*	花紫红色	春夏花，花期 5 ~ 6 月	50 ~ 70	20 ~ 30	25	1.99	50
15	小丽花	菊科大丽花属	*Dahlia pinnata*	花红色	春夏秋花	20 ~ 60	15 ~ 25	36	0.81	29
16	狐尾天门冬	百合科天门冬属	*Asparagus densiflorus* ‘Myers’	四季观叶	观叶植物	40 ~ 60	30 ~ 40	9	0.21	2
17	马利筋	萝藦科马利筋属	*Asclepias curassavica*	花橙黄色	春夏秋花	40 ~ 60	20 ~ 30	25	1.05	26
观赏草类										
1	‘紫叶’狼尾草	禾本科狼尾草属	*Pennisetum setaceum* ‘Rubrum’	叶紫色	观叶，观穗，穗期 6 ~ 9 月	80	20 ~ 30	25	0.83	21
2	‘细叶’芒	禾本科芒属	*Miscanthus sinensis* ‘Gracillimus’	花穗淡黄色	夏秋花，花期 7 ~ 11 月	100 ~ 150	30 ~ 40	16	1.83	29
3	柳枝稷	禾本科黍属	*Panicum virgatum*	花穗玫红色	夏秋花，花期 6 ~ 11 月	150 ~ 200	30 ~ 40	16	2.84	45
4	‘花叶’蒲苇	禾本科蒲苇属	*Cortaderia selloana* ‘Silver Comet’	叶绿色金边	观叶，秋冬花，花期 9 月至翌年 1 月	150	30 ~ 40	16	0.87	14
5	细茎针茅	禾本科针茅属	*Stipa tenuissima*	春、夏、秋观叶	观叶植物	40 ~ 60	20 ~ 30	25	2.10	53
时令花卉										
1	石竹	石竹科石竹属	*Dianthus chinensis*	花粉白色	春秋冬花，花期 11 月至翌年 4 月	15 ~ 25	10 ~ 20	49	2.55	125
花境相关材料										
1	棕红色覆盖物								24.61	

花境植物更换表

序号	植物名称	植物科属	学名	花（叶）色	开花期及持续时间	长成高度（cm）	冠幅（cm）	种植密度（株 /m^2）	面积（m^2）	株数（株）
1	山桃草	柳叶菜科山桃草属	*Gaura lindheimeri*	叶紫色、花粉色	春夏秋花，花期 5 ~ 8 月	100	20 ~ 30	25	3.26	82
2	‘顶点’鼠尾草	唇形科鼠尾草属	*Salvia nemorosa*	花粉色	春花，花期 5 ~ 6 月	20 ~ 30	20 ~ 30	25	1.99	50
3	‘霹雳’石竹	石竹科石竹属	*Dianthus chinensis* cv.	花粉色	春夏秋花，花开不断	30 ~ 40	20 ~ 30	25	3.00	75
5	‘花叶’玉蝉花	鸢尾科鸢尾属	*Iris ensata*	花紫色	初夏花，花期 6 ~ 7 月	80	15 ~ 25	25	3.08	77
6	翠芦莉	爵床科单药花属	*Ruellia simplex*	花粉色	夏花，花期 7 ~ 8 月	130	15 ~ 25	25	3.37	84
7	萼距花	千屈菜科萼距花属	*Cuphea hookeriana*	花玫红色	春夏秋花，花期 5 ~ 12 月	60	15 ~ 25	36	4.25	153
8	‘金边阔叶’麦冬	百合科沿阶草属	*Liriope spicata*	花紫色	春秋冬观叶，夏花，花期 6 ~ 9 月	40	20 ~ 30	25	2.55	64

霁雨虹霓

沈阳蓝花楹花境景观工程有限公司

曲径

春季实景

夏季实景

设计说明

此花境为四面观岛状花境，色彩缤纷绚丽，灵感来源于邻近的莫子山炫彩儿童乐园。花卉色块以飘带形式为主，整体感觉如同一道彩虹浸染在绿油油的草坪上。花境以侧柏、柳枝稷、花叶矮蒲苇等高大观赏草为景观骨架，宿根花卉为焦点植物，通过宿根六倍利的红，金鱼草的粉，火炬花的橙，金鸡菊的黄，蓝雪花的蓝，翠芦莉的紫等多种色彩构成了彩虹的绚丽缤纷。

蓬勃的绿色，神秘的紫色，温暖的粉色，治愈的蓝色，跳跃的黄色，活泼的红色，让人们从不同的角度，不同的光线下近距离欣赏品鉴，体会自然的真趣。

秋季实景

设计阶段图纸

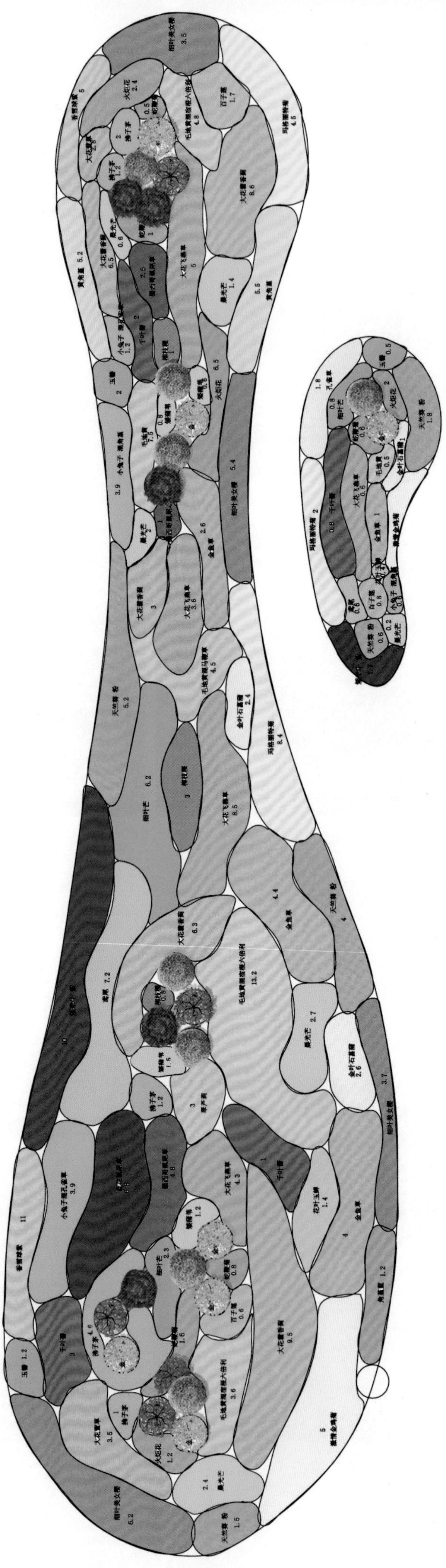

花境植物材料

序号	植物名称	植物科属	学名	花（叶）色	开花期及持续时间	长成高度（mm）	种植面积（m^2）	种植密度（株/m^2）	株数（株）	更换
草本植物清单										
1	‘矮’蒲苇	禾本科蒲苇属	*Cortaderia selloana* ‘Pumila’	叶绿色	7 ~ 10 月	800 ~ 1000	4.1	16	66	
2	‘小兔子’狼尾草	禾本科狼尾草属	*Pennisetum alopecuroides* ‘Little Bunny’	叶奶白到棕褐色	7 ~ 10 月	500 ~ 600	5.2	49	255	
3	‘细叶’芒	禾本科芒属	*Miscanthus sinensis* ‘Gracillimus’	叶绿色	6 ~ 11 月	800 ~ 1000	9.3	36	335	
4	墨西哥鼠尾草	唇形科鼠尾草属	*Salvia leucantha*	花蓝紫色	6 ~ 9 月	800 ~ 1200	8.3	16	133	
5	柳叶马鞭草	马鞭草科马鞭草属	*Verbena bonariensis*	花蓝紫色	5 ~ 9 月	1000 ~ 1200	2.3	25	58	
6	大花藿香蓟	菊科藿香蓟属	*Ageratum houstonianum*	花蓝紫色	5 ~ 10 月	400 ~ 600	34.1	36	1228	
7	百子莲	石蒜科百子莲属	*Agapanthus africanus*	花蓝色	6 月	600 ~ 800	3.1	16	50	球菊
8	大花飞燕草	毛茛科翠雀属	*Delphinium×cultorum*	花蓝紫色	5 ~ 6 月	800 ~ 1000	22	25	550	蓝雪花
9	毛地黄	玄参科毛地黄属	*Digitalis purpurea*	花粉色	5 ~ 6 月	800 ~ 900	9.8	25	244	
10	蛇鞭菊	菊科蛇鞭菊属	*Liatris spicata*	花紫色	7 ~ 9 月	600 ~ 1000	4.5	49	221	
11	角堇（黄）	堇菜科堇菜属	*Viola cornuta*	花黄色	5 ~ 7 月	100 ~ 200	10.7	81	867	香彩雀
12	角堇（蓝）	堇菜科堇菜属	*Viola cornuta*	花蓝色	5 ~ 7 月	100 ~ 200	1.2	81	97	千日红
13	‘晨光’芒	禾本科芒属	*Miscanthus sinensis* ‘Morning Light’	叶银白色	6 ~ 11 月	500 ~ 700	5.3	36	191	
14	孔雀草	菊科万寿菊属	*Tagetes patula*	花黄色	5 ~ 9 月	200 ~ 300	9.3	64	592	
15	金鱼草	车前科金鱼草属	*Antirrhinum majus*	花粉色、黄色	5 ~ 10 月	400 ~ 500	12.0	36	432	
16	‘卡尔’拂子茅	禾本科拂子茅属	*Calamagrostis acutiflora* ‘Karl Foerster’	叶米白色	6 ~ 10 月	1400 ~ 1500	10	25	250	
17	蓝姬柳枝稷	禾本科黍属	*Panicum virgatum*	叶绿色	6 ~ 10 月	1400 ~ 1500	4.8	25	120	
18	天竺葵	牻牛儿苗科天竺葵属	*Pelargonium hortorum*	花粉色	5 ~ 10 月	300 ~ 400	13.1	25	328	
19	德国鸢尾	鸢尾科鸢尾属	*Iris germanica*	花紫色	5 ~ 6 月	500 ~ 800	7.8	49	382	
20	香雪球	十字花科香雪球属	*Lobularia maritima*	花白色	5 ~ 7 月	100 ~ 200	16.0	49	784	香彩雀
21	蓝花鼠尾草	唇形科鼠尾草属	*Salvia farinacea*	花蓝色	6 ~ 10 月	400 ~ 500	6.8	49	333	
22	翠芦莉	爵床科芦莉草属	*Ruellia simplex*	花蓝紫色	5 ~ 10 月	600 ~ 800	3	25	75	
23	火炬花	百合科火把莲属	*Kniphofia uvaria*	花橘红色	5 ~ 10 月	500 ~ 600	12.1	25	303	
24	大花萱草	百合科萱草属	*Hemerocallis hybrida*	花黄色	7 ~ 8 月	500 ~ 600	6.3	25	158	
25	‘激情’金鸡菊	菊科金鸡菊属	*Coreopsis basalis* ‘Solanna Glow’	花黄色	5 ~ 10 月	400 ~ 500	8.0	25	200	
26	千叶蓍	菊科蓍属	*Achillea millefolium*	花白色	7 ~ 9 月	500 ~ 700	6.8	16	109	

（续）

序号	植物名称	植物科属	学名	花（叶）色	开花期及持续时间	长成高度（mm）	种植面积（m^2）	种植密度（株/m^2）	株数（株）	更换
27	宿根六倍利	桔梗科半边莲属	*Lobelia erinus*	花红色	5～8月	150～300	11.1	36	400	
28	矮牵牛	茄科碧冬茄属	*Petunia hybrida*	花紫色	5～8月	200～400	11.7	81	948	桑贝斯凤仙
29	细叶美女樱	马鞭草科美女樱属	*Glandularia tenera*	花紫色	5～10月	400～600	18.8	49	921	
30	玛格丽特	菊科木茼蒿属	*Argyranthemum frutescens*	花粉色	5～7月	300～400	16.6	49	813	繁星花
31	‘金叶’石菖蒲	天南星科菖蒲属	*Acorus gramineus* ‘Ogan’	叶黄绿色	5～10月	300～400	6.0	25	150	
32	花叶玉蝉	鸢尾科鸢尾属	*Iris ensata*	叶绿色带黄心	5～10月	500～600	2.1	36	76	
33	‘法兰西’玉簪	百合科玉簪属	*Hosta* ‘Francee’	叶绿色有白边	7～9月	200～300	3.7	36	133	
	小计						305.8		11797	
乔灌木植物清单										
1	紫叶小檗	小檗科小檗属	*Berberis thunbergii* var. *atropurpurea*	叶紫色	5～11月	800～900	2	0.5	4	
2	‘金叶’榆	榆科榆属	*Ulmus pumila* ‘Jinye’	叶黄绿色	5～11月	800～900	3.5	0.5	7	
3	水蜡球	木樨科女贞属	*Ligustrum obtusifolum*	叶绿色	5～11月	800～900	4	0.5	8	
4	侧柏	柏科侧柏属	*Platycladus orientalis*	叶绿色	5～11月	3500～5000	2.5	0.5	5	
	小计						12		24	
	合计						317.8		11821	

花境植物更换表

序号	植物名称	植物科属	学名	花（叶）色	开花期及持续时间	长成高度（mm）	种植面积（m^2）	种植密度（株/m^2）	株数（株）	备注
1	球菊	菊科球菊属	*Epaltes australis*	花蓝紫色	8～10月	300～400	3.1	36	112	
2	蓝雪花	白花丹科蓝雪花属	*Ceratostigma plumbaginoides*	花蓝色	7～10月	400～500	22	25	550	
3	千日红	苋科千日红属	*Gomphrena globosa*	花玫红色	8～10月	300～400	1.2	36	43	
4	香彩雀	玄参科香彩雀属	*Angelonia angustifolia*	花混色	7～10月	300～400	26.7	25	668	
5	‘桑贝斯’凤仙	凤仙花科凤仙花属	*Impatiens hybrids* ‘Sunpatience’	花粉色	7～10月	400～500	11.7	25	293	
6	繁星花	茜草科五星花属	*Pentas lanceolata*	花红色	7～10月	300～400	16.6	36	598	
	合计						81.3		2262	

魔幻花园

南京拙景园林规划工程有限公司

汤振阳　高桓　李威　王重旭　邓正福　李杨　陈彬彬　王璇　刘萍　刘同发　王志慧

春季实景

设计说明

设计原则：因地制宜，崇尚自然。

以植物造景为主，结合现有场地的高差关系，设计高低起伏的挡墙，形成俯视、平视、仰视的多维度视角。利用不同植物的性质和季相特点，打造季相鲜明且各有特色的植物景观，营造一个满足多季节观赏且低维护的自然式生态群落，发挥最大的生态效益。通过不同植物之间高低错落的关系，打造出一个步移景异的多维植物空间。

夏季实景

秋季实景

设计阶段图纸

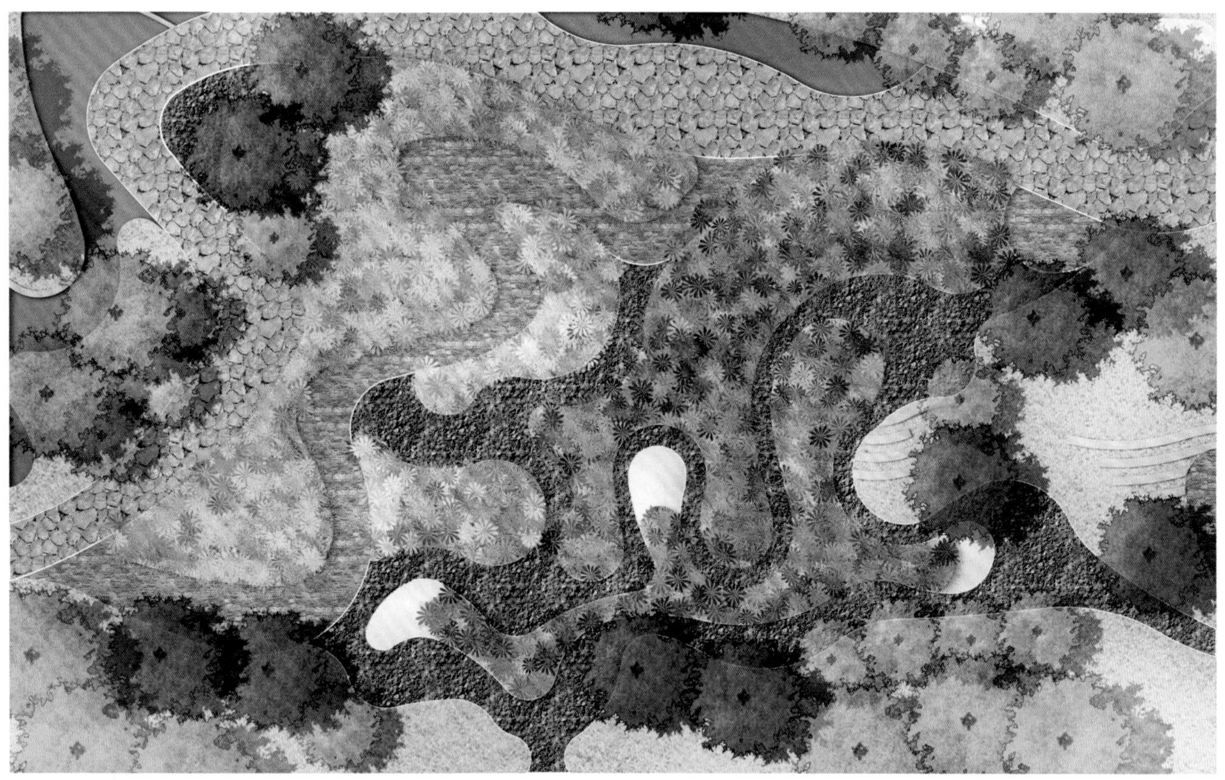

花境植物材料

序号	植物名称	科属	学名	花（叶）色	开花期及持续时间	长成高度（cm）	种植方式	种植密度（株 /m²）	株数（株）
1	大滨菊	菊科滨菊属	*Leucanthemum* × *superbum* 'Ramood'	花白色	4 ~ 5 月	40 ~ 100	混植	9	—
2	'绚丽' 鼠尾草	唇形科鼠尾草属	*Salvia mexicana* 'Limelight'	花蓝紫色	7 ~ 10 月	120 ~ 200	混植	1	—
3	德国鸢尾	鸢尾科鸢尾属	*Iris germanica*	花紫色	4 ~ 5 月	40 ~ 50	混植	6	—
4	火炬花	百合科火把莲属	*Kniphofia uvaria*	花橘红色	5 ~ 6 月	30 ~ 60	混植	7	—
5	细茎针茅	禾本科针茅属	*Stipa tenuissima*	叶银白色	4 ~ 6 月	30 ~ 50	混植	9	—
6	'卡拉多纳' 鼠尾草	唇形科鼠尾草属	*Salvia nemorosa* 'Caradonna'	花蓝紫色	4 ~ 5 月	30 ~ 50	混植	9	—
7	虾夷葱	百合科葱属	*Allium schoenoprasum*	花粉紫色	5 ~ 7 月	20 ~ 40	混植	12	—
8	粉颖画眉草	禾本科画眉草属	*Eragrostis cilianensis*	叶白色	5 ~ 12 月	40 ~ 60	混植	7	—
9	'幻紫' 鼠尾草	唇形科鼠尾草属	*Salvia japonica* 'Purple Majesty'	花深紫色	5 ~ 11 月	60 ~ 120	混植	3	—
10	粉黛乱子草	禾本科乱子草属	*Muhlenbergia capillaris*	花粉色	9 ~ 11 月	60 ~ 90	混植	6	—
11	姬十二单筋骨草	唇形科筋骨草属	*Ajuga reptans*	花蓝紫色	4 月	10 ~ 20	混植	36	—

晋善晋美

贵州综璟花境景观工程有限公司

伍环丽

春季实景

夏季实景

秋季实景

设计说明

本花境位于上海市崇明区第十届中国花卉博览会山西园内。

结合山西省生态旅游理念，以缤纷绚烂的花境景观为主体，配以诗人柳宗元雕像及景观石，表达三晋人民热情好客之情和改变生态环境之决心。

设计阶段图纸

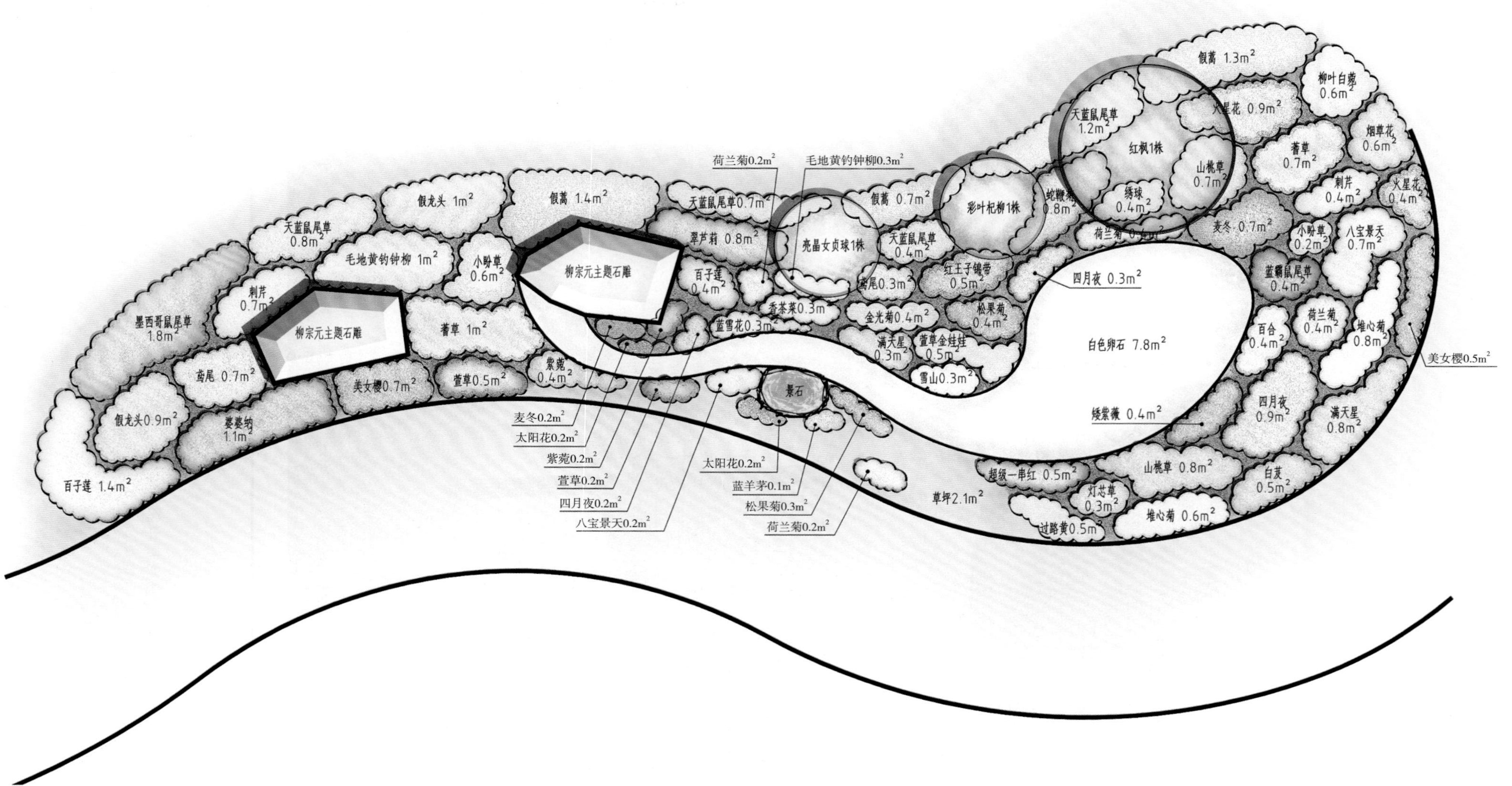

假蒿 1.3m²
柳叶白菀 0.6m²
天蓝鼠尾草 1.2m²
火星花 0.9m²
红枫1株
烟草花 0.6m²
香草 0.7m²
山桃草 0.7m²
刺芹 0.4m²
火星花 0.4m²
绣球 0.4m²
麦冬 0.7m²
小盼草 0.2m²
八宝景天 0.7m²
荷兰菊0.2m²
毛地黄钓钟柳0.3m²
天蓝鼠尾草0.7m²
假蒿 0.7m²
彩叶杞柳1株
蛇鞭菊 0.8m²
假龙头 1m²
假蒿 1.4m²
亮晶女贞球1株
翠芦莉 0.8m²
天蓝鼠尾草 0.4m²
天蓝鼠尾草 0.8m²
毛地黄钓钟柳 1m²
小盼草 0.6m²
柳宗元主题石雕
百子莲 0.4m²
鸢尾0.3m²
红王子锦带 0.5m²
四月夜 0.3m²
蓝鼠尾草 0.4m²
香茶菜0.3m
金光菊0.4m²
松果菊 0.4m²
荷兰菊 0.4m²
堆心菊 0.8m²
刺芹 0.7m²
墨西哥鼠尾草 1.8m²
柳宗元主题石雕
香草 1m²
蓝雪花0.3m
满天星 0.3m²
萱草金娃娃 0.5m²
白色卵石 7.8m²
百合 0.4m²
美女樱0.5m²
紫菀 0.4m²
鸢尾 0.7m²
美女樱0.7m²
萱草0.5m²
雪山0.3m²
景石
四月夜 0.9m²
满天星 0.8m²
矮紫薇 0.4m²
假龙头0.9m²
婆婆纳 1.1m²
麦冬0.2m²
太阳花0.2m²
紫菀0.2m²
萱草0.2m²
四月夜0.2m²
八宝景天0.2m²
太阳花0.2m²
蓝羊茅0.1m²
松果菊0.3m²
荷兰菊0.2m²
超级一串红 0.5m²
山桃草 0.8m²
白芨 0.5m²
百子莲 1.4m²
草坪2.1m²
灯芯草 0.3m²
过路黄0.5m²
堆心菊 0.6m²

花境植物材料

序号	植物名称	学名	花（叶）色	开花期及持续时间	长成高度（cm）	株数
1	红枫	*Acer palmatum* 'Atropurpureum'	叶深红、绿色	春夏秋	200 ~ 250	1
2	'矮'蒲苇	*Cortaderia selloana* 'Pumila'	花银白色、粉红色	9 ~ 10 月	120	3
3	亮金女贞（球）	*Ligustrum* × *vicaryi*	春季新叶鲜黄色，至冬季转为金黄色	四季	100	1
4	'彩叶'杞柳	*Salix integra* 'Hakuro Nishiki'	叶子乳白和粉红色斑	春夏秋	150 ~ 200	1
5	满天星	*Gypsophila paniculata*	花淡红、紫、蓝色	6 ~ 8 月	30 ~ 80	30
6	紫娇花	*Tulbaghia violacea*	花紫红、粉红	5 ~ 11 月	40 ~ 60	30
7	蓝羊茅	*Festuca glauca*	花白色	5 月	35 ~ 40	6
8	细叶美女樱	*Glandularia tenera*	花红色、白色、蓝紫色	4 ~ 10 月下旬	20 ~ 30	60
9	百子莲	*Agapanthus africanus*	花蓝色、紫色、白色	5 ~ 8 月	60	5
10	火星花	*Crocosmia crocosmiflora*	花红色、橙色、黄色	6 ~ 7 月	30 ~ 50	50
11	毛地黄钓钟柳	*Penstemon laevigatus* subsp. *digitalis*	花粉、蓝紫色	4 ~ 5 月	30 ~ 60	50
12	萱草	*Hemerocallis fulva*	花橙黄色	5 ~ 10 月	30 ~ 35	50
13	'甜心'玉簪	*Hosta* 'So Sweet'	叶白色带紫色条纹	6 ~ 9 月	35	6
14	金叶佛甲草	*Sedum lineare*	叶金黄色	5 ~ 6 月	10 ~ 20	10
15	柳叶马鞭草	*Verbena bonariensis*	花蓝紫色	5 ~ 10 月	100 ~ 150	30
16	'金叶'过路黄	*Lysimachia nummularia* 'Aurea'	叶黄色	5 ~ 7 月	L10 ~ 25	15
17	蛇鞭菊	*Liatris spicata*	花紫色	8 ~ 10 月	60 ~ 100	30
18	'花叶'玉蝉花	*Iris ensata* 'Variegata'	花深紫色、蓝色	4 ~ 5 月	40 ~ 60	30
19	蓝花鼠尾草	*Salvia farinacea*	花蓝紫色	5 ~ 10 月	30 ~ 80	50
20	中华景天	*Sedum polytrichoides*	花亮黄色	4 ~ 5 月	15 ~ 20	5
21	花菖蒲	*Iris ensata* var. *hortensis*	花紫、白色	6 ~ 7 月	40 ~ 100	30
22	金边麦冬	*Liriope spicata* var. *variegata*	花红紫色	6 ~ 9 月	30 ~ 60	10
23	墨西哥鼠尾草	*Salvia leucantha*	花紫红色	10 ~ 11 月	80 ~ 100	50
24	假蒿	*Kuhnia rosmarnifolia*	叶绿色	1 ~ 12 月	100 ~ 120	30
25	假龙头花	*Physostegia virginiana*	花白色、粉红色	8 ~ 11 月	50 ~ 60	30
26	八宝景天	*Hylotelephium erythrostictum*	花粉红色	4 ~ 8 月	30 ~ 40	3
27	刺芹	*Eryngium foetidum*	花蓝色	5 ~ 9 月	50 ~ 60	10
28	堆心菊	*Helenium autumnale*	花黄色	4 ~ 12 月	20 ~ 25	30
29	天蓝鼠尾草	*Salvia uliginosa*	花蓝色	4 ~ 8 月	80 ~ 120	50
30	太阳花	*Portulaca grandiflora*	花红色、橙色、黄色、粉色	4 ~ 7 月	15 ~ 20	10
31	婆婆纳	*Veronica didyma*	花红色、蓝色	4 ~ 9 月	20 ~ 35	30
32	小盼草	*Chasmanthium latifolium*	叶绿色	1 ~ 12 月	50 ~ 80	6
33	山桃草	*Gaura lindheimeri*	花白色、粉红色	3 ~ 12 月	50 ~ 80	30
34	松果菊	*Echinacea purpurea*	花红色、黄色、粉色	3 ~ 11 月	30 ~ 50	20
35	柳叶白菀	*Aster ericoides*	花白色	9 ~ 12 月	50 ~ 80	30
36	烟草花	*Nicotiana alata*	花粉红色	5 ~ 7 月	50 ~ 80	30
37	白及	*Buddleja alternifolia*	花粉红色	4 ~ 9 月	20 ~ 30	15
38	百合	*Lilium* cvs.	花白色、粉红色	7 ~ 8 月	60 ~ 80	10
39	紫菀	*Aster tataricus*	花紫蓝色	4 ~ 9 月	20 ~ 45	30
40	'红王子'锦带	*Weigela florida* 'Red Prince'	花红色	4 ~ 11 月	80 ~ 150	1
41	绣球	*Hydrangea macrophylla*	花粉色、红色、蓝色	4 ~ 10 月	30 ~ 60	3
42	翠芦莉	*Ruellia simplex*	花紫蓝	4 ~ 10 月	80 ~ 100	30
43	荷兰菊	*Symphyotrichum novi-belgii*	花蓝色	4 ~ 7 月	15 ~ 20	20
44	蓍草	*Achillea wilsoniana*	花粉色、白色、红色	2 ~ 12 月	35 ~ 60	50
45	蓝雪花	*Ceratostigma plumbaginoides*	花蓝色	3 ~ 12 月	35 ~ 60	10
46	'蓝霸'鼠尾草	*Salvia* 'Mystic Spires Blue'	花蓝色	4 ~ 11 月	45 ~ 80	50
47	超级一串红	*Salvia splendens*	花红色	5 ~ 12 月	35 ~ 65	6
48	金光菊	*Rudbeckia laciniata*	花黄色	4 ~ 8 月	35 ~ 60	10
49	香茶菜	*Rabdosia amethystoides*	花紫蓝色	4 ~ 6 月	30 ~ 60	3
50	鸢尾	*Iris tectorum*	花红色、粉色、黄色、紫色	4 ~ 5 月	30 ~ 50	20

花境植物更换表

序号	原品种	更换品种	学名	花（叶）色	开花期及持续时间	长成高度（cm）	株数
1	烟草花	超级一串红	*Salvia splendens*	花红色	5 ~ 12 月	35 ~ 65	30

荣熙华庭

苏州满庭芳景观工程有限公司

覃乐梅

春季实景

夏季实景

秋季实景

设计说明

秉承苏州园林文脉，利用现代设计语言，以群落组织方式，在有限的空间里，形成充满诗情画意的静谧空间，使人“不出城郭而获山水之怡，身居闹市而得林泉之趣”。通过设计路径，体验静尘、静景、静园、静物、静心、静境六个空间，层层递进，渐入佳境。

花境作品整体风格以蓝紫色为主，搭配粉色、金色，深度契合安静且具有诗情画意的景观设计理念。选用南天竹、‘粉色激情’红千层、海芋、三角梅、特大盆绣球‘太阳神殿’、千层金和少量灌木球等作为骨架植物，蛇鞭菊、深蓝鼠尾草、紫菀、柳叶马鞭草、大麻叶泽兰、翠芦莉等宿根花卉按斑块种植，再将不同质感的叶片和花序花冠交替搭配形成韵律，让作品整体错落有致、清新淡雅，让业主们在闹市中谋得一处清心、静谧之所。

设计阶段图纸

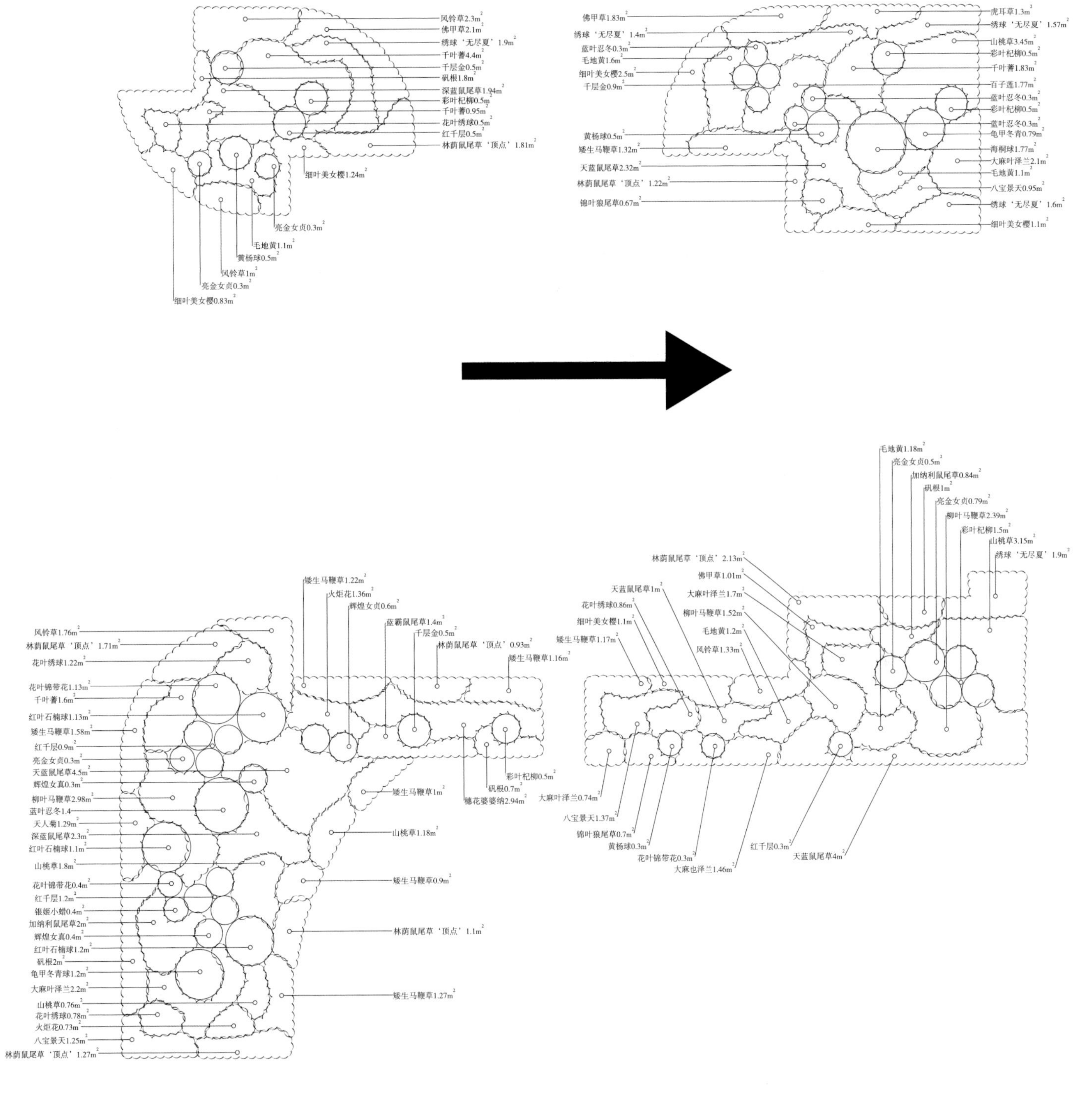

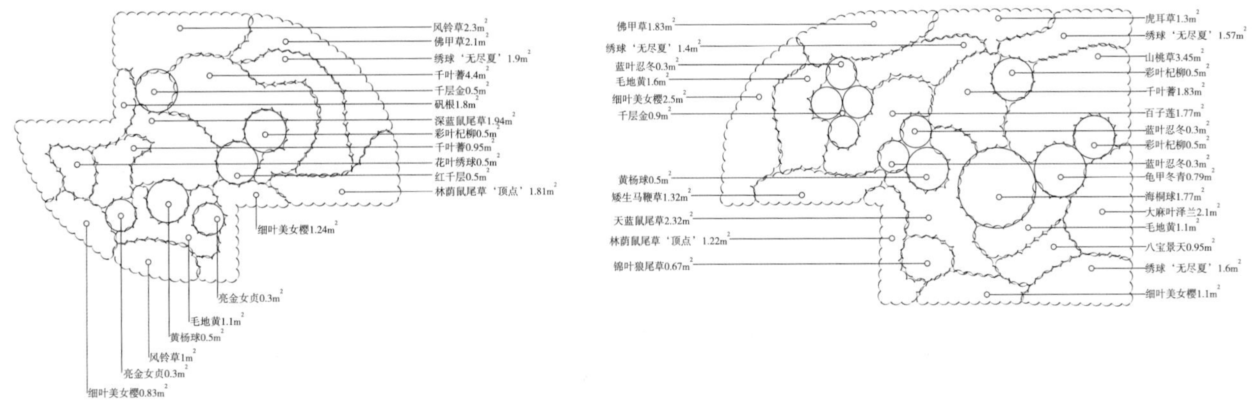
风铃草2.3m^2
佛甲草2.1m^2
绣球‘无尽夏’1.9m^2
千叶蓍4.4m^2
千层金0.5m^2
矾根1.8m^2
深蓝鼠尾草1.94m^2
彩叶杞柳0.5m^2
千叶蓍0.95m^2
花叶绣球0.5m^2
红千层0.5m^2
林荫鼠尾草‘顶点’1.81m^2
细叶美女樱1.24m^2
亮金女贞0.3m^2
毛地黄1.1m^2
黄杨球0.5m^2
风铃草1m^2
亮金女贞0.3m^2
细叶美女樱0.83m^2
佛甲草1.83m^2
绣球‘无尽夏’1.4m^2
蓝叶忍冬0.3m^2
毛地黄1.6m^2
细叶美女樱2.5m^2
千层金0.9m^2
黄杨球0.5m^2
矮生马鞭草1.32m^2
天蓝鼠尾草2.32m^2
林荫鼠尾草‘顶点’1.22m^2
锦叶狼尾草0.67m^2
虎耳草1.3m^2
绣球‘无尽夏’1.57m^2
山桃草3.45m^2
彩叶杞柳0.5m^2
千叶蓍1.83m^2
百子莲1.77m^2
蓝叶忍冬0.3m^2
彩叶杞柳0.5m^2
蓝叶忍冬0.3m^2
龟甲冬青0.79m^2
海桐球1.77m^2
大麻叶泽兰2.1m^2
毛地黄1.1m^2
八宝景天0.95m^2
绣球‘无尽夏’1.6m^2
细叶美女樱1.1m^2

风铃草1.76m^2
林荫鼠尾草‘顶点’1.71m^2
花叶绣球1.22m^2
花叶锦带花1.13m^2
千叶蓍1.6m^2
红叶石楠球1.13m^2
矮生马鞭草1.58m^2
红千层0.9m^2
亮金女贞0.3m^2
天蓝鼠尾草4.5m^2
辉煌女真0.3m^2
柳叶马鞭草2.98m^2
蓝叶忍冬1.4^2
天人菊1.29m^2
深蓝鼠尾草2.3m^2
红叶石楠球1.1m^2
山桃草1.8m^2
花叶锦带花0.4m^2
红千层1.2m^2
银姬小蜡0.4m^2
加纳利鼠尾草2m^2
辉煌女真0.4m^2
红叶石楠球1.2m^2
矾根2m^2
龟甲冬青球1.2m^2
大麻叶泽兰2.2m^2
山桃草0.76m^2
花叶绣球0.78m^2
火炬花0.73m^2
八宝景天1.25m^2
林荫鼠尾草‘顶点’1.27m^2
矮生马鞭草1.22m^2
火炬花1.36m^2
辉煌女贞0.6m^2
蓝霸鼠尾草1.4m^2
千层金0.5m^2
林荫鼠尾草‘顶点’0.93m^2
矮生马鞭草1.16m^2
彩叶杞柳0.5m^2
矾根0.7m^2
穗花婆婆纳2.94m^2
矮生马鞭草1m^2
山桃草1.18m^2
矮生马鞭草0.9m^2
林荫鼠尾草‘顶点’1.1m^2
矮生马鞭草1.27m^2
毛地黄1.18m^2
亮金女贞0.5m^2
加纳利鼠尾草0.84m^2
矾根1m^2
亮金女贞0.79m^2
柳叶马鞭草2.39m^2
彩叶杞柳1.5m^2
山桃草3.15m^2
绣球‘无尽夏’1.9m^2
林荫鼠尾草‘顶点’2.13m^2
佛甲草1.01m^2
天蓝鼠尾草1m^2
大麻叶泽兰1.7m^2
花叶绣球0.86m^2
柳叶马鞭草1.52m^2
细叶美女樱1.1m^2
毛地黄1.2m^2
矮生马鞭草1.17m^2
风铃草1.33m^2
大麻叶泽兰0.74m^2
八宝景天1.37m^2
锦叶狼尾草0.7m^2
黄杨球0.3m^2
花叶锦带花0.3m^2
大麻也泽兰1.46m^2
红千层0.3m^2
天蓝鼠尾草4m^2

花境植物材料

序号	植物名称	科属	学名	花（叶）色	开花期及持续时间	长成高度（cm）	冠幅（cm）	种植密度（株/m²）	面积（m²）	株数（株）
				花灌木类						
1	‘无尽夏’绣球	虎耳草科绣球属	*Hydrangea macrophylla* ‘Endless Summer’	粉花	夏花，花期 6 ~ 9 月	100	30 ~ 40	16	8.37	134
2	千层金	桃金娘科白千层属	*Melaleuca bracteata*	黄绿色叶	四季观叶	200	50 ~ 60	4	1.9	8
3	‘彩叶’杞柳	杨柳科柳属	*Salix integra* ‘Hakuro Nishiki’	花叶	春夏秋观叶	50 ~ 60	50 ~ 60	4	3.5	14
4	‘花叶’绣球	虎耳草科绣球属	*Hydrangea macrophylla*	花叶	春夏秋观叶，夏花	40 ~ 50	30 ~ 40	16	3.36	54
5	‘粉色激情’红千层	桃金娘科红千层属	*Callistemon rigidus*	红花	夏花，花期 6 ~ 8 月	180	50 ~ 60	4	2.9	12
6	亮金女贞	木樨科女贞属	*Ligustrum* × *vicaryi*	叶黄绿色，白花	四季观叶，春花，花期 3 ~ 5 月	40 ~ 50	40 ~ 50	9	2.19	20
7	黄杨	黄杨科黄杨属	*Buxus microphylla*	叶常绿	四季观叶	50 ~ 60	50 ~ 60	4	1.3	5
8	蓝叶忍冬	忍冬科忍冬属	*Lonicera korolkowii*	红花	春花，花期 4 ~ 5 月	50 ~ 60	50 ~ 60	4	2.3	9
9	龟甲冬青	冬青科冬青属	*Ilex crenata*	叶常绿	四季观叶	60 ~ 70	60 ~ 70	2	1.99	4
10	海桐	海桐科海桐花属	*Pittosporum tobira*	白花	春花，四季观叶，花期 3 ~ 5 月	60 ~ 70	60 ~ 70	2	1.77	4
11	‘花叶’锦带花	忍冬科锦带花属	*Weigela florida* ‘Variegata’	粉花	夏花，花期 8 ~ 9 月	30 ~ 40	30 ~ 40	9	1.83	16
12	红叶石楠	蔷薇科石楠属	*Photinia frasery*	叶红色	四季观叶	60 ~ 70	60 ~ 70	4	3.43	14
13	‘辉煌’女贞	木樨科女贞属	*Ligustrum lucidum* ‘Excelsum Superbum’	叶常绿，白花	四季观叶	150 ~ 200	50 ~ 60	4	4	16
14	‘银姬’小蜡	木樨科女贞属	*Ligustrum sinense* ‘Variegatum’	白花	观叶，春花，花期 4 ~ 6 月	50 ~ 60	50 ~ 60	4	0.4	2
				多年生花卉类						
1	风铃草	桔梗科风铃草属	*Campanula medium*	粉花、紫花	春花，花期 5 ~ 6 月	20 ~ 30	15 ~ 25	36	6.39	230
2	佛甲草	景天科景天属	*Sedum lineare*	金叶	四季观叶	10 ~ 20	10 ~ 20	49	4.94	242
3	千叶蓍	菊科蓍属	*Achillea millefolium*	粉花	春夏秋花，花期 5 ~ 10 月	100	30 ~ 40	25	7.78	195
4	矾根	虎耳草科矾根属	*Heuchera micrantha*	叶色紫红、白花	四季观叶，夏花，花期 4 ~ 10 月	20 ~ 30	20 ~ 30	25	5.5	138
5	‘深蓝’鼠尾草	唇形科鼠尾草属	*Salvia guaranitica* ‘Black and Blue’	深蓝色花	夏秋花，花期 4 ~ 11 月	100	20 ~ 30	25	4.24	106
6	‘顶点’鼠尾草	唇形科鼠尾草属	*Salvia nemorosa* cv.	粉花	春花，花期 5 ~ 6 月	20 ~ 30	15 ~ 25	25	10.17	254
7	细叶美女樱	马鞭草科美女樱属	*Glandularia tenera*	粉花	春夏秋花，花期 4 ~ 11 月	10 ~ 20	10 ~ 20	36	6.77	244
8	‘桑托斯’马鞭草	马鞭草科马鞭草属	*Verbena rigida* ‘Santos’	紫花	春夏花，花期 6 ~ 8 月	20 ~ 30	20 ~ 30	25	9.62	241
9	天蓝鼠尾草	唇形科鼠尾草属	*Salvia uliginosa*	蓝花	春夏花，花期 6 ~ 7 月	150	20 ~ 30	25	11.82	296

（续）

序号	植物名称	科属	学名	花（叶）色	开花期及持续时间	长成高度（cm）	冠幅（cm）	种植密度（株/m²）	面积（m²）	株数（株）
10	虎耳草	虎耳草科虎耳草属	*Saxifraga stolonifera*	白花	春夏秋花，花期 4 ~ 11 月	35	20 ~ 30	16	1.3	21
11	山桃草	柳叶菜科山桃草属	*Gaura lindheimeri*	粉、白花	春花，花期 5 ~ 8 月	80 ~ 150	20 ~ 30	25	10.34	259
12	百子莲	石蒜科百子莲属	*Agapanthus africanus*	蓝花	夏花，花期 7 ~ 8 月	30 ~ 150	20 ~ 30	25	1.77	44
13	大麻叶泽兰	菊科泽兰属	*Eupatorium cannabinum*	粉花	秋花，花期 8 ~ 10 月	50 ~ 100	20 ~ 30	25	8.2	205
14	八宝景天	景天科八宝属	*Hylotelephium erythrostictum*	粉花	夏花，花期 8 ~ 9 月	40 ~ 60	20 ~ 30	25	3.57	89
15	柳叶马鞭草	马鞭草科马鞭草属	*Verbena bonariensis*	紫花	春夏花，花期 6 ~ 8 月	60 ~ 120	20 ~ 30	25	6.89	172
16	天人菊	菊科天人菊属	*Gaillardia aristata*	橙花	夏花，花期 7 ~ 8 月	50 ~ 60	20 ~ 30	25	1.29	32
17	‘蓝霸’鼠尾草	唇形科鼠尾草属	*Salvia* ‘Mystic Spires Blue’	蓝花	春夏花，花期 6 ~ 7 月	60 ~ 80	20 ~ 30	25	1.4	35
18	穗花婆婆纳	玄参科婆婆纳属	*Veronica spicata*	蓝花	观花，花期 6 ~ 9 月	40 ~ 60	20 ~ 30	25	2.94	74
19	‘加纳利’鼠尾草	唇形科鼠尾草属	*Salvia japonica*	灰绿色叶片、紫花	春花，花期 5 ~ 6 月，观叶	80 ~ 100	20 ~ 30	25	2.84	71
20	‘棒冰’火炬花	百合科火把莲属	*Kniphofia uvaria*	橙花	观花，花期 6 ~ 10 月	60 ~ 80	20 ~ 30	25	2.09	52
观赏草类										
1	‘锦叶’狼尾草	禾本科狼尾草属	*Pennisetum alopecuroides*	淡绿色花	夏秋花，花期 6 ~ 10 月	50 ~ 70	30 ~ 40	16	1.37	22
时令花卉										
1	毛地黄	玄参科毛地黄属	*Digitalis purpurea*	粉花	春花，花期 5 ~ 6 月	100	20 ~ 30	25	6.18	155

花境植物更换表

序号	植物名称	科属	学名	花（叶）色	开花期及持续时间	长成高度（cm）	冠幅（cm）	种植密度（株/m²）	面积（m²）	株数（株）
1	萼距花	千屈菜科萼距花属	*Cuphea hookeriana*	玫红色花	春夏秋花，花期 5 ~ 12 月	20 ~ 35	20 ~ 30	36	10.17	366
2	翠芦莉	爵床科芦莉草属	*Ruellia simplex*	蓝紫花	夏秋花，花期 7 ~ 11 月	130	20 ~ 30	16	6.18	99
3	孔雀草	菊科万寿菊属	*Tagetes patula*	橙色花	夏秋花，花期 7 ~ 10 月	10 ~ 20	10 ~ 20	49	6.39	313
4	夏堇	玄参科蝴蝶草	*Torenia fournieri*	粉花	夏秋花，花期 6 ~ 11 月	10 ~ 20	10 ~ 20	49	9.62	471
5	鼠尾草	唇形科鼠尾草属	*Salvia japonica*	紫花	夏秋花，花期 6 ~ 10 月	20 ~ 35	10 ~ 20	49	1.29	63

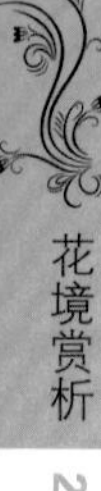

海花岛·印象

郑州嘉景花境园艺有限公司

余兴卫　李恩超　孙瑞兵　何红丽

春季实景

夏季实景

设计说明

花境由“七彩花语”“暗香浮动”“蝶舞芳菲”三个岛式花境组成。

花境主要以营造春夏、初夏景观效果为主，兼顾四季。以“七彩花语”为主体，使用‘无尽夏’绣球、火炬花、飞燕草等特殊花形材料，以蓝、紫色为主，配置树蕨、玉簪等。边缘配置白色鼠尾草和香雪球，点植黄色‘亮晶’女贞，营造“七彩花语”花之境。以荆芥、迷迭香等芳香植物营造“暗香浮动”的场景。以醉鱼草、柳叶马鞭草、粉花绣球等花大色艳的蜜源植物，营造“蝶舞芳菲”的浪漫意境。

三个岛状花境由“曲水”（园路）相连，三景互通，景观连续。

秋季实景

设计阶段图纸

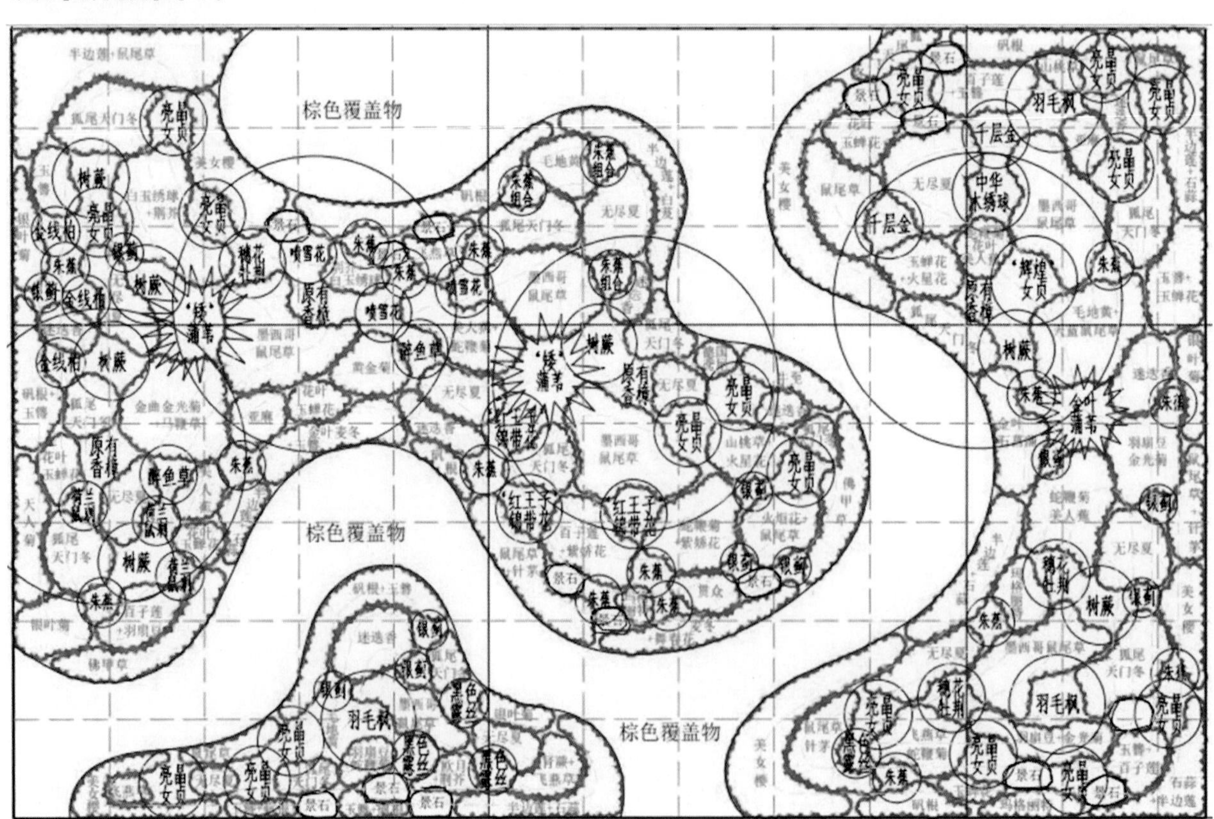

花境植物材料

序号	中文名	学名	季相	规格	观赏特性及花期														特色及说明	数量（株）	更换说明
					1	2	3	4	3	4	5	6	7	8	9	10	11	12			
1	‘矮’蒲苇	*Cortaderia selloana* ‘Pumila’	常绿	5 加仑															9 ~ 11 月银白色花	30	
2	灯芯草	*Juncus effusus*	冬落	18 杯															叶绿色	35	
3	紫娇花	*Tulbaghia violacea*	冬落	1 加仑															5 ~ 7 月紫色花	55	
4	迷迭香	*Rosmarinus officinalis*	冬落	2 加仑															11 月蓝紫色花	9	
5	‘小兔子’狼尾草	*Pennisetum alopecuroides* ‘Little Bunny’	冬落	1 加仑															7 ~ 11 月白色花	30	
6	松果菊	*Echinacea purpurea*	冬落	18 杯															4 ~ 10 月粉红、黄色、紫红花	70	
7	墨西哥鼠尾草	*Salvia leucantha*	冬落	3 加仑															8 ~ 11 月紫红色	25	
8	‘无尽夏’绣球	*Hydrangea macrophylla* ‘Endless Summer’	冬落	2 加仑															5 ~ 9 月紫色花	15	
9	亚麻	*Phormium tenax*	常绿	5 加仑															观叶植物	96	
10	柳枝稷	*Panicum virgatum*	冬枯	5 加仑															未开花前观叶，夏秋开花，花由红变白	20	
11	‘金叶’水杉	*Metasequoia glyptostroboides* ‘Gold Rush’	冬落	50 袋															观叶植物	3	
12	喷雪花	*Spiraea thunbergii*	冬落	5 加仑															花期 3 ~ 4 月，花白色	10	
13	欧洲荚蒾	*Viburnum opulus*	常绿	7 加仑															5 ~ 6 月开花，果熟期 9 ~ 10 月	3	
14	蓝羊茅	*Festuca glauca*	常绿	15 杯															圆锥花序，5 月开花	40	
15	‘金叶’薹草	*Carex oshimensis* ‘Evergold’	常绿	15 杯															穗状花序，花期 4 ~ 5 月	50	
16	火炬花	*Kniphofia uvaria*	常绿	15 杯															6 ~ 10 月开花	40	
17	彩叶草	*Plectranthus scutellarioides*	冬枯	18 杯															7 月开花	30	霜后更换为冬季时令花卉
18	玉簪	*Hosta plantaginea*	冬落	18 杯															花果期 8 ~ 10 月	30	
19	碧桃	*Amygdalus persica* ‘Duplex’	冬落	60 袋															花期 3 ~ 4 月	2	
20	紫叶象草	*Pennisetum purpureum*	冬落	28 杯															耐寒性稍差	5	
21	‘火焰’卫矛	*Euonymus alatus* ‘Compacta’	冬落	7 加仑															秋季变为火焰红色	2	
22	针茅马尾	*Stipa capillata*	冬落	15 杯															喜冷凉	40	
23	欧石竹	*Dianthus carthusianorum*	常绿	12 杯															夏季花较少	120	
24	‘深蓝’鼠尾草	*Salvia guaranitica* ‘Black and Blue’	冬枯	18 杯															花期 4 ~ 12 月	30	
25	‘紫叶’狼尾草	*Pennisetum setaceum* ‘Rubrum’	冬枯	21 杯															花期 6 ~ 10 月	30	
26	‘金叶’连翘	*Forsythia koreana* ‘Sun Gold’	冬枯	50 袋															观叶植物	3	
27	金曲金光菊	*Rudbeckia laciniata*	冬枯	16 杯															抗性好	50	

（续）

序号	中文名	学名	季相	规格	观赏特性及花期														特色及说明	数量（株）	更换说明
					1	2	3	4	3	4	5	6	7	8	9	10	11	12			
29	金鸡菊	*Coreopsis basalis*	冬枯	18 杯															花期长	30	
30	秋金光菊	*Rudbeckia maxima*	冬枯	18 杯															乡土植物抗性好	30	
31	‘亮晶’女贞	*Ligustrum quihoui*	常绿	50 袋															常绿灌木	4	
32	‘桑托斯’马鞭草	*Verbena rigida* ‘Santos’	冬枯	18 杯															矮生马鞭草	100	
33	‘火焰’南天竹	*Nandina domestica* ‘Firepower’	常绿	2 加仑															红叶经冬不凋	3	
34	美人蕉	*Canna indica*	冬枯	2 加仑															水陆两生观叶植物	15	
35	蓝叶画眉草	*Eragrostis elliotii*	冬枯	2 加仑															花期夏秋开	15	
36	毛核木	*Symphoricarpos sinensis*	冬落	3 加仑															冬季观果，观果持久	3	
37	天人菊	*Gaillardia pulchella*	冬枯	18 杯															花期超长	80	
38	紫薇	*Lagerstroemia indica*	冬落	50 袋															弥补夏季缺少盛花的不足	8	
39	‘蓝皇后’鼠尾草	*Salvia japonica* cv.	冬枯	18 杯															花期长，耐修剪	80	
40	黄杨	*Buxus sinica*	常绿	50 袋															作为骨架植物观叶	5	
41	萱草	*Hemerocallis fulva*	常绿	3 加仑															抗性好	20	
42	金冠女贞	*Ligustrum* × *vicaryi*	常绿	50 袋															耐修剪	3	
43	山桃草	*Gaura lindheimeri*	冬枯	18 杯															花期长，耐修剪	30	
44	‘歌舞’芒	*Miscanthus sinensis* ‘Cabaret’	冬枯	5 加仑															株形优美	9	
45	大花秋海棠	*Begonia* cv.	冬枯	18 杯															适应性强	30	与‘桑托斯’马鞭草混种
46	石蒜	*Lycoris radiata*		1 加仑															7 ~ 8 月红花，9 月至翌年 6 月绿叶	12	
47	细茎针茅	*Stipa tenuissima*		1 加仑															常绿，4 ~ 7 月开黄绿色花	23	
48	‘金叶’薹草	*Carex oshimensis* ‘Evergold’		1 加仑															常绿金边叶片，穗状花序，花期 4 ~ 5 月	25	
49	‘矮’蒲苇	*Cortaderia selloana* ‘Pumila’		5 加仑															常绿，蓝绿叶，1 ~ 12 月，7 ~ 10 月花期	36	
50	‘金叶矮’蒲苇	*Cortaderia selloana* ‘Evergold’		5 加仑															常绿，蓝绿叶，1 ~ 12 月，7 ~ 10 月花期	34	
51	红宝石亚麻	*Phormium colensoi*		5 加仑															1 ~ 12 月暗红色叶片	26	
52	‘蜂鸟’舞春花	*Calibrachoa hybrids*		1 加仑															时花，4 ~ 6 月黄、粉红	15	
53	半边莲	*Lobelia chinensis*		1 加仑															时花，花 3 ~ 7 月	22	
54	羽扇豆	*Lupinus micranthus*		2 加仑															时花，4 ~ 6 月粉、蓝、红	30	
55	飞燕草	*Consolida ajacis*		2 加仑															4 ~ 6 月蓝花，3 ~ 8 月绿叶	30	

花漾湖畔

江苏裕丰旅游开发有限公司

胡平　曹忠海

春季实景

夏季实景

设计说明

作品以香樟、樱花、羽毛枫、绣球荚蒾等为骨架，以银姬小蜡、红千层、安酷杜鹃、彩叶杞柳、‘亮晶’女贞等花灌木，火星花、百子莲、毛地黄钓钟柳等宿根花卉和‘矮’蒲苇、细叶芒等观赏草及球根花卉为焦点，以一二年生花卉作色彩渲染，呈现“三季有花，四季有景”的花境景观。

该作品为生态型、节约型花境。选用适于当地气候、观赏特征丰富的植物，采用组团式低密度种植，努力打造成混合长效花境。

设计阶段图纸

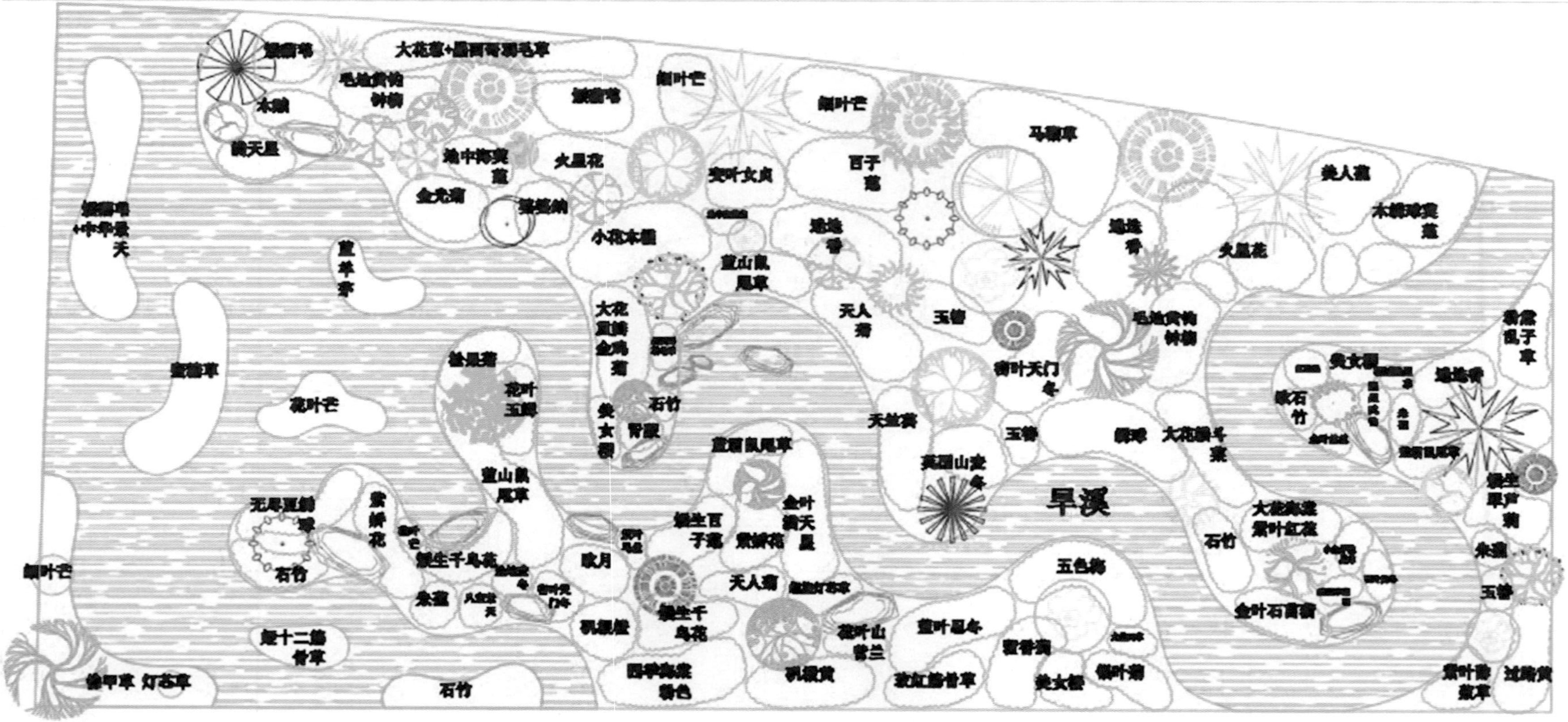

花漾湖畔平面图

图例说明

图例	名称	图例	名称	图例	名称	图例	名称	图例	名称	图例	名称	图例	名称	图例	名称
	多花红千层		‘辉煌’女贞		穗花牡荆		直立冬青		羽毛枫		大花六道木		刺柏		‘彩叶’杞柳
	黄金柏		吉野樱		红叶石楠		小叶栀子		银姬小蜡		蓝湖柏		安酷杜鹃		香樟树
	黄金侧柏		‘亮晶’女贞（球）		金姬小蜡		金边胡颓子		花叶香桃木		蓝叶忍冬		黄金香柳		菲油果
	毛石		有机覆盖物		‘火焰’卫矛		‘小丑’火棘		‘火焰’南天竹						

花境植物材料

序号	类别	中文名称	学名	花色 / 叶色	规格	单位	数量	备注
1	乔木	香樟树	*Cinnamomum camphora*	叶绿色	H4.5-5m	棵	1	原有
2	乔木	吉野樱	*Prunus × yedoensis*	花粉红色	H3-3.5m	棵	1	
3	灌木	羽毛枫	*Acer palmatum* 'Dissectum'	叶橙红色	H2.2-2.8m	棵	1	
4	花灌木	绣球荚蒾	*Viburnum macrocephalum*	花白色	7 加仑	盆	1	
5	花灌木	'玫瑰'欧洲木绣球	*Hydrangea macrophylla* 'Rose'	花玫红色	7 加仑	盆	1	
6	花灌木	'变叶'女贞	*Ligustrum lucidum* cv.	春季叶金黄色至渐变绿色	50 美植袋	盆	1	
7	花灌木	'变叶'女贞	*Ligustrum lucidum* cv.	春季叶金黄色至渐变绿色	50 美植袋	盆	1	
8	花灌木	'辉煌'女贞	*Ligustrum* 'Excelsum Superbum'	叶亮绿色	50 美植袋	盆	2	
9	花灌木	'蓝湖'柏	*Camaecyparis pisifera* 'Boulevard'	叶灰蓝色	50 美植袋	盆	3	
10	花灌木	大花六道木	*Abelia × grandiflora*	花粉白色	5 加仑	盆	1	
11	花灌木	'彩叶'杞柳	*Salix integra* 'Hakuro Nishiki'	叶粉白透红	40 美植袋	盆	2	
12	花灌木	'银姬'小蜡	*Ligustrum sinense* 'Variegatum'	叶缘有银白色	40 美植袋	盆	1	
13	花灌木	'金姬'小蜡	*Ligustrum sinense* 'Jinji'	叶缘有乳金黄色边环	40 美植袋	盆	1	
14	花灌木	'草莓田'溲疏	*Deutzia scabra* 'Strawberry Fields'	叶绿色，花粉红色	5 加仑	盆	1	
15	花灌木	蓝叶忍冬	*Lonicera korolkowi*	叶灰蓝色，花红色	5 加仑	盆	1	
16	花灌木	亮金女贞	*Ligustrum × vicaryi*	叶亮金色	2 加仑	盆	1	
17	花灌木	迷迭香	*Rosmarinus officinalis*	叶绿色，花淡紫色	5 加仑	盆	8	
18	花灌木	菲油果	*Feijoa sellowiana*	叶银灰色	50 美植袋	盆	1	
19	花灌木	'小丑'火棘	*Pyracantha* 'Harlequin'	叶有花纹，冬季变红	5 加仑	盆	1	
20	花灌木	蓝叶忍冬	*Lonicera korolkowi*	叶灰蓝色，花红色	2 加仑	盆	1	
21	花灌木	'花叶'香桃木	*Myrfus communis* 'Variegata'	亮黄色，白花	50 美植袋	盆	1	
22	花灌木	'直立'冬青	*Ilex chinensis* 'Sky Pencil'	叶小，嫩绿色	7 加仑	盆	3	
23	花灌木	多花红千层	*Callistemon citrinus*	花红色	50 美植袋	盆	2	
24	花灌木	红叶石楠	*Photinia × fraseri*	叶红色	70 美植袋	盆	1	
25	花灌木	小叶栀子花	*Gardenia jasminoides*	叶亮绿色	5 加仑	盆	1	
26	花灌木	穗花牡荆	*Vitex agnuscastus*	叶绿色，花蓝紫色	5 加仑	盆	1	
27	花灌木	'喜雅'紫叶马蓝	*Kalimeris indica*	叶紫色，花淡紫色	5 加仑	盆	1	
28	花灌木	安酷杜鹃	*Rhododendron simsii* cv.	花紫红、玫红色	70 美植袋	盆	1	
29	花灌木	天目琼花	*Viburnum sargentii*	花大，白色	50 美植袋	盆	1	
30	花灌木	千层金	*Melaleuca bracteata*	叶小，黄色	40 美植袋	盆	3	
31	花灌木	'艾比'胡颓子	*Elaeagnus pungens* cv.	叶有大小黄色斑块	40 美植袋	盆	1	
32	花灌木	黄金侧柏	*Platycladus orientalis*	叶黄色	40 美植袋	盆	1	
33	花灌木	澳洲朱蕉	*Cordyline terminalis*	叶条线形，紫红色	2 加仑	盆	4	
34	花灌木	西洋杜鹃	*Rhododendron* cv.	花粉色、红色	180 红盆	盆	23	
35	花灌木	'无尽夏'绣球	*Hydrangea macrophylla* 'Endless Summer'	酸性土蓝花	5 加仑	盆	1	
36	花灌木	'无尽夏'绣球	*Hydrangea macrophylla* 'Endless Summer'	酸性土蓝花	2 加仑	盆	15	
37	花灌木	'无尽夏'绣球	*Hydrangea macrophylla* 'Endless Summer'	碱性土粉花	2 加仑	盆	15	
38	花灌木	地中海荚蒾	*Viburnum tinus*	叶绿色，花红色转白色	40 美植袋	盆	1	
39	花灌木	欧洲月季	*Rosa* cvs.	花粉色、红色、黄色等	2 加仑	盆	12	
40	花灌木	'蓝阿尔卑斯'刺柏	*Juniperus formosana* 'Blue Alps'	叶蓝色至银灰色	40 美植袋	盆	1	
41	宿根花卉	金叶佛甲草	*Sedum lineare*	叶金黄色	150 红盆	盆	80	
42	宿根花卉	大吴风草	*Farfugium japonicum*	叶深绿色	1 加仑	盆	1	
43	宿根花卉	'陌路行者'过路黄	*Lysimachia nummularia* 'Aurea'	叶黄色	1 加仑	盆	12	
44	宿根花卉	紫娇花	*Tulbaghia violacea*	花淡紫色	150 红盆	盆	43	
45	宿根花卉	'玫红'筋骨草	*Ajuga ciliata* 'Rosea'	叶玫红色	150 红盆	盆	15	
46	宿根花卉	百子莲	*Agapanthus africanus*	花蓝色或白色	1 加仑	盆	20	
47	宿根花卉	矾根（柠檬橘子酱）	*Heuchera* cv.	叶淡黄色	150 红盆	盆	12	
48	宿根花卉	矾根（饴糖）	*Heuchera* cv.	叶红色	150 红盆	盆	12	
49	宿根花卉	矾根（栀子黄）	*Heuchera* cv.	叶淡黄色	150 红盆	盆	15	
50	宿根花卉	欧石竹	*Dianthus carthusianorum*	叶粉色	150 红盆	盆	12	
51	宿根花卉	紫叶酢浆草	*Oxalis triangularis*	紫叶、白花	150 红盆	盆	5	
52	宿根花卉	细裂美女樱	*Glandularia tenera* cv.	花粉色、白色、紫色、红色	150 红盆	盆	15	
53	宿根花卉	'蓝山'鼠尾草	*Salvia officinalis* 'Blue Hill'	花蓝色	1 加仑	盆	20	
54	宿根花卉	'蓝霸'鼠尾草	*Salvia* 'Mystic Spires Blue'	花蓝色	1 加仑	盆	18	
55	宿根花卉	火星花	*Crocosmia crocosmiflora* cv.	花橙色	1 加仑	盆	20	

（续）

序号	类别	中文名称	学名	花色 / 叶色	规格	单位	数量	备注
56	宿根花卉	毛地黄钓钟柳	*Penstemon digitalis*	花白色、粉色	1 加仑	盆	16	
57	宿根花卉	‘金太阳’金光菊	*Rudbeckia hirta* cv.	花黄色	140 双色盆	盆	8	
58	宿根花卉	松果菊	*Echinacea purpurea*	花红色、粉色、黄色	1 加仑	盆	20	
59	宿根花卉	宿根天人菊	*Gaillardia pulchella*	花黄色	1 加仑	盆	7	
60	宿根花卉	密枝天门冬	*Asparagus cochinchinensis*	叶小，绿色	1 加仑	盆	8	
61	宿根花卉	火炬花	*Kniphofia uvaria*	花橙黄色	1 加仑	盆	16	
62	宿根花卉	‘首霜’玉簪	*Hosta* cv.	叶大，淡蓝色	1 加仑	盆	3	
63	宿根花卉	‘爱国者’玉簪	*Hosta* cv.	叶大，有黄色斑块	2 加仑	盆	1	
64	宿根花卉	‘矮生’翠芦莉	*Ruellia simplex* ‘Katie’s Dwarf’	花蓝紫色	1 加仑	盆	12	
65	宿根花卉	穗花婆婆纳	*Pseudolysimachion spicatum*	花淡蓝紫色	1 加仑	盆	16	
66	宿根花卉	‘烟花’千鸟花	*Gaura lindheimeri* cv.	花淡粉色、白色	1 加仑	盆	15	
67	宿根花卉	花叶玉蝉花	*Iris ensata* ‘Variegata’	花深紫色	1 加仑	盆	5	
68	宿根花卉	木贼	*Equisetum hyemale*	茎绿色	1 加仑	盆	1	
69	宿根花卉	藿香蓟	*Ageratum conyzoides*	花淡紫色	150 红盆	盆	18	
70	宿根花卉	小花木槿	*Hibiscus syriacus* cv.	花粉色	2 加仑	盆	14	
71	宿根花卉	花叶山菅兰	*Dianella ensifolia* cv.	花青紫色、绿白色	1 加仑	盆	3	
72	宿根花卉	英国山麦冬	*Liriope spicata* cv.	叶亮黄色	1 加仑	盆	3	
73	宿根花卉	‘彼得潘’矮生百子莲	*Agapanthus africanus* cv.	花蓝色	2 加仑	盆	7	
74	宿根花卉	大花滨菊	*Leucanthemum maximum* ‘Ramood’	花白色	1 加仑	盆	8	
75	宿根花卉	大花葱	*Allium giganteum*	花紫红色	2 加仑	盆	8	
76	宿根花卉	常绿萱草	*Hemerocallis fulva* var. *aurantiaca*	叶绿色，花红色、黄色	180 红盆	盆	1	
77	宿根花卉	中华景天	*Sedum polytrichoides*	叶天蓝色	150 红盆	盆	85	
78	宿根花卉	‘太阳吻’大花金鸡菊	*Coreopsis grandiflora* cv.	花黄色	180 竹节盆	盆	23	
79	宿根花卉	‘矮’蒲苇	*Cortaderia selloana* ‘Pumila’	叶青绿色	5 加仑	盆	3	
80	宿根花卉	肾蕨	*Nephrolepis auriculata*	叶嫩绿色	5 加仑	盆	2	
81	宿根花卉	墨西哥鼠尾草	*Salvia leucantha*	花紫色	2 加仑	盆	3	
82	宿根花卉	‘金边’阔叶麦冬	*Liriope muscari* ‘Variegata’	叶银白色与翠绿色相间的竖向条纹	150 红盆	盆	3	
83	宿根花卉	姬十二筋骨草	*Ajuga ciliata* cv.	叶紫蓝色	150 红盆	盆	49	
84	宿根花卉	八宝景天	*Hylotelephium erythrostictum*	叶嫩绿色	1 加仑	盆	7	
85	宿根花卉	‘螺旋’灯芯草	*Juncus effusus* ‘Spiralis’	叶绿色	1 加仑	盆	3	
86	宿根花卉	红景天	*Rhodiola rosea*	红花	120 红盆	盆	20	
87	宿根花卉	金边丝兰	*Yucca aloifolia*	叶条线形，黄色	2 加仑	盆	1	
88	观赏草	‘金叶’薹草	*Carex* ‘Evergold’	叶黄色条纹	1 加仑	盆	3	
89	观赏草	‘花叶’芒	*Miscanthus sinensis* ‘Variegatus’	叶边缘乳白色	5 加仑	盆	1	
90	观赏草	‘细叶’芒	*Miscanthus sinensis* ‘Gracillimus’	叶淡绿色	5 加仑	盆	1	
91	观赏草	‘小兔子’狼尾草	*Pennisetum alopecuroides* ‘Little Bunny’	花序白色毛绒状	1 加仑	盆	3	
92	观赏草	‘羽绒’狼尾草	*Pennisetum setacem* ‘Rueppeli’	花粉白色	2 加仑	盆	1	
93	观赏草	蜜糖草	*Melinis nerviglumis* ‘Savannah’	花序紫红色	1 加仑	盆	28	
94	观赏草	粉黛乱子草	*Muhlenbergia capillaris*	花淡粉色	1 加仑	盆	7	
95	观赏草	蓝羊茅	*Festuca glauca*	叶灰蓝色	1 加仑	盆	1	
96	一二年生	‘剪纸’大花耧斗菜	*Aquilegia glandulosa* cv.	花玫粉双色、深蓝白双色	140 双色盆	盆	18	
97	一二年生	五色梅	*Lantana camara*	花粉色、红色、白色	2 加仑	盆	16	
98	一二年生	‘大草原’天竺葵	*Pelargonium hortorum* cv.	花正红色	140 双色盆	盆	15	
99	一二年生	‘巨无霸’超级海棠	*Begonia* cv.	叶铜红色	180 竹节盆	盆	3	
100	一二年生	银叶菊	*Jacobaea maritima*	叶银白色	180 红盆	盆	13	
101	一二年生	蓝雪花	*Ceratostigma plumbaginoides*	花蓝色	180 红盆	盆	13	
102	一二年生	金叶满天星	*Gypsophlia paniculata* cv.	叶金黄色	120 红盆	盆	18	
	合计						950	

花境植物更换表

序号	类别	中文名称	学名	花色 / 叶色	规格	单位	数量	备注
1	一二年生	‘中央大街’彩叶草	*Coleus* cv.	叶红黄色	180 竹节盆	盆	18	6 月初更换大花耧斗菜

花源高新

华艺生态园林股份有限公司

潘会玲　倪德田　许俊　孟涛　代传好　程一兵

春季实景

夏季实景

秋季实景

设计说明

高新区是合肥市原始创新的策源地。花境设计以源泉为理念，运用碎石铺就蜿蜒曲折小路，宛如流淌的溪流，滋润着干枯河床、荒山、沙漠。

植物种植分三个层次，充分展现出花境植物自身魅力，营造乱花渐欲迷人眼的景观，形成花团锦簇、生机盎然、魅力高新的花园城市。

设计阶段图纸

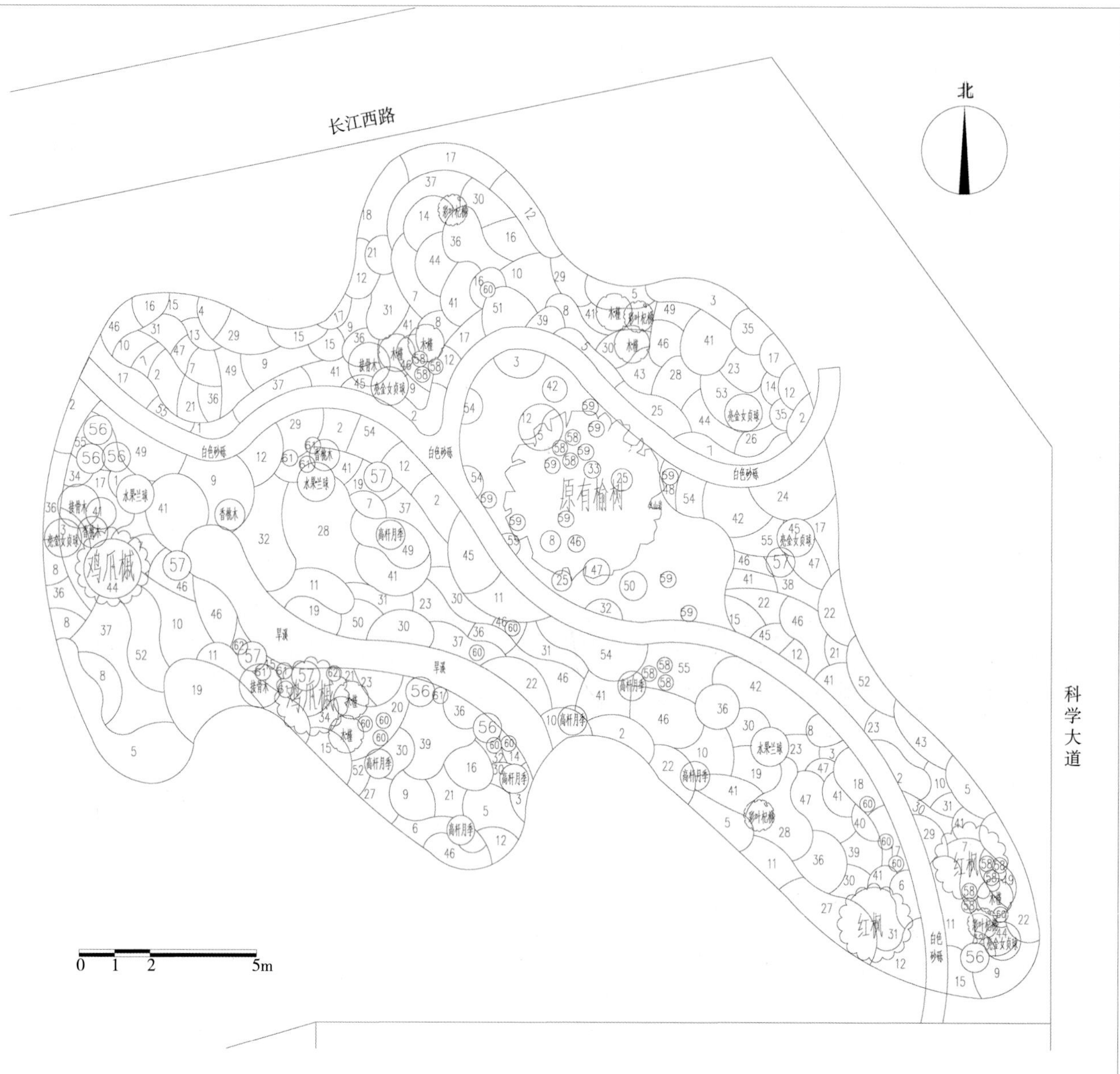

序号	名称	序号	名称	序号	名称	序号	名称
1	玫红美女樱	17	‘金叶’石菖蒲	33	银叶菊	49	金边麦冬
2	银纹沿阶草	18	四季海棠	34	羽扇豆	50	黄金络石
3	‘甜心’玉簪	19	柳叶马鞭草	35	玛格丽特	51	冰生溲疏
4	花叶玉簪	20	画眉草	36	墨西哥鼠尾草	52	火星花
5	紫娇花	21	蛇鞭菊	37	黄金菊	53	‘花叶’络石
6	绿叶薄荷	22	欧石竹	38	‘金焰’绣线菊	54	矾根
7	德国鸢尾	23	‘天堂之门’金鸡菊	39	墨西哥羽毛草	55	中华景天
8	蓝花鼠尾草	24	银叶菊	40	芙蓉菊	56	‘矮’蒲苇
9	细叶美女樱	25	矮月季	41	八仙花	57	锦带
10	毛地黄钓钟柳	26	毛地黄	42	千叶吊兰	58	朱蕉
11	满天星	27	橙花萱草	43	姬小菊	59	花玉簪
12	矮牵牛	28	大花滨菊	44	赤胫散	60	紫狼尾草
13	蓝羊茅	29	金叶佛甲草	45	绿叶玉簪	61	紫叶美人蕉
14	‘花叶’玉蝉花	30	花菖蒲	46	红之风画眉草		
15	‘金叶’过路黄	31	‘金焰’绣线菊	47	百子莲		
16	滨菊	32	‘小兔子’狼尾草	48	鸢尾		

花境植物材料

序号	名称	科属	学名	花（叶）色	开花期及持续时间	长成高度（cm）	种植面积（m^2）	种植密度（株/m^2）	株数
1	红枫	槭树科槭属	*Acer palmatum* 'Atropurpureum'	叶深红、绿色	春夏秋	200 ~ 250	—	—	2
2	鸡爪槭	槭树科槭属	*Acer palmatum*	叶春夏绿，秋红色	春夏秋	200 ~ 250	—	—	2
3	木槿	锦葵科木槿属	*Hibiscus syriacus*	花粉红、淡紫、紫红色	7 ~ 10 月	220	—	—	7
4	金叶接骨木	忍冬科接骨木属	*Sambucus williamsii*	叶金黄色	4 ~ 5 月	120	—	—	3
5	'花叶'锦带	忍冬科锦带属	*Weigela florida* 'Variegata'	花红、粉红色	4 ~ 6 月	50 ~ 60	—	—	5
6	'红星'朱蕉	龙舌兰科朱蕉属	*Cordyline australis* 'Red Star'	叶红褐色	四季	50 ~ 80	—	—	14
7	'矮'蒲苇	禾本科蒲苇属	*Cortaderia selloana* 'Pumila'	花银白色、粉红色	9 ~ 10 月	120	—	—	6
8	亮金女贞（球）	木樨科木樨属	*Ligustrum* × *vicaryi*	春季新叶鲜黄色，至冬季转为金黄色	四季	100	—	—	5
9	水果蓝（球）	唇形科香科科属	*Teucrium fruticans*	全株被白色茸毛，叶蓝灰色	四季	80	—	—	3
10	花叶玉簪	百合科玉簪属	*Hosta undulata*	叶浓绿色，叶面中部有乳黄色和白色纵纹及斑块	春夏秋	50 ~ 60	—	—	10
11	'彩叶'杞柳	杨柳科柳属	*Salix integra* 'Hakuro Nishiki'	叶有乳白和粉红色斑	春夏秋	150 ~ 200	—	—	4
12	花叶香桃木	桃金娘科桃金娘属	*Rhodomyrtus tomentosa*	花白色，叶有金黄色条纹	5 ~ 6 月	30 ~ 50	—	—	3
13	紫叶美人蕉	美人蕉科美人蕉属	*Canna warszewiczii*	花深红色	6 ~ 8 月	150 ~ 200	—	—	10
14	凤尾兰	龙舌兰科龙舌兰属	*Yucca gloriosa*	花白色	8 ~ 11 月	60 ~ 100	—	—	6
15	'紫叶'狼尾草	禾本科狼尾草属	*Pennisetum setaceum* 'Rubrum'	叶紫红色	7 ~ 11 月	50 ~ 80	—	—	12
16	高杆月季	蔷薇科蔷薇属	*Rosa hybrida*	花红、粉红、黄色	3 ~ 11 月	120 ~ 150	—	—	7
17	滨菊	菊科滨菊属	*Leucanthemum vulgare*	花白色，具香气	5 ~ 6 月	40 ~ 80	13	25	325
18	满天星	石竹科石头花属	*Gypsophila paniculata*	花淡红、紫、蓝色	6 ~ 8 月	30 ~ 80	8.7	25	218
19	'天堂之门'金鸡菊	菊科金鸡菊属	*Coreopsis rosea* 'Heaven's Gate'	花粉色	5 ~ 10 月	30 ~ 40	5	25	125
20	黄金菊	菊科黄蓉菊属	*Euryops pectinatus*	花黄色	4 ~ 11 月	40 ~ 50	9.8	16	157
21	银叶菊	菊科疆千里光属	*Jacobaea maritima*	花紫红色	6 ~ 9 月	50 ~ 80	3.2	16	51
22	紫娇花	石蒜科紫娇花属	*Tulbaghia violacea*	花紫红、粉红色	5 ~ 11 月	40 ~ 60	11.8	36	425
23	蓝羊茅	禾本科羊茅属	*Festuca glauca*	花白色	5 月	35 ~ 40	0.6	16	10
24	玫红美女樱	马鞭草科美女樱属	*Glandularia* × *hybrida* 'Voss'	花玫红色	5 ~ 11 月	30 ~ 40	2.2	36	79
25	细叶美女樱	马鞭草科美女樱属	*Glandularia tenera*	花红、白、蓝紫色	4 ~ 10 月下旬	20 ~ 30	8.5	36	306
26	羽扇豆	蝶形花科羽扇豆属	*Lupinus micranthus*	花红、蓝、紫色等	3 ~ 5 月	20 ~ 70	1.1	16	18
27	赤胫散	蓼科蓼属	*Polygonum runcinatum*	花白、粉红色	6 ~ 7 月	30 ~ 50	5.5	16	88
28	百子莲	石蒜科百子莲属	*Agapanthus africanus*	花蓝、紫、白色	5 ~ 8 月	60	3.4	16	54
29	矾根	虎耳草科矾根属	*Heuchera micrantha*	叶红色	4 ~ 10 月	20 ~ 25	6	25	150
30	'花叶'络石	夹竹桃科络石属	*Trachelospermum jasminoides* 'Flame'	花白、紫色，叶多色	4 ~ 5 月	L50 ~ 100	2.5	25	63
31	矮月季	蔷薇科蔷薇属	*Rosa hybrida*	花红、粉红、黄色	3 ~ 11 月	30 ~ 40	1.8	25	45
32	千叶吊兰	蓼科千叶兰属	*Muehlewbeckia complera*	叶绿色	四季	15 ~ 25	5	36	180
33	火星花	鸢尾科雄黄兰属	*Crocosmia crocosmiflora*	花红、橙、黄色	6 ~ 7 月	30 ~ 50	4.5	25	113
34	玛格丽特	菊科木茼蒿属	*Argyranthemum frutescens*	花白色和粉色	2 ~ 10 月	40 ~ 50	1.5	16	24
35	毛地黄钓钟柳	玄参科钓钟柳属	*Penstemon laevigatus* subsp. *digitalis*	花粉、蓝紫色	4 ~ 5 月	30 ~ 60	7.8	16	125
36	'金焰'绣线菊	蔷薇科绣线菊属	*Spiraea* × *bumalda* 'Gold Flame'	花玫瑰红色	6 ~ 9 月	40 ~ 60	7	16	112
37	萱草	百合科萱草属	*Hemerocallis fulva*	花橙黄色	5 ~ 10 月	30 ~ 35	2.8	36	101
38	欧石竹	石竹科石竹属	*Dianthus carthusianorum*	花紫红、红、深粉红色	5 ~ 7 月	30	7.5	25	188
39	姬小菊	菊科鹅河菊属	*Brachyscome angustifolia*	花蓝紫色	5 ~ 10 月	20 ~ 25	1	36	36
40	'小兔子'狼尾草	禾本科狼尾草属	*Pennisetum alopecuroides* 'Little Bunny'	花白色	7 ~ 11 月	40 ~ 60	5	25	125
41	八仙花	虎耳草科绣球属	*Hydrangea macrophylla*	花白、蓝、红、黄色	5 ~ 8 月	30 ~ 80	20	25	500
42	矮牵牛	茄科矮牵牛属	*Petunia hybrida*	花粉、紫、红、白色	4 ~ 12 月	20 ~ 45	8.6	16	138

（续）

序号	名称	科属	学名	花（叶）色	开花期及持续时间	长成高度（cm）	种植面积（m^2）	种植密度（株 /m^2）	株数
43	德国鸢尾	鸢尾科鸢尾属	*Iris germanica*	花淡紫色、蓝紫色、深紫色	4 ~ 5 月	30 ~ 40	7.5	16	120
44	‘甜心’玉簪	百合科玉簪属	*Hosta* ‘So Sweet’	色白色带紫色条纹	6 ~ 9 月	35	5.6	9	50
45	芙蓉菊	菊科芙蓉菊属	*Crossostephium chinense*	花黄绿色	花果期全年	20 ~ 40	1	25	25
46	‘银纹’沿阶草	百合科沿阶草属	*Ophiopogon intermedius* ‘Argenteo-marginatus’	花淡蓝色	8 ~ 9 月	40 ~ 60	10	25	160
47	金叶佛甲草	景天科景天属	*Sedum lineare*	花金黄色	5 ~ 6 月	10 ~ 20	4.5	81	366
48	柳叶马鞭草	马鞭草科马鞭草属	*Verbena bonariensis*	花蓝紫色	5 ~ 10 月	100 ~ 150	8	25	200
49	四季海棠	秋海棠科秋海棠属	*Begonia semperflorens*	花橙红、桃红、粉红色	四季	15 ~ 25	3.2	36	115
50	‘金叶’石菖蒲	天南星科菖蒲属	*Acorus gramineus* ‘Ogan’	叶绿色	4 ~ 5 月	30 ~ 40	10	25	250
51	墨西哥羽毛草	禾本科侧针茅属	*Nassella tenuissima*	花银白色	6 ~ 9 月	30 ~ 50	5.3	25	133
52	绿叶薄荷	唇形科薄荷属	*Mentha canadensis*	花白色	7 ~ 9 月	30 ~ 40	2.3	25	58
53	‘金叶’过路黄	报春花科珍珠菜属	*Lysimachia nummularia* ‘Aurea’	叶黄色	5 ~ 7 月	L10 ~ 25	6.8	49	333
54	蛇鞭菊	菊科蛇鞭菊属	*Liatris spicata*	花紫色	8 ~ 10 月	60 ~ 100	4.7	16	75
55	‘花叶’玉蝉花	鸢尾科鸢尾属	*Iris ensata* ‘Variegata’	花深紫色、蓝色	4 ~ 5 月	40 ~ 60	0.8	16	13
56	毛地黄	玄参科毛地黄属	*Digitalis purpurea*	花紫红色	5 ~ 6 月	50 ~ 120	0.8	16	13
57	冰生溲疏	虎耳草科溲疏属	*Deutzia crenata* ‘Nikko’	花白色	5 ~ 6 月	40 ~ 60	1.4	9	13
58	‘黄金’络石	夹竹桃科络石属	*Trachelospermum asiaticum* ‘Summer Sunset’	叶鲜红色、纯白色、金黄色、古铜色、橘红色	四季	L50 ~ 100	1.5	25	38
59	画眉草	禾本科画眉草属	*Eragrostis ferruginea*	花粉红色	8 ~ 11 月	60	15.8	16	253
60	蓝花鼠尾草	唇形科鼠尾草属	*Salvia farinacea*	花蓝紫色	5 ~ 10 月	30 ~ 80	7.5	25	188
61	中华景天	景天科景天属	*Sedum polytrichoides*	花亮黄色	4 ~ 5 月	15 ~ 20	5.5	72	396
62	花菖蒲	鸢尾科鸢尾属	*Iris ensata* var. *hortensis*	花紫、白色	6 ~ 7 月	40 ~ 100	8.5	16	136
63	金边麦冬	百合科山麦冬属	*Liriope spicata* var. *variegata*	花红紫色	6 ~ 9 月	30 ~ 60	7	25	175
64	墨西哥鼠尾草	唇形科鼠尾草属	*Salvia leucantha*	花紫红色	10 ~ 11 月	80 ~ 100	7.8	25	195

L：指枝蔓的长度。

花境植物更换表

序号	原品种	更换品种	科属	学名	花（叶）色	开花期及持续时间	长成高度（cm）	种植面积（m^2）	种植密度（株 /m^2）	株数
9 月中下旬苗木更换计划表										
1	毛地黄、羽扇豆	‘凤尾’鸡冠花	苋科青葙属	*Celosia cristata* ‘Pyramidalis’	花红、黄、紫、白色	7 ~ 11 月	60 ~ 80	1.9	36	69
11 月中下旬苗木更换计划表										
1	凤尾鸡冠花、四季海棠、‘天堂之门’金鸡菊	三色堇	堇菜科堇菜属	*Viola tricolor*	花紫、蓝、黄色	11 月至翌年 3 月	15 ~ 20	10.1	49	495
2	满天星、玛格丽特	角堇	堇菜科堇菜属	*Viola cornuta*	花红、黄、紫色	12 月至翌年 4 月	10 ~ 15	9.2	49	451
3	黄金菊、矮牵牛	羽衣甘蓝	十字花科芸薹属	*Brassica oleracea* var. *acephala* f. *tricolor*	叶紫红、灰绿、蓝、黄色	1 ~ 3 月	10 ~ 15	17.5	49	860
4 月中下旬苗木更换计划表										
1	羽衣甘蓝	丛生福禄考	花荵科天蓝绣球属	*Phlox subulata*	花白、粉、红、紫、蓝色	3 ~ 4 月	15 ~ 20	2	49	98
2		‘花叶’太阳花	马齿苋科马齿苋属	*Portulaca grandiflora* ‘Hana Masteria’	花桃红色	5 ~ 11 月	10 ~ 15	3.6	49	177
3		矮牵牛	茄科矮牵牛属	*Petunia hybrida*	花粉、紫、红、白色	4 ~ 12 月	20 ~ 45	8.6	36	152
4	角堇	巨无霸海棠	秋海棠科秋海棠属	*Begonia* cv.	花红、玫红色	5 ~ 11 月（霜降以前）	40 ~ 60	9.2	16	147
5	三色堇	‘桑蓓斯’风仙花	风仙花科风仙花属	*Impatiens* ‘Sunpatiens’	花橙色、紫红色	5 ~ 11 月（霜降以前）	60	10.1	6	61
6	红之风画眉草	红之风画眉草	禾本科画眉草属	*Eragrostis ferruginea*	花粉红色	8 ~ 11 月	60	15.8	16	253

星火相传

郑州嘉景花境园艺有限公司

余兴卫　李恩超　孙瑞兵　何红丽

春季实景

夏季实景

秋季实景

设计说明

本作品以蓝色系和红色系为主、橙黄色系为辅，选用紫薇、红千层、穗花牡荆、‘无尽夏’绣球等作为骨架，奠定花境主基调；红花山桃草、火星花、火炬花、美女樱、黄金菊、‘金色风暴’金光菊、‘香蕉棒冰’火炬花、‘爱国者’玉簪和‘盛情’松果菊等主题植物品种，打造“星”“火”传承感；‘亮晶’女贞、蓝冰柏、羽毛枫和红枫作点缀，丰富花境冬季和早春景观，三季有花，四季有景！

设计阶段图纸

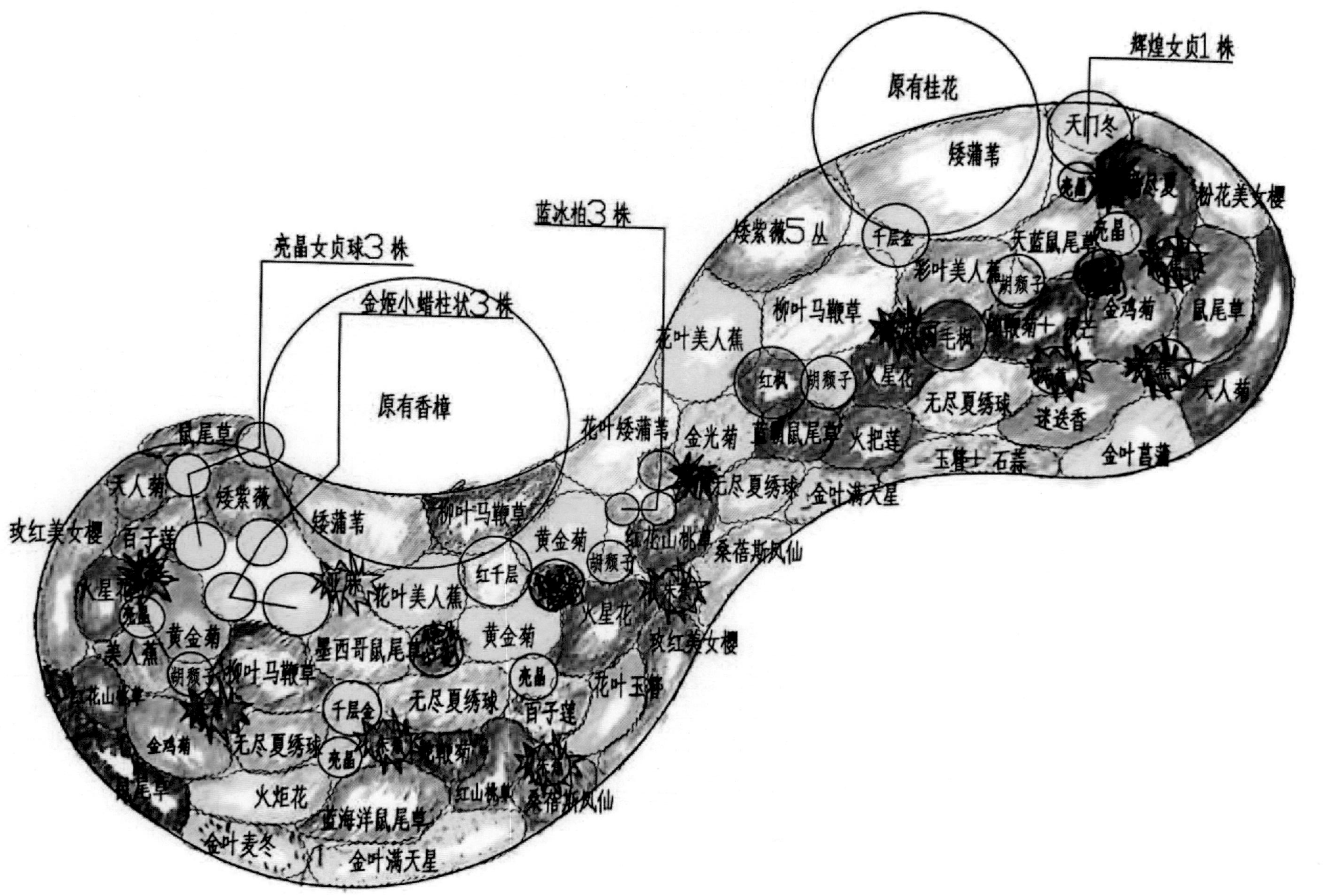
辉煌女贞1株
原有桂花
天门冬
矮蒲苇
粉花美女樱
蓝冰柏3株
矮紫薇5丛
千层金
天蓝鼠尾草
亮晶
彩叶美人蕉
胡颓子
金鸡菊
鼠尾草
亮晶女贞球3株
金姬小蜡柱状3株
柳叶马鞭草
花叶美人蕉
红枫
火星花
无尽夏绣球
天人菊
迷迭香
原有香樟
花叶矮蒲苇
金光菊
火把莲
玉簪十石蒜
金叶菖蒲
鼠尾草
金叶满天星
桑蓓斯凤仙
红千层
黄金菊
玫红美女樱
百子莲
美人蕉
墨西哥鼠尾草
花叶玉簪
金叶麦冬
火炬花
蓝海洋鼠尾草

花境植物材料

序号	名称	科	学名	花（叶）色	开花期及持续时间	长成高度（cm）	种植面积（m²）	种植密度（株/m²）	株数（株）
1	小花百日草（混）	菊科	*Zinnia elegans*	花粉、橙、黄色等	5～11月	20～25	2.41	81	115
2	‘亮晶’女贞（球）	木樨科	*Ligustrum quihoui* ‘Lemon Light’	叶 金黄色	1～12月	80～100	2.5		9
3	‘辉煌’女贞	木樨科	*Ligustrum compactum* ‘Excelsum Superbum’	叶金边、亮绿色	4～8月	150～250			4
4	矮生松果菊	菊科	*Echinacea purpurea*	花紫、粉等多色	11月至翌年4月	30～50	6	25	154
5	金叶满天星	石竹科	*Dianthus carthusianortm*	叶金黄、花紫色	6～8月	20～30	6	36	241
6	‘焰火’千日红	苋科	*Gomphrena* ‘Fireworks Coated’	花紫红色	全年	100～120	2	25	36
7	‘蓝霸’鼠尾草	唇形科	*Salvia* ‘Mystic Spires Blue’	花紫色	全年	30～50	7	25	148
8	大花百日草	菊科	*Zinnia elegans*	花红色、白色等	6～9月	40～50	3	25	62
9	欧石竹	石竹科	*Dianthus carthusianorum*	花深粉红色	全年	20	7	36	225
10	狐尾天门冬	百合科	*Asparagus densiflorus* ‘Myersii’	叶翠绿色		40～50	3	16	36
11	红巨人朱蕉	百合科	*Cordyline fruticosa*	叶紫红色		60～80	2.2	12	15
12	多秆亮叶朱蕉	百合科	*Cordyline fruticosa*	叶紫红色		130～150	2	12	18
13	观赏谷子	禾本科	*Pennisetum americarum*	花深紫色	6～10月	120～140	2	16	18
14	洋金凤	豆科	*Caesalpinia pulcherrima*	花橘黄色	全年	150～180	3.5	4	10
15	姜荷花	姜科	*Curcuma alismatifolia*	花桃红色	6～10月	30～50	2	36	50
16	紫叶风箱果	蔷薇科	*Physocarpus opulifolius* ‘Summer Wine’	花粉白色	4～6月	60～100			9
17	墨西哥鼠尾草	唇形科	*Salvia leucantha*	花紫色	8～10月	30～40	4.5	25	82
18	‘金边’胡颓子	胡颓子科	*Elaeagnus pungens* ‘Aurea’	叶边缘乳黄色	11月至翌年2月	80～100			6
19	红花鹤望兰	芭蕉科	*Strelitzia reginae*	花红色	10月至翌年2月	50～70	5	12	48
20	花叶蒲苇	禾本科	*Cortaderia selloana* ‘Silver Comet’	银边叶，花银白色	9月至翌年1月	100～140	7	4	25
21	澳洲朱蕉	百合科	*Cordyline terminalis*	紫红色叶片	全年观叶	60～80	2	8	16
22	红车	桃金娘科	*Syzygium myrtifolium*	新叶 粉红色		100～120	2.5	4	6
23	‘金叶矮’蒲苇	禾本科	*Cortaderia selloana* ‘Pumila’	花银白色	全年	100～140	4.5	4	14
24	黄金宝树	桃金娘科	*Melaleuca bracteata* ‘Revolution Gold’	叶 金黄色		130～150	5.6	2	11
25	矮生马鞭草	马鞭草科	*Verbena officinalis*	花蓝紫色	5～11月	30～40	2	36	35
26	‘玫红’筋骨草	唇形科	*Ajuga decumbens* ‘Rosea’	花蓝紫色	3～5月	15～25	3	36	108
27	‘无尽夏’绣球	虎耳草科	*Hydrangea macrophylla* ‘Endless Summer’	花蓝色、粉色	6～8月	40～60	3	9	17
28	百子莲	石蒜科	*Agapanthus africanus*	花紫色	7～9月	30～50	2.5	16	22
29	‘光辉岁月’向日葵	菊科	*Helianthus annuus* ‘Sunbelievable’	花黄色	5～11月	60～80	3.5	9	20
30	‘红火箭’紫薇	千屈菜科	*Lagerstroemia indica* ‘Red Rocket’	花红色	6～11月	100～120	2.5	2	3
31	天人菊	菊科	*Gaillardia pulchella*	花红黄复色	6～8月	30～50	4	25	92
32	‘深蓝’鼠尾草	唇形科	*Salvia guaranitica* ‘Black and Blue’	花天蓝色	4～7月	30～50	4	16	64
33	五色梅	马鞭草科	*Lantana camara*	花紫色、黄色	5～10月	30～50	4	25	84
34	穗花牡荆	马鞭草科	*Vitex agnuscastus*	花蓝紫色	7～8月	160～200	4	1	3
35	‘矮’蒲苇	禾本科	*Cortaderia selloana* ‘Pumila’	花银白色	9～11月	80～100	4.5	4	14
36	灯芯草	灯芯草科	*Juncus effusus*	叶绿色	常绿	40～60	2	25	45
37	紫娇花	石蒜科	*Tulbaghia violacea*	花紫色	5～7月	30～40	2	36	80
38	迷迭香	唇形科	*Rosmarinus officinalis*	花蓝紫色	11月	50～60	3	16	40
39	‘小兔子’狼尾草	禾本科	*Pennisetum alopecuroides* ‘Little Bunny’	花白色	7～11月	30～40	3	9	27

（续）

序号	名称	科	学名	花（叶）色	开花期及持续时间	长成高度（cm）	种植面积（m^2）	种植密度（株/m^2）	株数（株）
40	松果菊	菊科	*Echinacea purpurea*	花粉红、黄色、紫红色	4 ~ 10 月	50 ~ 60	2.5	16	32
41	墨西哥鼠尾草	唇形科	*Salvia leucantha*	花紫红色	8 ~ 11 月	80 ~ 90	3.5	9	20
42	‘无尽夏’绣球	虎耳草科	*Hydrangea macrophylla* ‘Endless Summer’	花紫色	5 ~ 9 月	40 ~ 50	2.5	2	3
43	亚麻	龙舌兰科	*Linum usitatissimum*	观叶植物		40 ~ 60	4.5	4	14
44	‘火焰’柳枝稷	禾本科	*Panicum virgatum* ‘Flame’	未开花前观叶，夏秋开花，花由红变白	5 ~ 9 月	60 ~ 80	3	16	35
45	火焰绣线菊	蔷薇科	*Spiraea japonica*	花白色	3 ~ 4 月	60 ~ 80	2	9	20
46	欧洲荚蒾	忍冬科	*Viburnum opulus*	果熟期 9 ~ 10 月	5 ~ 6 月	60 ~ 70	3	3	9
47	蓝羊茅	禾本科	*Festuca glauca*	圆锥花序	5 月	15 ~ 20	3	25	64
48	‘金叶’薹草	莎草科	*Carex oshimensis* ‘Evergold’	穗状花序	4 ~ 5 月	20 ~ 30	2	36	72
49	火炬花	百合科	*Kniphofia uvaria*	常绿，穗状花	6 ~ 10 月	40 ~ 50	3	9	27
50	彩叶草	唇形科	*Coleus hybridus*	叶黄色、红色	7 月	30 ~ 50	2	25	50
51	玉簪	百合科	*Hosta plantaginea*	花白色	8 ~ 10 月	30 ~ 50	3	9	25
52	‘矮穗’狼尾草	禾本科	*pennisetum setaceum* ‘Rubrum’	花白色	8 ~ 10 月	40 ~ 60	2	9	18
53	‘火焰’卫矛	卫矛科	*Euonymus alatus* ‘Compactus’	叶秋季变为火焰红色	9 ~ 11 月观叶	80 ~ 100	2	3	6
54	针茅马尾	禾本科	*Stipa capillata*	喜冷凉	3 ~ 5 月	40 ~ 50	3	36	108
55	欧石竹	石竹科	*Dianthus carthusianorum*	夏季花较少	4 ~ 11 月	15 ~ 20	3	49	150
56	‘幻紫’鼠尾草	唇形科	*Salvia japonica* ‘Purple Majesty’	花深蓝色	4 ~ 12 月	50 ~ 70	2	9	22
57	锦叶狼尾草	禾本科	*Pennisetum alopecuroides*	紫红叶片	6 ~ 10 月	60 ~ 80	3	9	20
58	金叶连翘	木樨科	*Forsythia koreana* ‘Sun Gold’	观叶植物	3 ~ 5 月	60 ~ 80	2	2	4
59	金曲金光菊	菊科	*Rudbeckia laciniata*		6 ~ 8 月	50 ~ 70	3	9	27
60	金叶金鸡菊	菊科	*Coreopsis basalis*		5 ~ 8 月	50 ~ 60	3	25	60
61	秋金光菊	菊科	*Rudbeckia laciniata*		6 ~ 8 月	60 ~ 80	2	16	35
62	柠檬女贞	木樨科	*Ligustrum quihoui*		全年	60 ~ 80	3	1	3
63	‘桑托斯’马鞭草	马鞭草科	*Verbena rigida* ‘Santos’		3 ~ 5 月	40 ~ 50	3	9	27
64	‘火焰’南天竹	小檗科	*Nandina domestica* ‘Firepower’	红叶经冬不凋	12 月至翌年 2 月	20 ~ 30	2	16	32
65	粉花美人蕉	美人蕉科	*Canna glauca*	水陆两栖观叶植物	5 ~ 9 月	60 ~ 80	3	9	27
66	蓝叶画眉草	禾本科	*Eragrostis elliotii*		4 ~ 9 月	40 ~ 50	2.5	2	50
67	毛核木	蔷薇科	*Symphoricarpos sinensis*	冬季观果，观果持久	3 ~ 5 月	50 ~ 70	4	4	16
68	天人菊	菊科	*Gaillardia pulchella*		4 ~ 10 月	30 ~ 50	2	25	50
69	日本紫薇	千屈菜科	*Lagestroemia indica*		6 ~ 8 月	60 ~ 80	2	4	8
70	蓝皇后鼠尾草	唇形科	*Salvia leucantha*		6 ~ 8 月	30 ~ 40	3	25	75
71	萱草	百合科	*Hemerocallis fulva*		5 ~ 9 月	20 ~ 30	2	9	18
72	金冠女贞	木樨科	*Ligustrum* × *vicaryi*		5 ~ 7 月	60 ~ 80		2	2
73	金叶山桃草	柳叶菜科	*Gaura lindheimeri*		6 ~ 8 月	50 ~ 60	3	9	27
74	‘歌舞’芒	禾本科	*Miscanthus sinensis* ‘Cabaret’		9 ~ 11 月	60 ~ 100	2	9	18
75	大花秋海棠	秋海棠科	*Begonia* cv.		5 ~ 11 月	40 ~ 50	2	16	32
76	‘彩叶’杞柳	杨柳科	*Salix integra* ‘Hakuro Nishiki’		3 ~ 6 月	80 ~ 100	2	1	2
77	木绣球	忍冬科	*Viburnum macrocephalum*		4 ~ 6 月	60 ~ 80	3	1	3
78	‘银边’花叶芒	禾本科	*Miscanthus sinensis* ‘Variegatus’		5 ~ 8 月	80 ~ 100	2	9	18

（续）

序号	名称	科	学名	花（叶）色	开花期及持续时间	长成高度（cm）	种植面积（m^2）	种植密度（株/m^2）	株数（株）
79	百子莲	石蒜科	*Agapanthus africanus*	花大而美，蓝白色	6 ~ 8月	50 ~ 60	2	9	20
80	花叶玉蝉	鸢尾科	*Iris ensata*	花叶、蓝花	4 ~ 6月	50 ~ 70	3	9	27
81	‘无尽夏’绣球	虎耳草科	*Hydrangea macrophylla* ‘Endless Summer’	花朵大	4 ~ 8月	40 ~ 60	2	9	18
82	阔叶火星花	鸢尾科	*Crocosmia crocosmiflora*	花大而长	6 ~ 8月	50 ~ 70	2	16	32
83	八宝景天	景天科	*Hylotelephium erythrostictum*	粉花	8 ~ 10月	30 ~ 40	2	9	18
84	亚马逊迷雾薹草	莎草科	*Carex duriuscula* subsp. *rigescens*	常绿	1 ~ 10月	20 ~ 30	1	25	25
85	美女樱	马鞭草科	*Glandularia × hybrida*	粉、白、紫色花	3 ~ 8月	20 ~ 30	2	9	18
86	蓝雪花	白花丹科	*Ceratostigma plumbaginoides*	白、蓝色	4 ~ 10月	40 ~ 60	1	9	9
87	芙蓉葵	锦葵科	*Hibiscus moscheutos*	红、白、粉色花	7 ~ 8月	60 ~ 80	3	9	27
88	天蓝鼠尾草	唇形科	*Saivia uliginosa*	蓝色	6 ~ 10月	70 ~ 80	2	9	18
89	‘细叶’芒	禾本科	*Miscanthus sinensis* ‘Gracillimus’	绿、红褐色	9 ~ 11月	80 ~ 100	2	16	32
90	超级一串红	唇形科	*Salvia splendens*	红色	5 ~ 10月	50 ~ 80	2	9	18
91	花叶灯笼花	锦葵科	*Fuchsia hybrida*	橙色	5 ~ 10月	60 ~ 70	1	25	25
92	黄色火星花	鸢尾科	*Crocosmia crocosmiflora*	橘红色	6 ~ 9月	50 ~ 60	2	16	32
93	花叶白花紫娇花	石蒜科	*Tulbaghia violacea*	白花	5 ~ 9月	30 ~ 40	1	36	36
94	大花蓝雾蓟	菊科	*Ageratum houstonianum*	蓝花	5 ~ 9月	40 ~ 50	2	9	18
95	糖蜜草	禾本科	*Melinis minutiflora*	粉花	5 ~ 10月	30 ~ 40	2	9	18
96	白美人狼尾草	禾本科	*Pennisetum villosum*	白花	4 ~ 10月	30 ~ 40	2	16	32
97	金叶佛甲草	景天科	*Sedum lineare*	黄色	4 ~ 10月	10 ~ 20	2	36	72
98	山菅兰	百合科	*Dianella ensifolia*	蓝色	4 ~ 7月	30 ~ 40	1	16	16
	合计						265		3752

花境植物更换表

序号	植物名称	科	学名	花（叶）色	开花期及持续时间	长成高度（cm）	种植面积（m^2）	种植密度（株/m^2）	株数（株）
1	小花百日草（混）	菊科	*Zinnia elegans*	粉、橙、黄色等	5 ~ 11月	20 ~ 25	2.5	81	110
	细裂美女樱	马鞭草科	*Glandularia tenera*	蓝色	全年	15 ~ 20	2.5	25	40
4	红色五星花	茜草科	*Pentas lanceolata*	粉色、紫色	3 ~ 10月	30	6	16	100
	矮生松果菊	菊科	*Echinacea purpurea*	紫、粉等多色	6 ~ 11月	30 ~ 50	6	25	150
8	大花百日草	姜科	*Zinnia elegans*	红色、白色等	6 ~ 9月	40 ~ 50	3.5	25	62
	筋骨草	唇形科	*Calibrachoa hybrids*	紫色	2 ~ 5月	30	3.5	25	62
13	紫叶狼尾草	禾本科	*Pennisetum americarum*	深紫色	6 ~ 10月	120 ~ 140	2	16	32
	矮红羽狼尾草	禾本科	*Pennisetum setacem*	粉白色	4 ~ 12月	120 ~ 140	2	16	30
25	矮生马鞭草	马鞭草科	*Verbena officinalis*	蓝紫色	5 ~ 11月	30 ~ 40	2	36	70
	火红萼距花	千屈菜科	*Cuphea platycentra*	火焰红色	10月至翌年6月	40 ~ 50	2	16	30
29	‘光辉岁月’向日葵	菊科	*Helianthus annuus* ‘Sunbelievable’	黄色	5 ~ 11月	60 ~ 80	3	9	27
	木春菊	菊科	*Argyranthemum frtescens*	黄色	全年	30 ~ 50	3	16	40
31	天人菊	菊科	*Gaillardia pulchella*	红黄复色	6 ~ 8月	30 ~ 50	4	25	100
	大花香彩雀	玄参科	*Angelonia angustifolia*	紫、粉、复色	4 ~ 11月	30 ~ 50	4	16	64

自由之光

上海杨浦园林绿化建设养护有限责任公司

葛春雪　施克敏　严浩

春季实景

夏季实景

秋季实景

设计说明

本作品以灿烂的金黄色、纯净的白色、清雅的蓝色和愉悦的红粉色烘托主题表达；由穗花牡荆、醉鱼草、圆锥绣球、日本枫等灌木构成花境骨架；由宿根花卉蒲棒菊、柳叶马鞭草、黄花鼠尾草、'幻紫'鼠尾草、马利筋等构成花境高层；植物由直立鼠尾草、高秆松果菊、火炬花、'紫韵'钓钟柳、'紫叶'狼尾草、粉黛乱子草等构成中高层；并由向日葵、金光菊、黄金菊等花色亮丽的宿根花卉组成构成主题焦点；由大滨菊、金鸡菊、百子莲、'盛情'松果菊、五色梅、蓝雪花等组成前景，组成层次丰富、高低错落的自然生境。表达人们向往自由，迎着初升的太阳，努力奋进的精神状态。

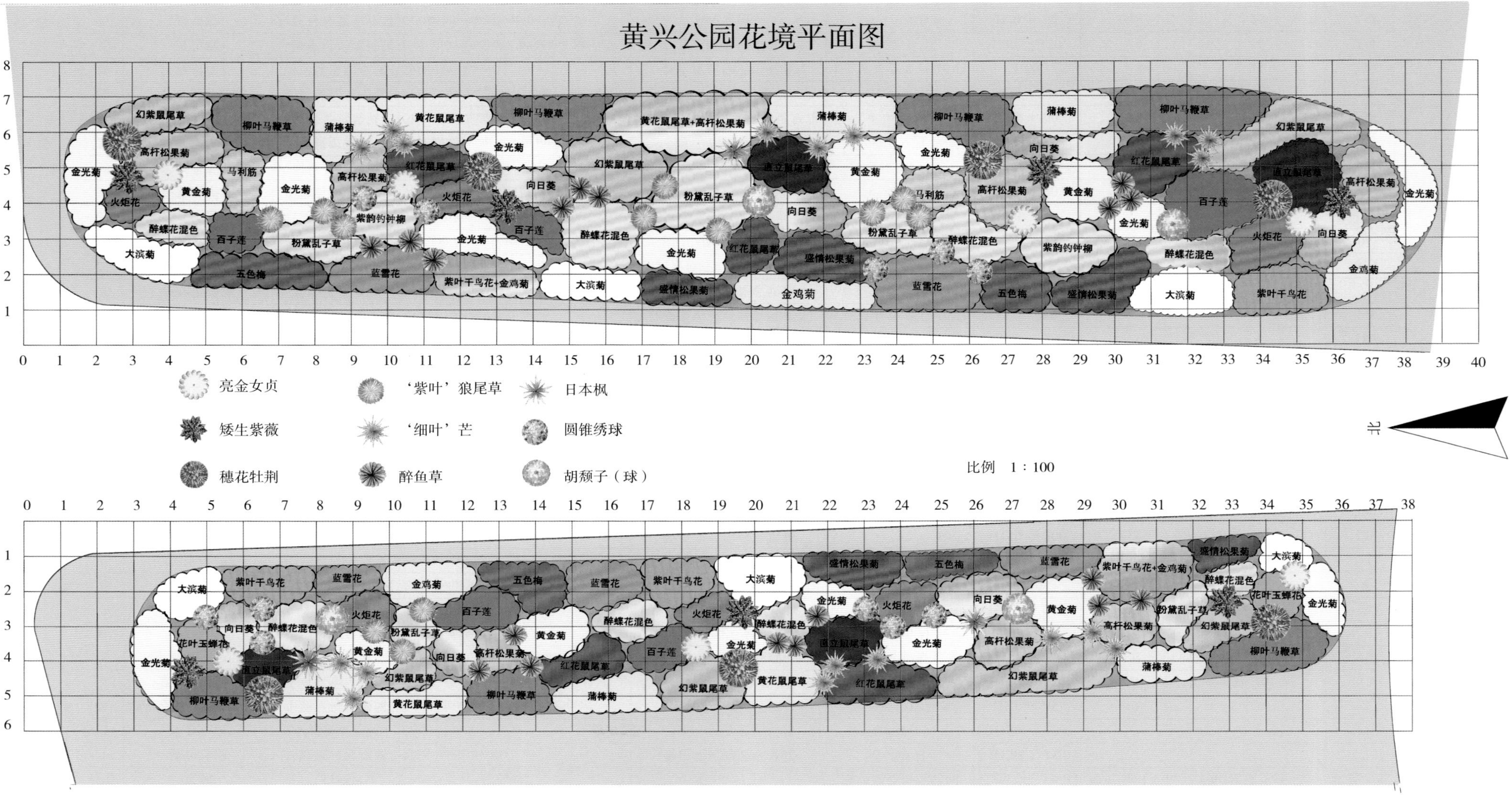

黄兴公园花境平面图

亮金女贞　‘紫叶’狼尾草　日本枫

矮生紫薇　‘细叶’芒　圆锥绣球

穗花牡荆　醉鱼草　胡颓子（球）

北

比例　1：100

花境植物材料

序号	名称	科属	学名	花（叶）色	开花期及持续时间	长成高度（cm）	种植面积（m^2）	种植密度（株/m^2）	株数（株）
1	穗花牡荆	马鞭草科牡荆属	*Vitex agnuscastus*	紫色花后修剪可复花	6 ~ 9 月	H130 ~ 150	7	1	7
2	亮金女贞	木樨科女贞属	*Ligustrum* × *vicaryi*	叶色金黄色	全年观叶	H130 ~ 150	7	1	7
3	矮生紫薇（樱桃摩卡）	千屈菜科紫薇属	*Lagerstroemia indica* 'Summer'	紫色、玫红色	6 ~ 10 月	H50 ~ 100	7	1	7
4	'紫叶' 狼尾草	禾本科狼尾草属	*Pennisetum setaceum* 'Rubrum'	紫叶丛状花序紫色	观叶观姿	H150 ~ 180	4	3	12
5	'细叶' 芒	禾本科芒属	*Miscanthus sinensis* 'Gracillimus'	绿叶丛状花序白色	观叶观姿	H120	6	3	18
6	醉鱼草	马钱科醉鱼草属	*Buddleja lindleyana*	白、紫、粉花后修剪可复花	6 ~ 10 月	P80	6	3	18
7	日本枫	槭树科槭属	*Acer palmatum*	叶色紫红色	全年观叶	H230 ~ 250	3	1	3
8	埃比胡颓子	胡颓子科胡颓子属	*Elaeagnus xebbingei*	乳白色小花	9 月	P100	4	1	4
9	圆锥绣球	虎耳草科绣球属	*Hydrangea paniculata* 'Grandiflora'	白色	7 ~ 10 月	H150 ~ 200	3.5	3	11
10	'紫韵' 钓钟柳	玄参科钓钟柳属	*Penstemon* 'Purple Charm'	粉色花后修剪可复花	5 ~ 6 月及 7 ~ 10 月	H180 ~ 200	8	16	128
11	多花向日葵	菊科向日葵属	*Helianthus annuus*	金黄色	7 ~ 9 月	H100 ~ 200	20	16	320
12	柳叶马鞭草	马鞭草科马鞭草属	*Verbena bonariensis*	蓝紫色花后修剪可复花	6 ~ 10 月	H100 ~ 150	36	16	576
13	蒲棒菊	菊科金光菊属	*Rudbeckia maxima*	黄色	7 ~ 8 月	H180 ~ 200	27	16	432
14	直立鼠尾草	唇形科鼠尾草属	*Salvia japonica* cv.	蓝紫色花后修剪可复花	6 ~ 10 月	H30 ~ 100	15	9	135
15	黄花鼠尾草	唇形科鼠尾草属	*Salvia flava*	黄色花后修剪可复花	6 ~ 10 月	H60 ~ 80	16	6	96
16	幻紫鼠尾草	唇形科鼠尾草属	*Salvia japonica* 'Purple Majesty'	紫色花后修剪可复花	7 ~ 9 月	H30 ~ 100	36	16	576
17	火炬花	百合科火把莲属	*Kniphofia uvaria*	橘红色	7 ~ 8 月	H100 ~ 140	16	16	256
18	黄金菊	菊科黄蓉菊属	*Euryops pectinatus*	金黄色花后修剪可复花	5 ~ 10 月	H30 ~ 50	20	9	180
19	醉蝶花	白花菜科醉蝶花属	*Tarenaya hassleriana*	红粉混色花后修剪可复花	6 ~ 7 月及 9 ~ 10 月	H40 ~ 60	23	16	368
20	花叶玉蝉花	鸢尾科鸢尾属	*Iris ensata*	观叶为主，花蓝紫色	5 ~ 6 月	H40 ~ 100	4.5	16	72
21	松果菊	菊科紫松果菊属	*Echinacea purpurea*	粉紫色花后修剪可复花	6 ~ 10 月	H150	27	25	675
22	马利筋	萝藦科马利筋属	*Asclepias curassavica*	花橙黄色	5 ~ 11 月	H80	6	16	96
23	百子莲	石蒜科百子莲属	*Agapanthus africanus*	花蓝紫色	7 ~ 8 月	H50 ~ 60	12	9	108
24	粉黛乱子草	禾本科乱子草属	*Muhlenbergia capillaris*	花粉色	9 ~ 11 月	H60 ~ 80	20	16	320
25	金光菊	菊科金光菊属	*Rudbeckia fulgida* 'Goldsturm'	金黄色花后修剪可复花	6 ~ 10 月	H60	54	16	864
26	大滨菊	菊科滨菊属	*Leucanthemum maximum*	花白色	6 ~ 9 月	H70	20	16	320
27	金鸡菊	菊科金鸡菊属	*Coreopsis basalis*	黄色、橙色花后修剪可复花	4 ~ 10 月	H30 ~ 60	18	16	288
28	'盛情' 松果菊	菊科紫松果菊属	*Echinacea purpurea* 'Cheyenne Spirit'	花红、黄、橙、粉多彩混色	6 ~ 9 月	H60 ~ 150	16	16	256
29	红花鼠尾草	唇形科鼠尾草属	*Salvia coccinea*	红色花后修剪可复花	4 ~ 6 月及 8 ~ 10 月	H60	18	16	288
30	五色梅	马鞭草科马缨丹属	*Lantana camara* 'Cheyenne Spirit'	花五彩渐变多色	5 ~ 11 月	H80 ~ 150	14	16	224
31	蓝雪花	白花丹科蓝雪花属	*Ceratostigma plumbaginoides*	花蓝色	5 ~ 10 月	H20 ~ 50	18	25	450
32	'紫叶' 千鸟花	柳叶菜科山桃草属	*Gaura lindheimeri* 'Crimson Bunny'	粉红色花后修剪可复花	5 ~ 11 月	H80 ~ 130	16	16	256
总面积（m^2）							498		7370

H：高度；P：蓬径。

鹭岛印象

厦门上林美地建设工程股份有限公司

王回南　陈光耀　吴华　林联景

金奖

春季实景

设计说明

本作品以厦门市市花三角梅为主，并结合 130 余种新优植物，营建三季有花、四季有景，具有闽南特色的稳定长效花境。此外，力求满足形、声、闻、味、触五个方面的感官体验。

用三季有花、四季绿叶的三角梅和香茶花、粉纸扇、玉芙蓉等作为骨架植物；选择春夏秋冬交替开花的柳叶鼠尾草、香茶菜、香彩雀等作为焦点植物；选择常绿的金叶佛甲草、蓝星花和欧石竹等作为填充植物，打造色彩明快的长效混合花境。

夏季实景

总平面图

General layout

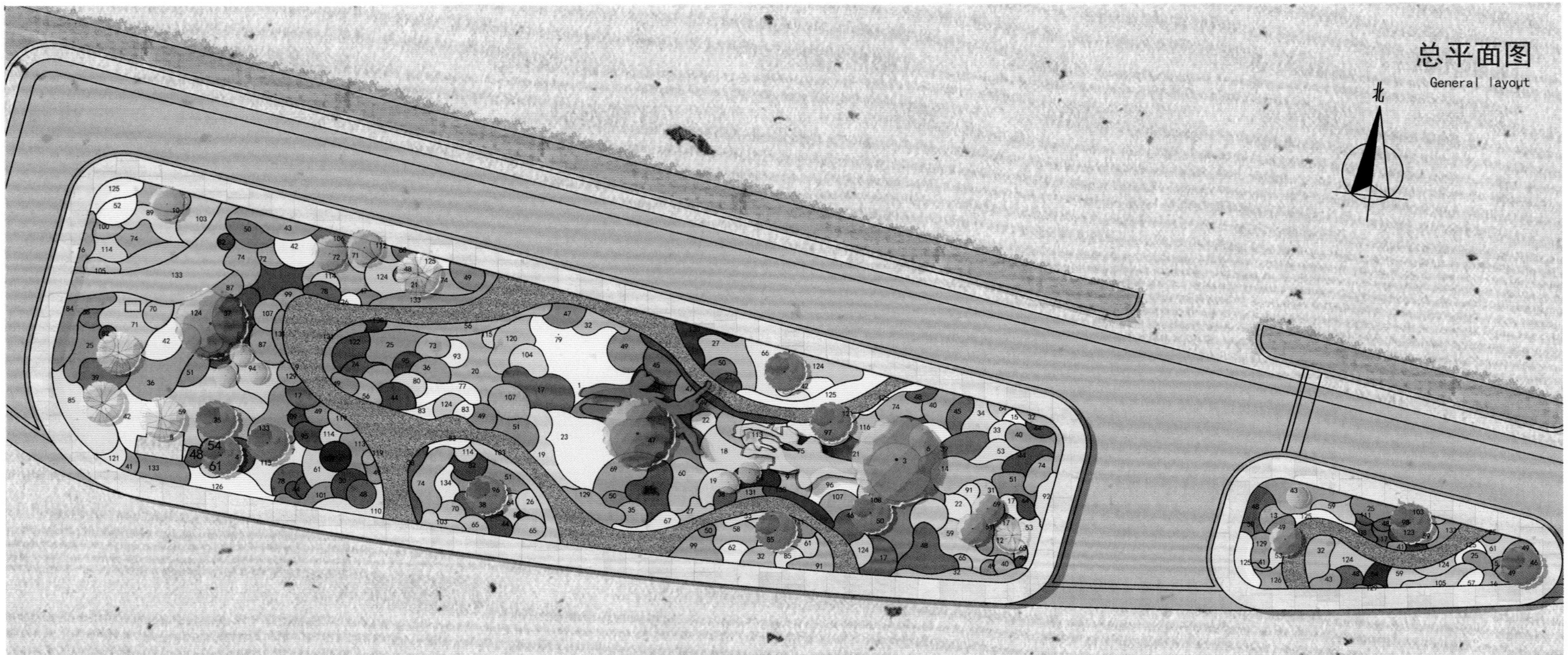

北

平面图1：80　比例尺0m　1m　2m　3m

1 三角梅（造型桩景）
2 五雀三角梅（桩景）
3 紫色三角梅（球）
4 樱花三角梅（球）
5 玫红三角梅（球）
6 紫色三角梅（桩）
7 五雀三角梅（球）
8 金脉爵床
9 黄金香柳（塔状）
10 粉纸扇
11 香茶花（棒棒糖状）
12 含笑（高杆）
13 钻石玫瑰
14 红山茶（大）
15 玉簪
16 粉球菊
17 宫粉龙船花
18 橙钟花（大）
19 猫须草
20 佩兰
21 鹤望兰
22 金边百合竹
23 黑金刚
24 亮叶朱蕉
25 ‘金叶’虎皮兰
26 松红梅
27 一串红
28 墨西哥鼠尾草
29 蓝雾草
30 一串蓝
31 ‘深蓝’鼠尾草
32 彩叶蚌兰
33 ‘芳香’万寿菊
34 雪花木
35 ‘亮晶’女贞
36 富贵鸟蕉
37 宝塔赪桐
38 ‘金叶’石菖蒲
39 马利筋（高杆）
40 大五色梅
41 糖蜜草
42 红花玉芙蓉（球）
43 鸟尾花
44 ‘金叶’露兜
45 红楼花
46 木春菊
47 ‘银边’山菅兰
48 芙蓉菊
49 狐尾天门冬
50 澳洲朱蕉
51 蓝雪花（大盆）
52 蓝雪花（小盆）
53 ‘蓝霸’鼠尾草
54 ‘花叶’美人蕉
55 超级一串红
56 蓝星花
57 蓝色玛格丽特
58 藿香蓟
59 蓝蝴蝶
60 ‘黄金’香柳（球）
61 天蓝鼠尾草
62 紫色五色梅
63 扶桑花
64 黄花决明
65 小彩叶草
66 花叶彩叶草
67 小虎刺梅
68 大虎刺梅
69 进口龙血树
70 龙舌兰
71 ‘金边’万年麻
72 花叶良姜
73 苏铁
74 ‘彩霞’变叶木
75 美国红铁
76 超级凤仙
77 月季
78 米仔兰
79 ‘黄点’变叶木（球）
80 夜来香
81 含笑球
82 龟甲冬青（球）
83 迷迭香
84 丰花月季
85 莫奈薰衣草
86 醉蝶花
87 穗花婆婆纳
88 小丽花
89 香茅草
90 状元红
91 ‘小丑’火棘
92 明月菜
93 金叶女贞
94 胡枝子
95 文殊兰
96 马利筋
97 红叶芙蓉葵
98 地涌金莲
99 花叶十万错
100 花叶玉蝉
101 姬小菊
102 波缘半柱花
103 金叶满天星（加仑盆）
104 高杆马缨丹
105 粉花五色梅
106 ‘蔚蓝’鼠尾草
107 亮晶女贞（球）
108 五色梅
109 紫蝉
110 蓝扇花
111 蓝花茄
112 泰国扶桑
113 七里香（球）
114 ‘七彩’千年木
115 夜来香（小）
116 红车
117 米竹
118 大米竹
119 铺地柏
120 ‘美斑’鹅掌柴
121 红花马缨丹
122 彩叶草（大）
123 四季秋海棠
124 大花香彩雀
125 繁星花（粉、红）
126 欧石竹
127 张几内亚凤仙（橙色）
128 张几内亚凤仙（粉、红）
129 重瓣凤仙
130 大花海棠（绿叶）
131 大花海棠（铜叶）
132 四季海棠（铜叶）
133 金叶佛甲草
134 ‘花叶’驳骨丹

花境植物材料

序号	名称	科	学名	花（叶）色	开花期及持续时间	长成高度（cm）	种植面积（m^2）	种植密度（株 /m^2）	数量
1	三角梅（造型桩景）	紫茉莉科	*Bougainvillea glabra* ‘Elizabeth Angus’	花深紫色	全年	350			1 株
2	五雀三角梅（桩景）	紫茉莉科	*Bougainvillea spectabilis*	花多色	4 ~ 11 月	150			1 株
3	紫色三角梅（球）	紫茉莉科	*Bougainvillea glabra* ‘Elizabeth Angus’	花深紫色	全年	80			3 株
4	樱花三角梅（球）	紫茉莉科	*Bougainvillea peruviana* ‘Imperial Delight’	花水红色	4 ~ 11 月	80			5 株
5	玫红三角梅（球）	紫茉莉科	*Bougainvillea spectabilis* ‘Barry’	花玫红色	4 ~ 11 月	80			1 株
6	紫色三角梅（桩）	紫茉莉科	*Bougainvillea glabra* ‘Elizabeth Angus’	花深紫色	全年	60			1 株
7	五雀三角梅（球）	紫茉莉科	*Bougainvillea spectabilis*	花多色	4 ~ 11 月	60			8 株
8	金脉爵床	爵床科	*Sanchezia nobilis*	叶黄色		100			9 株
9	黄金香柳（塔状）	桃金娘科	*Mwelaleucabracteateata* ‘Revolution Gold’	花金黄色		1700			6 株
10	粉纸扇	茜草科	*Mussaenda philippica*	花粉色	5 ~ 11 月	120			3 株
11	香茶花（棒棒糖状）	山茶科	*Inodorem suavitatis* ‘Dormi Camellia’	花粉色	1 ~ 4 月	150			1 株
12	高杆含笑	木兰科	*Michelia figo*	花乳黄色	3 ~ 5 月	80			1 株
13	钻石玫瑰	蔷薇科	*Rosa chinensis* var. *minima*	花红色	4 ~ 11 月	35			5 株
14	红山茶（大）	山茶科	*Camellia azalea*	花红色	7 ~ 8 月	60 ~ 80			5 株
15	玉簪	百合科	*Hosta plantaginea*	花白色	8 ~ 10 月	15	0.8	36	30 盆
16	粉球菊	菊科	*Epaltes australis*	花粉色	3 ~ 6 月、9 ~ 11 月	15	1.4	36	50 盆
17	宫粉龙船花	茜草科	*Ixora* × *westii*	花粉红色	3 ~ 12 月	30 ~ 40	1	25	25 盆
18	橙钟花（大）	紫葳科	*Turnera aurantiaca*	花橙黄色	4 ~ 9 月	100 ~ 120			3 盆
19	猫须草	唇形科	*Clerodendranthus spicatus*	花白色	5 ~ 11 月	50 ~ 60	0.3	16	5 盆
20	佩兰	菊科	*Eupatorium fortunei*	紫红色	7 ~ 11 月	30 ~ 40	0.3	25	7 盆
21	鹤望兰	芭蕉科	*Strelitzia reginae*	花橙黄色	12 ~ 2 月	70 ~ 80			8 盆
22	‘金边’百合竹	龙舌兰科	*Dracaena reflexa* ‘Variegata’	叶金黄色		80 ~ 100			6 盆
23	黑金刚	桑科	*Ficus elastica*	叶深紫色		50 ~ 60			6 盆
24	亮叶朱蕉	百合科	*Cordyline fruticosa*	叶紫红色		50 ~ 60	0.9	20	17 盆
25	‘金叶’虎皮兰	百合科	*Sansevieria trifasciata* ‘Lanrentii’	叶金黄色		30 ~ 40	1.1	36	41 盆
26	松红梅	桃金娘科	*Leptospermum scoparium*	花桃红色	11 月至翌年 5 月	30	0.3	25	6 盆
27	一串红	唇形科	*Salvia splendens*	花红色	5 ~ 11 月	30 ~ 40	0.3	49	15 盆
28	墨西哥鼠尾草	唇形科	*Salvia leucantha*	花紫色	4 ~ 11 月	30 ~ 40	0.4	25	10 盆
29	蓝雾草	菊科	*Conoclinium coelestinum*	花蓝紫色	7 ~ 10 月	30 ~ 50	0.4	25	10 盆
30	一串蓝	唇形科	*Salvia farinacea*	花青蓝色	7 ~ 9 月	20 ~ 30	2.8	36	100 盆
31	‘深蓝’鼠尾草	唇形科	*Salvia guaranitica* ‘Black and Blue’	花深蓝色	4 ~ 12 月	20 ~ 30	0.8	36	30 盆
32	‘彩叶’蚌兰	鸭跖草科	*Rhoeo spathaceo* ‘Compacta Variegata’	叶暗绿色、紫色	5 ~ 7 月	20	1.9	81	150 盆
33	‘芳香’万寿菊	菊科	*Tagetes eracta* ‘Lucida’	花金黄色、橙黄色	10 月至翌年 3 月	30 ~ 40	0.4	25	10 盆
34	雪花木	大戟科	*Breynia disticha*	花橙色、黄色、红色、白色	6 ~ 11 月	40 ~ 50	0.6	25	15 盆
35	‘亮晶’女贞	木樨科	*Ligustrum quihoui* ‘Lemon Light’	叶 金黄色		80 ~ 100m			6 盆
36	富贵鸟蕉	蝎尾蕉科	*Heliconia metallica*	花红色	5 ~ 10 月	100	0.6	25	15 盆
37	宝塔赪桐	马鞭草科	*Clerodendrum paniculatum*	花红色	5 ~ 11 月	60 ~ 80	0.5	16	9 盆
38	‘金叶’石菖蒲	天南星科	*Acorus gramineus* ‘Ogan’	叶绿色带金边	4 ~ 5 月	15 ~ 20	0.9	64	60 盆
39	马利筋（高杆）	萝藦科	*Asclepias curassavica*	花橙色	2 ~ 10 月	30 ~ 50	1.2	36	40 盆
40	大五色梅	马鞭草科	*Lantana camara*	花多色	5 ~ 10 月	40 ~ 50	1.5	12	18 盆
41	糖蜜草	禾本科	*Melinis minutiflora*	花粉红色	9 ~ 11 月	40 ~ 50	1.4	36	50 盆
42	红花玉芙蓉（球）	玄参科	*Leucophylum frutescens*	花紫红色	6 ~ 10 月	80	0.9	16	15 盆

（续）

序号	名称	科	学名	花（叶）色	开花期及持续时间	长成高度（cm）	种植面积（m^2）	种植密度（株/m^2）	数量
43	鸟尾花	爵床科	*Crossandra infundibuliformis*	花黄色、橙色	3 ~ 8 月	20 ~ 30	1.7	36	60 盆
44	‘金叶’露兜	露兜树科	*Pandanus papuanus* ‘Variegata’	叶金黄色		30 ~ 40	0.8	36	30 盆
45	红楼花	爵床科	*Odontonema strictum*	花红色	6 月至翌年 2 月	50	0.6	25	15 盆
46	木春菊	菊科	*Argyranthemum frutescens*	花黄色	全年	15 ~ 20	1.9	36	70 盆
47	‘银边’山菅兰	百合科	*Dianella ensifolia* ‘White Variegated’	叶有银边		50	1.4	36	50 盆
48	芙蓉菊	菊科	*Crossostephium chinense*	叶银色		50	0.6	20	11 盆
49	狐尾天门冬	百合科	*Asparagus densiflorus* ‘Myersii’	叶翠绿色		40 ~ 50	1.3	16	20 盆
50	澳洲朱蕉	百合科	*Cordyline australis* ‘Red Star’	叶紫红色		60	0.7	16	12 盆
51	蓝雪花（大盆）	白花丹科	*Ceratostigma plumbaginoides*	花蓝色	7 ~ 9 月	30 ~ 40	2.5	16	40 盆
52	蓝雪花（小盆）	白花丹科	*Ceratostigma plumbaginoides*	花蓝色	7 ~ 9 月	15 ~ 20	0.8	36	30 盆
53	‘蓝霸’鼠尾草	唇形科	*Salvia* ‘Mystic Spires Blue’	花紫色	全年	30	1.4	36	52 盆
54	‘花叶’美人蕉	美人蕉科	*Canna generalis*	叶金黄色，花粉红色	4 ~ 11 月	60 ~ 80	0.8	25	20 盆
55	超级一串红	唇形科	*Salvia splendes* ‘Salmia’	花紫红色	4 ~ 11 月	30 ~ 40	0.8	25	20 盆
56	蓝星花	旋花科	*Evolvulus nuttallianus*	花蓝色	3 ~ 11 月	15 ~ 20	2.8	36	100 盆
57	玛格丽特（蓝色）	菊科	*Felicia amelloides*	花蓝色	10 月至翌年 5 月	30	0.6	36	20 盆
58	藿香蓟	菊科	*Ageratum conyzoides*	花蓝紫色	7 ~ 10 月	30 ~ 40	0.8	36	30 盆
59	蓝蝴蝶	马鞭草科	*Rotheca myricoides*	花紫蓝色	5 ~ 11 月	60	1.3	16	20 盆
60	‘黄金’香柳球	桃金娘科	*Melaleuca bracteata* ‘Revolution Gold’	叶金黄色		60			9 盆
61	天蓝鼠尾草	唇形科	*Salvia uliginosa*	花天蓝色	4 ~ 10 月	50	2.1	36	75 盆
62	紫色五色梅	马鞭草科	*Lantana camara*	花紫色	全年	30 ~ 40	0.2	36	5 盆
63	扶桑花	锦葵科	*Hibiscus rosa-sinensis*	花多色	全年	30	0.3	25	6 盆
64	黄花决明	豆科	*Cassia glauca*	花黄色	8 ~ 12 月	40 ~ 50			4 盆
65	彩叶草（小）	唇形科	*Coleus scutellarioides*	叶玫红色		20 ~ 30	0.6	36	20 盆
66	彩叶草（花叶）	唇形科	*Coleus scutellarioides*	叶紫红色		30 ~ 40	0.8	25	20 盆
67	小虎刺梅	大戟科	*Euphorbia milii* var. *imperata*	花淡红色	全年	15 ~ 20	0.6	36	20 盆
68	大虎刺梅	大戟科	*Euphorbia milii* var. *splendens*	花淡红色	全年	30 ~ 40	1.2	25	30 盆
69	龙血树（进口）	龙舌兰科	*Dracaena cinnabari*	叶绿色		40 ~ 50	0.7	9	6 盆
70	龙舌兰	龙舌兰科	*Agave americana*	叶黄绿色		50	0.9	9	8 盆
71	‘金边’万年麻	龙舌兰科	*Furcraea selloa* ‘Marginata’	叶乳黄色		40	1.5	4	6 盆
72	花叶良姜	姜科	*Alpinia vittata*	叶金黄色		40 ~ 50	0.3	16	5 盆
73	苏铁	苏铁科	*Cycas revoluta*	叶绿色		60			2 盆
74	‘彩霞’变叶木	大戟科	*Codiaeum variegatum* ‘Indian Blanket’	叶有金黄色斑		50			11 盆
75	美国红铁	百合科	*Cordyline fruticosa*	叶红色		120	0.4	16	6 盆
76	超级凤仙	凤仙花科	*Impatiens balsamina*	花白色、粉红色、紫色	7 ~ 10 月	30 ~ 40	0.2	36	5 盆
77	月季	蔷薇科	*Rosa hybrida*	花黄色、粉红色、红色	4 ~ 6 月	30 ~ 40	0.1	25	3 盆
78	米仔兰	楝科	*Aglaia odorata*	花黄色	6 ~ 11 月	40 ~ 50	0.6	25	15 盆
79	‘黄点’变叶木（球）	大戟科	*Codiaeum variegtum* ‘Aucubaefolium’	叶有黄色斑点		80			6 盆
80	夜来香	萝藦科	*Telosma cordata*	花黄绿色	5 ~ 10 月	120			1 盆
81	含笑（球）	木兰科	*Michelia figo*	花乳黄色	3 ~ 5 月	80			1 盆
82	龟甲冬青（球）	冬青科	*Ilex crenata* var. *convexa*	花白色	5 ~ 6 月	60			2 盆
83	迷迭香	唇形科	*Rosmarinus officinalis*	花淡紫色	11 月	30			1 盆
84	丰花月季	蔷薇科	*Rosa hybrida*	花粉红色	5 ~ 11 月	40			20 盆

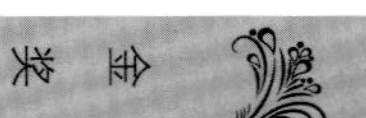

（续）

序号	名称	科	学名	花（叶）色	开花期及持续时间	长成高度（cm）	种植面积（m^2）	种植密度（株 /m^2）	数量
85	‘莫奈’薰衣草	唇形科	*Lavandula angustifolia* ‘Mona Lavender’	花紫蓝色		40	0.8	25	27 盆
86	醉蝶花	白花菜科	*Tarenaya hassleriana*	花玫瑰红色	全年	30	0.3	25	20 盆
87	穗花婆婆纳	玄参科	*Veronica spicata*	花蓝色	5 ~ 7 月	30	0.6	25	15 盆
88	小丽花	菊科	*Dahlia pinnata*	花深红色、紫红色、粉红色、黄色、白色等	5 ~ 10 月	30			2 盆
89	香茅草	禾本科	*Cymbopogon citratus*	叶绿色		50 ~ 60			3 盆
90	状元红	紫金牛科	*Ardisia elliptica*	果红色	11 ~ 12 月	50			2 盆
91	‘小丑’火棘	蔷薇科	*Pyracantha fortuneana* ‘Harlequin’	果红色	8 ~ 11 月	80			1 盆
92	明月菜	菊科	*Gynura divaricata*	叶黄绿色		30			5 盆
93	金叶女贞	木樨科	*Ligustrum* × *vicaryi*	叶金黄色		100			1 盆
94	胡枝子	豆科	*Lespedeza bicolor*	花紫色	8 月	60			3 盆
95	文殊兰	石蒜科	*Crinum asiaticum* var. *sinicum*	花白色	6 ~ 8 月	100			2 盆
96	马利筋	萝藦科	*Asclepias curassavica*	花橙色	全年	50 ~ 60	0.7	36	25 盆
97	红叶芙蓉葵	锦葵科	*Hibiscus acetosella*	叶红色、花红色	5 ~ 9 月	60	0.5	16	8 盆
98	地涌金莲	芭蕉科	*Musella lasiocarpa*	花淡黄色	2 ~ 5 月	60	0.3	9	3 盆
99	花叶十万错	爵床科	*Asystasia gangetica*	观花叶		30 ~ 40	0.3	16	5 盆
100	花叶玉蝉	鸢尾科	*Iris ensata*	花深紫色	6 ~ 7 月	80	0.3	16	5 盆
101	姬小菊	菊科	*Brachyscome angustifolia*	花紫色	4 ~ 11 月	15	0.6	16	10 盆
102	波缘半柱花	爵床科	*Hemigraphis repanda*	观紫叶		15	0.5	16	8 盆
103	金叶满天星（加仑盆）	石竹科	*Gypsophila paniculata*	金叶紫花	全年	30	2.5	36	90 盆
104	马缨丹（高杆）	马鞭草科	*Lantana camara*	花红、粉多色	全年	80			4 盆
105	五色梅（粉花）	马鞭草科	*Lantana camara*	花粉色	全年	40	0.1	25	2 盆
106	‘蔚蓝’鼠尾草	唇形科	*Salvia azurea* cv.	花淡蓝色	5 ~ 7 月	40	0.3	36	9 盆
107	‘亮晶’女贞（球）	木樨科	*Ligustrum quihoui* ‘Lemon Light’	叶金黄色		80			6 盆
108	五色梅	马鞭草科	*Lantana camara*	花多色	全年	40			7 盆
109	紫蝉	夹竹桃科	*Allamanda blanchetii*	花暗桃红色	全年	80			2 盆
110	蓝扇花	草海桐科	*Scaevola aemula*	花蓝紫色	3 ~ 10 月	30			10 盆
111	蓝花茄	茄科	*Lycianthes rantonnetii*	花紫色	4 ~ 11 月	30			9 盆
112	泰国扶桑	锦葵科	*Hibiscus rosa-sinensis*	花多色	全年	30	1	16	16 盆
113	七里香（球）	芸香科	*Murraya paniculata*	花白色	4 ~ 9 月	60			3 盆
114	‘七彩’千年木	龙舌兰科	*Dracaena marginata* ‘Tricolor’	叶有三色		80			3 盆
115	夜来香（小）	萝藦科	*Telosma cordata*	花黄绿色	5 ~ 10 月	40			3 盆
116	红车	桃金娘科	*Syzygium myrtifolium*	新叶红色		150			2 盆
117	米竹	禾本科	*Bambusa multiplex* ‘Fernleaf’	叶绿色		120			3 盆
118	大米竹	禾本科	*Bambusa multiplex* ‘Fernleaf’	叶绿色		150			1 盆
119	铺地柏	柏科	*Juniperus procumbens*	叶绿色		20 ~ 30			2 盆
120	‘美斑’鹅掌柴	五加科	*Schefflera odorata* ‘Variegata’	叶有黄绿色斑		80			2 盆
121	红花马缨丹	马鞭草科	*Lantana camara*	花红色	全年	50			4 盆
122	彩叶草（大）	唇形科	*Coleus scutellarioides*	花黄色、暗红色、紫色、绿色	全年	60			10 盆
123	四季秋海棠	秋海棠科	*Begonia semperflorens*	花粉红色	3 ~ 12 月	30		64	80 盆
124	大花香彩雀	玄参科	*Angelonia angustifolia*	花淡紫色	5 ~ 11 月	30	1.3	25	150 盆

（续）

序号	名称	科	学名	花（叶）色	开花期及持续时间	长成高度（cm）	种植面积（m^2）	种植密度（株/m^2）	数量
125	繁星花（粉、红）	茜草科	*Pentas lanceolata*	花粉色、紫色	3 ~ 10 月	30	5.6	36	200 盆
126	欧石竹	石竹科	*Dianthus carthusianorum*	花深粉红色	全年	15	3.1	64	200 盆
127	几内亚凤仙（橙色）	凤仙花科	*Impatiens hawkeri* cv.	花橙色	6 ~ 8 月	30	1.6	64	100 盆
128	几内亚凤仙（粉、红）	凤仙花科	*Impatiens hawkeri* cv.	花粉色、红色	6 ~ 8 月	30	3.1	64	200 盆
129	重瓣凤仙	凤仙花科	*Impatiens walleriana*	花多色	6 ~ 10 月	30	2	49	100 盆
130	大花海棠（绿叶）	秋海棠科	*Begonia benariensis* cv.	花粉红色	10 月至翌年 5 月	30	2.8	36	100 盆
131	大花海棠（铜叶）	秋海棠科	*Begonia benariensis* cv.	叶紫色、花玫红色	10 月至翌年 5 月	30	2.8	36	100 盆
132	四季海棠（铜叶）	秋海棠科	*Begonia cucullata*	叶紫色、花红色	11 月至翌年 4 月	30	2	49	100 盆
133	金叶佛甲草	景天科	*Sedum lineare*	叶金黄色			10	6	60 盘
134	‘花叶’驳骨丹	爵床科	*Justicia gendarussa* ‘Silvery Stripe’	叶银边绿叶		80			1

花境植物更换表

序号	名称	科	学名	花（叶）色	开花期及持续时间	长成高度（cm）	种植面积（m^2）	种植密度（株/m^2）	数量
15	玉簪	百合科	*Hosta plantaginea*	观叶	8 ~ 10 月	15	0.8	36	30 株
	矾根	虎耳草科	*Heuchera micrantha*	观色叶	10 月至翌年 5 月	15	0.8	25	20 株
	‘金叶’番薯	旋花科	*Ipomoea batatas* ‘Tainon No.62’	观金叶	3 ~ 11 月	20	0.8	16	13 株
16	粉球菊	菊科	*Epaltes australis*	花粉色	11 月至翌年 5 月	20 ~ 30	1.4	36	50 株
	矮生松果菊	菊科	*Echinacea purpurea*	花紫、粉等多色	6 ~ 8 月	30 ~ 50	1.4	25	35 株
	大花香彩雀	玄参科	*Angelonia angustifolia*	花紫、粉、复色	3 ~ 11 月	30 ~ 50	1.4	16	22 株
26	松红梅	桃金娘科	*Leptospermum scoparium*	花桃红色	11 月至翌年 5 月	30	0.3	25	6 株
	红虾花	爵床科	*Calliaspidia guttata*	花粉红色	4 ~ 11 月	30 ~ 40	0.3	25	6 株
27	一串红	唇形科	*Salvia splendens*	花红色	5 ~ 11 月	30 ~ 40	0.3	49	15 株
	‘粉豹’毛地黄	玄参科	*Digitalis purpurea* cv.	花粉红色	11 月至翌年 5 月	30 ~ 50	0.3	16	5 株
87	穗花婆婆纳	玄参科	*Veronica spicata*	花紫色、蓝色	7 ~ 9 月	30	0.6	25	15 株
	长阶花	玄参科	*Veronica elliptica*	花紫色	全年	30 ~ 40	0.6	16	10 株
102	波缘半柱花	爵床科	*Hemigraphis repanda*	观紫叶	10 月至翌年 7 月	15	0.5	16	8 盆
	‘紫娟’苋	苋科	*Altemanthera ficoidea* ‘Songuinea’	观紫叶	全年	20	0.5	36	18 盆
127	几内亚凤仙（橙色）	凤仙花科	*Impatiens hawkeri*	花橙色	6 ~ 8 月	30	1.6	64	100 盆
	鸟尾花	爵床科	*Crossandra infundibuliformis*	花橙色	全年	30	1.6	16	25 株
128	几内亚凤仙（粉、红）	凤仙花科	*Impatiens hawkeri*	花粉色、红色	6 ~ 8 月	30	3.1	64	200 株
	‘桑蓓斯’凤仙	凤仙花科	*Impatiens* ‘Sunpatiens’	花粉色、红色	全年	30	3.1	16	50 株
129	重瓣凤仙	凤仙花科	*Impatiens walleriana*	花多色	6 ~ 10 月	30	2	49	100 盆
	百万小铃	茄科	*Calibrachoa hybrids*	花紫、粉等多色	10 月至翌年 6 月	30	2	25	50 株
130	大花海棠（绿叶）	秋海棠科	*Begonia benariensis*	花粉红色	10 月至翌年 6 月	30	2.8	36	100 盆
	长春花	夹竹桃科	*Catharanthus roseus*	花粉红色	4 ~ 10 月	30	2.8	36	100 盆
131	大花海棠（铜叶）	秋海棠科	*Begonia benariensis*	花紫色、花玫红	10 月至翌年 6 月	30	2.8	36	100 盆
	长春花	夹竹桃科	*Catharanthus roseus*	花紫色	4 ~ 10 月	30	2.8	36	100 盆
132	四季海棠（铜叶）	秋海棠科	*Begonia cucullata*	叶紫色、红花	11 月至翌年 4 月	30	2	49	100 盆
	千日红	苋科	*Gomphrena globosa*	花紫红色	6 ~ 11 月	20	3.1	36	110 盆

吴中山水　云林画卷

苏州园科生态建设集团有限公司

陈蕾　朱广慧　张婷　黄山

春季实景

设计说明

本作品位于高速出入口两侧，人的视线停留点不会太久，因此花境平面主要由体量较大的斑块和线条构成。设计以连续性的白色弧形景墙营造悠悠云上、层林尽染的江南景色。

在色彩上以素雅、内敛的粉色、粉蓝、灰绿、深绿色为主，点缀红色、蓝色系花卉，契合苏州江南水乡粉墙黛瓦的苏式风格。

植物选择以宿根花卉为主，以丰富植物品种，增加层次错落感及季相变化。同时，采用球类及灌木类植物作为花境的中层结构，既构建了植物群落的稳定性，又从结构与季相上增加了观赏性，延长了观赏期。选用翠芦莉、大麻叶泽兰、紫叶马兰、黄金香柳、彩叶杞柳等竖向型花卉作为点缀，增加整体花境的韵律感及灵动性。

夏季实景

秋季实景

设计阶段图纸

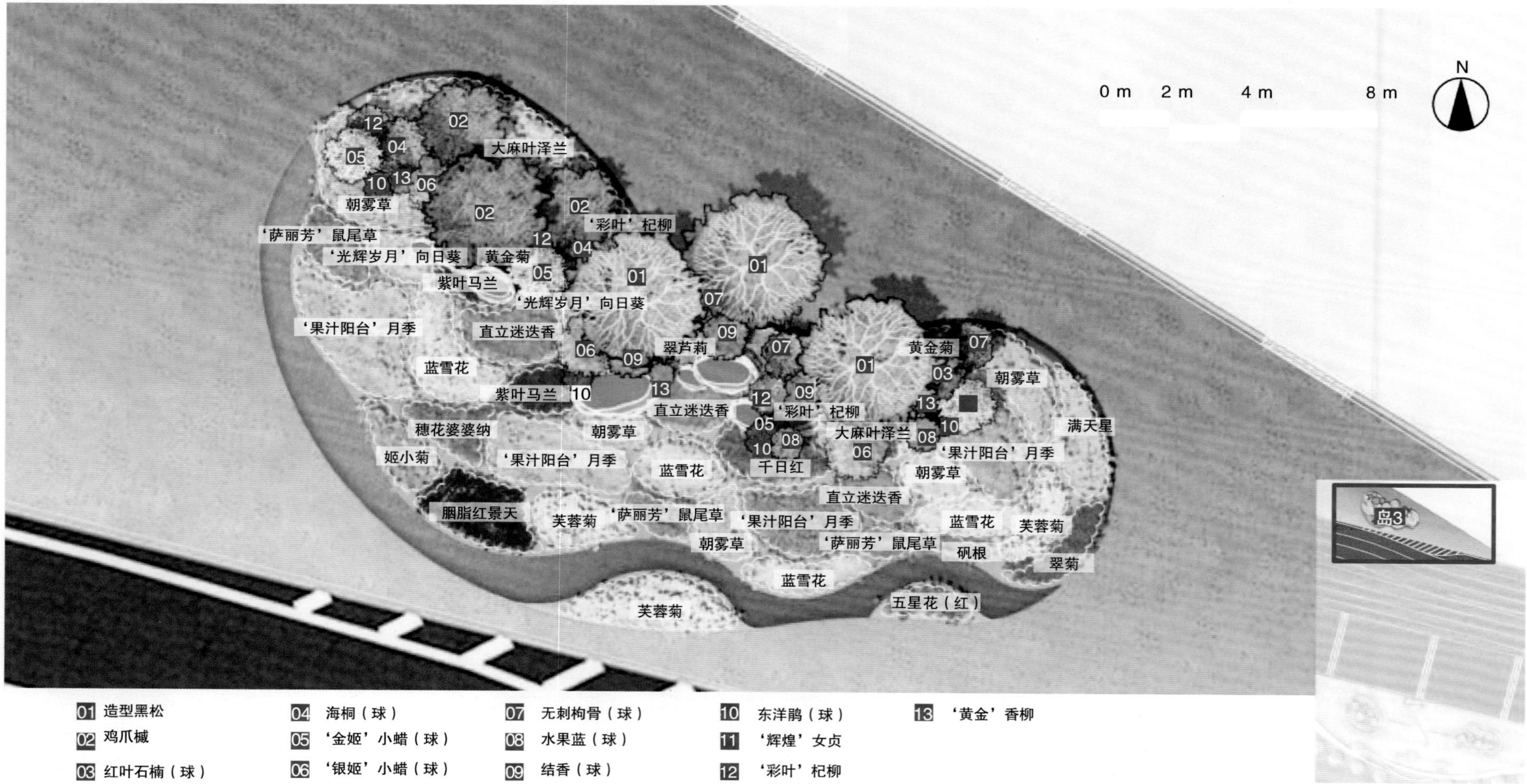

01 造型黑松
02 鸡爪槭
03 红叶石楠（球）
04 海桐（球）
05 '金姬' 小蜡（球）
06 '银姬' 小蜡（球）
07 无刺枸骨（球）
08 水果蓝（球）
09 结香（球）
10 东洋鹃（球）
11 '辉煌' 女贞
12 '彩叶' 杞柳
13 '黄金' 香柳

花境植物材料

序号	名称	科属	学名	花（叶）色	开花期及持续时间	长成高度（cm）	种植面积（m^2）	种植密度（株/m^2）	株数（株）
上木配置表									
1	黑松（造型）	松科松属	*Pinus thunbergii*	叶常绿，树皮灰黑	4月开花	600	—	—	9
2	鸡爪槭	槭树科槭属	*Acer palmatum*	叶入秋后转为鲜红色	5～9月	400	—	—	3
3	红叶石楠（球）	蔷薇科石楠属	*Photinia serrulata*	新梢和嫩叶鲜红	5～7月	200	—	—	1
4	海桐（球）	海桐科海桐花属	*Pittosporum tobira*	花白色	3～5月	160	—	—	5
5	‘金姬’小蜡（球）	木樨科女贞属	*Ligustrum sinense* ‘Jinji’	叶缘有乳黄色边环	4～6月	140	—	—	3
6	‘银姬’小蜡（球）	木樨科女贞属	*Ligustrum sinense* ‘Variegatum’	叶缘有银白色	4～6月	160	—	—	8
7	无刺枸骨（球）	冬青科冬青属	*Ilex cornuta* var. *fortunei*	四季常青，入秋后红果满枝	4～5月	150	—	—	10
8	水果蓝（球）	唇形科香科科属	*Teucrium fruticans*	叶片泛银色	4～6月	100	—	—	2
9	结香（球）	瑞香科结香属	*Edgeworthia chrysantha*	花黄色	花期冬末春初	120	—	—	3
10	东洋鹃（球）	杜鹃花科杜鹃花属	*Rhododendron* cvs.	花粉色、红色	4月上旬	80	—	—	7
11	‘辉煌’女贞	木樨科女贞属	*Ligustrum lucidum* ‘Excelsum Superbum’	新叶粉红，后转金边，霜降后，金边变红	夏末至初秋	140	—	—	5
12	‘彩叶’杞柳	杨柳科柳属	*Salix integra* ‘Hakuro Nishiki’	叶粉白透红	5月	140	—	—	4
13	‘黄金’香柳	桃金娘科白千层属	*Melaleuca bracteata* ‘Revolution Gold’	全株金黄	4～5月	120	—	—	3
下木配置表									
1	‘彩叶’杞柳	杨柳科柳属	*Salix integra* ‘Hakuro Nishiki’	叶乳白，粉红色斑	5月	120	10.2	10	102
2	直立迷迭香	唇形科迷迭香属	*Rosmarinus officinalis*	叶绿色，花淡紫色	11月	80	31.9	16	510
3	水果蓝	唇形科香科科属	*Teucrium fruticans*	全株银灰色	5～7月	60	6	12	72
4	‘亮晶’女贞	木樨科女贞属	*Ligustrum vicaryi*	叶亮金色	5～7月	50	7.1	12	85
5	满天星	石竹科石头花属	*Gypsophila paniculata*	花白色，淡红色	6～8月	35	14.4	25	360
6	‘果汁阳台’月季	蔷薇科蔷薇属	*Rosa chinensis* ‘Juicy Terrazza’	花橙黄色	3～4月盛花，可持续开到12月	35	24.1	25	603
7	西洋鹃（粉）	杜鹃花科杜鹃花属	*Rhododendron pulchrum*	花粉色	5月下旬至6月	30	37.5	20	750
8	西洋鹃（红）	杜鹃花科杜鹃花属	*Rhododendron pulchrum*	花红色	5月下旬至6月	30	20.1	20	402
9	六月雪	茜草科六月雪属	*Serissa japonica*	花白色、淡红色	5～7月	40	15.9	30	477
10	金边麦冬	百合科山麦冬属	*Liriope spicata* var. *variegata*	花红紫色	6～9月	20	31.8	36	1145
11	翠芦莉	爵床科单药花属	*Ruellia simplex*	花蓝紫色	3～10月	120	33.2	16	531
12	矮生翠芦莉	爵床科单药花属	*Ruellia simplex* cv.	花蓝紫色	3～10月	40	3.2	25	80
13	大麻叶泽兰	菊科泽兰属	*Eupatorium cannabinum*	花紫红色	7～11月	100	18.6	16	298
14	紫叶板兰	爵床科马蓝属	*Baphicacanthus cusia*	花淡粉色，叶紫红色	5～9月	80	17.8	16	285
15	黄金菊	菊科黄蓉菊属	*Euryops pectinatus*	花黄色	8～10月	60	12.8	25	320
16	‘光辉岁月’向日葵	菊科向日葵属	*Helianthus annuus* ‘Sunbelievable’	花黄色黑心	5～11月	50	6.6	25	165

（续）

序号	名称	科属	学名	花（叶）色	开花期及持续时间	长成高度（cm）	种植面积（m^2）	种植密度（株/m^2）	株数（株）
17	天蓝鼠尾草	唇形科鼠尾草属	*Salvia uliginosa*	花天蓝色	4～10月	80	2.5	25	63
18	蓝雪花	白花丹科蓝雪花属	*Ceratostigma plumbaginoides*	花蓝色	4～9月	40	13.9	25	348
19	朝雾草	菊科艾属	*Artemisia schmidtianai*	花白色，叶银白色	7～8月	30	17.2	16	275
20	芙蓉菊	菊科芙蓉菊属	*Crossostephium chinense*	花黄色	10月	40	11.7	36	421
21	翠菊	菊科翠菊属	*Callistephus chinensis*	花浅白、浅红、蓝紫色	5～10月	40	12.9	25	323
22	穗花婆婆纳	玄参科婆婆纳属	*Veronica spicata*	花淡蓝紫色	7～9月	40	20.4	25	510
23	‘萨丽芳’鼠尾草	唇形科鼠尾草属	*Salvia farinacea* ‘Sallyfun Sky Blue’	花蓝紫色	6～9月	30	6	30	180
24	矾根	虎耳草科矾根属	*Heuchera micrantha*	花红色、黄色	4～6月	25	1.1	25	28
25	金鱼草	车前科金鱼草属	*Antirrhinum majus*	花橙黄	5～6月	25	6	36	216
26	姬小菊	菊科鹅河菊属	*Brachyscome angustifolia*	花紫色	4～11月	15	20.3	30	609
27	欧石竹	石竹科石竹属	*Dianthus carthusianorum*	花粉色	4～10月	15	5.4	50	270
28	金叶佛甲草	景天科景天属	*Sedum lineare*	花金黄色	4～5月	10	33.2	60	1992
29	胭脂红景天	景天科景天属	*Sedum spurium* ‘Coccineum’	叶片深绿色，后变胭脂红色	6～9月	10	5.1	49	250
30	五星花（粉）	茜草科五星花属	*Pentas lanceolata* cv.	花粉色	6～10月	30	6	20	120
31	五星花（红）	茜草科五星花属	*Pentas lanceolata* cv.	花红色	6～10月	30	8.8	20	176
32	千日红	苋科千日红属	*Gomphrena globosa*	花紫红色	6～9月	30	4.8	30	144
33	覆盖物			蓝色、红色		铺设3～5cm厚，不露土	25.1		

花境植物更换表

序号	名称	科属	学名	花（叶）色	开花期及持续时间	长成高度（cm）	种植面积（m^2）	种植密度（株/m^2）	株数（株）	原植物品种
1	角堇	堇菜科堇菜属	*Viola cornuta*	花色多样	12月至翌年4月	15	6	36	216	五星花、千日红等一二年生草花（春季替换）
2	紫罗兰	十字花科紫罗兰属	*Matthiola incana*	花紫色	4～5月	20	8.8	25	220	五星花、千日红等一二年生草花（春季替换）
3	‘桑蓓斯’风仙	风仙花科风仙花属	*Impatiens* ‘Sunpatiens’	花色多样	7～10月	25	9	25	225	五星花、千日红等一二年生草花（夏季替换）
4	四季秋海棠	秋海棠科秋海棠属	*Begonia cucullata*	花红色、淡红色	3～12月	20	6	25	150	五星花、千日红等一二年生草花（夏季替换）
5	一串红	唇形科鼠尾草属	*Salvia splendens*	花红色	7～10月	25	5.4	20	108	五星花、千日红等一二年生草花（夏季替换）
6	香彩雀	玄参科香彩雀属	*Angelonia angustifolia*	花蓝紫色	6～9月	30	6.8	20	136	五星花、千日红等一二年生草花（秋季替换）
7	国庆菊	菊科菊属	*Chrysanthemum morifolium*	花金黄色	9～10月	25	8	20	160	五星花、千日红等一二年生草花（秋季替换）
8	卡拉多纳鼠尾草	唇形科鼠尾草属	*Salvia nemorosa* ‘Caradonna’	花紫色	5～9月	40	10	16	160	朝雾草（夏季替换部分）
9	八宝景天	景天科八宝属	*Hylotelephium erythrostictum*	常绿	5～6月	10	6	49	294	金鱼草

旗语

丽水市小虫园艺有限公司

沈洪涛　张灵智　金永富　虞洁　王涛　俞进

春季实景

夏季实景

秋季实景

设计说明

本作品位于浙江丽缙高新区管委会大楼前厅至旗杆绿地，属于行政职能部门的附属绿地，分为旗台和门厅绿地两个部分。设计立意围绕旗杆旗台展开。

旗台空间以四面观的木本花境呈现。墨绿色锥形茶梅塔、自然塔形深绿色革质叶片的厚皮香、高低错落的茶梅球、紫鹃球和细腻的冬青先令作为骨架，大气，端庄。金色的塔形亮金女贞与之呼应，红色火山岩覆盖物上跳跃点缀着‘金叶’佛甲草和具有线条感的‘金叶’石菖蒲。具有中国特色元素的红、黄色的经典搭配，凸显场地空间基调。灰绿色的皮球柏过渡着上下空间关系，平衡场地色彩。

门厅绿地呈现单面观路缘混合式花境。金色塔形黄金枸骨如整齐站立的护旗手。新西兰亚麻粗壮的叶片跳跃而出，蓝紫色的细裂美女樱、紫罗兰、角堇、紫叶千鸟花如地毯般斑驳交织在种植床上，映衬着黄金枸骨橙色的‘果汁阳台’月季、细腻可爱的狐尾天门冬和银色的雪叶菊让空间内的色彩变动更加灵动和谐。

设计阶段图纸

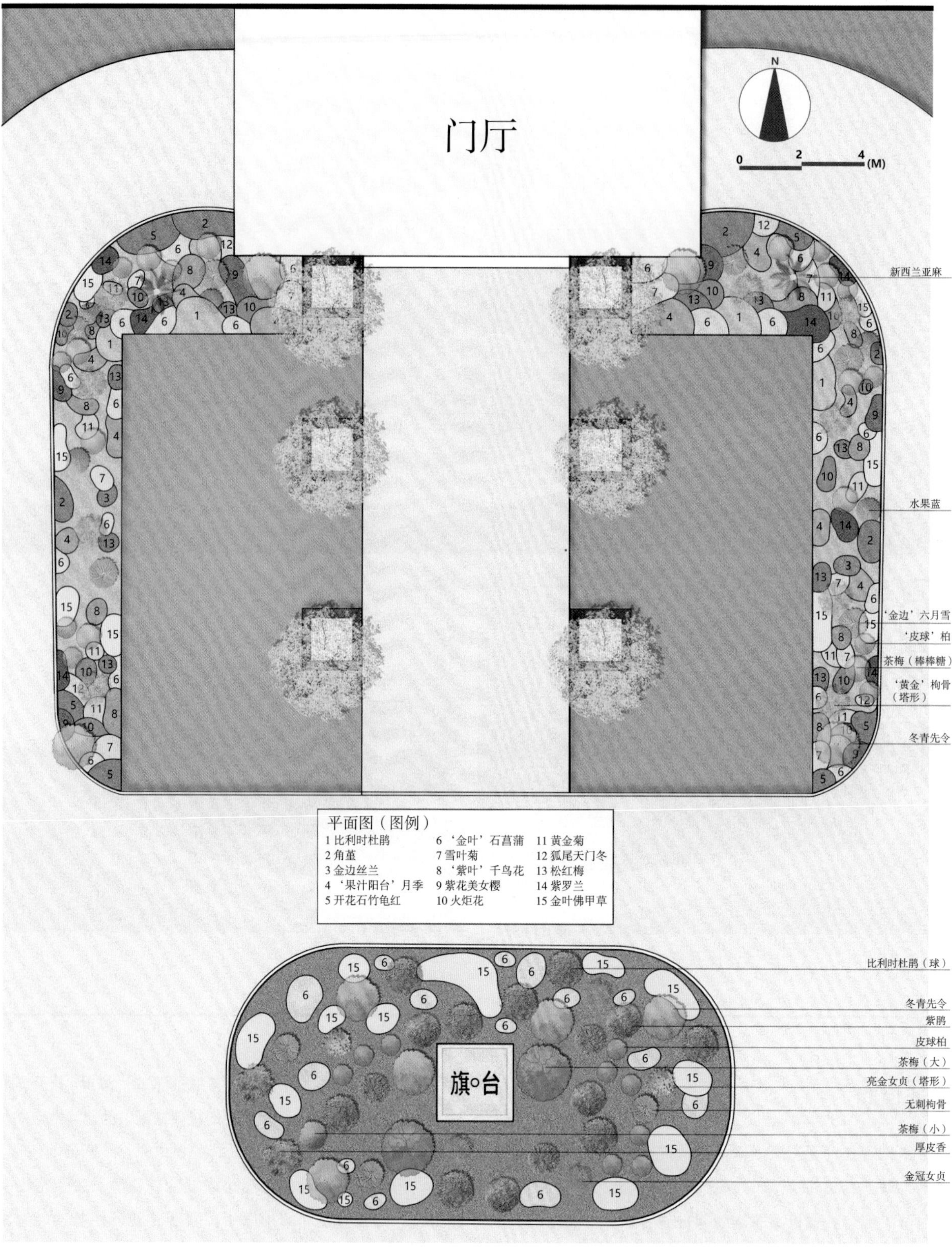
门厅
N
0 2 4 (M)
新西兰亚麻
水果蓝
'金边'六月雪
'皮球'柏
茶梅（棒棒糖）
'黄金'枸骨（塔形）
冬青先令
平面图（图例）
1 比利时杜鹃
2 角堇
3 金边丝兰
4 '果汁阳台'月季
5 开花石竹龟红
6 '金叶'石菖蒲
7 雪叶菊
8 '紫叶'千鸟花
9 紫花美女樱
10 火炬花
11 黄金菊
12 狐尾天门冬
13 松红梅
14 紫罗兰
15 金叶佛甲草
旗台
比利时杜鹃（球）
冬青先令
紫鹃
皮球柏
茶梅（大）
亮金女贞（塔形）
无刺枸骨
茶梅（小）
厚皮香
金冠女贞

花境植物材料

序号	名称	科属	学名	花（叶）色	开花期及持续时间	长成高度（cm）	株数（株）
1	金叶佛甲草	景天科景天属	*Sedum lineare*	花金黄色	4 ~ 6 月	10 ~ 30	133
2	‘金叶’石菖蒲	天南星科菖蒲属	*Acorus gramineus* ‘Ogan’	彩色金黄叶	全年	30 ~ 35	24
3	冬青先令	冬青科冬青属	*Ilex chinensis*	叶绿色	全年	60 ~ 80	3
4	金冠女贞	木樨科女贞属	*Ligustrum lucidum*	叶金黄色	全年	40 ~ 60	129
5	‘皮球’柏	柏科刺柏属	*Juniperus chinensis* ‘Globosa’	叶绿色	全年	40 ~ 60	176
6	无刺枸骨	冬青科冬青属	*Ilex cornuta* var. *fortunei*	叶绿色	全年	80 ~ 100	5
7	亮金女贞（塔形）	木樨科女贞属	*Ligustrum* × *vicaryi*	叶金黄色	全年	80 ~ 120	14
8	厚皮香（塔形）	山茶科厚皮香属	*Ernstroemia gymnanthera*	叶绿色	全年	100 ~ 120	6
9	比利时杜鹃	杜鹃花科杜鹃花属	*Rhododendron hybridum*	花粉色、深红色	全年	20 ~ 30	58
10	茶梅（锥形）	山茶科山茶属	*Camellia sasanqua*	花玫红色	春秋	100 ~ 180	227
11	紫鹃	杜鹃花科杜鹃花属	*Rhododendron mariae*	花紫红色	夏季	50 ~ 70	17
12	茶梅（小）	山茶科山茶属	*Camellia sasanqua*	花玫红色	春秋	50 ~ 60	9
13	‘黄金’枸骨（塔形）	冬青科冬青属	*Ilex* × *attenuata* ‘Sunny Foster’	花金黄色	全年	120 ~ 130	91
14	新西兰麻	百合科新西兰麻属	*Phormium colensoi*	花暗红色	全年	50 ~ 70	10
15	茶梅（棒棒糖）	山茶科山茶属	*Camellia sasanqua*	花玫红色	春秋	100 ~ 160	3
16	开花石竹龟红	石竹科石竹属	*Dianthus chinensis*	花深粉红色	春季	15 ~ 20	14
17	雪叶菊	菊科千里光属	*Senecio cineraria* ‘Silver Dust’	花黄色	6 ~ 9 月	30 ~ 50	17
18	‘紫叶’千鸟花	柳叶菜科山桃草属	*Gaura lindheimeri* ‘Crimson Bunny’	花粉红色	5 ~ 8 月	80 ~ 130	2
19	紫花美女樱	马鞭草科美女樱属	*Glandularia* × *hybrida*	花紫色	5 ~ 11 月	20 ~ 25	3
20	火炬花	百合科火把莲属	*Kniphofia uvaria*	花火红色	6 ~ 8 月	50 ~ 80	2
21	黄金菊	菊科黄蓉菊属	*Euryops pectinatus* ‘Viridis’	花金黄色	8 ~ 10 月	30 ~ 50	4
22	狐尾天门冬	百合科天门冬属	*Asparagus densiflorus* ‘Myers’	花白色	5 ~ 8 月	30 ~ 60	3
23	松红梅	桃金娘科薄子木属	*Polyscias guifoylei*	花深粉色	春秋	10 ~ 20	6
24	紫罗兰（蓝色）	十字花科紫罗兰属	*Matthiola incana*	花蓝色	3 ~ 5 月	30 ~ 60	28
25	金边六月雪	茜草科白马骨属	*Serissa japonica* ‘Aureo-marginata’	花白色	6 ~ 8 月	7 ~ 20	20
26	‘阳台果汁’月季（橙色）	蔷薇科蔷薇属	*Rosa* ‘Juicy Terrazza’	花橙色	4 ~ 11 月	40 ~ 50	41
27	金边丝兰	百合科丝兰属	*Yucca aloifolia* f. *marginata*	叶白绿相间	全年	50 ~ 80	2
28	水果蓝（球）	唇形科香科科属	*Teucium fruticans*	花淡紫色	春季	60	2
29	角堇（蓝色）	堇菜科堇菜属	*Viola cornuta*	花蓝色	2 ~ 6 月	10 ~ 30	5
30	茶梅（大）	山茶科山茶属	*Camellia sasanqua*	花玫红色	春秋	150 ~ 300	2

"百花溢彩"-调色板花境

北京溢彩园林工程有限公司

陈冰晶　程敬伟　程巧丽　臧立哲　王家增　万真真　臧聪　刘立红　张嘉懿

春季实景

夏季实景

秋季实景

设计说明

作为溢彩园林的宿根花卉展示园，本场地呈“C”形半围合空间，形似绘画使用的调色板。因此，将各季开花的植物犹如颜料般在“调色板”上进行混合，尝试多种多样的搭配组合，形成一个色彩逐渐变化的带状混合花境。

春季景观意向：调色板花境的春天是细腻的。早春，蒲公英最先开放。随后，毛地黄钓钟柳、小花葱、千里光、同瓣草等植物逐渐登上舞台。

夏季景观意向：夏季是花境最热闹的时节，大部分花卉均在此时开放。蓍草、火炬花、金鸡菊、松果菊、马鞭草、山桃草等植物成为主角。

秋季景观意向：秋季的花境是浪漫的。结构植物经过大半年的生长，已经撑起了场地的骨架。拂子茅、金光菊、大叶泽兰、紫菀等成为视觉焦点，蛇鞭菊点缀其中，与变为金叶的白桦相得益彰。

设计阶段图纸

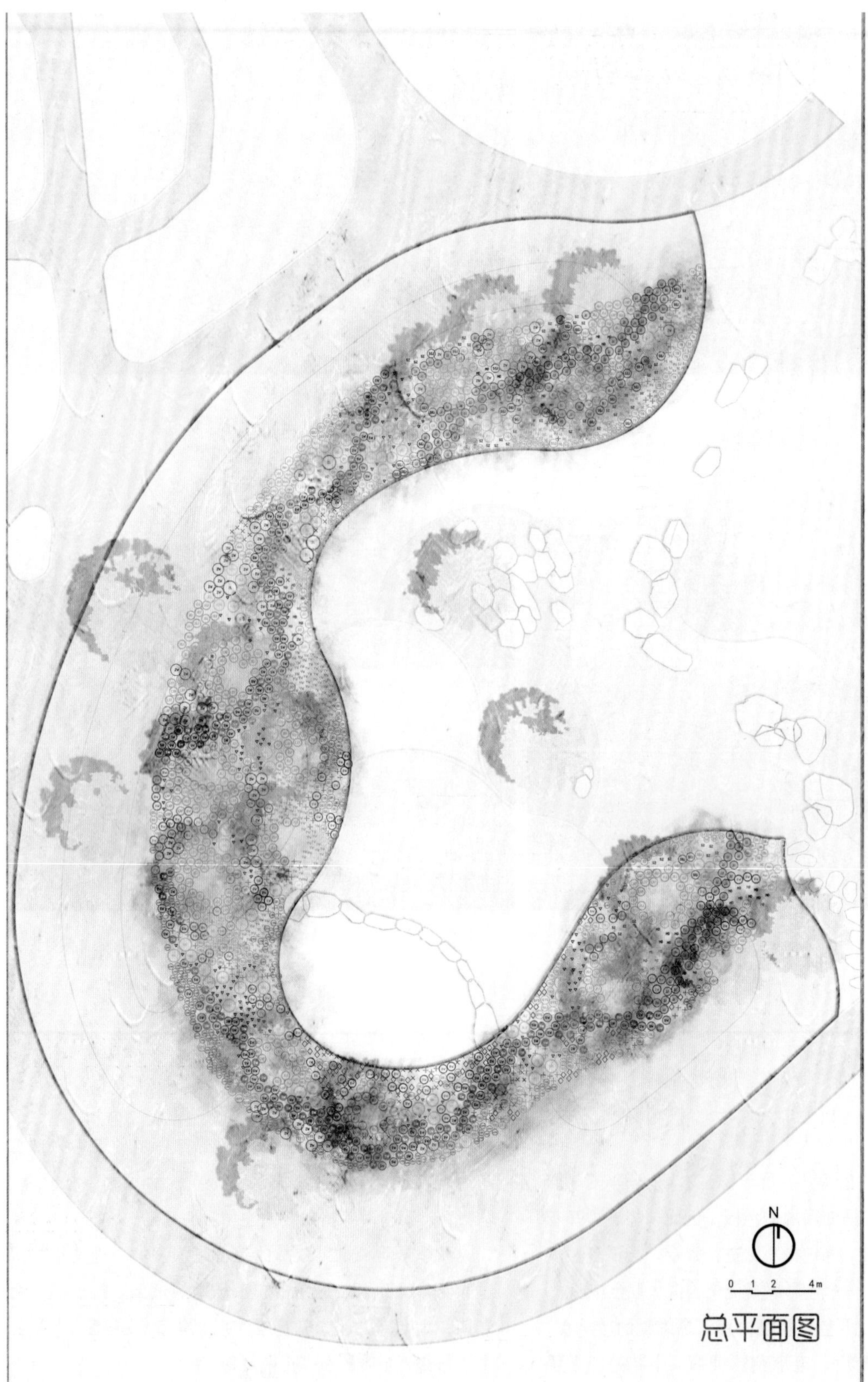

符号	植物
+	‘麒麟’蛇鞭菊（紫）
+	‘麒麟’蛇鞭菊（白）
×	‘烟花’山桃草
▽	‘桑托斯’马鞭草
◊	‘橙色香草棒冰’火炬花
◊	‘波科日落’火炬花
BJ	八宝景天
BW	柳叶白菀
CH	‘新希望’超级串红
DBJ	‘银公主’大滨菊
DBJ	‘麦当娜’大滨菊
DX	‘金色达科他’堆心菊
FWS	凤尾蓍草
FZM	拂子茅
HC	小花葱
HM	丽色画眉
JGJ	荚果蕨
JGJ	‘金色风暴’金光菊
JJ	‘蓝色忧伤’荆芥
JJJ	‘菠萝派’金鸡菊
LPH	‘无极’蓝盆花
LWC	小兔子狼尾草
LXF	‘紫水晶’落新妇
LXF	‘格洛丽亚’落新妇
LYM	蓝羊茅
MD	毛地黄钓钟柳
MD	‘粉豹’毛地黄
o	蓝刺头
PG	蒲公英
QL	千里光
QYS	千叶蓍草
SG	‘盛世’松果菊
SGJ	‘苍白’松果菊
SGJ	‘黄群舞’松果菊
SJ	山韭
SW	‘蓝山’鼠尾草
SW	‘雪山’鼠尾草
SW	‘卡拉多纳’鼠尾草
SZ	簇花石竹
TB	同瓣草
TRJ	‘亚利桑那’天人菊
TRJ	‘黄色’天人菊
YC	玉蝉花
YW	西伯利亚鸢尾
ZL	大叶泽兰
ZW	高山紫菀

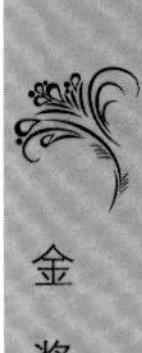

花境植物材料

序号	名称	科属	学名	花（叶）色	开花期及持续时间	长成高度（cm）	种植面积（m^2）	种植密度（株/m^2）	株数（株）
0	耐热白桦	桦木科桦木属	*Betula platyphylla*	绿叶白干	—	300 ~ 500	—	—	15
1	八宝景天	景天科八宝属	*Hylotelephium erythrostictum*	花粉色	9 ~ 10 月	30 ~ 70	0.9	9	8
2	千叶蓍草	菊科蓍属	*Achillea millefolium*	花混色	4 ~ 8 月	20 ~ 30	1.6	25	41
3	凤尾蓍草	菊科蓍属	*Achillea filipendulina*	花黄色	5 ~ 6 月	20 ~ 30	1.6	25	41
4	同瓣草	桔梗科同瓣草属	*Isotoma axillaris*	花蓝色	4 ~ 8 月	15 ~ 25	1.3	25	33
5	‘烟花’山桃草	柳叶菜科山桃草属	*Gaura lindheimeri* cv.	花白色	5 ~ 10 月	40 ~ 60	4.3	16	69
6	簇花石竹	石竹科石竹属	*Dianthus chinensis*	花玫红	4 ~ 6 月	20 ~ 30	1.9	25	48
7	蒲公英	菊科蒲公英属	*Taraxacum mongolicum*	花粉色	4 ~ 10 月	15 ~ 25	2.4	25	59
8	毛地黄钓钟柳	玄参科钓钟柳属	*Penstemon digitalis*	花白色	5 ~ 7 月	30 ~ 60	3.3	16	53
9	荚果蕨	球子蕨科荚果蕨属	*Matteuccia struthiopteris*	叶绿色	4 ~ 9 月	50 ~ 80	28.0	3	84
10	‘紫水晶’落新妇	虎耳草科落新妇属	*Astilbe chinensis* cv.	花粉紫	5 ~ 6 月	50 ~ 60	16.7	6	100
11	‘格洛丽亚’落新妇	虎耳草科落新妇属	*Astilbe chinensis* cv.	花白色	5 ~ 6 月	50 ~ 60	16.5	6	99
12	‘无极’蓝盆花	川续断科蓝盆花属	*Scabiosa comosa*	花蓝色	4 ~ 5 月	30 ~ 50	0.6	25	15
13	小花葱	百合科葱属	*Allium schoenoprasum*	花紫色	4 ~ 5 月	20 ~ 40	3.3	25	83
14	山韭	百合科葱属	*Allium senescens*	花紫色	6 ~ 9 月	30 ~ 40	0.9	16	15
15	西伯利亚鸢尾	鸢尾科鸢尾属	*Iris sibirica*	花蓝、白、黄、紫混色种植	5 月	40 ~ 60	7.4	25	185
16	玉蝉花	鸢尾科鸢尾属	*Iris ensata*	叶绿色	6 月	40 ~ 60	1.8	25	45
17	‘蓝色忧伤’荆芥	唇形科荆芥属	*Nepeta cataria* cv.	花蓝色	5 ~ 10 月	35 ~ 40	9.1	16	145
18	‘蓝山’鼠尾草	唇形科鼠尾草属	*Salvia japonica* cv.	花蓝色	4 ~ 10 月	40 ~ 70	8.0	25	200
19	‘雪山’鼠尾草	唇形科鼠尾草属	*Salvia japonica* cv.	花白色	4 ~ 10 月	40 ~ 70	4.0	25	100
20	‘卡拉多纳’鼠尾草	唇形科鼠尾草属	*Salvia japonica*	花紫色	4 ~ 10 月	40 ~ 70	0.9	25	23
21	‘橙色香草棒冰’火炬花	百合科火把莲属	*Kniphofia uvaria* cv.	花橙红	6 ~ 10 月	50 ~ 70	1.3	25	33
22	‘波科日落’火炬花	百合科火把莲属	*Kniphofia uvaria* cv.	花橙红	6 ~ 10 月	50 ~ 70	1.6	25	40
23	大叶泽兰	菊科泽兰属	*Eupatorium cannabinum*	花粉紫	8 ~ 10 月	60 ~ 90	1.7	3	5
24	千里光	菊科千里光属	*Senecio scandens*	花黄色	4 ~ 6 月	40 ~ 50	0.7	25	17
25	‘银公主’大滨菊	菊科滨菊属	*Leucanthemum maximum* cv.	花白色	5 ~ 10 月	30 ~ 40	2.0	25	50
26	‘麦当娜’大滨菊	菊科滨菊属	*Leucanthemum maximum* cv.	花白色	5 ~ 10 月	30 ~ 40	2.2	25	55
27	‘亚利桑那’天人菊	菊科天人菊属	*Gaillardia pulchella* ‘Arizona Sun’	花红色渐变	4 ~ 6 月	20 ~ 30	0.8	25	20
28	‘黄色’天人菊	菊科天人菊属	*Gaillardia pulchella* cv.	花黄色	4 ~ 6 月	20 ~ 30	0.9	25	23
29	‘菠萝派’金鸡菊	菊科金鸡菊属	*Coreopsis basalis*	花红黄相间	5 ~ 8 月	30 ~ 50	0.8	25	21
30	‘金色达科他’堆心菊	菊科堆心菊属	*Helenium autumnale*	花黄色	6 ~ 11 月	30 ~ 50	2.2	25	55
31	‘苍白’松果菊	菊科松果菊属	*Echinacea purpurea* cv.	花白色	7 ~ 10 月	40 ~ 60	1.4	16	22
32	‘黄群舞’松果菊	菊科松果菊属	*Echinacea purpurea* cv.	花黄色	7 ~ 10 月	40 ~ 60	1.4	16	22
33	‘盛世’松果菊	菊科松果菊属	*Echinacea purpurea* cv.	花深玫红	7 ~ 10 月	40 ~ 60	2.0	16	32
34	‘麒麟’蛇鞭菊（紫）	菊科蛇鞭菊属	*Liatris spicata* cv.	花白色	7 ~ 8 月	30 ~ 60	3.2	25	80
35	‘麒麟’蛇鞭菊（白）	菊科蛇鞭菊属	*Liatris spicata* cv.	花紫色	7 ~ 8 月	30 ~ 60	3.2	25	81
36	‘金色风暴’金光菊	菊科金光菊属	*Rudbeckia hirta* ‘Goldsturm’	花黄色	7 ~ 10 月	50 ~ 60	15.0	3	45
37	柳叶白菀	菊科紫菀属	*Aster ericoides*	花白色	9 ~ 10 月	30 ~ 50	40.7	3	122
38	高山紫菀	菊科紫菀属	*Aster tataricus*	花紫色	8 ~ 10 月	30 ~ 50	23.3	3	70
39	蓝刺头	菊科蓝刺头属	*Echinops sphaerocephalus*	花蓝色	8 ~ 10 月	60 ~ 70	1.4	16	22
40	‘新希望’超级串红	唇形科鼠尾草属	*Salvia splendens* cv.	花橙色	4 ~ 8 月	40 ~ 60	0.8	16	12
41	‘桑托斯’马鞭草	马鞭草科马鞭草属	*Verbena rigida* ‘Santos’	花紫色	5 ~ 9 月	50 ~ 100	6.2	25	156
42	‘粉豹’毛地黄	玄参科毛地黄属	*Digitalis purpurea* cv.	花粉色	3 ~ 5 月	50 ~ 80	2.4	16	38
43	蓝羊茅	禾本科羊茅属	*Festuca glauca*	叶蓝绿	观叶	20 ~ 30	5.9	25	147
44	‘小兔子’狼尾草	禾本科狼尾草属	*Pennisetum alopecuroides* ‘Little Bunny’	叶绿色	观叶	40 ~ 50	1.4	16	23
45	丽色画眉	禾本科画眉草属	*Eragrostis elliottii*	叶绿色	观叶	50 ~ 70	15.7	3	47
46	拂子茅	禾本科剪股颖属	*Calamagrostis epigeios*	叶黄绿	观叶	80 ~ 100	7.0	6	42
47	‘金叶’薹草	莎草科薹草属	*Carex oshimensis* ‘Evergold’	叶黄色	观叶	15 ~ 20	0.4	25	10
48	青绿薹草	莎草科薹草属	*Carex breviculmis*	叶绿色	观叶	15 ~ 20	0.4	25	10
	合计						260.5		2746

石言

丽水市小虫园艺有限公司

沈洪涛　张灵智　金永富　虞洁　王涛　俞进

春季实景

夏季实景

秋季实景

设计说明

项目位于浙江丽缙高新区边坡绿地，高落差、多窨井是场地内的限制条件。降低视觉落差，弱化设施设备是设计之初最需要解决的问题。龟纹石沉稳大气、敦厚朴实，营造出不同的层级空间，植物搭配围绕石头展开。深绿色的桂花、茶梅球、厚皮香配合石组支撑起稳定的骨架结构，明黄色、浅黄色的塔形‘亮金’女贞和‘金姬’小蜡提亮空间色彩。岩石间点植‘黄金海岸’刺柏、‘金线’柏、欧洲红豆杉、菲油果等岩石植物，空间式组团结构，穿插各类竖向线条植物，‘歌舞’芒、‘矮’蒲苇轻盈的质感和龟纹石形成强烈的对比，多年生宿根花卉布置其中，形成斑驳跳跃的色彩，呈现山花烂漫的岩石景象。

设计阶段图纸

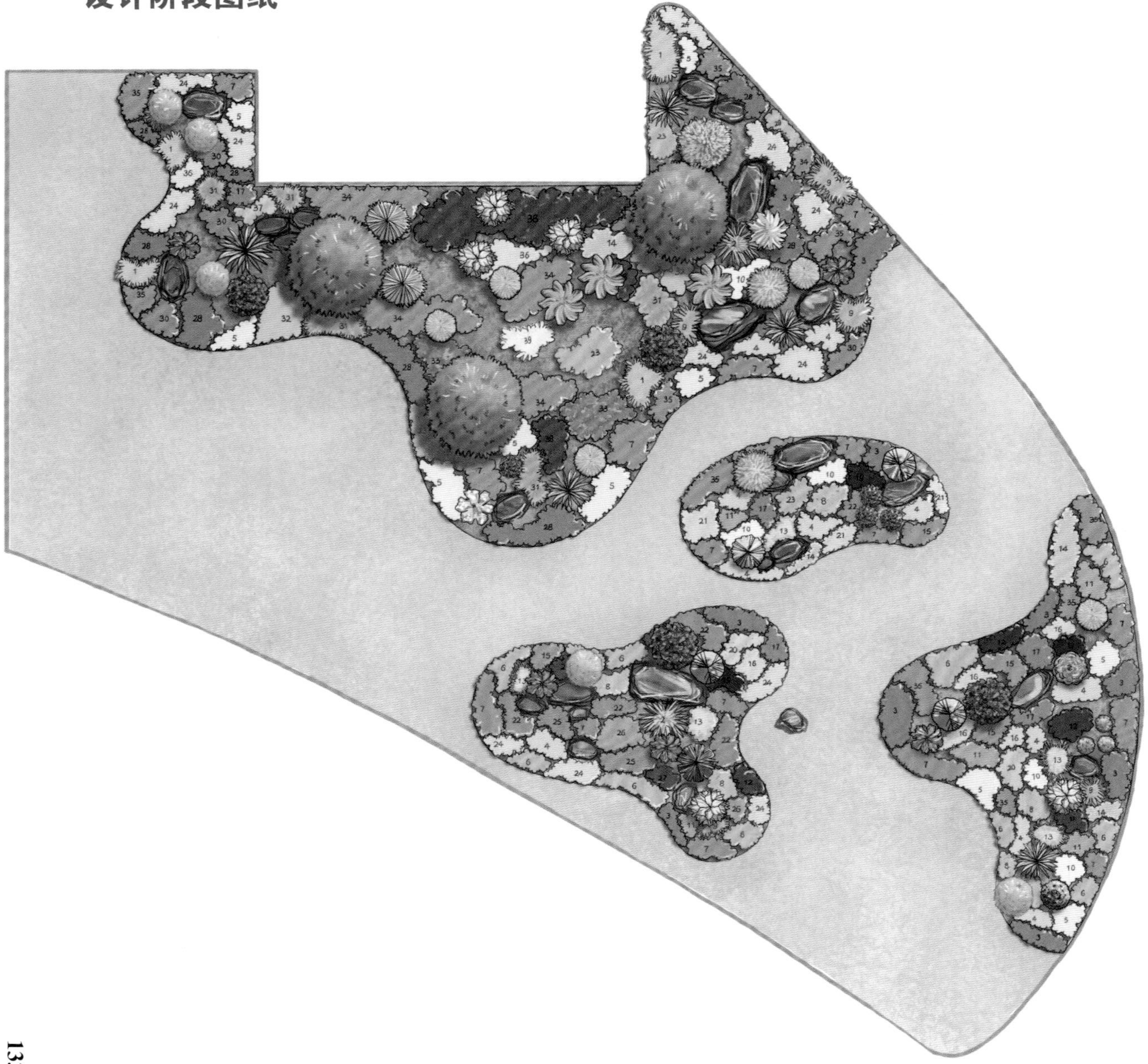

图例	名称	图例	名称
1	朝雾草	21	金光菊
2	金边丝兰	22	紫娇花
3	‘四月夜’鼠尾草	23	墨西哥鼠尾草
4	八宝景天	24	‘金叶’佛甲草
5	‘金叶’石菖蒲	25	三七景天
6	欧石竹	26	紫花美女樱
7	荷兰菊（紫）	27	千叶兰
8	蓝雾草	28	开花石竹（鲜红）
9	百子莲	29	丛生福禄考
10	堆心菊	30	密枝天门冬
11	狐尾天门冬	31	西伯利亚鸢尾
12	‘紫叶’千鸟花	32	花叶山桃木
13	火炬花	33	‘千日小坊’
14	花叶山菅兰	34	香荼菜
15	常绿萱草	35	中华景天
16	‘小兔子’狼尾草	36	‘歌舞’芒
17	蛇鞭菊	37	‘卡诺瓦’美人蕉
18	柳叶白菀	38	南天竹
19	‘红巨人’朱蕉	39	天蓝鼠尾草
20	大麻叶泽兰		

花境植物材料

序号	名称	科属	学名	花（叶）色	开花期及持续时间	长成高度（cm）	种植面积（m^2）	种植密度（株 /m^2）	株数（株）
1	开花石竹龟红	石竹科石竹属	*Dianthus chinensis*	花深粉红色	春季	15 ~ 20	—	—	133
2	西伯利亚鸢尾	鸢尾科鸢尾属	*Iris sibirica*	花紫蓝色	4 ~ 5 月	70	—	—	24
3	‘矮’蒲苇	禾本科蒲苇属	*Cortaderia selloana* ‘Pumila’	花银白色	9 ~ 10 月	120	—	—	3
4	‘金叶’石菖蒲	天南星科菖蒲属	*Acorus gramineus* ‘Ogan’	叶金黄色	全年	30 ~ 35	—	—	129
5	荷兰菊	菊科联毛紫菀属	*Symphyotrichum novi-belgii*	花蓝紫色、粉红色	10 月	30 ~ 50	—	—	176
6	红巨人朱蕉	百合科朱蕉属	*Cordyline terminalis*	叶条形、紫红色	全年	70	—	—	14
7	朝雾草	菊科艾属	*Artemisia schmidtianai*	花银白色	7 ~ 8 月	20 ~ 30	—	—	6
8	金叶佛甲草	景天科景天属	*Sedum lineare*	花金黄色	5 ~ 6 月	16	—	—	227
9	墨西哥鼠尾草	唇形科鼠尾草属	*Salvia leucantha*	花蓝紫色	8 ~ 9 月	80 ~ 160	—	—	17
10	‘四月夜’鼠尾草	唇形科鼠尾草属	*Salvia nemorosa* ‘April Night’	花蓝色	5 ~ 9 月	50 ~ 80	—	—	91
11	丛生福禄考	花荵科天蓝绣球属	*Phlox subulata*	花淡红色	4 ~ 9 月	25 ~ 40	—	—	10
12	茶梅（大）	山茶科山茶属	*Camellia sasanqua*	花紫红色	夏季	50 ~ 70	—	—	3
13	百子莲	石蒜科百子莲属	*Agapanthus africanus*	花蓝色或白色	7 ~ 8 月	40 ~ 80	—	—	14
14	‘歌舞’芒	禾本科芒属	*Miscanthus sinensis* ‘Cabaret’	叶绿色	全年	100 ~ 120	—	—	17
15	菲油果	桃金娘科野凤榴属	*Acca sellowiana*	花浅粉内面带紫色	5 ~ 6 月	500 ~ 600	—	—	2
16	桂花	木樨科木樨属	*Osmanthus fragrans*	花黄色	9 ~ 10 月	300 ~ 600	—	—	3
17	亮金女贞（塔形）	木樨科女贞属	*Ligustrum* × *vicaryi*	叶金黄色	全年	80 ~ 120	—	—	2
18	马兰	鸢尾科鸢尾属	*Iris lactea* var. *chinensis*	花蓝紫色	5 ~ 6 月	40 ~ 100	—	—	4
19	金边丝兰	百合科丝兰属	*Yucca aloifolia* f. *marginata*	叶白绿相间	全年	50 ~ 80	—	—	3
20	‘皮球’柏	柏科刺柏属	*Juniperus chinensis* ‘Globosa’	叶绿色	全年	40 ~ 60	—	—	6
21	密枝天门冬	百合科天门冬属	*Asparagus cochinchinensis*	叶绿色	全年	30 ~ 60	—	—	28
22	‘花叶’香桃木	桃金娘科香桃木属	*Myrfus communisn* ‘Variegata’	花白色	5 ~ 6 月	30 ~ 60	—	—	20
23	香茶菜	唇形科香茶菜属	*Rabdosia amethystoides*	花蓝紫色	5 ~ 6 月	15 ~ 30	—	—	41
24	四季山茶	山茶科山茶属	*Camellia azalea*	花红色	春秋	60 ~ 80	—	—	2
25	‘金姬’小蜡（塔形）	木樨科女贞属	*Ligustrum sinense* ‘Jinji’	花白色	3 ~ 6 月	50 ~ 100	—	—	2
26	‘金线’柏	柏科扁柏属	*Chamaecyparis pisifera* ‘Filifera Aurea’	叶金黄色	全年	80 ~ 200	—	—	5
27	‘千日小坊’	苋科千日红属	*Gomphrena globosa* cv.	花紫红色	6 ~ 9 月	20 ~ 60	—	—	3
28	厚皮香（塔形）	山茶科厚皮香属	*Ernstroemia gymnanthera*	叶绿色	全年	100 ~ 120	—	—	3
29	菱叶绣线菊	蔷薇科绣线菊属	*Spiraea* × *vanhouttei*	花淡白色	5 ~ 6 月	30 ~ 100	—	—	1
30	南天竹	小檗科南天竹属	*Nandina domestica*	叶红色	5 ~ 7 月	100 ~ 120	—	—	46
31	茶梅球（小）	山茶科山茶属	*Camellia sasanqua*	花玫红色	春秋	50 ~ 60	—	—	2
32	枸骨（塔形）	冬青科冬青属	*Ilex* × *attenuata* ‘Sunny Foster’	叶金黄色	全年	120 ~ 130	—	—	3
33	‘卡诺瓦’美人蕉	美人蕉科美人蕉属	*Canna indica*	花粉红色	6 ~ 10 月	80 ~ 120	—	—	7
34	红叶石楠（球）	蔷薇科石楠属	*Photinia glabra* ‘Rubens’	花白色	5 ~ 7 月	80 ~ 120	—	—	1
35	狐尾天门冬	百合科天门冬属	*Asparagus densiflorus* ‘Myers’	花白色	5 ~ 8 月	30 ~ 60	—	—	24
36	中华景天	景天科景天属	*Sedum polytrichoides*	花白色	5 ~ 6 月	10 ~ 30	—	—	43
37	蛇鞭菊	菊科蛇鞭菊属	*Liatris spicata*	花红紫色	夏秋	60 ~ 100	—	—	27
38	欧石竹	石竹科石竹属	*Dianthus carthusianorum*	花深粉红色	春季	15 ~ 20	—	—	120
39	‘小丑’火棘	蔷薇科火棘属	*Pyracantha fortuneana* ‘Harlequin’	花白色	3 ~ 5 月	50 ~ 60	—	—	2
40	冬青先令	冬青科冬青属	*Ilex chinensis*	叶绿色	全年	60 ~ 80	—	—	2
41	八宝景天	景天科八宝属	*Hylotelephium erythrostictum*	花淡粉红色	7 ~ 10 月	30 ~ 50	—	—	38
42	蓝雾草	菊科锥托泽兰属	*Conoclinium dissectum*	花蓝色	5 ~ 10 月	35 ~ 60	—	—	27
43	堆心菊	菊科堆心菊属	*Helenium autumnale*	花黄色	6 ~ 10 月	30 ~ 40	—	—	23
44	花叶山菅兰	百合科山菅属	*Dianella ensifolia*	花紫色	3 ~ 8 月	80 ~ 120	—	—	16
45	‘紫叶’千鸟花	柳叶菜科山桃草属	*Gaura lindheimeri* ‘Crimson Bunny’	花粉红色	5 ~ 8 月	80 ~ 130	—	—	33
46	火炬花	百合科火把莲属	*Kniphofia uvaria*	花火红色	6 ~ 8 月	50 ~ 80	—	—	24
47	萱草（常绿）	百合科萱草属	*Hemerocallis fulva* var. *aurantiaca*	花橙色	7 ~ 8 月	50 ~ 80	—	—	8
48	‘小兔子’狼尾草	禾本科狼尾草属	*Pennisetum alopecuroides* ‘Little Bunny’	花黄色	6 ~ 8 月	30 ~ 120	—	—	30
49	大麻叶泽兰	菊科泽兰属	*Eupatorium cannabinum*	花淡白色	夏秋	50 ~ 150	—	—	9
50	紫娇花	石蒜科紫娇花属	*Tulbaghia violacea*	花紫粉色	5 ~ 7 月	30 ~ 60	—	—	49
51	三七景天	景天科景天属	*Sedum aizoon*	花黄色	6 ~ 7 月	20 ~ 50	—	—	33
52	千叶兰	蓼科千叶兰属	*Muehlenbeckia complexa*	花黄绿色	秋季	全年	—	—	13
53	紫花美女樱	马鞭草科美女樱属	*Glandularia* × *hybrida*	花紫色	5 ~ 11 月	20 ~ 25	—	—	18
54	‘火烈鸟’安酷杜鹃	杜鹃花科杜鹃花属	*Rhododendron* ‘Anku Dufu’	花红色	9 ~ 10 月	80 ~ 120	—	—	1
55	欧洲红豆杉	红豆杉科红豆杉属	*Taxus baccata*	叶绿色	全年	100 ~ 200	—	—	1
56	金光菊	菊科金光菊属	*Rudbeckia hybrida*	花金黄色	5 ~ 6 月	20 ~ 30	—	—	23
57	金冠女贞	木樨科女贞属	*Ligustrum lucidum*	叶金黄色	全年	40 ~ 60	—	—	1
58	小叶栀子	茜草科栀子属	*Gardenia jasminoides*	花白色	5 ~ 8 月	100 ~ 200	—	—	1

篱影绰绰

德州市园林绿化服务中心

张维民　徐家林　曹琳　蔡亚南　尹长虹　张涛　梁莹

春季实景

设计说明

本作品利用半透明的“纱幔”将场地分隔为若干个“半遮半掩”的空间，在空间中采用花境配置原则与手法，拟营建自然植物景观，演绎“篱影绰绰”的作品主题，给观赏者“犹抱琵琶半遮面”的东方式美感。

春季景观意向：橘红色的郁金香、萱草温暖美好；蓝紫色的鸢尾、‘四月夜’鼠尾草、筋骨草高贵神秘；粉红白三色落新妇清新浪漫，呈现出一幅花草葳蕤、欣欣向荣的景象。

夏季景观意向：以冷色调花卉植物色彩勾勒出夏日里的清凉，展示生如夏花般的绚丽景色。橘红的萱草、粉色的绣球跳跃在绿丛中，蓝色‘卡拉多娜’鼠尾草轻盈绽放，白色的‘彩叶’杞柳、木绣球清爽宜人。

秋季景观意向：造型鸡爪槭、‘火焰’卫矛呈现出绚丽的红色，和金黄明亮的‘黄金’枸骨球、黄瑞木、‘金姬’小蜡形成鲜明的对比。‘纤序’芒、‘花叶’芒、‘小兔子’狼尾草等观赏草开出梦幻的花序，舞动的柳叶白菀、艳丽的菊花，呈现出熠熠生辉的秋日景象。

夏季实景

秋季实景

花境植物材料

序号	名称	科属	学名	花（叶）色	花期 / 观赏期	观赏特性												长成高度（cm）	规格	规格 / 种植密度	面积（m²）	盆数	株数
						1	2	3	4	5	6	7	8	9	10	11	12						
1	佛甲草	景天科景天属	*Sedum lineare*	黄绿色	4 ~ 5 月，4 ~ 11 月													10	1 加仑	30 盆 /m²	4.97	140	
2	德国景天	景天科景天属	*Sedum hybridum*	明黄色	5 ~ 8 月，4 ~ 11 月													10	1 加仑	30 盆 /m²	0.62	20	
3	鼠尾草（‘四月夜’）+ 筋骨草（‘姬 11’）混种	唇形科鼠尾草属	*Salvia nemorosa* ‘April Night’	浅紫色	3 ~ 11 月，3 ~ 11 月													35	1 加仑	25 盆 /m²	2.75	69	
4	鼠尾草（‘四月夜’）+ 筋骨草（‘姬 12’）混种	唇形科筋骨草属	*Ajuga ciliata*	蓝紫色	4 ~ 8 月，4 ~ 11 月													15	1 加仑	25 盆 /m²	2.75	69	
5	银叶菊	菊科疆千里光属	*Jacobaea maritima*	银灰色	3 ~ 11 月													60	2 加仑	25 盆 /m²	4.3	108	
6	蓝羊茅	禾本科羊茅属	*Festuca glauca*	蓝绿色	4 ~ 11 月													40	2 加仑	25 盆 /m²	0.25	7	
7	五色矾根	虎耳草科矾根属	*Heuchera micrantha*	多色	4 ~ 6 月，3 ~ 11 月后示花色													25	2 加仑	20 盆 /m²	1.3	27	
8	大叶吴风草	菊科大吴风草属	*Farfugium japonicum*	草绿 + 黄色	7 ~ 11 月，3 ~ 11 月													30	2 加仑	20 盆 /m²	1.1	22	
9	罗马洋甘菊	菊科春黄菊属	*Anthemis nobilis*	白色	5 ~ 6 月													35	2 加仑	30 盆 /m²	1.5	45	
10	‘金色达科他’堆心菊	菊科堆心菊属	*Heleniun bigelovii* ‘Gold’	金黄色	5 ~ 10 月													35	2 加仑	30 盆 /m²	1.3	39	
11	‘金边’麦冬	百合科山麦冬属	*Liriope muscari* ‘Gold Banded’	浅黄 + 绿色	5 ~ 10 月，3 ~ 11 月													30	2 加仑	25 盆 /m²	0.68	17	
12	‘蓝鼠耳’玉簪	百合科玉簪属	*Hosta* ‘Blue Mouse Ears’	蓝绿色	6 ~ 9 月，3 ~ 11 月													12	1 加仑			2	
13	‘金边鼠耳’玉簪	百合科玉簪属	*Hosta* ‘Phnom Penh Mouse Ears’	黄包绿色	6 ~ 9 月，3 ~ 12 月													12	1 加仑			4	
14	‘美国甜心’玉簪	百合科玉簪属	*Hosta* ‘So Sweet’	黄包绿色	6 ~ 9 月，3 ~ 13 月													45	5 加仑			2	
15	‘火山岛’玉簪	百合科玉簪属	*Hosta* ‘Volcano Island’	绿黄色	6 ~ 9 月，3 ~ 14 月													40	3 加仑			4	
16	‘彩色玻璃’玉簪	百合科玉簪属	*Hosta* ‘Stained Glass’	黄绿色	6 ~ 9 月，3 ~ 15 月													30	2 加仑			3	
17	‘期望’玉簪	百合科玉簪属	*Hosta* ‘Great Expectations’	绿包黄色	6 ~ 9 月，3 ~ 16 月													40	2 加仑			2	
18	‘烟幕信号’玉簪	百合科玉簪属	*Hosta* ‘Fragrant Blue’	蓝粉色	6 ~ 9 月，3 ~ 17 月													80	5 加仑			3	
19	荚果蕨	球子蕨科荚果蕨属	*Matteuccia struthiopteris*	绿色	4 ~ 11 月													70	2 加仑			6	
20	‘永恒’郁金香 + ‘盛情’松果菊—套种	百合科郁金香属	*Tulipa gesneriana* ‘Timeless’	红色	4 ~ 5 月													40	种球	40 球 /m²	4.83	193	
21	郁金香（‘永恒’）+ 松果菊（盛情）套种	菊科松果菊属	*Echinacea purpurea* ‘Cheyenne Spirit’	橙红色	6 ~ 10 月													45	2 加仑	12 盆 /m²	4.83	58	
22	郁金香（网络旗）+ 松果菊（盛会）套种	百合科郁金香属	*Tulipa gesneriana* ‘Flaming Flag’	紫粉包白色	4 ~ 5 月													40	种球	40 球 /m²	1	40	
23	郁金香（网络旗）+ 松果菊（盛会）套种	菊科松果菊属	*Echinacea purpurea*	白色	6 ~ 10 月													40	2 加仑	12 盆 /m²	1	15	
24	萱草(摩西之火 / 安扎克)	百合科萱草属	*Hemerocallis fulva* var. *kwanso*	暗橙红色	5 ~ 10 月，4 ~ 11 月													40	1 加仑	30 盆 /m²	4.2	126	
25	萱草（红运）	百合科萱草属	*Hemerocallis fulva* ‘Hong Yun’	橙红色	7 ~ 8 月，4 ~ 11 月													50	1 加仑	30 盆 /m²	1.98	60	
26	德国鸢尾 + 萱草（御用织品）（套种）	鸢尾科鸢尾属	*Iris germanica*	蓝紫色	5 月，4 ~ 11 月													60	2 加仑	10 盆 /m²	1.6	16	
27	德国鸢尾 + ‘御用织品’萱草（套种）	百合科萱草属	*Hemerocallis* ‘Royal Braid’	浅粉色	6 ~ 7 月，4 ~ 11 月													60	1 加仑	30 盆 /m²	1.6	16	
28	‘新篇章’鼠尾草	唇形科鼠尾草属	*Salvia nemorosa* ‘New Dimension Roseo’	玫粉色	4 ~ 6 月													40	2 加仑	10 盆 /m²	1.58	16	
29	日本血草	禾本科白茅属	*Imperata cylindrica* ‘Rubra’	红绿色	3 ~ 11 月													40	2 加仑	25 盆 /m²	2	25	
30	‘金叶’薹草	莎草科薹草属	*Carex oshimensis* ‘Evergold’	黄色	3 ~ 11 月													25	2 加仑	25 盆 /m²	10.42	261	
31	‘花叶’玉蝉花	鸢尾科鸢尾属	*Iris ensata* ‘Variegata’	黄绿色	3 ~ 11 月													50	2 加仑	25 盆 /m²	0.75	26	
32	落新妇三色	虎耳草科落新妇属	*Astilbe chinensis*	粉、红、白色	5 ~ 7 月													60	2 加仑	10 盆 /m²	1.2	22	

（续）

序号	名称	科属	学名	花（叶）色	花期 / 观赏期	观赏特性												长成高度（cm）	规格	规格 / 种植密度	面积（m^2）	盆数	株数
						1	2	3	4	5	6	7	8	9	10	11	12						
33	毛地黄钓钟柳（‘达科塔酒红’）	玄参科毛地黄属	*Penstemon digitalis* ‘Dakota Burgundy’	暗红色 + 粉白色	4 ~ 6 月，4 ~ 11 月													75	2 加仑	6 盆 /m^2	1.67	10	
34	‘格瑞拉粉白’山桃草	柳叶菜科山桃草属	*Gaura lindheimeri* ‘Gauriella Bicolor’	粉白色	5 ~ 10 月，4 ~ 11 月													50	2 加仑	8 盆 /m^2	0.88	7	
35	‘斑叶’芒	禾本科芒属	*Miscanthus sinensis* ‘Zebrinus’	白绿色	4 ~ 8 月，3 ~ 11 月													170	3 加仑	2 盆 /m^2	1.92	4	
36	‘花叶’芒	禾本科芒属	*Miscanthus sinensis* ‘Variegatus’	浅绿白色	4 ~ 9 月，3 ~ 11 月													180	3 加仑	2 盆 /m^2	1.54	3	
37	‘细叶’芒	禾本科芒属	*Miscanthus sinensis* ‘Gracillimus’	草绿色	9 ~ 10 月，4 ~ 11 月													80	3 加仑	2 盆 /m^2	1.4	3	
38	细茎针茅	禾本科针茅属	*Stipa tenuissima*	花黄白色	3 ~ 11 月													35	2 加仑	25 盆 /m^2	14.24	356	
39	‘重金属’柳枝稷	禾本科黍属	*Panicum virgatum* ‘Heavy Metal’	叶蓝绿色	1 ~ 12 月													200	3 加仑	2 盆 /m^2	1.1	1	
40	拂子茅	禾本科拂子茅属	*Calamagrostis xacutiflora* ‘Karl Foerster’	花橙白色	1 ~ 12 月													100	3 加仑	2 盆 /m^2		1	
41	‘小兔子’狼尾草	禾本科狼尾草属	*Pennisetum alopecuroides* ‘Little Bunny’	花白色	6 ~ 10 月，1 ~ 12 月													35	3 加仑	2 盆 /m^2		1	
42	‘纤序’芒	禾本科芒属	*Miscanthus sinensis* ‘Xianxu’	花白色	8 ~ 10 月，1 ~ 12 月													200	3 加仑	1 盆 /m^2	30	30	
43	‘无尽夏’绣球	虎耳草科绣球属	*Hydrangea macrophylla* ‘Endless Summer’	花粉红	5 ~ 9													120	5 加仑	5 盆 /m^2	1	5	
44	‘安娜贝拉’木绣球	虎耳草科绣球属	*Hydrangea arborescens* ‘Annabelle’	花白色	5 ~ 6													120	5 加仑	5 盆 /m^2	2	10	
45	‘石灰灯’圆锥绣球	虎耳草科绣球属	*Hydrangea paniculata* ‘Limelight’	花白绿色	6 ~ 9													150	5 加仑	5 盆 /m^2	0.85	4	
46	‘香草草莓’绣球	虎耳草科绣球属	*Hydrangea paniculata* ‘Sied Strawberry’	花粉红	6 ~ 10													150	5 加仑	5 盆 /m^2	0.96	5	
47	柳叶白菀	菊科紫菀属	*Aster ericoides*	花白色	9 ~ 11													120	2 加仑	5 盆 /m^2	5.3	27	
48	金叶风箱果	蔷薇科风箱果属	*Physocarpus opulifolius* var. *luteus*	叶黄绿色	5 ~ 6 月，4 ~ 11 月													100	5 加仑			1	
49	龟甲冬青（球）	冬青科冬青属	*Ilex crenata* var. *convexa*	叶深绿色	1 ~ 12													130	P130cm				1
50	龟甲冬青（球）	冬青科冬青属	*Ilex crenata* var. *convexa*	叶深绿色	1 ~ 12													100	P100cm				3
51	‘火焰’卫矛（球）	卫矛科卫矛属	*Euonymus alatus* ‘Compactus’	叶红色	3 ~ 10													100	P100cm				3
52	‘火焰’卫矛（球）	卫矛科卫矛属	*Euonymus alatus* ‘Compactus’	叶红色	3 ~ 10													80	P80cm				3
53	‘火焰’卫矛（球）	卫矛科卫矛属	*Euonymus alatus* ‘Compactus’	叶红色	3 ~ 10													60	P60cm				2
54	‘黄金’枸骨（球）	冬青科冬青属	*Ilex* × *attenuata* ‘Sunny Foster’	叶黄绿色	1 ~ 12													100	P100cm				2
55	‘黄金’枸骨（球）	冬青科冬青属	*Ilex* × *attenuata* ‘Sunny Foster’	叶黄绿色	1 ~ 12													60	P60cm				2
56	‘金姬’小蜡（球）	木樨科女贞属	*Ligustrum sinense* ‘Jinji’	叶金边黄绿色	1 ~ 12													100	P100cm				1
57	‘金姬’小蜡（球）	木樨科女贞属	*Ligustrum sinense* ‘Jinji’	叶黄绿色	1 ~ 12													80	P80cm				2
58	黄瑞木	山茱萸科山茱萸属	*Cornus sericea* ‘Flaviramea’	枝黄色	10 月至翌年 3 月													150	P30cm，H100cm	25 株 /m^2	4.07		123
59	红瑞木	山茱萸科山茱萸属	*Cornus sericea* ‘Cardinal’	枝红色	10 月至翌年 3 月													150	P30cm，H100cm	25 株 /m^2	4.07		122
60	‘彩叶’杞柳	杨柳科柳属	*Salix integra* ‘Hakuro Nishiki’	叶粉、浅黄、绿色	4 ~ 11 月													100	P-60cm				1
61	‘五彩狼’尾草	禾本科狼尾草属	*Pennistum setaceum* ‘Fire Works’	叶暗红色	4 ~ 11 月													75	3 加仑			1	
62	‘黑豹’重瓣芍药	芍药科芍药属	*Paeonia lactiflora*	花黑红色	5 ~ 6 月													70	7 年苗，6 分枝以上			7	
63	金蜀桧（黄金桧柏）	柏科刺柏属	*Juniperus chinensis* ‘Pyramidalis Aurea’	叶金黄色	1 ~ 12 月													2	高 1.5m 以上			2	
64	蓝剑柏	柏科刺柏属	*Juniperus scopulorum* ‘Blue Arrow’	叶蓝绿色	1 ~ 12 月													3	高 2m 以上			2	
65	‘当娜’海棠	蔷薇科苹果属	*Malus* ‘Donald Wyman’	花白色 + 红色	4 ~ 5 月，9 ~ 1 月													6	Φ12 ~ 15cm，P3m，分枝点 1.3m			1	
66	垂丝海棠	蔷薇科苹果属	*Malus halliana*	花粉色	3 ~ 4 月，4 ~ 11 月													500	Φ12 ~ 15cm，P3m，分枝点 1.5m				1
67	‘金丝’垂柳	杨柳科柳属	*Salix vitellina* ‘Pendula Aurea’	叶黄色	11 ~ 4 月													1000	Φ12 ~ 15cm，P3m				1
68	紫薇（独杆）	千屈菜科紫薇属	*Lagerstroemia indica*	花白色	6 ~ 9 月，4 ~ 11 月													700	Φ8 ~ 10cm，P3m，分枝点 1.3m				1
69	鸡爪槭（独杆造型）	槭树科槭属	*Acer palmatum*	叶橘红色	9 ~ 12 月，4 ~ 12 月													400	Φ12 ~ 15cm，P2.5m，分枝点 1.5m	特选树形			1
70	蜡梅（独杆造型红花）	蜡梅科蜡梅属	*Chimonanthus praecox*	花红色	11 月至翌年 4 月													400	Φ10 ~ 12cm，P2.5m，分枝点 1.6m				2
71	黑松（造型）	松科松属	*Pinus thunbergii*	叶深绿色	1 ~ 12 月													2.2	H2 ~ 2.2m	特选树形			1

说丰年

岭南师范学院　湛江市寸金桥公园管理处

王子凡　李海峰　王子韵　吴春莹　张文斌　林良波　许玲玲

春季实景

设计说明

花境位于湛江市调顺岛路口。花境设计以岛名的“风调雨顺”之意为灵感，期望打造一个以种植农作物为主，具有互动参与性与科普教育意义的可食地景风格特色花境。

花境由园路分割为四个小块，其中分布着三个红色构筑物，上面分别书写着风调雨顺、五谷丰登、国泰民安。基于场地条件和设计要求，首先调整地形，将水稻、芋头等需要在湿地中栽培的作物种植区域挖低，土方堆于需要种植菠萝、红薯等需要排水良好的作物处。平面上以水稻为主景，搭配各季节农作物和兼有观赏性和药用价值的花卉。花开果熟时，人们游乐欣赏、采收，作物穰穰，与人们一起诉说着丰年。

夏季实景

秋季实景

设计阶段图纸

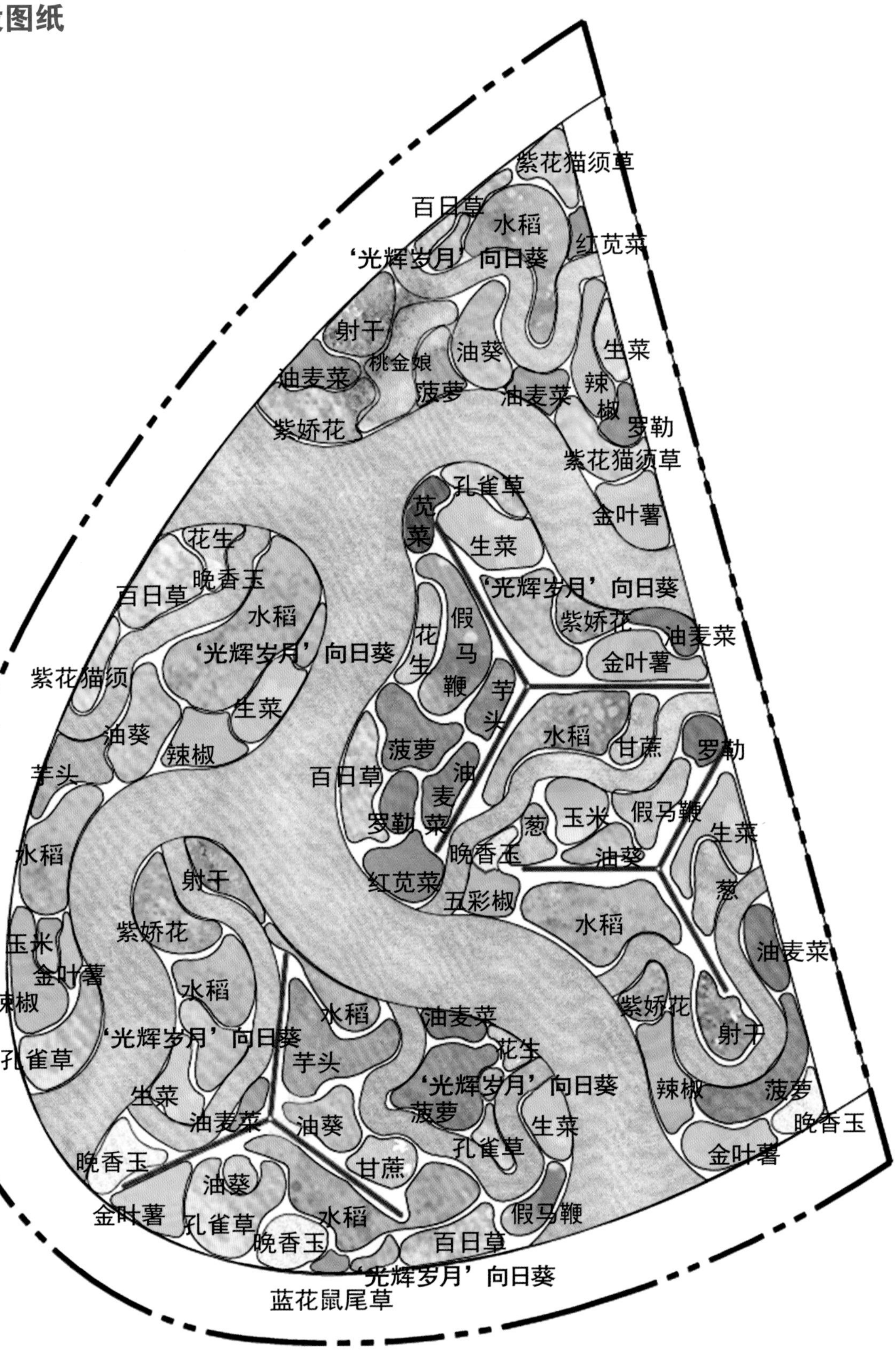

平面图　0　1　2　3m　N

花境植物材料

序号	名称	科属	学名	花（叶、果）色	开花期及持续时间	长成高度（m）	种植面积（m^2）	种植密度（株/m^2）	株数（株）	备注
1	‘光辉岁月’向日葵	菊科向日葵属	*Helianthus annuus* ‘Sunbelievable’	花橙黄色	全年	1.2	3.6	4	14	
2	油葵	菊科向日葵属	*Helianthus annuus*	花深黄色	7～9月	2.5	8	1	8	秋季更换油菜
3	甘蔗	禾本科甘蔗属	*Saccharum officinarum*	叶绿色，秆深紫色或黄绿色	观形全年，可不断修剪	3	2	9	18	
4	玉米	禾本科玉蜀黍属	*Zea mays*	叶绿色，花黄色	7～9月	2.5	1.9	9	17	秋季更换高粱
5	射干	鸢尾科射干属	*Belamcanda chinensis*	花橙黄色	5～8月	0.8～1	4.28	36	154	
6	辣椒	茄科辣椒属	*Capsicum annuum*	花白色，果红色	5～11月	0.8	6.5	3	20	
7	假马鞭	马鞭草科假马鞭属	*Stachytarpheta jamaicensis*	花紫色	4～12月	1	5.2	1	5	
8	芋头	天南星科芋属	*Colocasia esculenta*	叶色油绿，花白色	2～8月	0.9～1	5.4	20	108	
9	桃金娘	桃金娘科桃金娘属	*Rhodomyrtus tomentosa*	花粉红色	4～5月	1	2.27	1	2	
10	水稻	禾本科稻属	*Oryza sativa*	叶浅绿色，成熟时变黄色；果金黄色	5～6月，10～11月	0.5～1.5	26.32	36	948	
11	罗勒	唇形科罗勒属	*Ocimum basilicum*	叶绿色，花淡紫色	7～9月	0.8	2.62	20	52	
12	油麦菜	菊科莴苣属	*Lactuca sativa* ‘Longifoliaf’	叶灰绿色，花白色	3～10月	0.4	5.3	25	133	
13	晚香玉	石蒜科晚香玉属	*Polianthes tuberosa*	花淡粉至乳白色	7～9月	0.8	2.6	9	23	
14	紫花猫须草	唇形科肾茶属	*Clerodendranthus spicatus*	花淡紫色	5～11月	0.7	3.63	15	54	
15	五彩椒	茄科辣椒属	*Capsicum annuum*	果有绿、黄、白、紫、红五色，具有光泽	5～11月	0.4	1.5	16	24	
16	菠萝	凤梨科凤梨属	*Ananas comosus*	叶灰绿色，果深黄色	4～6月	0.4	7.6	20	152	
17	生菜	菊科莴苣属	*Lactuca sativa* ‘Ramosa’	叶灰绿色	2～9月	0.2	1.6	25	40	
18	‘奶油’生菜	菊科莴苣属	*Lactuca sativa* ‘Boston’	叶浅绿色	2～9月	0.2	1.5	25	38	
19	‘罗莎’生菜	菊科莴苣属	*Lactuca sativa* ‘Rosa’	叶紫红色	2～9月	0.2	1.8	25	45	
20	‘紫叶’生菜	菊科莴苣属	*Lactuca sativa* ‘Purple’	叶暗紫色	2～9月	0.2	1.5	25	38	
21	‘罗马’生菜	菊科莴苣属	*Lactuca sativa* ‘Romaine’	叶翠绿色	2～9月	0.2	1.2	25	30	
22	红苋菜	苋科苋属	*Amaranthus tricolor*	叶有紫色斑纹	4～10月	0.3	2.6	25	65	
23	‘金叶’薯	旋花科番薯属	*Ipomoea batatas* ‘Margarita’	叶金黄色，花淡粉色	全年	0.2	7.2	9	65	
24	花生	豆科落花生属	*Arachis hypogaea*	花黄色	6～9月	0.2	2.4	25	60	
25	孔雀草	菊科万寿菊属	*Tagetes patula*	花橙红色	7～9月	0.5	6.4	25	160	
26	葱	百合科葱属	*Allium fistulosum*	花白色	6～9月	0.5	2	49	98	秋天更换茼蒿
27	千日粉	苋科千日红属	*Gomphrena globosa*	花粉色	4～6月	0.3～0.4	6.14	25	154	夏季更换百日草，秋季更换鸡冠花
28	蓝花鼠尾草	唇形科鼠尾草属	*Salvia farinacea*	花蓝紫色	3～6月	1	0.25	16	4	
29	紫娇花	石蒜科紫娇花属	*Tulbaghia violacea*	花紫色	3～4月	0.3	6	25	150	
30	花叶芒	禾本科芒属	*Miscanthus sinensis*	叶有奶白色条纹，花序深粉色	观叶全年，观花10～11月	1.2	1.3	1	1	

花境植物更换表

序号	植物名称	科属	学名	花（叶、果）色	开花期及持续时间	长成高度（m）	种植面积（m^2）	种植密度（株/m^2）	株数（株）	备注
1	油菜	十字花科芸薹属	*Brassica rapa* var. *chinensis*	叶绿色，花黄色	4～5月	0.5	8	25	200	
2	高粱	禾本科高粱属	*Sorghum bicolor*	叶绿色，果红色	5～7月	2.5	1.9	9	18	
3	茼蒿	菊科茼蒿属	*Glebionis coronaria*	叶蓝绿色，花黄色	3～4月	0.6	2	25	50	
4	百日草	菊科百日菊属	*Zinnia elegans*	花明橙黄、粉、紫多色	2～11月	0.4	6.14	25	154	
5	鸡冠花	苋科青葙属	*Celosia cristata*	花紫红色	5～12月	0.3	6.14	25	154	

注：本表中所指观花、观果、观叶期是以湛江当地物候为准。

花开疫尽

深圳广信建设（集团）有限公司

李良　李德华　聂丽平　方彬　聂立刚　李剑

春季实景

夏季实景

秋季实景

设计说明

花开是美好的开始，疫尽是全人类的期望。在这特殊的时期，植物仍然以各种各样的色彩与形态奉献着自己。花境用金英、木春菊等黄色系植物隐喻外卖小哥，以月季、鼠尾草等白色、蓝色系植物隐喻医护人员，以及其他不同颜色形态的植物隐喻不同的人，感谢他们在这一场抗疫战争中的奉献。

设计阶段图纸

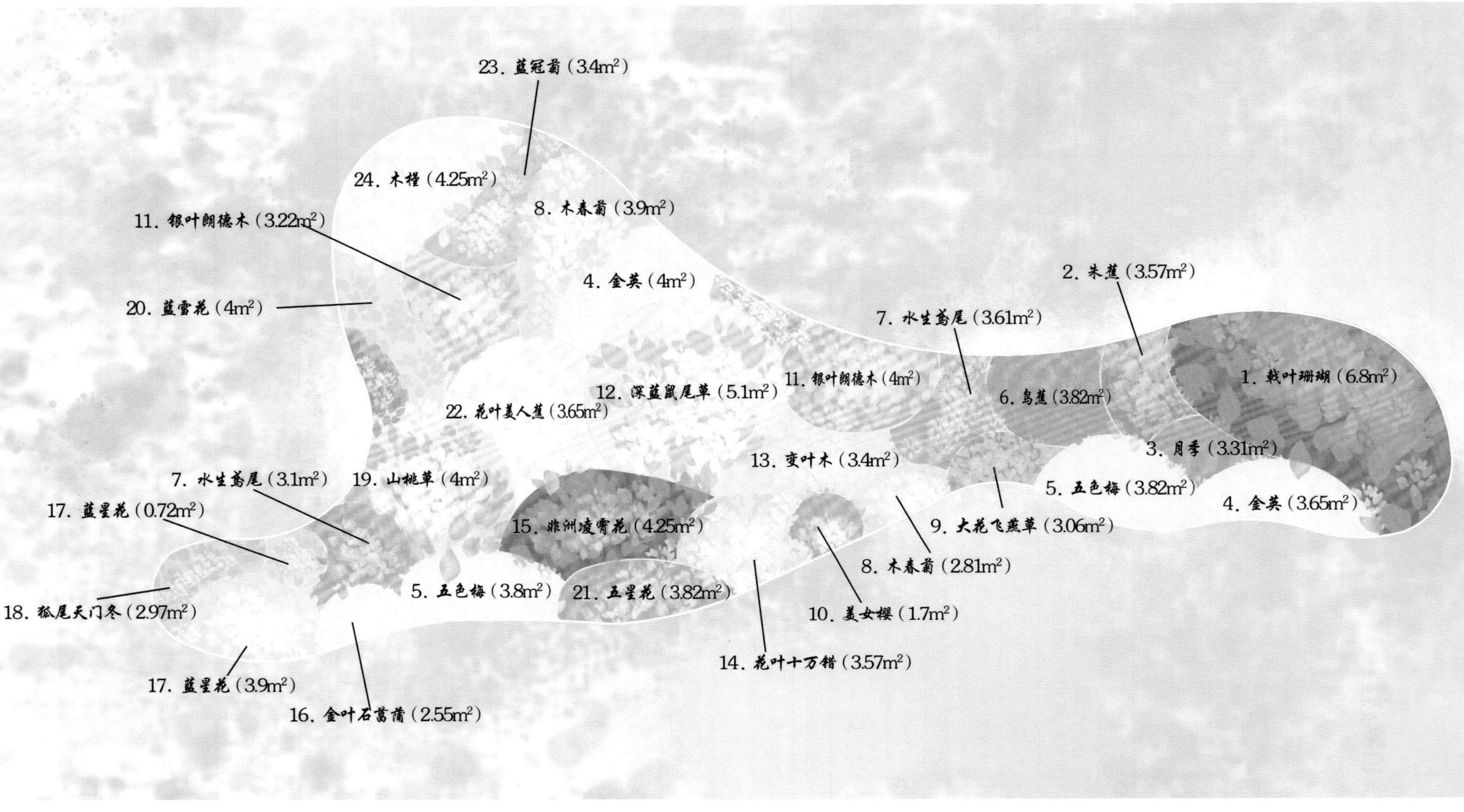
23. 蓝冠菊（3.4m²）
24. 木槿（4.25m²）
8. 木春菊（3.9m²）
11. 银叶朗德木（3.22m²）
4. 金英（4m²）
20. 蓝雪花（4m²）
2. 朱蕉（3.57m²）
7. 水生鸢尾（3.61m²）
1. 戟叶珊瑚（6.8m²）
11. 银叶朗德木（4m²）
6. 鸟蕉（3.82m²）
12. 深蓝鼠尾草（5.1m²）
22. 花叶美人蕉（3.65m²）
3. 月季（3.31m²）
13. 变叶木（3.4m²）
5. 五色梅（3.82m²）
4. 金英（3.65m²）
7. 水生鸢尾（3.1m²）
19. 山桃草（4m²）
17. 蓝星花（0.72m²）
15. 非洲凌霄花（4.25m²）
9. 大花飞燕草（3.06m²）
8. 木春菊（2.81m²）
5. 五色梅（3.8m²）
21. 五星花（3.82m²）
18. 狐尾天门冬（2.97m²）
10. 美女樱（1.7m²）
14. 花叶十万错（3.57m²）
17. 蓝星花（3.9m²）
16. 金叶石菖蒲（2.55m²）

花境植物材料

序号	名称	科属	学名	花（叶）色	开花期及持续时间	长成高度（cm）	种植面积（m^2）	种植密度（株/m^2）	株数（株）
1	戟叶珊瑚	大戟科麻风树属	*Jatropha integerrima*	叶红色	全年	100 ~ 150	6.8	1	7
2	朱蕉	龙舌兰科朱蕉属	*Cordyline fruticosa*	叶紫红色	11 月至翌年 3 月	60 ~ 80	3.57	16	57
3	月季	蔷薇科蔷薇属	*Rosa hybrida*	花淡粉色	4 ~ 9 月	40 ~ 60	3.31	25	83
4	金英	金虎尾科绒金英属	*Thryallis gracilis*	花黄色	8 ~ 9 月	40 ~ 60	7.65	16	122
5	五色梅	马鞭草科马缨丹属	*Lantana camara*	花黄色、白色	全年	60 ~ 80	7.62	2	15
6	鸟蕉（黄鸟蕉）	蝎尾蕉科蝎尾蕉属	*Heliconia subulata*	花橙色	2 ~ 10 月	70 ~ 90	3.82	16	61
7	水生鸢尾	鸢尾科鸢尾属	*Iris* cvs.	花蓝色	4 ~ 5 月	40 ~ 60	6.71	25	168
8	木春菊	菊科木茼蒿属	*Argyranthemum frutescens*	花黄色	2 ~ 10 月	30 ~ 50	6.71	25	168
9	大花飞燕草	毛茛科翠雀属	*Delphinium grandiflorum*	花淡紫色	5 ~ 10 月	60 ~ 80	3.06	16	49
10	美女樱	马鞭草科美女樱属	*Glandularia* × *hybrida*	花粉红色	5 ~ 11 月	20 ~ 30	1.7	25	43
11	银叶朗德木	茜草科郎德木属	*Rondeletia leucophylla*	花粉红色、绿色	全年	100 ~ 150	7.22	1	7
12	‘深蓝’鼠尾草	唇形科鼠尾草属	*Salvia guaranitica* ‘Black and Blue’	花深蓝色	4 ~ 12 月	80 ~ 110	5.1	25	128
13	变叶木	大戟科变叶木属	*Codiaeum variegatum*	花橙色	9 ~ 10 月	40 ~ 70	3.4	25	85
14	花叶十万错	爵床科十万错属	*Asystasia gangetica*	花白色、淡紫色	7 ~ 12 月	20 ~ 40	3.57	25	89
15	非洲凌霄花	紫葳科非洲凌霄属	*Podranea ricasoliana*	花淡粉色	4 ~ 11 月	40 ~ 70	4.25	9	38
16	金叶石菖蒲	菖蒲科菖蒲属	*Acorus gramineus* ‘Ogan’	叶绿色、黄色	全年	30 ~ 40	2.55	49	125
17	蓝星花	旋花科土丁桂属	*Evolvulus nuttallianus*	花深蓝色	全年	40 ~ 60	4.93	25	123
18	狐尾天门冬	天门冬科天门冬属	*Asparagus densiflorus* ‘Myersii’	叶深绿色	全年	30 ~ 45	2.97	25	74
19	山桃草	柳叶菜科月见草属	*Gaura lindheimeri*	花白色	5 ~ 9 月	40 ~ 60	4	25	100
20	蓝雪花	白花丹科蓝雪花属	*Ceratostigma plumbaginoides*	花蓝色	7 ~ 9 月	30 ~ 50	4	25	100
21	五星花	茜草科五星花属	*Pentas lanceolata*	花红色	全年	20 ~ 30	3.82	25	96
22	花叶美人蕉	美人蕉科美人蕉属	*Canna generalis* ‘Striatus’	叶淡绿色	6 ~ 10 月	60 ~ 80	3.65	16	58
23	蓝冠菊	菊科蓝冠菊属	*Centratherum punctatum*	花淡紫色	6 月至翌年 1 月	30 ~ 50	3.4	25	85
24	木槿	锦葵科木槿属	*Hibiscus syriacus*	花淡粉色	6 ~ 10 月	80 ~ 120	4.25	1	4

花境植物更换表

序号	名称	科属	学名	花（叶）色	开花期及持续时间	长成高度（cm）	种植面积（m^2）	种植密度（株/m^2）	株数（株）
1	深蓝鼠尾草换墨西哥鼠尾草	唇形科鼠尾草属	*Salvia leucantha*	花紫色	8 ~ 10 月	70 ~ 100	6.8	25	170
2	蓝冠菊换蓝金花	车前科蓝金花属	*Otacanthus azureus*	花淡紫色	全年	30 ~ 50	3.57	25	89

思源

苏州市众易思景观设计有限公司

何向东　朱惠忠

春季实景

设计说明

本作品以红色与金色为主色调，红色有红枫、红千层、红花檵木、红叶矾根、‘火焰’卫矛、‘火焰’南天竹等，金色有亮金女贞、金边胡颓子、‘金叶’矾根、千层金、‘金娃娃’萱草及‘金叶’薹草等。

空间构图方面，以锤子形的木桥与踏石组合，以及镰刀状的旱溪作为主结构，象征着我们的力量源泉。北侧的小汀步与木桥相接，并于木桥的两侧栽以诸多百子莲，象征了我党由星火之势到不断壮大的百年历程。

夏季实景

秋季实景

设计阶段图纸

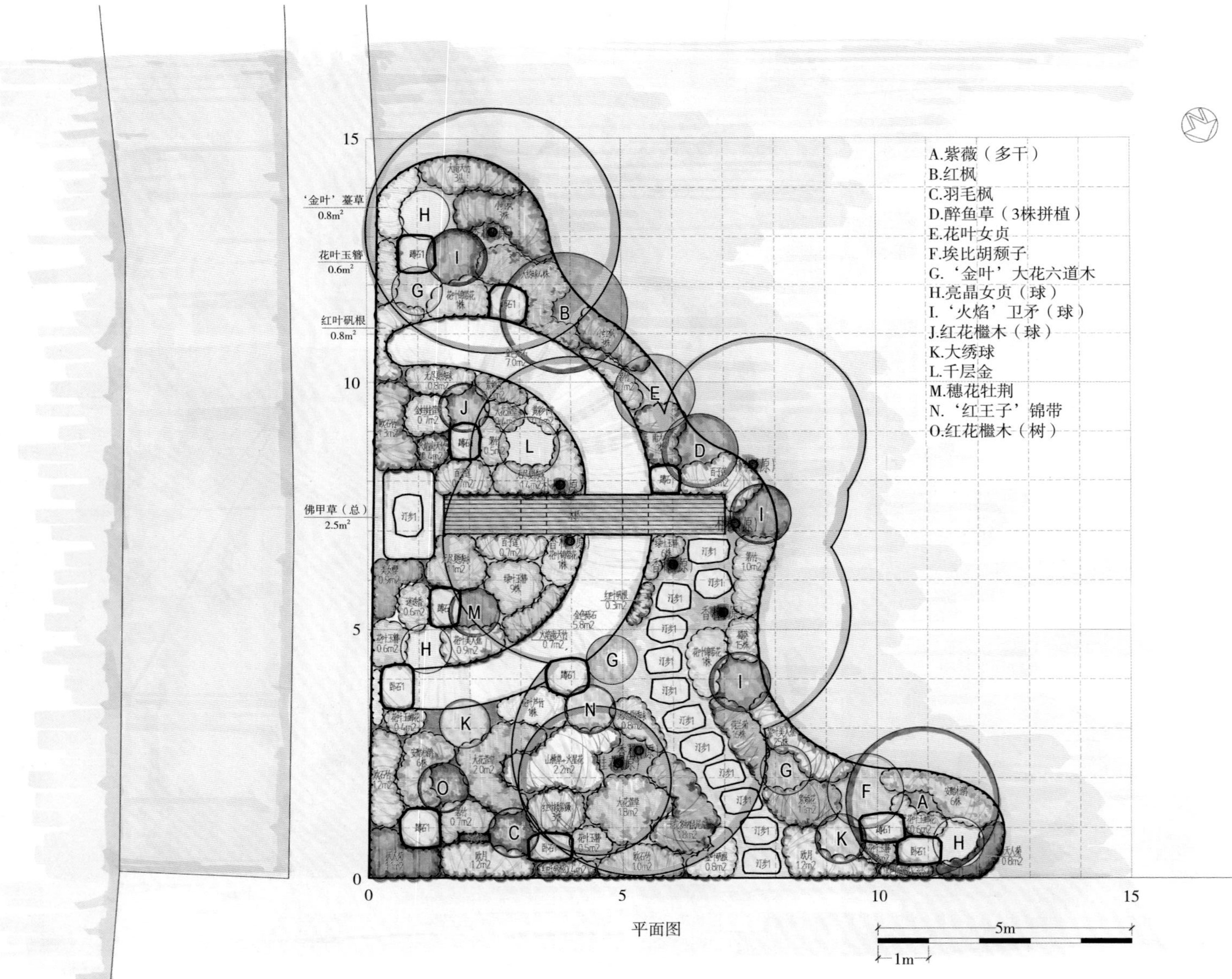
A.紫薇（多干）
B.红枫
C.羽毛枫
D.醉鱼草（3株拼植）
E.花叶女贞
F.埃比胡颓子
G.‘金叶’大花六道木
H.亮晶女贞（球）
I.‘火焰’卫矛（球）
J.红花檵木（球）
K.大绣球
L.千层金
M.穗花牡荆
N.‘红王子’锦带
O.红花檵木（树）
‘金叶’薹草 0.8m²
花叶玉簪 0.6m²
红叶矾根 0.8m²
佛甲草（总）2.5m²
0
5
10
15
5m
1m
平面图

花境植物材料

序号	名称	科属	学名	花（叶）色	开花期及持续时间	长成高度（cm）	株数（株）
1	紫薇（多干）	千屈菜科紫薇属	*Lagerstroemia indica*	粉紫花	6 ~ 9月	250 ~ 300	1
2	红枫	槭树科槭属	*Acer palmatum*	红叶		200 ~ 250	1
3	红花檵木（造型树）	金缕梅科檵木属	*Loropetalum chinense* var. *rubrum*	紫叶粉花	4 ~ 5月	180 ~ 200	1
4	花叶女贞	木樨科女贞属	*Ligustrum lucidum*	黄绿叶		180 ~ 200	1
5	穗花牡荆	马鞭草科牡荆属	*Vitex agnus-castus*	蓝紫花	7 ~ 8月	150 ~ 180	1
6	千层金	桃金娘科白千层属	*Melaleuca bracteata* 'Revolution Gold'	金叶		120 ~ 150	1
7	南天竹	小檗科南天竹属	*Nandina domestica*	棕红叶、白花红果	3 ~ 6月（果期5 ~ 11月）	100 ~ 120	4
8	'羽毛'枫	槭树科槭属	*Acer palmatum* 'Dissectum'	红叶		100 ~ 120	1
9	醉鱼草	马钱科醉鱼草属	*Buddleja lindleyana*	紫花	4 ~ 10月	100 ~ 120	1
10	'金叶'大花六道木	忍冬科六道木属	*Abelia* × *grandiflora* 'Francis Mason'	金叶、粉白花	6 ~ 11月	80 ~ 100	3
11	埃比胡颓子	胡颓子科胡颓子属	*Elaeagnus pungens*	金叶		120 ~ 150	1
12	红花檵木（球）	金缕梅科檵木属	*Loropetalum chinense* var. *rubrum*	紫叶粉花	4 ~ 5月	100 ~ 120	1
13	'火焰'卫矛（球）	卫矛科卫矛属	*Euonymus alatus* 'Compacta'	秋季绿叶转红		100 ~ 120	3
14	亮晶女贞（球）	木樨科女贞属	*Ligustrum* × *vicaryi*	金叶		100 ~ 120	3
15	大绣球	虎耳草科绣球属	*Hydrangea macrophylla*	蓝紫花	6 ~ 8月	80 ~ 100	4
16	'红王子'锦带	忍冬科锦带花属	*Weigela florida* 'Red Prince'	红花	5 ~ 9月	80 ~ 100	1
17	小红枫	槭树科槭属	*Acer palmatum*	红叶		80 ~ 100	6
18	'花叶'锦带花	忍冬科锦带花属	*Weigela florida* 'Variegata'	花叶、粉红花	4 ~ 5月	60 ~ 80	3
19	花叶芦竹	禾本科芦竹属	*Arundo donax* var. *versiocolor*	花叶		60 ~ 80	1
20	'无尽夏'绣球	虎耳草科绣球属	*Hydrangea macrophylla* 'Endless Summer'	蓝紫花	6 ~ 8月	60 ~ 80	20
21	安酷杜鹃	杜鹃花科杜鹃花属	*Rhododendron simsii*	红花	5 ~ 10月	50 ~ 60	12
22	'花叶'美人蕉	美人蕉科美人蕉属	*Canna generalis* 'Striatus'	花叶、橙红花	6 ~ 11月	80 ~ 100	20
23	蛇鞭菊	菊科蛇鞭菊属	*Liatris spicata*	粉紫花	7 ~ 8月	80 ~ 100	10
24	紫叶美人蕉	美人蕉科美人蕉属	*Canna warszewiczii*	紫叶、橙红花	7 ~ 10月	80 ~ 100	25
25	箬竹	禾本科箬竹属	*Indocalamus tessellatus*	绿叶		50 ~ 60	12
26	'火焰'南天竹	小檗科南天竹属	*Nandina domestica* 'Firepower'	棕红叶、白花红果	3 ~ 6月（果期5 ~ 11月）	40 ~ 50	20
27	蜀葵	锦葵科蜀葵属	*Alcea rosea*	红紫花	5 ~ 8月	120 ~ 150	15
28	彩叶草（红）	唇形科鞘蕊花属	*Coleus scutellarioides*	红叶		50 ~ 60	10
29	彩叶草（黄）	唇形科鞘蕊花属	*Coleus scutellarioides*	金叶		50 ~ 60	10
30	大花萱草	百合科萱草属	*Hemerocallis hybrida*	橙红花	5 ~ 10月	40 ~ 50	70
31	花叶玉蝉花	鸢尾科鸢尾属	*Iris ensata*	蓝紫花	5 ~ 7月	40 ~ 50	50
32	火星花	鸢尾科雄黄兰属	*Crocosmia crocosmiflora*	橙红花	6 ~ 8月	40 ~ 50	20
33	'卡拉多纳'鼠尾草	唇形科鼠尾草属	*Salvia japonica*	蓝紫花	6 ~ 9月	40 ~ 50	30
34	绿叶玉簪	百合科玉簪属	*Hosta plantaginea*	绿叶、白花	6 ~ 9月	40 ~ 50	15
35	迷迭香	唇形科迷迭香属	*Rosmarinus officinalis*	灰绿叶		40 ~ 50	10
36	山桃草	柳叶菜科山桃草属	*Gaura lindheimeri*	粉花	5 ~ 8月	40 ~ 50	50
37	百子莲	石蒜科百子莲属	*Agapanthus africanus*	蓝花	7 ~ 9月	30 ~ 40	40
38	荷兰菊	菊科联毛紫菀属	*Symphyotrichum novi-belgii*	蓝紫花	8 ~ 10月	30 ~ 40	20
39	花叶玉簪	百合科玉簪属	*Hosta undulata*	花叶、白花	6 ~ 9月	30 ~ 40	25
40	'金娃娃'萱草	百合科萱草属	*Hemerocallis fulva* 'Golden Doll'	黄花	6 ~ 9月	30 ~ 40	20
41	'金叶'薹草	莎草科薹草属	*Carex oshimensis* 'Evergold'	金叶		30 ~ 40	30
42	欧月	蔷薇科蔷薇属	*Rosa hybrida*	红紫花	4 ~ 9月	30 ~ 40	15
43	天人菊	菊科天人菊属	*Gaillardia pulchella*	金边红花	6 ~ 8月	30 ~ 40	60
44	紫娇花	石蒜科紫娇花属	*Tulbaghia violacea*	蓝紫花	5 ~ 7月	30 ~ 40	50
45	红叶矾根	虎耳草科矾根属	*Heuchera micrantha* cv.	红叶		25 ~ 30	70
46	金叶矾根	虎耳草科矾根属	*Heuchera micrantha* cv.	金叶		25 ~ 30	30
47	美女樱	马鞭草科美女樱属	*Glandularia* × *hybrida*	粉紫花	5 ~ 11月	20 ~ 30	50
48	欧石竹	石竹科石竹属	*Dianthus carthusianorum*	粉紫花	5 ~ 8月	20 ~ 30	120
49	金叶佛甲草	景天科景天属	*Sedum lineare*	金叶		15 ~ 20	200

阴山神韵

内蒙古呼和浩特市植物园

王建国　王东红　李爱珍　于红梅　张慧敏

春季实景

夏季实景

设计说明

本作品为岩石花境、旱溪花境与疏林草地相互融合的、具有本地特色的混合花境。正面步入花境，首先映入眼帘的是以阴山岩画为主景的岩石花境景观，用拟原生态的造景手法展现了内蒙古阴山岩画的自然景观。岩石花境的两侧以针叶树为主，以杜松、桧柏等姿态各异的常绿针叶树作为骨架和主体植物，紫叶李、稠李、枫树适量点缀，用以丰富色彩。以桧柏球、黄杨球、绣线菊、木香薷等小灌木和观赏草作为中层植物，以千屈菜、夏菊、山韭、蓍草、月季等多年生宿根乡土植物和少量一二年生花卉结合旱溪打造草原都市独特的旱溪花境景观。

秋季实景

设计阶段图纸

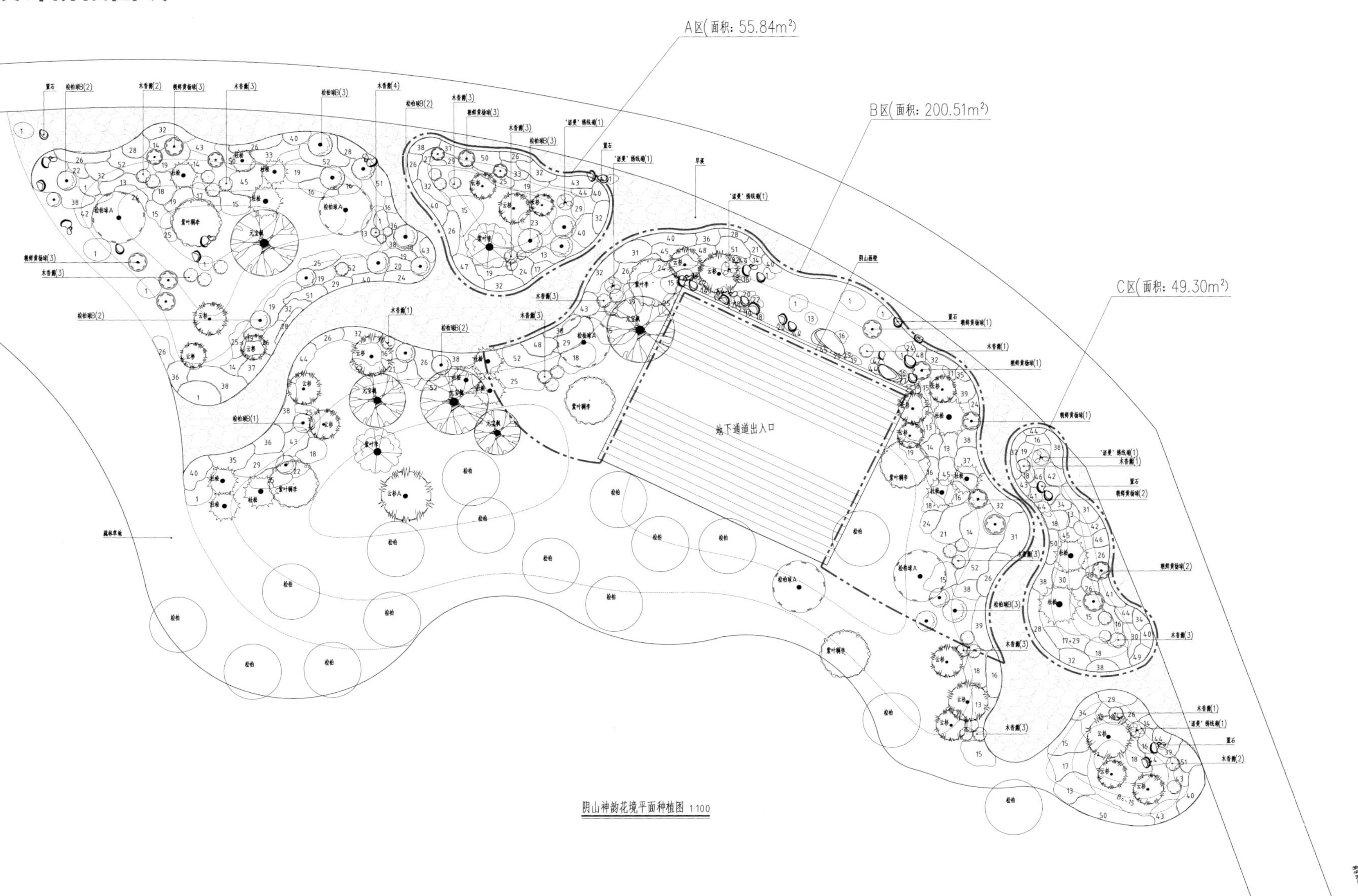
A区(面积: 55.84m²)
B区(面积: 200.51m²)
C区(面积: 49.30m²)
地下通道出入口
阴山神韵花境平面种植图 1:100

花境植物材料

序号	名称	科属	学名	花（叶）色	开花期及持续时间	长成高度	种植面积（m^2）	种植密度（株/m^2）	株数
1	偃柏	柏科圆柏属	*Sabina chinensis* var. *sargentii*	叶绿色	全年	H0.8 ~ 1.0m	丛植	每丛 3 ~ 5	22
2	桧柏	柏科刺柏属	*Juniperus chinensis*	叶绿色	全年	H2.5 ~ 3.0m	孤植		1
3	云杉	松科云杉属	*Picea asperata*	叶蓝绿色	全年	H1.8 ~ 2.2m	孤植		8
4	杜松	柏科刺柏属	*Juniperus rigida*	叶绿色	全年	H1.5 ~ 2.0m	孤植		6
5	桧柏（球）A	柏科刺柏属	*Juniperus chinensis*	叶绿色	全年	H2.0 ~ 2.5m D2.5m	孤植		2
6	桧柏（球）B	柏科刺柏属	*Juniperus chinensis*	叶绿色	全年	H1.0 ~ 1.2m D1.0m	孤植		6
7	丛生紫叶李	蔷薇科李属	*Prunus cerasifera* f. *atropurpurea*	叶紫红色	5 ~ 11 月	H4 ~ 5m	孤植		2
8	丛生紫叶稠李	蔷薇科稠李属	*Padus virginiana* 'Canada Red'	叶紫红色	5 ~ 11 月	H4 ~ 5m	孤植		2
9	丛生元宝枫	槭树科槭属	*Acer truncatum*	秋叶红色	7 ~ 11 月	H4 ~ 5m	孤植		1
10	木香薷	唇形科香薷属	*Elsholtzia stauntoni*	花紫色	7 ~ 10 月	H1.0 ~ 1.2m	孤植		19
11	'诺曼'绣线菊	蔷薇科绣线菊属	*Spiraea salicifolia* 'Norman'	花粉白色	6 ~ 8 月	H0.8 ~ 1.0m	孤植		4
12	朝鲜黄杨（球）	黄杨科黄杨属	*Buxus sinica* var. *koreana*	叶黄绿色	全年	H0.8 ~ 1.0m D0.8m	孤植		10
13	柳枝稷	禾本科黍属	*Panicum virgatum*	叶绿色	5 ~ 11 月	H1.0 ~ 1.5m	3	6	18
14	'花叶'芒	禾本科芒属	*Miscanthus sinensis* 'Variegatus'	叶绿色白条纹	5 ~ 11 月	H0.5 ~ 1.0m	1	5	5
15	'纤序'芒	禾本科芒属	*Miscanthus sinensis* 'Xianxu'	叶绿色	5 ~ 11 月	H1.0 ~ 2.0m	4	6	24
16	'斑叶'芒	禾本科芒属	*Miscanthus sinensis* 'Zebrinus'	叶绿色黄斑	5 ~ 11 月	H0.5 ~ 1.0m	2	5	10
17	'卡尔'拂子茅	禾本科拂子茅属	*Calamagrostis acutiflora* 'Karl Foerster'	叶绿色	7 ~ 11 月	H0.5 ~ 1.0m	3	6	18
18	'雪绒'狼尾草	禾本科狼尾草属	*Pennisetum alopecuroides* 'Karley Rose'	花白色	7 ~ 10 月	H0.6 ~ 0.7m	4	6	24
19	'小兔子'狼尾草	禾本科狼尾草属	*Pennisetum alopecuroides* 'Little Bunny'	花白色	7 ~ 10 月	H0.4 ~ 0.6m	3	9	27
20	蓝羊茅	禾本科羊茅属	*Festuca glauca*	叶蓝色	5 ~ 11 月	H0.3m	1	20	20
21	蓝滨麦	禾本科滨麦属	*Leymus condensatus*	叶蓝绿色	5 ~ 11 月	H0.5 ~ 0.8m	2.5	9	22
22	玉带草	禾本科虉草属	*Phalaris arundinacea* var. *picta*	叶绿色白条纹	5 ~ 11 月	H0.4 ~ 0.6m	孤植	1	1
23	'紫叶'狼尾草	禾本科狼尾草属	*Pennisetum alopecuroides* 'Rubrum'	叶紫红色	7 ~ 10 月	H0.8m	2	9	18
24	蛇鞭菊	菊科蛇鞭菊属	*Liatris spicata*	花粉色	7 ~ 9 月	H0.5 ~ 1.0m	1	20	20
25	蛇鞭菊	菊科蛇鞭菊属	*Liatris spicata*	花白色	7 ~ 9 月	H1.0 ~ 1.5m	2.5	16	40
26	穗花婆婆纳	玄参科婆婆纳属	*Veronica spicata*	花粉色	7 ~ 9 月	H0.2 ~ 0.5m	2	25	50
27	木贼	木贼科木贼属	*Equisetum hyemale*	叶绿色	5 ~ 11 月	H0.5 ~ 1.0m	孤植	1	2
28	荷兰菊	菊科联毛紫菀属	*Symphyotrichum novi-belgii*	花深紫色	8 ~ 10 月	H0.3 ~ 0.6m	1.5	20	30
29	火炬花	百合科火把莲属	*Kniphofia uvaria*	花橙黄色	7 ~ 10 月	H0.8 ~ 1.2m	3	16	48
30	'紫叶'山桃草	柳叶菜科山桃草属	*Gaura lindheimeri* 'Crimson Bunny'	花粉色	5 ~ 11 月	H0.8 ~ 1.2m	2	16	32
31	松果菊	菊科松果菊属	*Echinacea purpurea*	花杂色	7 ~ 10 月	H0.5 ~ 1.0m	3.5	16	56
32	美国薄荷	唇形科美国薄荷属	*Monarda didyma*	花红色	7 ~ 9 月	H0.3 ~ 0.5m	6	16	96
33	柳叶马鞭草	马鞭草科马鞭草属	*Verbena bonariensis*	花紫色	5 ~ 9 月	H0.3 ~ 0.5m	1	25	25
34	千屈菜	千屈菜科千屈菜属	*Lythrum salicaria*	花粉红色	7 ~ 9 月	H1.0 ~ 1.5m	1.5	16	24
35	长尾婆婆纳	玄参科婆婆纳属	*Veronica longifolia*	花紫色	6 ~ 9 月	H0.4 ~ 0.8m	0.5	20	10
36	剪秋罗	石竹科剪秋罗属	*Lychnis fulgens*	花红色	6 ~ 8 月	H0.4 ~ 0.8m	1	25	25
37	翠菊	菊科翠菊属	*Callistephus chinensis*	花深粉色	5 ~ 10 月	H0.3 ~ 0.6m	1.5	25	38
38	夏菊	菊科菊属	*Chrysanthemum morifolium*	花粉、白色	6 ~ 9 月	H0.3 ~ 0.6m	4.5	20	90
39	月季	蔷薇科蔷薇属	*Rosa hybrida*	花粉色	5 ~ 9 月	H1.0 ~ 1.5m	2	20	40
40	欧石竹	石竹科石竹属	*Dianthus carthusianorum*	花粉色	6 ~ 10 月	H0.15 ~ 0.2m	2	25	50
41	山韭	百合科葱属	*Allium senescens*	花淡粉色	7 ~ 9 月	H0.3 ~ 0.6m	1	25	25
42	千叶蓍	菊科蓍属	*Achillea millefolium*	观叶，花白色	7 ~ 9 月	H0.2 ~ 0.6m	1.5	20	30
43	绵毛水苏	唇形科水苏属	*Stachys lanata*	叶灰白，花紫红色	7 ~ 9 月	H0.3 ~ 0.6m	2	20	40
44	狐尾天门冬	百合科天门冬属	*Asparagus densiflorus* 'Myersii'	叶绿色	5 ~ 10 月	H0.3 ~ 0.6m	孤植、丛植		15
45	千日红	苋科千日红属	*Gomphrena globosa*	花红色	6 ~ 9 月	H0.2 ~ 0.6m	2.5	25	62
46	金叶佛甲草	景天科景天属	*Sedum lineare*	花黄绿色	5 ~ 6 月	H0.1 ~ 0.2m	1	36	36
47	金鸡菊	菊科金鸡菊属	*Coreopsis basalis*	花黄色	7 ~ 9 月	H0.3 ~ 0.6m	1	25	25
48	百日草	菊科百日菊属	*Zinnia elegans*	花粉色、红色	6 ~ 10 月	H0.3 ~ 0.6m	2	25	50
49	彩叶草	唇形科鞘蕊花属	*Coleus scutellarioides*	叶紫红色	7 ~ 9 月	H0.3 ~ 0.6m	1	25	25
50	彩叶草	唇形科鞘蕊花属	*Coleus scutellarioides*	叶黄绿色	7 ~ 9 月	H0.3 ~ 0.6m	1.5	25	38
51	羽状鸡冠花	苋科青葙属	*Celosia cristata*	花红色	7 ~ 10 月	H0.2 ~ 0.4m	1	25	25
52	超级串红	唇形科鼠尾草属	*Salvia splendens*	花红色	7 ~ 10 月	H0.5 ~ 1.0m	2	9	18
53	草坪			叶绿色	5 ~ 11 月				

注：因呼和浩特地区无霜期短，正常情况下也要在 5 月中旬开始花卉的种植，此花境是在 8 月 3 日开始营建，因此无须植物更换。H：株高；D：冠径。

与自然共舞

华艺生态园林股份有限公司

潘会玲　倪德田　刘慧　付卫礼　荀海东　代传好

春季实景

夏季实景

设计说明

本作品以自然为背景，三面弧形“镜面”+ 绿岛（陆地）为主景，绿岛与陆地之间用沙砾来表现河流与海洋。

色彩斑斓的花境植物的应用，形成了富有节奏、韵律、对比与变化的花境景观效果。尤其是一些新优品种的应用，更增加了植物间互相融合的美感，犹如一幅野趣的风景画。花境与背景高大翠绿的乔木，灵秀飘逸的花灌木相得益彰，引领生态健康新生活，完美诠释了“与自然共舞”的主题。

秋季实景

设计阶段图纸

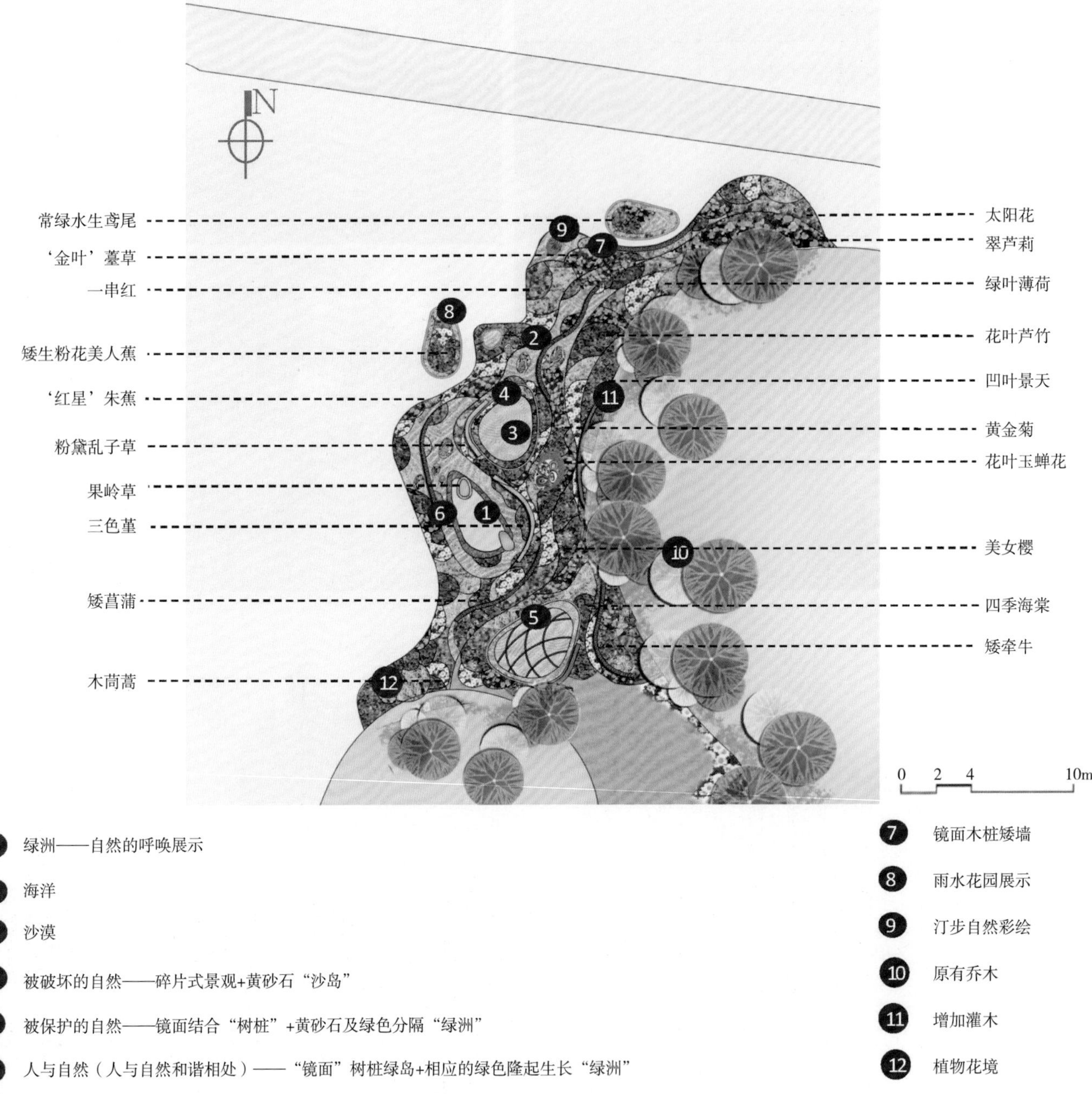

1 绿洲——自然的呼唤展示

2 海洋

3 沙漠

4 被破坏的自然——碎片式景观+黄砂石"沙岛"

5 被保护的自然——镜面结合"树桩"+黄砂石及绿色分隔"绿洲"

6 人与自然（人与自然和谐相处）——"镜面"树桩绿岛+相应的绿色隆起生长"绿洲"

7 镜面木桩矮墙

8 雨水花园展示

9 汀步自然彩绘

10 原有乔木

11 增加灌木

12 植物花境

花境植物材料

序号	名称	科属	学名	花（叶）色	开花期及持续时间	长成高度（cm）	种植面积（m^2）	种植密度（株/m^2）	株数
1	万寿菊	菊科万寿菊属	*Tagetes erecta*	花黄、金黄、橙色	7 ~ 9 月	30 ~ 40	11.6	49	568
2	木茼蒿	菊科木茼蒿属	*Argyranthemum frutescens*	花黄、白色	周年开花，盛花期 2 ~ 4 月	高达 100	4.9	9	44
3	一串红	唇形科鼠尾草属	*Salvia splendens*	花红、黄色	6 ~ 9 月	高达 90	16.6	36	600
4	凹叶景天	景天科景天属	*Sedum emarginatum*	花黄色	5 ~ 6 月	10 ~ 15	16.8	36	605
5	丛生福禄考	花荵科天蓝绣球属	*Phlox subulata*	花粉、红、紫、蓝色	3 ~ 4 月	10 ~ 15	5.4	25	135
6	‘金叶’薹草	莎草科薹草属	*Carex oshimensis* ‘Evergold’	叶金黄色	四季	50 ~ 60	7.8	20	156
7	钓钟柳	玄参科钓钟柳属	*Penstemon campanulatus*	花红、蓝、紫、粉色	5 ~ 6 月或 7 ~ 10 月	15 ~ 45	12.7	9	115
8	矾根	虎耳草科矾根属	*Heuchera micrantha*	花红色	4 ~ 10 月	30 ~ 45	13.1	16	210
9	‘红星’朱蕉	龙舌兰科朱蕉属	*Cordyline australis* ‘Red Star’	叶红褐色	四季	50 ~ 100	6.9	4	28
10	矮牵牛	茄科矮牵牛属	*Petunia hybrida*	花粉、紫、红色	4 ~ 12 月	20 ~ 45	11.4	49	559
11	‘墨西哥’鼠尾草	唇形科鼠尾草属	*Salvia leucantha*	花紫红色	10 ~ 11 月	40 ~ 60	9.6	49	471
12	银叶菊	菊科疆千里光属	*Jacobaea cineraria*	花紫红色	6 ~ 9 月	50 ~ 60	8.6	9	78
13	薄荷	唇形科薄荷属	*Mentha canadensis*	花白色，叶具香气	7 ~ 9 月	30 ~ 40	10.9	16	174
14	‘小兔子’狼尾草	禾本科狼尾草属	*Pennisetum alopecuroides* ‘Little Bunny’	花黄、白色	7 ~ 11 月	30 ~ 120	7.1	9	64
15	‘细叶’芒	禾本科芒属	*Miscanthus sinensis* ‘Gracillimus’	花白色	9 ~ 10 月	80 ~ 110	9.5	9	86
16	太阳花	马齿苋科马齿苋属	*Portulaca grandiflora*	花大红、深红、紫红、淡黄、深黄色	5 ~ 11 月	10 ~ 15	11.4	49	560
17	‘银霜’女贞	木樨科女贞属	*Ligustrum japonicum* ‘Jack Frost’	花白色	5 ~ 6 月	60 ~ 80	8.2	16	130
18	美女樱	马鞭草科美女樱属	*Glandularia* × *hybrida*	花粉色、红色、复色	5 ~ 11 月	10 ~ 30	14.3	36	515
19	‘彩叶’络石	夹竹桃科络石属	*Trachelospermum jasminoides* ‘Flame’	红、粉红、纯白叶与斑叶和绿叶组成的色彩群	四季	L20 ~ 60	8.5	49	415
20	黄金菊	菊科黄蓉菊属	*Euryops pectinatus*	花黄色	4 ~ 11 月	40 ~ 50	10.9	16	175
21	四季秋海棠	秋海棠科秋海棠属	*Begonia semperflorens*	花红、粉红、紫、黄色	10 月至翌年 4 月	15 ~ 30	12.5	36	450
22	花叶芦竹	禾本科芦竹属	*Arundo donax* var. *versicolor*	叶白色	9 ~ 10 月	150 ~ 200	18.3	4	73
23	日本矮麦冬	天门冬科沿阶草属	*Ophiopogon japonicus*	叶墨绿色	常绿	5 ~ 10	4.8	81	390
24	‘黄金’香柳	桃金娘科桃金娘属	*Melaleuca bracteata*	叶金黄色	常绿	40 ~ 50	8.6	9	77
25	翠菊	菊科翠菊属	*Callistephus chinensis*	花蓝色、黄色或淡蓝紫色	5 ~ 10 月	15 ~ 100	11.1	25	278
26	粉黛乱子草	禾本科乱子草属	*Muhlenbergia hugelii*	花粉红色	7 ~ 9 月	70 ~ 90	1	16	16
27	‘金边阔叶’麦冬	百合科山麦冬属	*Liriope muscari* ‘Variegata’	花红紫色	8 ~ 9 月	30	7.9	36	285
28	‘金叶’石菖蒲	天南星科菖蒲属	*Acorus gramineus* ‘Ogan’	叶绿色有金边	4 ~ 5 月	30 ~ 40	12	16	192
29	荷兰菊	菊科联毛紫菀属	*Symphyotrichum novi-belgii*	花蓝、紫、玫红色	8 ~ 10 月	50 ~ 100	8.2	36	295
30	‘矮’蒲苇	禾本科蒲苇属	*Cortaderia selloana* ‘Pumila’	花银白色	9 ~ 10 月	120	17.7	4	70

（续）

序号	名称	科属	学名	花（叶）色	开花期及持续时间	长成高度（cm）	种植面积（m^2）	种植密度（株 /m^2）	株数
31	‘常绿水生’鸢尾	鸢尾科鸢尾属	*Iris hexagonus*	花紫红、深蓝色	5 ~ 6 月	20 ~ 25	4.9	25	123
32	三色堇	堇菜科堇菜属	*Viola tricolor*	花紫、黄色	11 月至翌年 3 月	10 ~ 40	11.9	81	964
33	水果蓝	唇形科香科科属	*Teucrium fruticans*	叶蓝灰色	常绿	40 ~ 50	9.7	9	87
34	‘花叶’玉簪	百合科玉簪属	*Hosta undulata*	花蓝紫色	7 月下旬至 8 月中旬	20 ~ 40	13.2	25	330
35	‘花叶’玉蝉花	鸢尾科鸢尾属	*Iris ensata* ‘Variegata’	花深紫色、蓝色	6 ~ 7 月		4.7	30	141
36	‘矮生粉花’美人蕉	美人蕉科美人蕉属	*Canna glauca*	花红、粉红色	7 ~ 10 月	50 ~ 80	6.7	9	60
37	矮生紫薇	千屈菜科紫薇属	*Lagerstroemia indica* ‘Summer’	花紫、粉红色	6 ~ 9 月	50	5.9	25	148
38	翠芦莉	爵床科单药花属	*Ruellia simplex*	花蓝、紫色	3 ~ 10 月	50	8.1	36	292
39	大叶栀子花	茜草科栀子属	*Gardenia jasminoides* var. *grandiflora*	花白色	4 ~ 6 月	120	7		7
40	‘金叶大花’六道木	忍冬科六道木属	*Abelia biflora* cv.	花粉白色	5 ~ 10 月	100	11		11
41	红枫	槭树科槭树属	*Acer palmatum* ‘Atropurpureum’	叶红色	3 ~ 10 月（观叶）	250 ~ 300	1		1
42	鸡爪槭	槭树科槭树属	*Acer palmatum*	叶绿色，秋红色	3 ~ 10 月（观叶）	200 ~ 250	1		1
43	果岭草	禾本科狗牙根属	*Cynodon dactylon*				13		

花境植物更换表

序号	原品种	更换品种	科属	学名	花（叶）色	开花期及持续时间	长成高度（cm）	种植面积（m^2）	种植密度（株 /m^2）	株数
11 月中下旬苗木更换计划表										
1	孔雀草、荷兰菊	金盏菊	菊科金盏菊属	*Calendula officinalis*	舌状花金黄或橘黄色，筒状花，黄色或褐色	2 ~ 5 月	30 ~ 50	20	49	980
2	翠菊、太阳花、美女樱	‘羽衣’甘蓝	十字花科芸薹属	*Brassica oleracea* var. *acephala* f. *tricolor*	叶紫红、灰绿、蓝、黄	1 ~ 3 月	10 ~ 15	36.8	49	1800
3	矮牵牛	角堇	堇菜科堇菜属	*Viola cornuta*	花红、白、黄、紫、蓝色	12 月至翌年 4 月	20 ~ 30	11.4	49	560
4	一串红、黄金菊	二月蓝	十字花科诸葛菜属	*Orychophragmus violaceus*	花紫色、浅红色或褪成白色	4 ~ 5 月	30 ~ 50	27.5	36	990
4 月中下旬苗木更换计划表										
1	角堇	矮牵牛	茄科矮牵牛属	*Petunia hybrida*	花粉、紫、红色	4 ~ 12 月	20 ~ 45	11.4	49	559
2	‘羽衣’甘蓝	太阳花	马齿苋科马齿苋属	*Portulaca grandiflora*	花大红、深红、紫红、淡黄、深黄色	5 ~ 11 月	10 ~ 15	11.4	49	560
3		美女樱	马鞭草科美女樱属	*Glandularia* × *hybrida*	花粉色、红色、复色	5 ~ 11 月	10 ~ 30	14.3	36	515
4		翠菊	菊科翠菊属	*Callistephus chinensis*	花蓝色、黄色或淡蓝紫色	5 ~ 10 月	15 ~ 100	11.1	25	278
5	二月蓝	黄金菊	菊科黄蓉菊属	*Euryops pectinatus*	花黄色	4 ~ 11 月	40 ~ 50	10.9	16	175
6		‘桑蓓斯’凤仙花	凤仙花科凤仙花属	*Impatiens* ‘Sunpatiens’	花橙色、紫红色、淡粉色	5 ~ 11 月（霜降以前）	60	16.6	30	498
7	金盏菊	‘重瓣’金鸡菊	菊科金鸡菊属	*Coreopsis lanceolata*	花金黄色	5 ~ 10 月	25 ~ 45	11.6	16	189
8		荷兰菊	菊科联毛紫菀属	*Symphyotrichum novi-belgii*	花蓝、紫、玫红色	8 ~ 10 月	50 ~ 100	8.2	36	295

大美晋城·康养胜地

晋城市园林绿化服务中心

陈昭君　牛伟静　邓维明　李鹏江

春季实景

夏季实景

设计说明

该作品以“乡村田园康养”为主题，注重田园、自然和乡村的结合，再加上现代审美，倡导以乡村、田园为生活空间，回归自然、修身养性、度假休闲的康养度假方式。

本作品为分隔式花境，选用本地生长良好的植物为主基调，因地制宜，经过各类型空间的组合，让人产生认同感、亲切感，居于其中能感受到浓厚的人文气息。努力使花境不再只是形式的表现，而是成为寄托情感的场所，引导人们步入其中，体会乡村田园式康养的乐趣。

秋季实景

设计阶段图纸

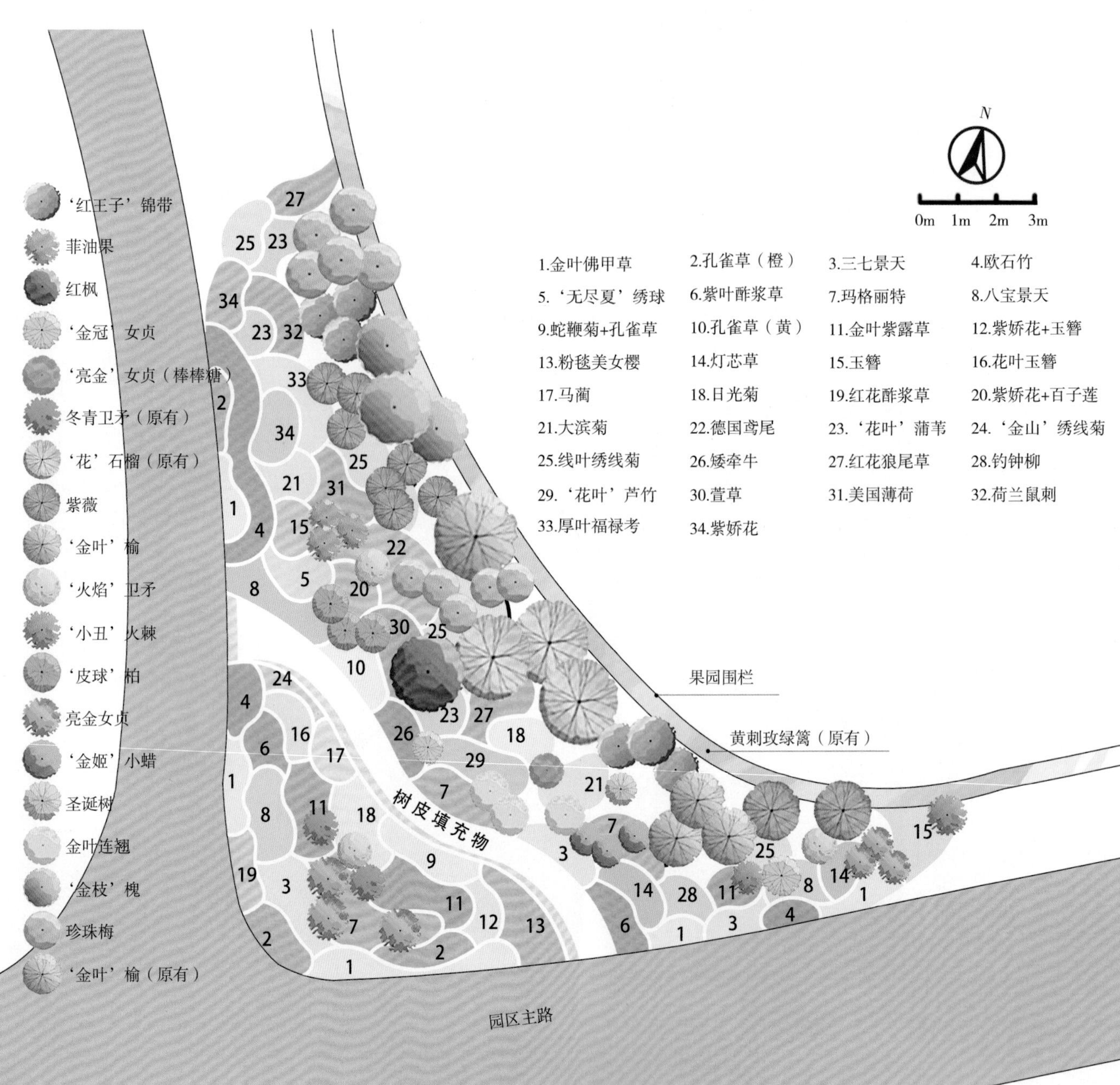

‘红王子’锦带
菲油果
红枫
‘金冠’女贞
‘亮金’女贞（棒棒糖）
冬青卫矛（原有）
‘花’石榴（原有）
紫薇
‘金叶’榆
‘火焰’卫矛
‘小丑’火棘
‘皮球’柏
亮金女贞
‘金姬’小蜡
圣诞树
金叶连翘
‘金枝’槐
珍珠梅
‘金叶’榆（原有）
N
0m 1m 2m 3m
1.金叶佛甲草
2.孔雀草（橙）
3.三七景天
4.欧石竹
5.‘无尽夏’绣球
6.紫叶酢浆草
7.玛格丽特
8.八宝景天
9.蛇鞭菊+孔雀草
10.孔雀草（黄）
11.金叶紫露草
12.紫娇花+玉簪
13.粉毯美女樱
14.灯芯草
15.玉簪
16.花叶玉簪
17.马蔺
18.日光菊
19.红花酢浆草
20.紫娇花+百子莲
21.大滨菊
22.德国鸢尾
23.‘花叶’蒲苇
24.‘金山’绣线菊
25.线叶绣线菊
26.矮牵牛
27.红花狼尾草
28.钓钟柳
29.‘花叶’芦竹
30.萱草
31.美国薄荷
32.荷兰鼠刺
33.厚叶福禄考
34.紫娇花
果园围栏
黄刺玫绿篱（原有）
树皮填充物
园区主路

花境植物材料

序号	名称	科属	学名	花（叶）色	开花期及持续时间	长成高度（cm）	种植面积（m^2）	种植密度（株 /m^2）	株数（株）
1	‘红王子’锦带	忍冬科锦带花属	*Weigela florida* ‘Red Prince’	花红色	4 ~ 6 月	150	6	1	6
2	菲油果	桃金娘科菲油果属	*Feijoa sellowiana*	叶深绿色	四季	120	1.5	2	3
3	‘金姬’小蜡	木樨科女贞属	*Ligustrum sinense* ‘Jinji’	叶心绿色，叶缘金黄色	春夏秋	110	1.5	2	3
4	‘皮球’柏	柏科刺柏属	*Juniperus chinensis* ‘Globosa’	叶绿色	四季	60	1.5	2	3
5	红枫	槭树科槭属	*Acer palmatum* ‘Atropurpureum’	叶红色	春夏秋	250 ~ 300	1	1	1
6	‘金冠’女贞	木樨科女贞属	*Ligustrum lucidum* cv.	叶金黄色	春夏秋	80	1	2	2
7	亮金女贞	木樨科女贞属	*Ligustrium* × *vicaryi*	叶金黄色	春夏秋	60	3	2	6
8	亮金女贞（棒棒糖）	木樨科女贞属	*Ligustrium* × *vicaryi*	叶金黄色	春夏秋	170	0.5	2	1
9	圣诞树	松科云杉属	*Picea asperata*	叶绿色	四季	120	1	1	1
10	‘金叶’连翘	木樨科连翘属	*Forsythia koreana* ‘Sun Gold’	叶金黄色	3 ~ 4 月	100	1.5	2	3
11	‘金枝’槐	豆科槐属	*Sophora japonica* ‘Winter Gold’	叶金黄色	春夏秋	250 ~ 300	3	1	3
12	珍珠梅	蔷薇科珍珠梅属	*Sorbaria sorbifolia*	花白色	6 ~ 8 月	150	10	1	10
13	冬青卫矛	卫矛科卫矛属	*Euonymus japonicus*	叶绿色	四季	90	1	2	2
14	‘花’石榴	石榴科石榴属	*Punica granatum* ‘Nana Sweet’	花橙红色	5 ~ 10 月	200 ~ 230	3	1	3
15	紫薇	千屈菜科紫薇属	*Lagerstroemia indica*	花玫红色	6 ~ 9 月	180	9	1	9
16	‘金叶’榆	榆科榆属	*Ulmus pumila* ‘Jinye’	叶金黄色	春夏秋	300	4	1	4
17	‘火焰’卫矛	卫矛科卫矛属	*Euonymus alatus* ‘Compacta’	叶春夏绿色，秋火焰红色	春夏秋	130	3	1	3
18	‘小丑’火棘	蔷薇科火棘属	*Pyracantha fortuneana* ‘Harlequin’	叶花白色	四季	100	2	1	2
19	荷兰鼠刺	鼠刺科鼠刺属	*Itea chinensis*	花白色	4 ~ 5 月	100	2.0	2	4
20	百子莲	石蒜科百子莲属	*Agapanthus africanus*	花紫色	7 ~ 8 月	80	1.0	16	16
21	紫娇花	石蒜科紫娇花属	*Tulbaghia violacea*	花紫色	5 ~ 10 月	70	2.5	25	63
22	红花狼尾草	禾本科狼尾草属	*Pennisetum alopecuroides*	花淡紫色	8 ~ 10 月	80	4.5	10	45
23	马蔺	鸢尾科鸢尾属	*Iris lactea*	花浅蓝色	5 ~ 6 月	60	1.5	16	24
24	玉簪	百合科玉簪属	*Hosta plantaginea*	叶绿色，花白色	春夏秋	50	6.0	5	30
25	萱草	百合科萱草属	*Hemerocallis fulva*	橙色	5 ~ 7 月	70	3.0	20	60
26	矮牵牛	茄科碧冬茄属	*Petunia hybrida* ‘Vilmorin’	粉色	4 ~ 10 月	25	2.0	60	120
27	欧石竹	石竹科石竹属	*Dianthus carthusianorum*	花粉色	4 ~ 6 月	15	7.5	64	479
28	金叶佛甲草	景天科景天属	*Sedum lineare*	叶金黄色	春夏秋	15	7.5	64	480
29	玛格丽特	菊科木茼蒿属	*Argyranthemum frutescens*	花粉色	4 ~ 10 月	40	10.0	16	160
30	紫叶酢浆草	酢浆草科酢浆草属	*Oxalis triangularis*	叶深紫红色	春夏秋	25	3.0	64	192
31	红花酢浆草	酢浆草科酢浆草属	*Oxalis corymbosa*	花淡粉色	4 ~ 10 月	25	1.5	64	96
32	粉毯美女樱	马鞭草科美女樱属	*Glandularia* × *hybrida*	花粉红色	4 ~ 10 月	25	3.0	49	147
33	钓钟柳	玄参科钓钟柳属	*Penstemon campanulatus*	花粉白色	4 ~ 6 月	60	1.5	25	38

（续）

序号	名称	科属	学名	花（叶）色	开花期及持续时间	长成高度（cm）	种植面积（m^2）	种植密度（株/m^2）	株数（株）
34	‘花叶’芦竹	禾本科芦竹属	*Arundo donax* ‘Versicolor’	叶银绿色	春夏秋	50	2.5	49	123
35	德国鸢尾	鸢尾科鸢尾属	*Iris germanica*	花蓝紫色	4 ~ 6 月	90	4.0	9	36
36	大滨菊	菊科滨菊属	*Leucanthemum maximum*	花白色	6 ~ 9 月	100	4.0	16	64
37	厚叶福禄考	花荵科天蓝绣球属	*Phlox* ‘Carolina’	花蓝色	6 ~ 9 月	40	2.5	12	30
38	金叶紫露草	鸭跖草科紫露草属	*Tradescantia ohiensis*	花蓝紫色	4 ~ 9 月	50	7.0	20	140
39	线叶绣线菊	蔷薇科绣线菊属	*Spiraea thunbergii*	花白色	3 ~ 4 月	130	10.0	2	20
40	‘金山’绣线菊	蔷薇科绣线菊属	*Spiraea* × *bumalda* ‘Gold Mound’	花粉色	5 ~ 6 月	40	1.0	3	3
41	三七景天	景天科景天属	*Sedum spetabiles*	花黄色	6 ~ 8 月	30	6.0	6	36
42	八宝景天	景天科八宝属	*Hylotelephium erythrostictum*	花粉色	6 ~ 8 月	40	7.0	5	35
43	灯芯草	灯芯草科灯芯草属	*Juncus effusus*	叶绿色	春夏秋	55	3.5	25	88
44	‘无尽夏’绣球	虎耳草科绣球属	*Hydrangea macrophylla* ‘Endless Summer’	花蓝紫色	5 ~ 9 月	60	1.5	5	8
45	‘花叶’蒲苇	禾本科蒲苇属	*Cortaderia selloana* ‘Silver Comet’	叶带金边	春夏秋	130	4.5	5	23
46	美国薄荷	唇形科美国薄荷属	*Monarda didyma*	花淡紫红色	7 ~ 8 月	110	2.5	16	40
47	日光菊	菊科赛菊芋属	*Heliopsis helianthoides*	花黄色	6 ~ 9 月	140	3.0	10	30
48	花叶玉簪	百合科玉簪属	*Hosta undulata*	叶有黄色条斑，花蓝紫色	春夏秋	35	1.5	6	9
49	孔雀草	菊科万寿菊属	*Tagetes patula*	花橙色	4 ~ 9 月	25	4.5	60	270
50	孔雀草	菊科万寿菊属	*Tagetes patula*	花黄色	4 ~ 9 月	25	3.0	60	180
51	蛇鞭菊	菊科蛇鞭菊属	*Liatris spicatai*	紫色	紫色	110	1.0	25	25

花境植物更换表

序号	名称	科属	学名	花（叶）色	开花期及持续时间	长成高度（cm）	种植面积（m^2）	种植密度（株/m^2）	株数（株）
1	松果菊	菊科松果菊属	*Echinacea purpurea*	花紫色、白色等混色	7 ~ 10 月	50	1	16	16
2	彩叶草	唇形科鞘蕊花属	*Plectranthus scutellarioides*	叶红色	春夏秋	60	1.2	25	30
3	四季海棠	秋海棠科秋海棠属	*Begonia semperflorens*	花红色	夏、秋	50	1	25	25
4	孔雀草	菊科万寿菊属	*Tagetes patula*	花橙色、黄色	4 ~ 10 月	25	2	49	98
5	粉毯美女樱	马鞭草科美女樱属	*Galandularia* × *hybrida* cv.	花粉红色	4 ~ 10 月	25	2.5	49	122.5
6	假龙头花	唇形科假龙头花属	*Physostegia virginiana*	花粉紫色	8 ~ 10 月	80	1	25	25
7	荷兰菊	菊科联毛紫菀属	*Symphyotrichum novi-belgii*	花紫色	8 ~ 10 月	40	3.5	16	56
8	萱草	百合科萱草属	*Hemerocallis fulva*	花橙色	5 ~ 7 月	50	3	25	75
9	一串蓝	唇形科鼠尾草属	*Salvia farinacea*	花蓝色	7 ~ 10 月	80	2.5	25	63
10	美女樱	马鞭草科美女樱属	*Galandularia* × *hybrida*	花粉色	4 ~ 10 月	25	2	49	98

月照花林

岭南师范学院　湛江市寸金桥公园管理处

王子凡　李海峰　张颖芳　姚锦涛　张文斌

春季实景

设计说明

该花境位于滨湖湿地公园的半月广场入口处，花境轮廓为半月形。因此我们定义此花境的主题为“月照花林”。立意源自张若虚的《春江花月夜》中：江流宛转绕芳甸，月照花林皆似霰。花境运用大量白色和冷色调小花象征霰，白色蜿蜒的道路象征江流，在呼应花境区位环境的同时，让花境更有诗意。

早春，花旗木浅粉色花朵温柔绽放，在树下一不小心，就和春天的浪漫撞个满怀。紧接着，鸟尾花、射干的橙色开始发力，和蓝紫色的蓝花鼠尾草形成鲜明的对比。

夏季，以蓝花鼠尾草和白花翠芦莉为主调，给大地降温。黄鸟蕉花亭亭玉立，百子莲宛如蓝色烟花，一起谱写夏日的明丽与轻快。

入秋后，糖胶树绿白色花球簇拥在枝头，粉蝴蝶和香彩雀花点缀在蓝白花境间，鸟蕉依然盛放，给寂静的秋天增添了几分活力。

花境中的植物大多数都是多年生的，可作长期观赏。

夏季实景

秋季实景

设计阶段图纸

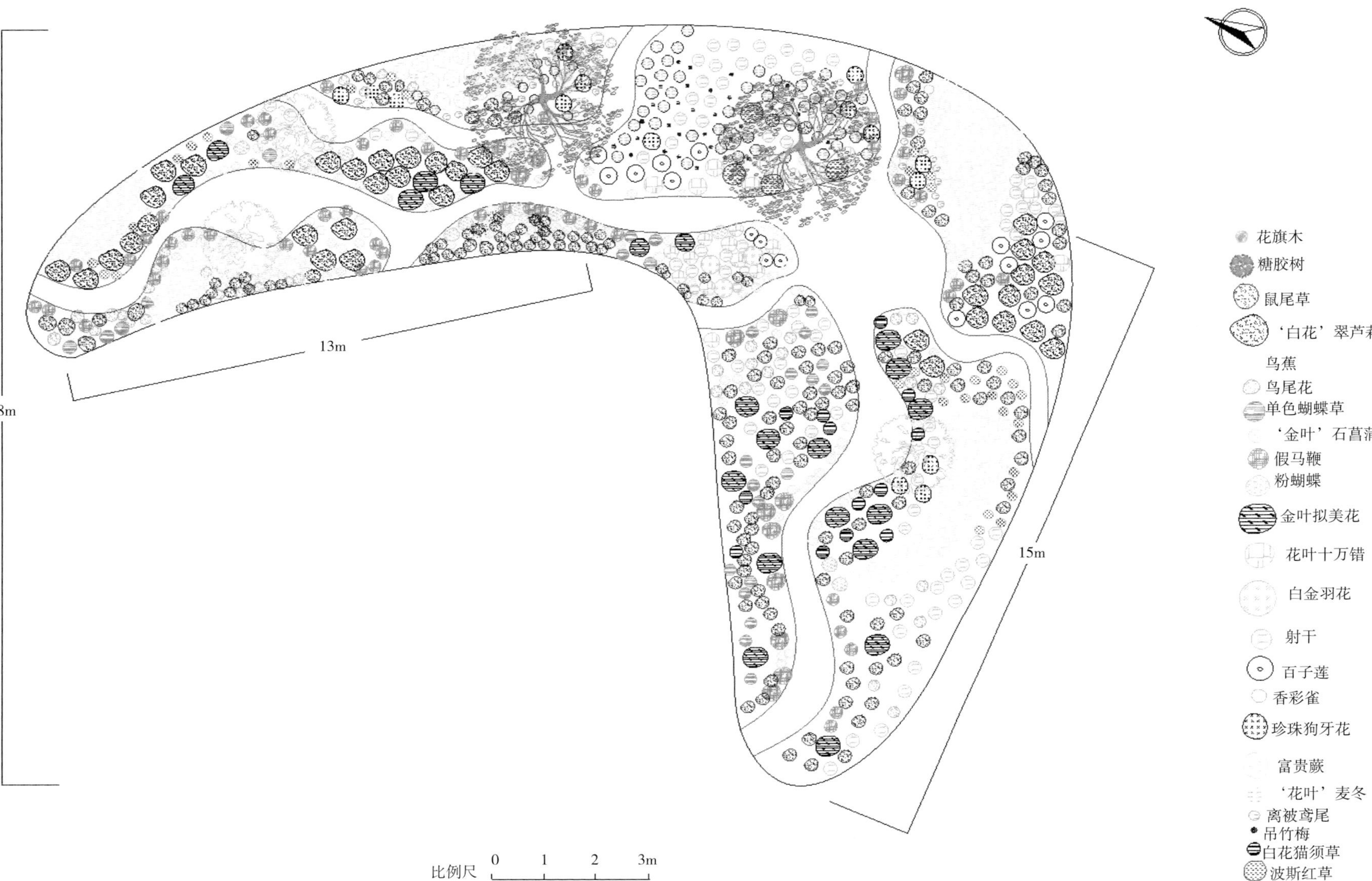

18m
13m
15m
比例尺 0 1 2 3m
花旗木
糖胶树
鼠尾草
'白花'翠芦莉
鸟蕉
鸟尾花
单色蝴蝶草
'金叶'石菖蒲
假马鞭
粉蝴蝶
金叶拟美花
花叶十万错
白金羽花
射干
百子莲
香彩雀
珍珠狗牙花
富贵蕨
'花叶'麦冬
离被鸢尾
吊竹梅
白花猫须草
波斯红草
网球花

花境植物材料

苗木名称	科属	学名	花（叶）色	开花（观叶）期	长成高度（cm）	种植面积（m²）	种植密度（株/m²）	株数	更换情况
‘金叶’石菖蒲	菖蒲科菖蒲属	*Acorus gramineus* ‘Ogon’	叶柠檬黄色	1 ~ 12月	30 ~ 40	5	20	100	无
鸟尾花	爵床科十字爵床属	*Crossandra infundibuliformis*	花橙红色	2 ~ 11月	20 ~ 60	2.7	16	44	无
射干	鸢尾科射干属	*Belamcanda chinensis*	花橙色	3 ~ 12月	60 ~ 80	4	25	100	无
网球花	石蒜科网球花属	*Scadoxus multiflorus*	花红色	5月	35 ~ 40	3	16	40	无
假马鞭	马鞭草科假马鞭属	*Stachytarpheta jamaicensis*	花蓝紫色	1 ~ 12月	80 ~ 100	9.2	12	110	无
‘花叶’麦冬	百合科沿阶草属	*Ophiopogon jaburan* ‘Vittatus’	叶黄绿色	1 ~ 12月	20 ~ 40	5.8	36	200	无
吊竹梅	鸭跖草科吊竹梅	*Tradescantia zebrina*	叶面紫绿色，叶背紫红色	1 ~ 12月	15 ~ 20	4	16	60	无
‘白花’翠芦莉	爵床科单药花属	*Ruellia simplex* ‘Mayan White’	花白色	3 ~ 10月	60 ~ 80	14.8	4	60	无
花旗木	豆科决明属	*Cassia bakeriana*	花粉红、粉白色	2 ~ 4月	400 ~ 500	3	1	3	无
粉蝴蝶	唇形科锥花莸属	*Pseudocaryopteris bicolor*	花粉色	4 ~ 6月	100 ~ 150	5	4	20	无
非洲鸢尾	鸢尾科离被鸢尾属	*Dietes iridioides*	花白色、紫色	3 ~ 8月	35 ~ 45	4.1	9	40	无
富贵蕨	乌毛蕨科乌毛蕨属	*Blechnum gibbum*	叶绿色	1 ~ 12月	60 ~ 100	2.3	9	20	无
金叶拟美花	爵床科钩粉草属	*Pseuderanthemum carruthersii*	白色花，黄绿色叶子	3 ~ 8月	80 ~ 100	7.8	4	30	无
白金羽花	爵床科芒羽花属	*Schaueria calytricha*	黄色苞片，白色小花	1 ~ 12月	50 ~ 60	0.78	4	3	无
花叶十万错	爵床科十万错属	*Asystasia gangetica*	叶黄绿色花斑，花粉紫色	6 ~ 8月	30 ~ 35	7.9	9	70	无
珍珠狗牙花	夹竹桃科山辣椒属	*Tabernaemontana divaricata* ‘Dwarf’	花白色	3 ~ 12月	80 ~ 100	4.8	3	15	无
超级蓝花鼠尾草	唇形科鼠尾草属	*Salvia farinacea*	花蓝紫色	2 ~ 6月	30 ~ 50	13.8	16	220	无
百子莲	石蒜科百子莲属	*Agapanthus praecox*	花浅蓝色	4 ~ 5月	50 ~ 70	1.4	16	20	无
单色蝴蝶草	玄参科蝴蝶草属	*Torenia concolor*	花蓝紫色	2 ~ 12月	15 ~ 25	2.3	25	50	无
香彩雀	玄参科香彩雀属	*Angelonia angustifolia*	花紫粉色	2 ~ 10月	30 ~ 70	1.7	25	40	无
花叶猫须草	唇形科鸡脚参属	*Orthosiphon aristatus*	叶黄绿色花斑，花白色	1 ~ 12月	100 ~ ~ 150	2.7	9	30	无
小鸟蕉	旅人蕉科赫蕉属	*Heliconia latispatha*	花橙色	2 ~ 10月	80 ~ 90	23.7	9	220	无

秘境花榭

晋城市园林绿化管护事务中心

郭涛　李雅莉　陈昭君

春季实景

设计说明

“秘境花榭”花境是以开花灌木和宿根花卉为主的混合花境，色彩为多色配色，呈现丰富的色彩效果。花境主色系为紫色，局部采用近似色或对比色的色彩方案，如醉鱼草、柳叶马鞭草、王朝石竹和细叶美女樱的近似色处理，深蓝鼠尾草和堆心菊的对比色处理。利用叶色相近、叶形不同的植物来丰富花境的层次，如蓝叶忍冬、灯芯草和蓝叶玉簪。

花境边缘植物多为一二年生草花，颜色较为亮丽，秋季时更换为暗红色的彩叶草和红色的四季秋海棠，搭配着麻叶泽兰、荷兰菊、黑心金光菊等菊科植物，使得秋日也变得更加热烈。

我们希望混合花境能给北方的园林带来更丰富的色彩，能让更多人享受花境之美！

夏季实景

秋季实景

设计阶段图纸

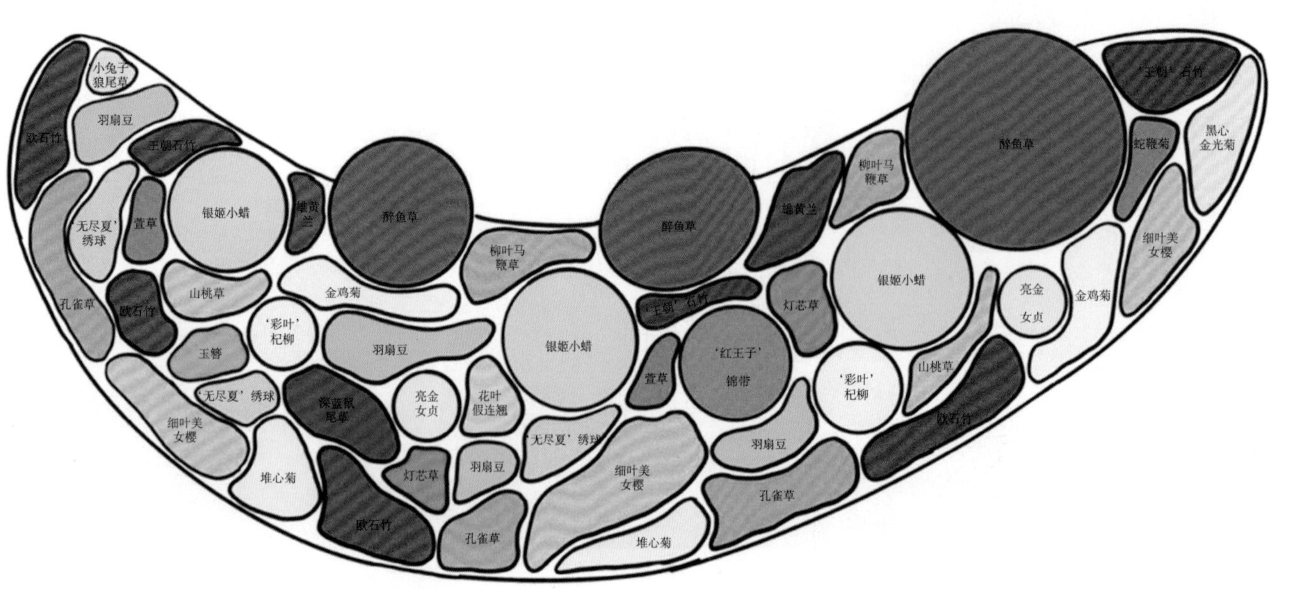

1 号平面图

0m 1m 2m 3m

N

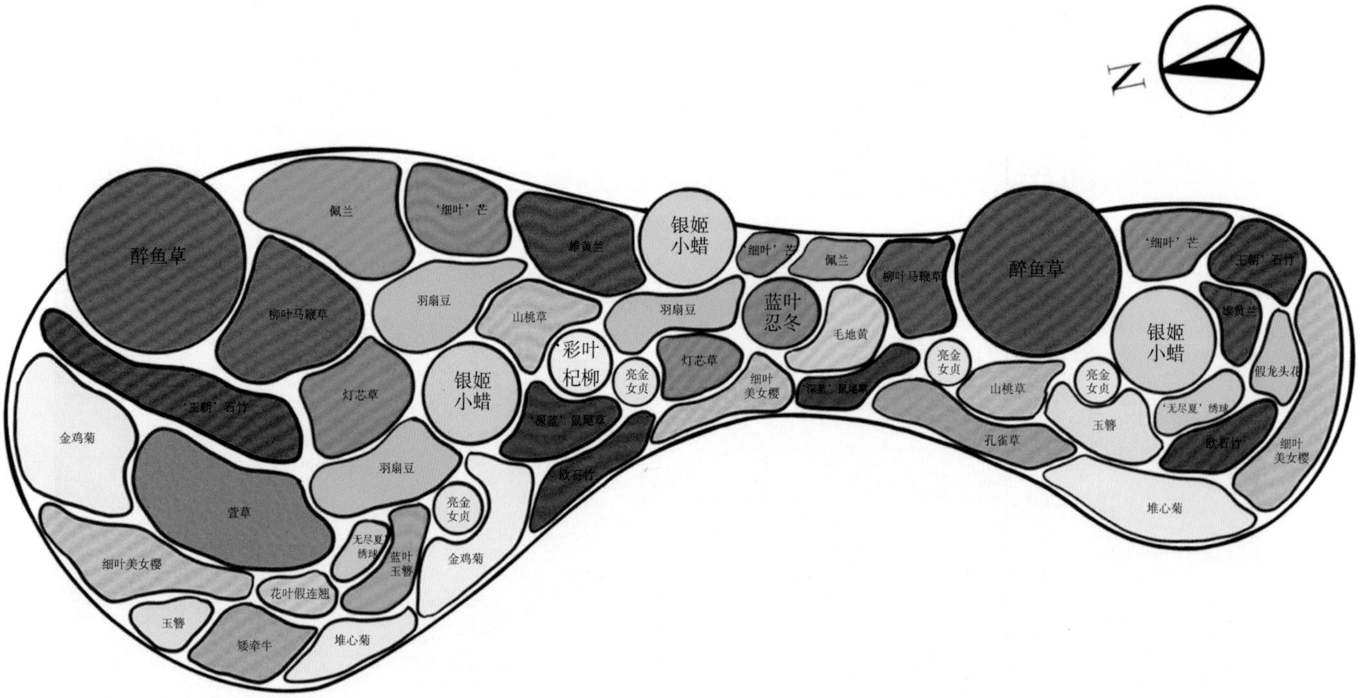

2 号平面图

0m 1m 2m 3m

花境植物材料

名称	科属	学名	花（叶）色	开花期及持续时间	长成高度（cm）	种植面积（m^2）	种植密度（株/m^2）	株数（株）
醉鱼草	马钱科醉鱼草属	*Buddleja lindleyana*	花紫色	6～10月	220	19	15	15
银姬小蜡	木樨科女贞属	*Ligustrum sinense* 'Variegatum'	叶银绿色	春夏秋	130	9	6	6
'彩叶'杞柳	杨柳科柳属	*Salix integra* 'Hakuro Nishiki'	叶子有乳白和粉色斑块	春夏秋	110	1.5	3	3
亮金女贞	木樨科女贞属	*Ligustrium* × *vicaryi*	叶金黄色	春夏秋	80	2	6	6
'红王子'锦带	忍冬科锦带花属	*Weigela florida* 'Red Prince'	花红色	4～6月	120	1	3	3
蓝叶忍冬	忍冬科忍冬属	*Lonicera korolkowii*	花红色	4～5月	125	1	3	3
柳叶马鞭草	马鞭草科马鞭草属	*Verbena bonariensis*	花紫色	6～8月	130	5	9	45
山桃草	柳叶菜科山桃草属	*Gaura lindheimeri*	花粉色	4～8月	60	3	16	48
雄黄兰	鸢尾科雄黄兰属	*Crocosmia crocosmiflora*	花橙红色	6～8月	110	3	16	48
佩兰	菊科泽兰属	*Eupatorium fortunei*	花紫红色	7～10月	100	3	16	48
'王朝'石竹	石竹科石竹属	*Dianthus chinensis* cv.	花紫红色	4～6月	65	4.5	16	72
'深蓝'鼠尾草	唇形科鼠尾草属	*Salvia guaranitica* 'Black and Blue'	花蓝紫色	5～9月	60	3.5	16	56
萱草	百合科萱草属	*Hemerocallis fulva*	花橙色	5～7月	60	5	16	80
玉簪	百合科玉簪属	*Hosta plantaginea*	叶有黄色条斑，花蓝紫色	春夏秋	40	2	16	32
蓝叶玉簪	百合科玉簪属	*Hosta tokudama*	叶蓝绿色	春夏秋	40	1	16	16
羽扇豆	豆科羽扇豆属	*Lupinus micranthus*	花蓝紫色	5～6月	60	6	16	96
'细叶'芒	禾本科芒属	*Miscanthus sinensis* 'Gracillimus'	叶绿色	春夏秋	110	3.5	16	56
灯芯草	灯芯草科灯芯草属	*Juncus effusus*	叶绿色	春夏秋	60	3.5	16	56
'无尽夏'绣球	虎耳草科绣球属	*Hydrangea macrophylla* 'Endless Summer'	花蓝紫色	5～9月	60	2	5	10
蛇鞭菊	菊科蛇鞭菊属	*Liatris spicatai*	花紫色	紫色	80	1	16	16
假龙头花	唇形科假龙头花属	*Physostegia virginiana*	花淡紫色	7～9月	50	1	16	16
毛地黄	玄参科毛地黄属	*Digitalis purpurea*	花淡紫色	4～5月	60	1	16	16
金鸡菊	菊科金鸡菊属	*Coreopsis drummondii*	花黄色	5～9月	80	6	25	150
矮牵牛	茄科碧冬茄属	*Petunia hybrida* 'Vilmorin'	花粉色	4～10月	35	1.5	64	96
孔雀草	菊科万寿菊属	*Tagetes patula*	花橙色	4～9月	25	5	64	320
堆心菊	菊科堆心菊属	*Heleniun bigelovii*	花黄色	4～10月	35	5	64	320
细叶美女樱	马鞭草科美女樱属	*Galandularia tenera*	花粉紫色	4～10月	35	8	49	392
欧石竹	石竹科石竹属	*Dianthus carthusianorum*	花粉色	4～6月	35	5	25	125
黑心金光菊	菊科金光菊属	*Rudbeckia hirta*	花黄色	5～10月	60	1	16	16

花境植物更换表

名称	科属	学名	花（叶）色	开花期及持续时间	长成高度（cm）	种植面积（m^2）	种植密度（株/m^2）	株数（株）
紫松果菊	菊科松果菊属	*Echinacea purpurea*	花紫色、粉色、橙色等混色	7～10月	35	6	16	96
荷兰菊	菊科联毛紫菀属	*Symphyotrichum novi-belgii*	花紫色	9～10月	35	2	16	32
孔雀草	菊科万寿菊属	*Tagetes patula*	花橙色	4～10月	25	4	64	256
矾根	虎耳草科矾根属	*Heuchera micrantha*	花红色	春夏秋	20	1	25	25
四季秋海棠	秋海棠科秋海棠属	*Begonia cucullata* var. *hookeri*	花红色	4～10月	20	2	25	50
彩叶草	唇形科鞘蕊花属	*Plectranthus scutellarioides*	花暗红色	春夏秋	40	2.5	16	40

飞花月令

北京草源生态园林工程有限公司

赵建宝　李富强　刘晔　刘海波　周康　邵佳明

春季实景

设计说明

创意源自《春江花月夜》之“江流宛转绕芳甸”。

地块近方形，借旱溪宛转将地块划分成三大区块而成花甸，也表达崇明岛之形。

植物应用上，选取灌木、观赏草及植株较高的花卉形成高点骨架，以组团、点跳及流线等手法布局，整体高低错落。色彩上以红、黄、蓝为花境主色调。以旱溪为界，前景蓝、粉白色系，明朗而清爽；后景蓝紫、黄色，优雅而亮丽；旱溪边点植竖线条及红色植物，热烈而奔放。

夏季实景

秋季实景

设计阶段图纸

图号	名称	图号	名称
8	‘蓝剑’柏	264	橙花糙苏
32	‘银霜’女贞	272	‘圆点’庭菖蒲
60	‘黄金’香柳	274	‘金叶’石菖蒲
78	‘金叶’风箱果	277	木贼
85	穗花牡荆	278	赤胫散
90	‘冰生’溲疏	283	莨力花
101	天目琼花	287	福禄考
126	大吴风草	302	芳香万寿菊
132	‘陌路行者’过路黄	303	大麻叶泽兰
136	‘玫红’筋骨草	310	‘花叶’蒲苇
139	百子莲	315	‘红公’鸡毫草
182	墨西哥鼠尾草	316	‘螺旋’灯芯草
186	天蓝鼠尾草	321	‘埃弗里斯特’薹草
187	红花鼠尾草	326	‘紫叶’狼尾草
190	‘蓝霸’鼠尾草	335	‘矢羽’芒
196	火星花	336	‘玲珑’芒
197	‘紫韵’钓钟柳	339	‘大布尼’狼尾草
159	‘秘密’毛地黄钓钟柳	357	‘QIS’千日红
217	‘金色风暴’金光菊	461	蓝雪花
220	‘盛情’松果菊	a	鬼吹箫
223	蒲棒菊	b	地榆
225	‘亚利桑那’天人菊	c	高山刺芹
248	马利筋（粉、橙）	d	‘海伦娜’堆心菊
253	翠芦莉	e	禾叶大戟
254	穗花婆婆纳	f	‘花豹’斑叶山柳菊
257	柳叶马鞭草	g	柳叶白菀
261	‘烟花’千鸟花	h	皱叶一枝黄花
		i	败酱

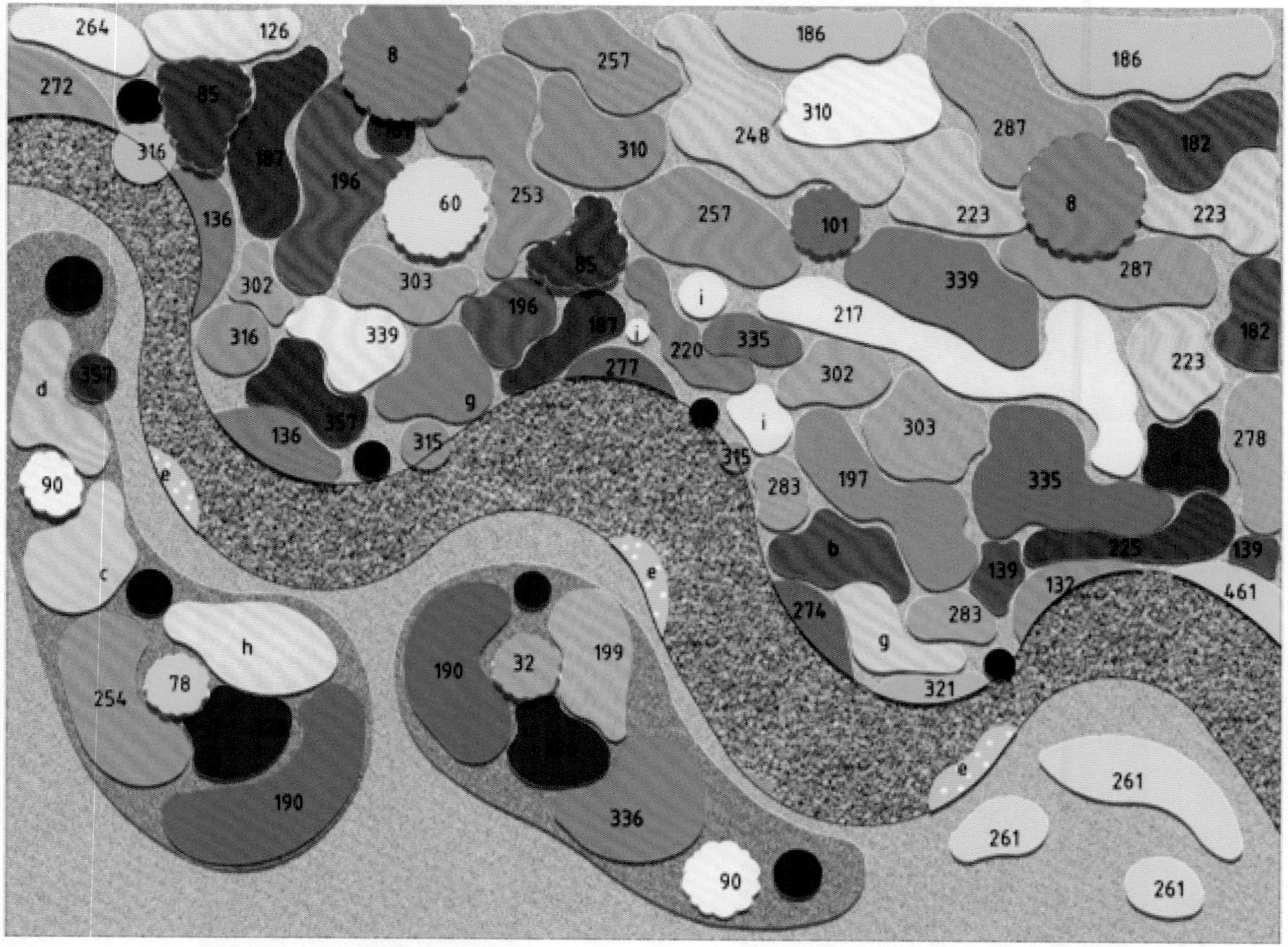

花境植物材料

序号	名称	科属	学名	花色、叶色	开花期及持续时间	长成高度（cm）	种植面积（m^2）	种植密度（株 /m^2）	株数（株）
1	‘蓝剑’柏	柏科刺柏属	*Juniperus chinensis* ‘Blue Arrow’	叶霜蓝色	—	130 ~ 150	1.1	3	3
2	‘银霜’女贞	木樨科女贞属	*Ligustrum japonicum* ‘Jack Frost’	叶金黄色斑块	—	120 ~ 130	0.5	2	1
3	‘黄金’香柳	桃金娘科白千层属	*Melaleuca bracteata* ‘Revolution Gold’	全株金黄色	—	130 ~ 150	0.3	3	1
4	‘金叶’风箱果	蔷薇科风箱果属	*Physocarpus opulifolius* ‘Luteus’	金叶，白花	—	130 ~ 150	1.2	3	3
5	穗花牡荆	马鞭草科牡荆属	*Vitex agnuscastus*	绿色叶，花蓝紫色	6 ~ 9 月	80 ~ 100	0.9	9	9
6	‘冰生’溲疏	虎耳草科溲疏属	*Deutzia scabra* ‘Nikko’	叶绿色，花白花	5 ~ 6 月	40 ~ 60	1.1	9	9
7	天目琼花	忍冬科荚蒾属	*Viburnum sargentii*	花大白色	8 ~ 10 月	130 ~ 150	1.5	4	6
8	大吴风草	菊科大吴风草属	*Farfugium japonicum*	叶深绿色	6 ~ 9 月	30 ~ 50	0.3	16	5
9	‘陌路行者’过路黄	报春花科珍珠菜属	*Lysimachia nummularia* ‘Aurea’	叶黄色	观叶	10	1.2	16	18
10	‘玫红’筋骨草	唇形科筋骨草属	*Ajuga ciliata* ‘Rosea’	叶玫红色	5 ~ 6 月	10	3	16	48
11	百子莲	石蒜科百子莲属	*Agapanthus africanus*	花蓝色或白色	6 ~ 7 月	60 ~ 80	0.5	16	8
12	败酱	败酱科败酱属	*Patrinia scabiosaefolia*	花黄色	8 ~ 10 月	60 ~ 80	0.3	25	8
13	墨西哥鼠尾草	唇形科鼠尾草属	*Salvia leucantha*	花紫色	9 ~ 10 月	50 ~ 60	2	9	18
14	天蓝鼠尾草	唇形科鼠尾草属	*Salvia uliginosa*	花蓝色	8 ~ 10 月	80 ~ 100	1.6	16	25
15	红花鼠尾草	唇形科鼠尾草属	*Salvia coccinea*	花红色	7 ~ 10 月	30 ~ 40	1.2	16	18
16	‘蓝霸’鼠尾草	唇形科鼠尾草属	*Salvia* ‘Mystic Spires Blue’	花蓝色	8 ~ 10 月	30 ~ 40	2.4	16	38
17	火星花	鸢尾科雄黄兰属	*Crocosmia crocosmiflora*	花橙色	7 ~ 8 月	60 ~ 80	2.5	16	40
18	‘紫韵’钓钟柳	玄参科钓钟柳属	*Penstemon* ‘Purple Charm’	花紫红、淡紫、玫瑰红等	5 ~ 7 月	30 ~ 40	1.5	16	24
19	‘秘密’毛地黄钓钟柳	玄参科钓钟柳属	*Penstemon digitalis* cv.	紫叶粉花	5 ~ 7 月	30 ~ 40	1.1	16	16
20	‘金色风暴’金光菊	菊科金光菊属	*Rudbeckia hirta* ‘Goldsturm’	花黄色	6 ~ 9 月	40 ~ 50	2.9	16	48
21	‘盛情’松果菊	菊科松果菊属	*Echinacea purpurea* ‘Cheyenne Spirit’	花红色、粉色、黄色	5 ~ 7 月	40 ~ 50	2.7	16	45
22	蒲棒菊	菊科金光菊属	*Rudbeckia maxima*	花瓣黄色，花蕊黑色	6 ~ 8 月	80 ~ 100	1.1	16	16
23	‘亚利桑那’天人菊	菊科天人菊属	*Gaillardia pulchella* ‘Arizona Sun’	花黄、红色渐变	5 ~ 7 月	20 ~ 30	2	25	50
24	马利筋（粉、橙）	萝藦科马利筋属	*Asclepias curassavica*	花粉色、橙色	7 ~ 10 月	50 ~ 70	1.4	16	20
25	翠芦莉	爵床科芦莉草属	*Ruellia simplex*	花蓝紫色	5 ~ 9 月	60 ~ 80	1.2	16	18
26	穗花婆婆纳	玄参科婆婆纳属	*Veronica polita*	花淡蓝紫色	5 ~ 6 月	30 ~ 40	1.1	16	16
27	柳叶马鞭草	马鞭草科马鞭草属	*Verbena bonariensis*	花淡紫色、蓝色	7 ~ 10 月	60 ~ 80	2.7	16	45

（续）

序号	名称	科属	学名	花色、叶色	开花期及持续时间	长成高度（cm）	种植面积（m^2）	种植密度（株/m^2）	株数（株）
28	‘烟花’千鸟花	柳叶菜科山桃草属	*Gaura lindheimeri*	花淡粉色、白色	5 ~ 10月	40 ~ 50	5.5	16	88
29	橙花糙苏	唇形科糙苏属	*Phlomis fruticosa*	花柠檬黄色	6 ~ 8月	30 ~ 40	0.2	16	3
30	‘圆点’庭菖蒲	鸢尾科庭菖蒲属	*Sisyrinchium rosulatum*	花深蓝色	5 ~ 6月	10 ~ 20	1.2	16	18
31	‘金叶’石菖蒲	天南星科菖蒲属	*Acorus gramineus* ‘Ogan’	叶亮黄色	—	20 ~ 30	0.8	16	15
32	木贼	木贼科木贼属	*Equisetum hyemale*	茎绿色	—	50 ~ 60	0.8	16	13
33	赤胫散	蓼科蓼属	*Polygonum runcinatum*	叶缘淡紫红色	6 ~ 8月	30 ~ 40	0.9	16	15
34	茛力花	爵床科老鼠簕属	*Acanthus mollis*	花白色、淡紫色	6 ~ 8月	40 ~ 50	0.8	16	13
35	福禄考	花荵科天蓝绣球属	*Phlox drummondii*	花淡红、深红、紫、白、淡黄色	6 ~ 9月	10 ~ 20	1.8	16	30
36	大麻叶泽兰	菊科泽兰属	*Eupatorium cannabinum*	花紫红色	6 ~ 9月	80 ~ 100	1.3	9	10
37	芳香万寿菊	菊科万寿菊属	*Tagetes erecta*	花黄色	9 ~ 11月	80 ~ 100	1.2	9	10
38	‘花叶’蒲苇	禾本科蒲苇属	*Cortaderia selloana* ‘Silver Comet’	叶黄色	6 ~ 9月	100 ~ 120	1.7	9	16
49	‘红公鸡’薹草	莎草科薹草属	*Carex* cv.	叶红色	—	40 ~ 50	0.5	9	5
40	‘螺旋’灯芯草	灯芯草科灯芯草属	*Juncus effusus* ‘Spiralis’	叶绿色	—	50 ~ 60	0.5	16	8
41	‘埃弗里斯特’薹草	莎草科薹草属	*Carex oshimensis*	叶带色条纹	—	30 ~ 40	1.2	16	20
42	‘紫叶’狼尾草	禾本科狼尾草属	*Pennisetum setaceum* ‘Rubrum’	叶紫色	8 ~ 10月	60 ~ 80	2.6	4	10
43	‘矢羽’芒	禾本科芒属	*Miscanthus sinensis* ‘Purpurascens’	深秋叶色变红	8 ~ 10月	100 ~ 120	1.2	4	5
44	‘玲珑’芒	禾本科芒属	*Miscanthus sinensis* ‘Yaku Jima’	浅黄色	8 ~ 10月	50 ~ 60	0.6	4	3
45	‘大布尼’狼尾草	禾本科狼尾草属	*Pennisetum orientale* ‘Tall’	花乳白色	8 ~ 10月	20 ~ 30	1.9	4	8
46	‘QIS’千日红	苋科千日红属	*Gomphrena globosa*	花橙色、紫色	6 ~ 10月	30 ~ 40	1.5	25	37
47	蓝雪花	白花丹科蓝雪花属	*Ceratostigma plumbaginoides*	花蓝色	6 ~ 10月	30 ~ 40	1.7	25	43
48	地榆	蔷薇科地榆属	*Sanguisorba officinalis*	花紫红色	7 ~ 8月	50 ~ 60	0.3	16	5
49	高山刺芹	伞形科刺芹属	*Eryngium planum*	花蓝色	5 ~ 7月	50 ~ 60	0.8	16	13
50	鬼吹箫	忍冬科鬼吹箫属	*Leycesteria formosa*	叶绿色，花紫红色	7 ~ 8月	40 ~ 50	0.7	9	6
51	海伦娜堆心菊	菊科堆心菊属	*Helenium autumnale*	花橙黄色	6 ~ 8月	60 ~ 80	0.9	16	15
52	禾叶大戟	大戟科大戟属	*Euphorbia graminea*	花白色	5 ~ 10月	10 ~ 20	3.5	16	56
53	‘花豹’斑叶山柳菊	菊科山柳菊属	*Hieracium maculatum* ‘Leopard’	花红色	7 ~ 9月	40 ~ 50	2.5	9	23
54	柳叶白菀	菊科紫菀属	*Aster ericoides*	花白色	8 ~ 10月	50 ~ 70	0.9	9	8
55	皱叶一枝黄花	菊科一枝黄花属	*Solidago decurrens*	花黄色	9 ~ 10月	60 ~ 80	0.6	4	3

花径小驿

晋城市园林绿化服务中心
牛伟静　张李柠　邓维明　李鹏江

银奖

春季实景

夏季实景

设计说明

本作品为岛状花境，不仅要呈现多面观效果，还要考虑行人视线的通透感。以多层次绿化形式充分展现植物自身的魅力，使乔木、灌木及花境植物和谐生长，呈现色彩艳丽、季相分明的植物景观。花境植物绝大部分是在当地适生性好、可以越冬的宿根植物。在满足花境植物形态、色彩的配比需求后，极大降低了养护成本。

通过多层次的营造，花境植物、旱溪及原有假山、油松相互映衬，形成了一个全新的花境景观。

秋季实景

设计阶段图纸

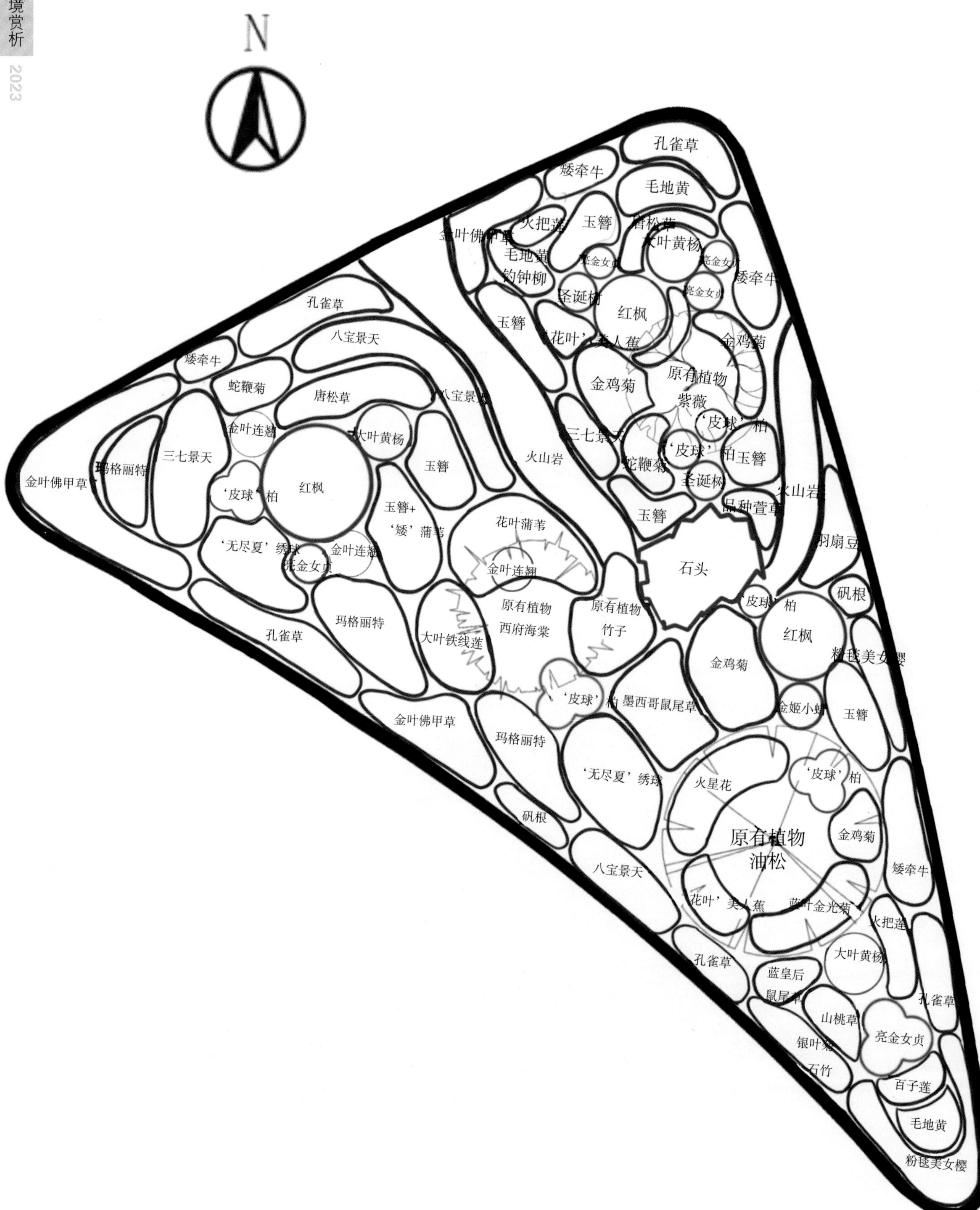
N
孔雀草
矮牵牛
毛地黄
火把莲
玉簪
唐松草
金叶佛甲草
毛地黄
大叶黄杨
亮金女贞
钓钟柳
矮牵牛
亮金女贞
圣诞树
红枫
孔雀草
玉簪
'花叶'美人蕉
金鸡菊
八宝景天
矮牵牛
原有植物
紫薇
蛇鞭菊
唐松草
八宝景天
金鸡菊
'皮球'柏
金叶连翘
大叶黄杨
三七景天
'皮球'柏
玉簪
玛格丽特
三七景天
火山岩
玉簪
蛇鞭菊
圣诞树
金叶佛甲草
'皮球'柏
红枫
火山岩
品种萱草
玉簪+
'矮'蒲苇
玉簪
'无尽夏'绣球
金叶连翘
花叶蒲苇
亮金女贞
金叶连翘
石头
羽扇豆
'皮球'柏
砚根
原有植物
原有植物
玛格丽特
孔雀草
大叶铁线莲
西府海棠
竹子
红枫
金鸡菊
粉毯美女樱
'皮球'柏
墨西哥鼠尾草
金姬小蜡
玉簪
金叶佛甲草
玛格丽特
'无尽夏'绣球
'皮球'柏
火星花
砚根
原有植物
油松
金鸡菊
八宝景天
矮牵牛
'花叶'美人蕉
黄叶金光菊
火把莲
孔雀草
大叶黄杨
蓝皇后
鼠尾草
孔雀草
山桃草
亮金女贞
银叶菊
石竹
百子莲
毛地黄
粉毯美女樱

花境植物材料

序号	名称	科属	学名	花（叶）色	开花期及持续时间	长成高度（cm）	种植面积（m²）	种植密度（株/m²）	株数（株）
1	‘花叶’美人蕉	美人蕉科美人蕉属	*Canna generalis* ‘Striatus’	暗红色叶混合土黄、奶黄、绿黄等色	6～10月	100～130	2.5	6	15
2	火把莲	百合科火把莲属	*Kniphofia uvaria*	花橘红色	6～10月	70	2	16	32
3	矾根	虎耳草科矾根属	*Heuchera micrantha*	花红色	4～6月	15	2	25	50
4	花叶玉簪	百合科玉簪属	*Hosta undulata*	叶有黄色条斑，花蓝紫色	春夏秋	40	6	5	30
5	毛地黄	玄参科毛地黄属	*Digitalis purpurea*	花紫色	4～6月	80	2	16	32
6	羽扇豆	豆科羽扇豆属	*Lupinus micranthus*	花蓝紫色	5～6月	60	1.5	16	24
7	紫叶山桃草	柳叶菜科山桃草属	*Gaura lindheimeri*	花紫红色	4～8月	50	4	16	64
8	‘矮’蒲苇	禾本科蒲苇属	*Cortaderia selloana* ‘Pumila’	叶绿色	春夏秋	120	4	4	16
9	‘花叶’蒲苇	禾本科蒲苇属	*Cortaderia selloana* ‘Silver Comet’	叶带金边	春夏秋	130	3	5	15
10	玛格丽特	菊科木茼蒿属	*Argyranthemum frutescens*	花粉色	4～10月	35	5	9	45
11	金鸡菊	菊科金鸡菊属	*Coreopsis drummondii*	花黄色	5～9月	60	6	16	96
12	红枫	槭树科槭属	*Acer palmatum* ‘Atropurpureum’	花红色	四季红叶	250～300	3	1	3
13	钓钟柳	玄参科钓钟柳属	*Penstemon campanulatus*	花粉白色	4～6月	50	2	16	32
14	‘皮球’柏	柏科刺柏属	*Juniperus chinensis* ‘Globosa’	常绿	四季常绿	60	4.5	2	9
15	圣诞树	松科云杉属	*Picea wilsonii*	叶绿色	四季常绿	100	3	2	6
16	‘无尽夏’绣球	虎耳草科绣球属	*Hydrangea macrophylla* ‘Endless Summer’	花蓝紫色	5～9月	60	5	6	30
17	亮晶女贞（小球）	木樨科女贞属	*Ligustrium vicaryi*	叶金黄色	春夏秋	60	2	3	6
18	‘银姬’小蜡（球）	木樨科女贞属	*Ligustrum sinense* ‘Variegatum’	叶银绿色	春夏秋	120	2	1	2
19	柳叶马鞭草	马鞭草科马鞭草属	*Verbena bonariensis*	花紫色	6～8月	130	2.5	6	15
20	蓝皇后鼠尾草	唇形科鼠尾草属	*Salvia nemorosa*	花蓝紫色	5～8月	30	3	16	48
21	萱草	百合科萱草属	*Hemerocallis fulva*	花橙色	5～7月	60	2.5	6	15
22	火星花	鸢尾科雄黄兰属	*Crocosmia crocosmiflora*	花橙红色	6～8月	110	3	6	18
23	唐松草	毛茛科唐松草属	*Thalictrum aquilegifolium*	叶绿色	春夏秋	60	2	9	18
24	大叶铁线莲	毛茛科铁线莲属	*Clematis heracleifolia*	花蓝紫色	7～8月	80	2	9	18
25	蛇鞭菊	菊科蛇鞭菊属	*Liatris spicata*	花紫色	紫色	140	2	16	32
26	蓝叶金光菊	菊科金光菊属	*Rudbeckia laciniata*	花黄色	6～8月	150	1	9	9
27	银叶菊	菊科疆千里光属	*Jacobaea maritima*	叶银白色	春夏秋	40	1.5	16	24
28	粉毯美女樱	马鞭草科美女樱属	*Galandularia × hybrida*	花粉红色	4～10月	25	3	36	108
29	百子莲	石蒜科百子莲属	*Agapanthus africanus*	花紫色	7～8月	80	2	16	32
30	迷迭香	唇形科迷迭香属	*Rosmarinus officinalis*	叶绿色	春夏秋	50	2	9	18
31	紫娇花	石蒜科紫娇花属	*Tulbaghia violacea*	花紫色	5～10月	45	1	16	16
32	冬青卫矛	卫矛科卫矛属	*Euonymus japonicus*	叶绿色	四季常绿	130	3	1	3
33	矮牵牛	茄科碧冬茄属	*Petunia hybrida*	花粉色	4～10月	25	2	49	98
34	欧石竹	石竹科石竹属	*Dianthus carthusianorum*	花粉色	4～6月	15	2	49	98
35	金叶佛甲草	景天科景天属	*Sedum lineare*	叶金黄色	春夏秋	10	4	49	196
36	三七景天	景天科景天属	*Sedum spetabiles*	花黄色	6～8月	30	3	6	18
37	八宝景天	景天科八宝属	*Hylotelephium erythrostictum*	花粉色	6～8月	40	3	6	18
38	孔雀草	菊科万寿菊属	*Tagetes patula*	花橙色	4～9月	25	4	49	196
39	墨西哥鼠尾草	唇形科鼠尾草属	*Salvia leucantha*	花蓝紫色	7～10月	130～150	2	6	12

花境植物更换表

序号	名称	科属	学名	花（叶）色	开花期及持续时间	长成高度（cm）	种植面积（m²）	种植密度（株/m²）	株数（株）
1	松果菊	菊科松果菊属	*Echinacea purpurea*	花紫色、白色等混色	7～10月	35	3	16	48
2	金光菊	菊科金光菊属	*Rudbeckia laciniata*	花黄色	6～10月	45	2	9	18
3	蓝花鼠尾草	唇形科鼠尾草属	*Salvia farinacea*	花蓝色	7～10月	35	3	16	48
4	孔雀草	菊科万寿菊属	*Tagetes patula*	花橙色	4～10月	25	4	49	196
5	矮牵牛	茄科碧冬茄属	*Petunia hybrida* ‘Vilmorin’	花粉色	4～10月	25	2	49	98
6	金叶佛甲草	景天科景天属	*Sedum lineare*	叶金黄色	春夏秋	10	2	49	98
7	粉毯美女樱	马鞭草科美女樱属	*Galandularia × hybrida*	花粉红色	4～10月	25	3	36	108

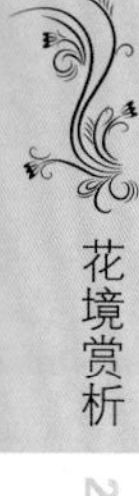

蝶舞芳菲

江西生物科技职业学院

覃嘉佳　曹亚轩　邹青　王义林　熊春梅　张继红

春季实景

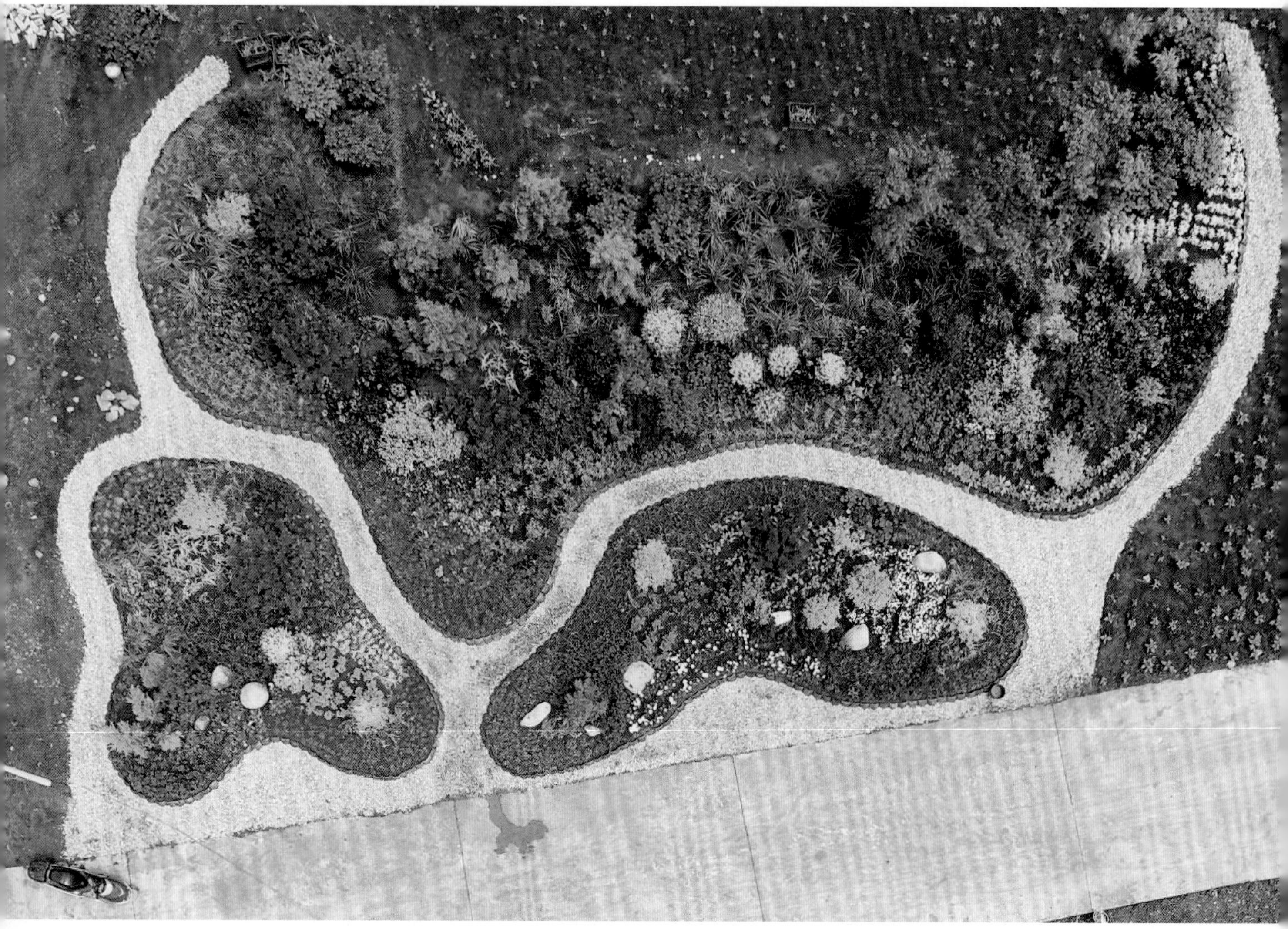

设计说明

本作品为单面观花境，占地面积共 132m^2。千姿百态的植物在流动的光影中，倾泻成花境里彩虹般缤纷的色彩。红粉橙、紫粉蓝、黄粉红三段不同色系的花卉在绿茵中各自绽放。漫步其间，带给人不同的心情，或温暖明媚，或热情浪漫，或清爽宁静。

本作品以花形独特的琼花绣球和无尽夏绣球为特色植物，与蓝和粉色的鼠尾草、千屈菜和百子莲等花卉艺术组合，营造艺术、浪漫的气氛。

夏季实景

秋季实景

设计阶段图纸

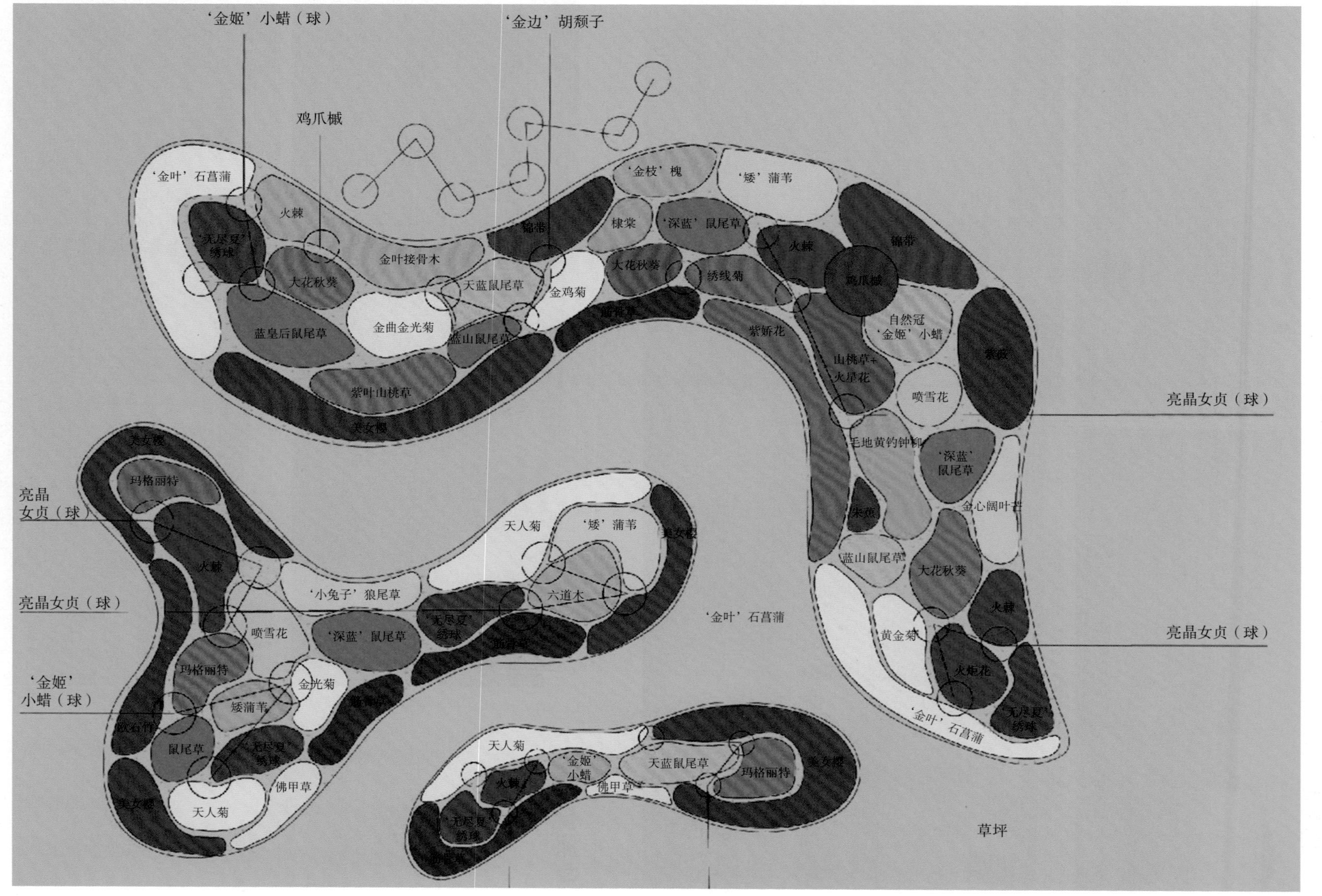
‘金姬’小蜡（球）
鸡爪槭
‘金边’胡颓子
‘金叶’石菖蒲
火棘
无尽夏’绣球
大花秋葵
金叶接骨木
蓝皇后鼠尾草
金曲金光菊
天蓝鼠尾草
蓝山鼠尾草
紫叶山桃草
美女樱
锦带
金鸡菊
‘金枝’槐
棣棠
‘深蓝’鼠尾草
大花秋葵
绣线菊
‘矮’蒲苇
火棘
锦带
鸡爪槭
紫娇花
自然冠
‘金姬’小蜡
山桃草+
火星花
喷雪花
紫薇
毛地黄钓钟柳
‘深蓝’
鼠尾草
金心阔叶芒
蓝山鼠尾草
大花秋葵
火棘
黄金菊
火炬花
无尽夏’绣球
‘金叶’石菖蒲
亮晶女贞（球）
亮晶女贞（球）
‘金叶’石菖蒲
草坪
亮晶
女贞（球）
亮晶女贞（球）
‘金姬’
小蜡（球）
美女樱
玛格丽特
火棘
‘小兔子’狼尾草
天人菊
‘矮’蒲苇
六道木
美女樱
喷雪花
‘深蓝’鼠尾草
无尽夏’绣球
玛格丽特
金光菊
矮蒲苇
欧石竹
鼠尾草
无尽夏’绣球
佛甲草
天人菊
美女樱
天人菊
‘金姬’
小蜡
火棘
无尽夏
绣球
佛甲草
天蓝鼠尾草
玛格丽特
美女樱

花境植物材料

序号	名称	学名	观赏特性及花期												花期特点说明	规格（cm）	数量（盆）
			1	2	3	4	5	6	7	8	9	10	11	12			
1	‘金叶’石菖蒲	*Acorus gramineus* ‘Ogan’													黄绿色相间叶，黄色花，花期 4 ~ 5 月	21 × 16	240
2	‘无尽夏’绣球	*Hydrangea macrophylla* ‘Endless Summer’													4 ~ 8 月蓝花，3 ~ 12 月绿叶	2 加仑	150
3	‘金姬’小蜡（球）	*Ligustrum sinense* ‘Jinji’													常绿，耐修剪	35 × 30	6
4	鸡爪槭	*Acer palmatum* ‘Atropurpureum’													4 ~ 6 月	60 × 50	2
5	‘小丑’火棘	*Pyracantha fortuneana* ‘Harlequin’													观叶，常绿，耐修剪	35 × 30	25
6	金叶接骨木	*Sambucus williamsii*													4 ~ 5 月开淡黄色花	5 加仑	10
7	大花秋葵	*Hibiscus grandiflorus*													6 ~ 9 月开粉色花，抗性强	1 加仑	140
8	蓝皇后鼠尾草	*Salvia japonica*													花期长，耐修剪	1 加仑	100
9	金曲金光菊	*Rudbeckia laciniata*													黄色花，抗性好	21 × 16	60
10	紫叶山桃草	*Gaura lindheimeri*													花期长，耐修剪	1 加仑	50
11	美女樱	*Galandularia* × *hybrida*													花粉色，花期 5 ~ 11 月	150	1000
12	蓝山鼠尾草	*Salvia officinalis* ‘Blue Hill’													3 ~ 10 月天蓝色花	150	130
13	‘金边’胡颓子	*Elaeagnus pungens* ‘Aurea’													1 ~ 12 月观枝	40 × 35	3
14	天蓝鼠尾草	*Saivia uliginosa*													7 ~ 8 月蓝色花	1 加仑	200
15	锦带	*Weigela florida*													4 ~ 10 月胭脂红色花	美植袋	25
16	棣棠花	*Kerria japonica*													黄色花，花期 4 ~ 6 月	40 × 35	4
17	筋骨草	*Ajuga ciliata* ‘Rosea’													1 ~ 12 月紫色叶，3 ~ 5 月紫色花	120	260
18	‘金枝’槐	*Sophora japonica* ‘Winter Gold’													适应性强	3 加仑	8
19	‘矮’蒲苇	*Cortaderia selloana* ‘Pumila’													1 ~ 12 月观枝，7 ~ 10 月观花	5 加仑	15
20	‘深蓝’鼠尾草	*Salvia guaranitica* ‘Black and Blue’													花期 4~12 月	21 × 16	120
21	绣线菊	*Spiraea vanhouttei* ‘Briot’													4 ~ 6 月白色花，3 ~ 12 月绿叶	2 加仑	30
22	紫娇花	*Tulbaghia violacea*													3 ~ 12 月绿叶，4 ~ 10 月紫花	120	200
24	火星花	*Crocosmia crocosmiflora*													6 ~ 8 月红花，3 ~ 12 月绿叶	2 加仑	20
25	‘金姬’小蜡	*Ligustrum sinense* ‘Jinji’													常绿，耐修剪	35 × 30	5
26	紫薇	*Lagerstroemia indica*													弥补夏季缺少盛花的不足	3 加仑	15
27	喷雪花	*Spiraea thunbergii*													3 ~ 4 月白花，3 ~ 11 月绿叶	40 × 35	5
28	毛地黄钓钟柳	*Digitalis purpurea*													4 ~ 6 月玫红色花	21 × 16	80
29	朱蕉	*Cordyline fruticosa*													花色淡红色、青紫色，花期 11 月至翌年 3 月	2 加仑	5
30	金心阔叶芒	*Miscanthus sinensis*													3 ~ 11 月金边花叶，12 月至翌年 2 月半休眠	5 加仑	8
31	黄金菊	*Euryops pectinatus*													常绿，稍耐寒	21 × 16	30
32	火炬花	*Kniphofia uvaria*													6 ~ 10 月开花	180	50
34	玛格丽特	*Argyranthemum frutescens*													花量大	150	200
35	亮晶女贞（球）	*Ligustrum* × *vicaryi*													1 ~ 12 月	40 × 35	16
37	‘小兔子’狼尾草	*Pennisetum alopecuroides* ‘Little Bunny’													7 ~ 11 月白色花	23 × 18	40
39	‘花叶’蒲苇	*Cortaderia selloana* ‘Silver Comet’													1 ~ 12 月银边花叶，7 ~ 10 月花期	5 加仑	5
40	金光菊	*Rudbeckia laciniata*													抗性好	180	70
41	天人菊	*Gaillardia pulchella*													花期超长	180	200
42	金叶佛甲草	*Sedum lineare*													5 ~ 6 月金黄色花	120	240
43	金叶大花六道木	*Abelia grandiflora* ‘Francis Mason’													花白色带粉，繁茂而芬芳，花期 6 ~ 11 月	5 加仑	5
44	火棘	*Pyracantha fortuneana*													常绿观果植物，花期 3 ~ 5 月，果期 8 ~ 11 月	35 × 30	5
45	红花檵木（球）	*Loropetalum chinense* var. *rubrum*													常绿灌木	35 × 30	3

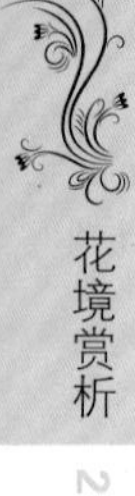

运东吴门里

苏州满庭芳景观工程有限公司

覃乐梅

春季实景

设计说明

本作品为长效花境。为保证四季的观赏效果，选取菲油果、‘金姬’小蜡、‘亮金’女贞、红豆杉、水果蓝等耐寒的常绿花灌木作为骨架植物，搭配新西兰麻、‘花叶’蒲苇、‘金叶’石菖蒲、细茎针茅等观赏草和‘霹雳’石竹、‘紫绒’鼠尾草、‘芙蓉大花’酢浆草、‘芳香’万寿菊、‘桑托斯’马鞭草、‘果汁阳台’月季等花色明媚、淡雅的植物按花境的手法交替、错落种植，打造出一个生机盎然的花境。

夏季实景

秋季实景

设计阶段图纸

示范区

草坪

动线

花境植物材料

序号	名称	科属	学名	花（叶）色	开花期及持续时间	长成高度（cm）	冠幅（cm）	种植密度（株 /m²）	面积（m²）	株数（株）
				花灌木类						
1	松红梅	桃金娘科薄子木属	*Leptospermum scoparium*	红粉色花	春花 11 月至翌年 5 月	200	30 ~ 40	16	0.38	6
2	水果蓝	唇形科香科科属	*Teucrium fruticans*	灰蓝色叶，淡紫花	四季观叶，春花，花期 3 ~ 5 月	100	50 ~ 60	9	3.20	29
3	红千层	桃金娘科红千层属	*Callistemon rigidus*	红花	夏花，花期 6 ~ 8 月	180	50 ~ 60	4	0.30	1
4	五色梅	马鞭草科马缨丹属	*Lantana camara*	橙黄色花	春夏秋花，花期 5 ~ 10 月	100	20 ~ 30	25	0.49	12
5	亮金女贞	木樨科女贞属	*Ligustrum* × *vicaryi*	叶黄绿色，白花	四季观叶，春花，花期 3 ~ 5 月	80	50 ~ 60	4	1.60	6
6	‘金姬’小蜡	木樨科女贞属	*Ligustrum sinense* ‘Jinji’	叶常绿、白花	观叶，花期 4 ~ 6 月	150	50 ~ 60	4	2.39	10
7	千层金	桃金娘科白千层属	*Melaleuca bracteata*	黄绿色叶	四季观叶	200	50 ~ 60	4	2.48	10
8	‘无尽夏’绣球	虎耳草科绣球属	*Hydrangea paniculata*	粉花	夏花，花期 6 ~ 9 月	100	30 ~ 40	16	1.93	31
9	南天竹	小檗科南天竹属	*Nandina domestica*	春夏秋冬红叶、秋冬红果	花期 3 ~ 6 月，果期 5 ~ 11 月	100	30 ~ 40	16	0.55	9
10	‘火焰’南天竹	小檗科南天竹属	*Nandina domestica* ‘Firepower’	春夏秋冬红叶、秋冬红果	花期 3 ~ 6 月，果期 5 ~ 11 月	30	20 ~ 30	25	1.87	47
11	黄金菊	菊科黄蓉菊属	*Euryops pectinatus*	黄花	四季开花，花期 4 ~ 12 月	50	30 ~ 40	16	1.00	16
12	‘花叶’绣球	虎耳草科绣球属	*Hydrangea macrophylla*	花叶	春夏秋观叶，夏花	100	30 ~ 40	16	0.89	14
13	八角金盘	五加科八角金盘属	*Fatsia japonica*	黄白花，四季观叶	秋花，花期 10 ~ 11 月	200 ~ 250	50 ~ 60	4	1.60	6
14	萼距花	千屈菜科萼距花属	*Cuphea hookeriana*	玫红色花	春夏秋花，花期 5 ~ 12 月	60	15 ~ 25	36	0.50	18
15	‘香水’茶梅	山茶科山茶属	*Camellia sasanqua*	粉花	四季观叶，秋、冬观花	80 ~ 120	40 ~ 60	9	1.70	15
16	红豆杉	红豆杉科红豆杉属	*Taxus wallichiana*	观叶	四季常绿	80 ~ 120	40 ~ 60	9	0.80	7
17	菲油果	桃金娘科菲油果属	*Feijoa sellowiana*	灰绿色叶片，红花	四季观叶，夏花	80 ~ 120	50 ~ 60	4	1.51	6
18	‘果汁阳台’月季	蔷薇科蔷薇属	*Rosa chinensis* ‘Juicy Terrazza’	橙色花	春夏秋花	40 ~ 60	20 ~ 30	25	0.40	10
19	‘舞姬’红枫	槭树科槭属	*Acer palmatum* ‘Atropurpureum’	红叶	春夏秋观叶	200 ~ 400	30 ~ 40	16	0.70	11
20	‘安酷’杜鹃	杜鹃花科杜鹃花属	*Rhododendron simsii* cv.	粉花	春花	80 ~ 150	60 ~ 80	2	0.40	1
21	六月雪	茜草科六月雪属	*Serissa japonica*	观叶、白花	夏花，花期 5 ~ 7 月	60 ~ 90	30 ~ 40	16	0.73	12
				多年生花卉类						
1	矾根	虎耳草科矾根属	*Heuchera micrantha*	叶色紫红、白花	四季观叶，夏花，花期 4 ~ 10 月	30 ~ 80	20 ~ 30	25	2.00	50
2	‘芙蓉大花’酢浆草	酢浆草科酢浆草属	*Oxalis corniculata*	叶红色，粉花	春夏秋花，花期 5 ~ 11 月	30	10 ~ 20	49	1.70	83
3	‘金叶’石菖蒲	天南星科菖蒲属	*Acorus gramineus* ‘Ogan’	叶金黄	观叶	40	20 ~ 30	25	5.23	131
4	‘霹雳’石竹	石竹科石竹属	*Dianthus chinensis* cv.	玫红色花、粉花、红花	春夏秋花，花开不断	30 ~ 40	20 ~ 30	25	4.67	117
5	‘桑托斯’马鞭草	马鞭草科马鞭草属	*Verbena rigida* ‘Santos’	紫花	春夏花，花期 6 ~ 8 月	20 ~ 30	15 ~ 25	36	5.66	204

（续）

序号	名称	科属	学名	花（叶）色	开花期及持续时间	长成高度（cm）	冠幅（cm）	种植密度（株 /m^2）	面积（m^2）	株数（株）
6	毛地黄钓钟柳	玄参科钓钟柳属	*Penstemon gloxinioides*	紫红花	春夏花，花期 5 ~ 6 月	40	15 ~ 25	36	1.36	49
7	‘常绿’鸢尾	鸢尾科鸢尾属	*Iris tectorum*	蓝紫花	夏花，花期 4 ~ 6 月	50	15 ~ 25	36	2.72	98
8	‘紫绒’鼠尾草	唇形科鼠尾草属	*Salvia leucantha*	紫花	秋冬花，花期 9 ~ 12 月	100 ~ 150	20 ~ 30	25	1.72	43
9	‘紫叶’狼尾草	禾本科狼尾草属	*Pennisetum setaceum* ‘Rubrum’	紫叶	观叶、观穗，穗期 6 ~ 9 月	80	20 ~ 30	25	2.43	61
10	新西兰麻	龙舌兰科新西兰麻属	*Phormium tenax*	叶片深红色带粉边	四季观叶	40 ~ 50	40 ~ 60	9	3.00	27
11	肾蕨	肾蕨科肾蕨属	*Nephrolepis auriculata*	叶常绿	四季观叶	30	30 ~ 40	16	0.41	7
12	‘芳香’万寿菊	菊科万寿菊属	*Tagetes erecta*	橙黄色	秋花，花期 9 ~ 11 月	60 ~ 70	50 ~ 60	4	0.50	2
13	胎生狗脊蕨	乌毛蕨科狗脊属	*Woodwardia prolifera*	春夏绿叶，秋冬叶片变红	四季观叶	60 ~ 80	40 ~ 60	9	2.94	26
14	凤尾蕨	凤尾蕨科凤尾蕨属	*Pteris cretica*	观叶	四季观叶	40 ~ 60	30 ~ 40	16	4.01	64
15	‘紫叶’马蓝	爵床科马蓝属	*Strobilanthes cusia*	紫花	秋花，花期 11 月	40 ~ 60	20 ~ 30	25	3.15	79
观赏草类										
1	‘花叶’蒲苇	禾本科蒲苇属	*Cortaderia selloana* ‘Silver Comet’	叶绿色金边	观叶，秋冬花，花期 9 月至翌年 1 月	150	30 ~ 40	16	0.73	12
2	‘白美人’狼尾草	禾本科狼尾草属	*Pennisetum alopecuroides*	花穗白绿色	春夏秋花，花期 4 ~ 11 月	40 ~ 60	20 ~ 30	25	5.72	143
3	‘金丝’薹草	莎草科薹草属	*Carex oshimensis* ‘Evergold’	叶黄色	春花，花期 4 ~ 5 月	20	20 ~ 30	25	0.36	9
4	‘矮’蒲苇	禾本科蒲苇属	*Cortaderia selloana* ‘Pumila’	白色花穗，绿叶	四季观叶，夏秋花	60 ~ 80	30 ~ 40	16	0.80	13
5	风车草	莎草科莎草属	*Cyperus involucratus*	观叶	四季观叶	50 ~ 120	20 ~ 30	25	0.29	7
时令花卉										
1	角堇	堇菜科堇菜属	*Viola cornuta*	橙色花	春冬花，花期 10 月至翌年 3 月	30	10 ~ 20	49	0.95	47
2	紫罗兰	十字花科紫罗兰属	*Matthiola incana*	紫花	春冬花	20 ~ 40	10 ~ 20	49	0.42	21
3	草坪								34.60	

花境植物更换表

序号	植物名称	科属	学名	花（叶）色	开花期及持续时间	长成高度（cm）	冠幅（cm）	种植密度（株 /m^2）	面积（m^2）	株数（株）
1	‘胭脂红’景天	景天科景天属	*Sedum spurium*	叶片红色	四季观叶	10 ~ 15	10 ~ 15	49	1.25	61
2	佛甲草	景天科景天属	*Sedum lineare*	金叶	四季观叶	10 ~ 20	10 ~ 20	49	2.3	113
3	细叶美女樱	马鞭草科美女樱属	*Glandularia tenera*	粉花	春夏秋花、4 ~ 11 月	10 ~ 20	15 ~ 25	36	4.65	167
4	矾根	虎耳草科矾根属	*Heuchera micrantha*	叶色黄，白花	四季观叶，夏花，4 ~ 10 月	30 ~ 80	20 ~ 30	25	1.45	36

池上绿痕

深圳市深水水务咨询有限公司

姜婷　陈泽媛

春季实景

夏季实景

设计说明

作品名称“池上绿痕”。“池”为花境中央水池，“绿痕”取自刘禹锡的《陋室铭》中的“苔痕上阶绿，草色入帘青”，表达花境绿意盎然、生生不息的景观。

本花境属于庭院花境，占地面积约215m²，花境位于庭院中心，受四周建筑影响，地块区域较为荫蔽，植物接收光照时间较短，因此该区域无法种植花色艳丽的喜光植物。据此，在植物品种选择上，将注意力更多地集中在叶形独特、色彩淡雅、花色柔和以及具有特殊纹理结构的耐阴植物上，致力于打造一个清新、翠绿，具有勃勃生机的庭院花境。

花境中心为自然式人工水池，水池周边假山叠石环绕，植物高低错落，层次丰富，翠绿的植物中点缀着造型奇特的色叶植物，营造一种轻松愉悦的氛围，使花园在宁静优雅之余显露出勃勃生机。水池与卵石路相结合，将花境划分为形状各异的小区块，不同区块各具特色，却又相互联系，使花境整体显现出自然清新的风采。

秋季实景

设计阶段图纸

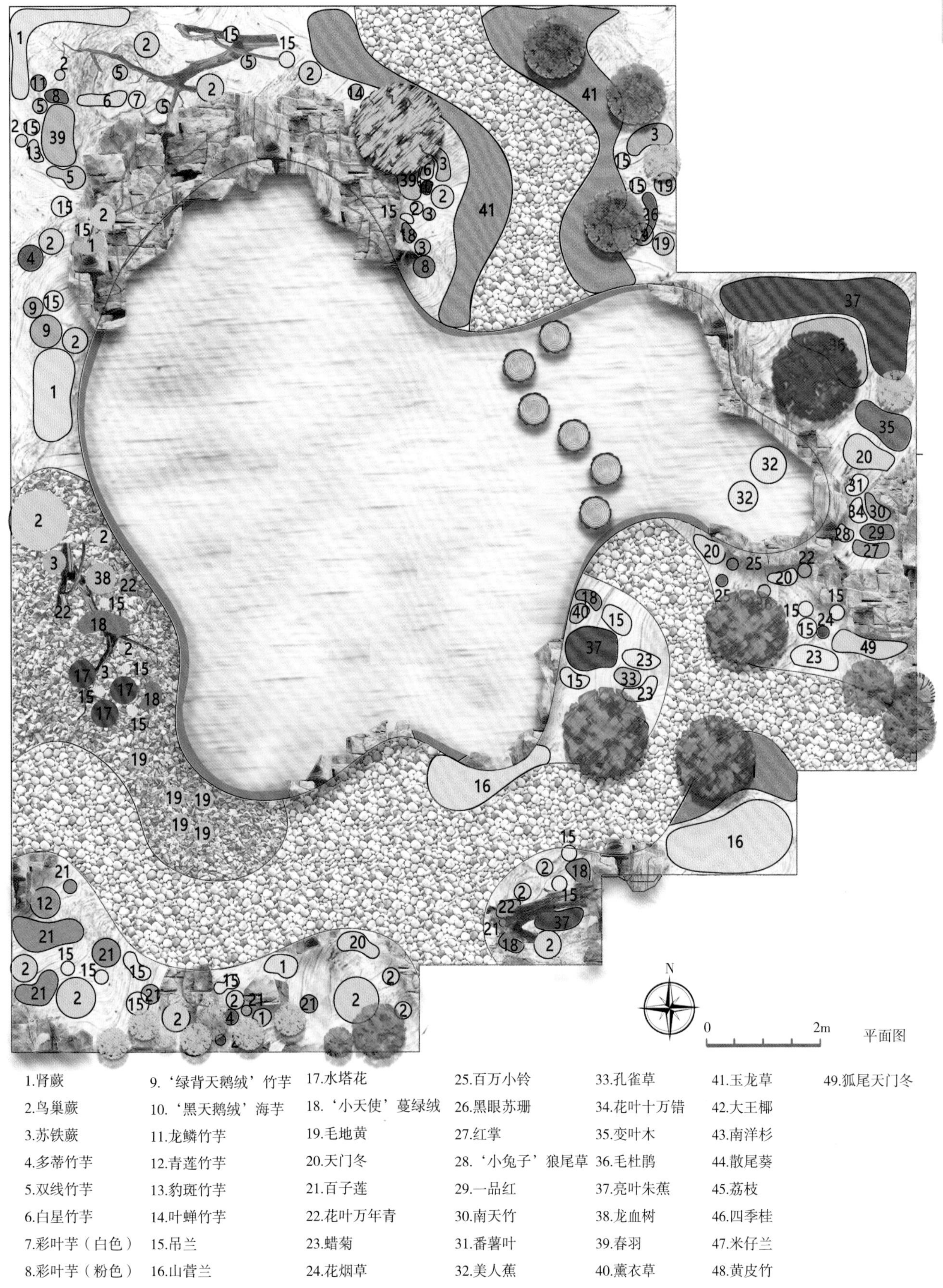

N
0
2m
平面图
1.肾蕨
2.鸟巢蕨
3.苏铁蕨
4.多蒂竹芋
5.双线竹芋
6.白星竹芋
7.彩叶芋（白色）
8.彩叶芋（粉色）
9.‘绿背天鹅绒’竹芋
10.‘黑天鹅绒’海芋
11.龙鳞竹芋
12.青莲竹芋
13.豹斑竹芋
14.叶蝉竹芋
15.吊兰
16.山菅兰
17.水塔花
18.‘小天使’蔓绿绒
19.毛地黄
20.天门冬
21.百子莲
22.花叶万年青
23.蜡菊
24.花烟草
25.百万小铃
26.黑眼苏珊
27.红掌
28.‘小兔子’狼尾草
29.一品红
30.南天竹
31.番薯叶
32.美人蕉
33.孔雀草
34.花叶十万错
35.变叶木
36.毛杜鹃
37.亮叶朱蕉
38.龙血树
39.春羽
40.薰衣草
41.玉龙草
42.大王椰
43.南洋杉
44.散尾葵
45.荔枝
46.四季桂
47.米仔兰
48.黄皮竹
49.狐尾天门冬

花境植物材料

序号	名称	科属	学名	花（叶）色	开花期及持续时间	长成高度（cm）	种植面积（m^2）	种植密度（株/m^2）	株数（株）
1	肾蕨	肾蕨科肾蕨属	*Nephrolepis auriculata*	叶淡绿色	—	20 ~ 30	2.5	1	3
2	鸟巢蕨	铁角蕨科巢蕨属	*Asplenium nidus*	叶淡绿色	—	80 ~ 100	0.7	25	18
3	苏铁蕨	乌毛蕨科苏铁蕨属	*Plectranthus scutellarioides*	叶淡绿色	—	50 ~ 60	1	20	20
4	‘多蒂’竹芋	竹芋科肖竹芋属	*Calathea roseopicta* ‘Dottie’	叶红紫色	—	30 ~ 40	0.4	25	10
5	双线竹芋	竹芋科肖竹芋属	*Calathea sanderiana*	叶深绿色	—	20 ~ 30	2.5	25	50
6	白星竹芋	竹芋科竹芋属	*Maranta arundinacea*	叶浅绿色，白色	—	40 ~ 50	1.5	25	38
7	彩叶芋（白色）	天南星科曲籽芋属	*Cyrtosperma johnstonii*	叶白色	—	30 ~ 40	0.4	8	3
8	彩叶芋（粉色）	天南星科曲籽芋属	*Cyrtosperma johnstonii*	叶粉色	—	30 ~ 40	3	20	60
9	‘绿背天鹅绒’竹芋	竹芋科竹芋属	*Maranta arundinacea* cv.	叶绿色	—	30 ~ 40	1.5	10	15
10	‘黑天鹅绒’海芋	天南星科海芋属	*Alocasia macrorrhiza* cv.	叶黑紫色	—	30 ~ 40	0.5	4	2
11	龙鳞海芋	天南星科海芋属	*Alocasia macrorrhiza*	叶深绿色	—	20 ~ 30	0.8	10	8
12	青莲竹芋	竹芋科竹芋属	*Maranta arundinacea*	叶绿色	—	30 ~ 40	1	25	25
13	豹斑竹芋	竹芋科竹芋属	*Maranta arundinacea*	叶绿色、浅黄色	—	20 ~ 30	1.2	25	30
14	叶蝉竹芋	竹芋科竹芋属	*Maranta arundinacea*	叶绿色、褐绿色	—	20 ~ 30	2	25	50
15	吊兰	百合科吊兰属	*Chlorophytum comosum*	叶绿色，花白色	花期 5 月	20 ~ 30	0.95	25	24
16	山菅兰	百合科山菅属	*Dianella ensifolia*	叶绿色，花白色	—	20 ~ 30	2.7	12	33
17	水塔花	凤梨科水塔花属	*Billbergia pyramidalis*	花红色		40 ~ 50	0.48	2	1
18	‘小天使’蔓绿绒	天南星科蔓绿绒属	*Philodendron melanochrysum* ‘Xanadu’	叶绿色	—	50 ~ 60	1.5	8	12
19	毛地黄	玄参科毛地黄属	*Digitalis purpurea*	花桃粉色	花期 5 ~ 6 月	60 ~ 70	0.78	12	9
20	天门冬	百合科天门冬属	*Asparagus cochinchinensis*	叶绿色	—	20 ~ 30	0.32	8	3
21	百子莲	石蒜科百子莲属	*Agapanthus africanus*	花紫色	花期 7 ~ 9 月	50 ~ 70	1.03	8	8
22	花叶万年青	天南星科花叶万年青属	*Dieffenbachia picta*	叶绿色、粉色	—	30 ~ 50	0.4	8	3
23	蜡菊	菊科蜡菊属	*Helichrysum bracteatum*	花黄色、红色		20 ~ 40	0.5	25	13
24	花烟草	茄科烟草属	*Nicotiana alata*	花红色		60 ~ 80	0.3	9	3
25	百万小铃	茄科舞春花属	*Calibrachoa hybrida* ‘Million Bells’	花黄色、红色		15 ~ 25	0.06	17	2
26	黑眼苏珊	爵床科山牵牛属	*Thunbergia alata*	花黄色		15 ~ 25	0.2	25	5
27	红掌	天南星科花烛属	*Anthurium andraeanum*	花红色		30 ~ 50	0.13	8	1
28	‘小兔子’狼尾草	禾本科狼尾草属	*Pennisetum alopecuroides* ‘Little Bunny’	叶淡绿色		45 ~ 60	0.06	25	1

（续）

序号	名称	科属	学名	花（叶）色	开花期及持续时间	长成高度（cm）	种植面积（m^2）	种植密度（株/m^2）	株数（株）
29	一品红	大戟科大戟属	*Euphorbia pulcherrima*	花粉色	花果期 10 月至翌年 4 月	45 ~ 55	0.12	9	1
30	南天竹	小檗科南天竹属	*Nandina domestica*	叶绿色	—	45 ~ 60	0.11	9	1
31	番薯叶	旋花科番薯属	*Ipomoea batatas*	叶绿色	—	20 ~ 35	0.1	20	2
32	美人蕉	美人蕉科美人蕉属	*Canna indica*	花粉色、红色	花果期 3 ~ 12 月	40 ~ 65	0.5	25	13
33	孔雀草	菊科万寿菊属	*Tagetes patula*	花橙色	花期 7 ~ 9 月	30 ~ 50	0.1	20	2
34	花叶十万错	爵床科十万错属	*Asystasia gangetica*	花白色、绿色	—	35 ~ 60	0.1	10	1
35	变叶木	大戟科变叶木属	*Codiaeum variegatum*	花绿色、紫红色、黄色	—	30 ~ 50	0.43	25	11
36	毛杜鹃	杜鹃花科杜鹃花属	*Rhododendron pulchrum*	花粉色	花期 4 ~ 5 月	40 ~ 60	0.85	7	5
37	亮叶朱蕉	百合科朱蕉属	*Cordyline fruticosa*	叶暗红色	—	45 ~ 60	3.1	6	18
38	龙血树	龙舌兰科龙血树属	*Dracaena draco*	叶绿色	—	100 ~ 120	0.2	5	1
39	春羽	天南星科喜林芋属	*Philodendron bipinnatifidum*	叶绿色	—	80 ~ 100	0.2	7	2
40	薰衣草	唇形科薰衣草属	*Lavandula angustifolia*	花紫色	花期 6 月	25 ~ 45	0.07	25	2
41	玉龙草	百合科沿阶草属	*Ophiopogon japonicus* 'Nanus'	叶绿色	—	5 ~ 10	9.2	45	414
42	大王椰	棕榈科王棕属	*Roystonea regia*	叶绿色	—	500 ~ 600	4.5	1	3
43	南洋杉	南洋杉科南洋杉属	*Araucaria cunninghamii* 'Sweet'	叶绿色	—	600 ~ 700	2	2	3
44	散尾葵	棕榈科散尾葵属	*Chrysalidocarpus lutescens*	叶黄绿色	—	200 ~ 250	1.85	3	5
45	荔枝	无患子科荔枝属	*Litchi chinensis*	叶绿色		300 ~ 400	1.1	1	1
46	四季桂	木樨科木樨属	*Osmanthus fragrans* var. *semperflorens*	花白色，叶绿色		100 ~ 150	0.22	10	2
47	米仔兰	楝科米仔兰属	*Aglaia odorata*	花黄色，叶绿色	花期 5 ~ 12 月	150 ~ 200	1.4	1	1
48	黄皮竹	禾本科刚竹属	*Phyllostachys sulphurea* 'Robert Young'	叶黄色	—	200 ~ 250	0.85	8	7
49	狐尾天门冬	百合科天门冬属	*Asparagus densiflorus* 'Myers'	叶绿色	—	35 ~ 55	0.57	25	15

花境植物更换表

序号	名称	科属	学名	花（叶）色	开花期及持续时间	长成高度（cm）	种植面积（m^2）	种植密度（株/m^2）	株数（株）	备注（更换日期）
1	红枫	槭树科槭属	*Acer palmatum* 'Atropurpureum'	叶淡紫色	—	120 ~ 150	1	1	1	5 月 5 日
2	绣球	虎耳草科绣球属	*Hydrangea macrophylla*	叶淡绿色，花粉红色	花期 6 ~ 8 月	30 ~ 40	0.2	10	2	5 月 23 日，5 月 29 日，7 月 9 日
3	木槿	锦葵科木槿属	*Hibiscus syriacus*	叶绿色，花粉红色	花期 7 ~ 10 月	60 ~ 80	0.5	20	1	6 月 5 日
4	细叶狗牙花	夹竹桃科狗牙花属	*Tabernaemontana divaricata*	叶绿色，花白色	花期 4 ~ 9 月	60 ~ 80	0.5	6	3	6 月 16 日

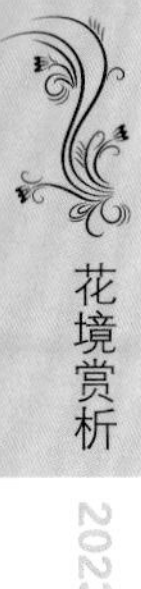

侗乡情

柳州市龙潭公园管理处

张誉　张秋玉　阳翠枝

春季实景

夏季实景

设计说明

本花境面积约 356m^2，以侗族风情为设计理念。侗族通常依山傍水而居，所以本作品中“水系”及蓝紫色调将贯穿全长约 70m 的花境，并结合侗锦、侗布以及侗族人民日常生活中常用的石臼、磨盘、马饮槽等元素进行花境色彩搭配及小品营造。配置艳山姜、马蓝、绣球及各类秋海棠、海芋类等具有野趣的乡土植物进行组团设计，模拟侗族人民的生活环境，营造出独具侗族风情特色的花境景观。

秋季实景

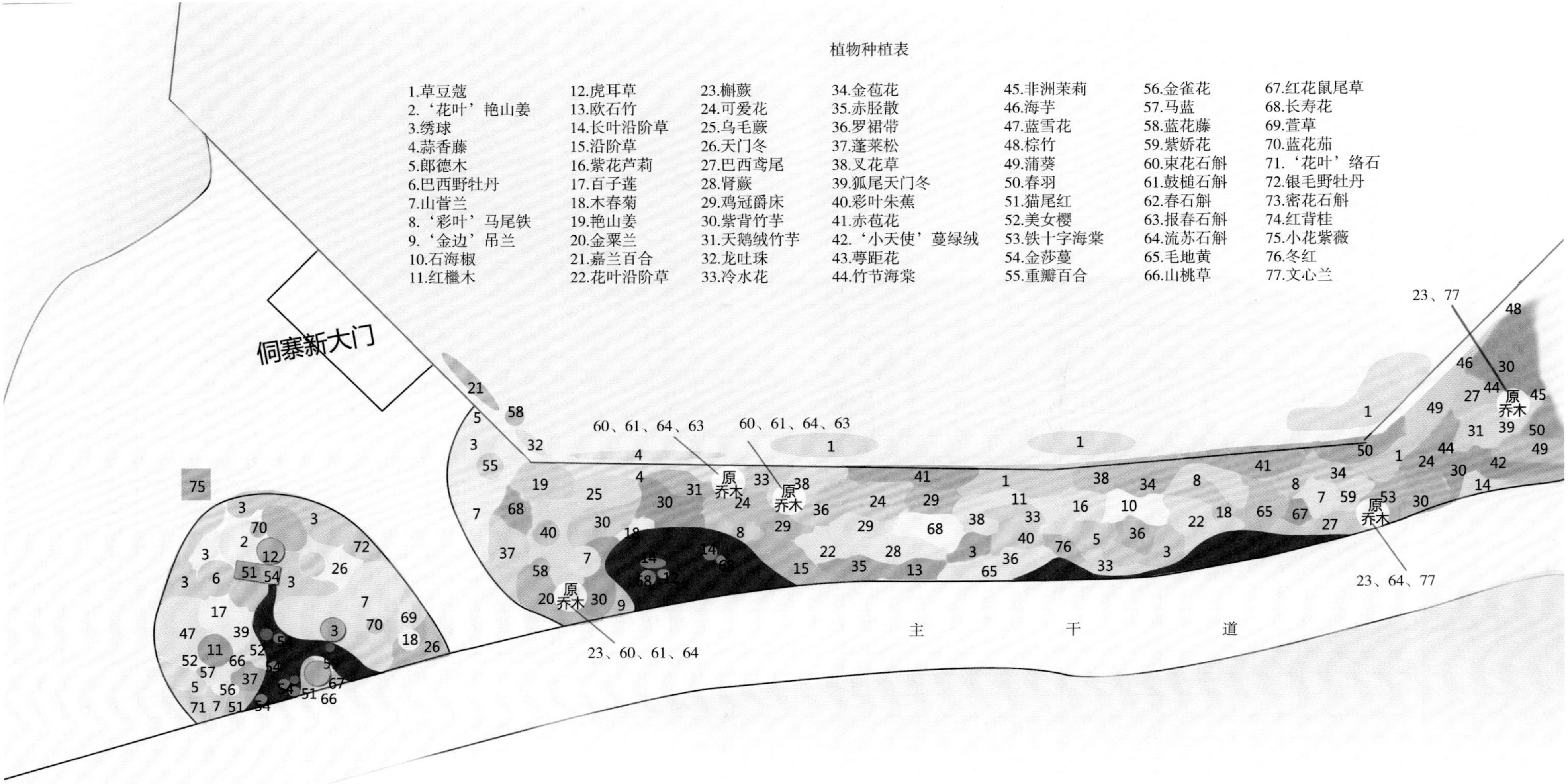

植物种植表

1.草豆蔻
2.‘花叶’艳山姜
3.绣球
4.蒜香藤
5.郎德木
6.巴西野牡丹
7.山菅兰
8.‘彩叶’马尾铁
9.‘金边’吊兰
10.石海椒
11.红檵木
12.虎耳草
13.欧石竹
14.长叶沿阶草
15.沿阶草
16.紫花芦莉
17.百子莲
18.木春菊
19.艳山姜
20.金粟兰
21.嘉兰百合
22.花叶沿阶草
23.槲蕨
24.可爱花
25.乌毛蕨
26.天门冬
27.巴西鸢尾
28.肾蕨
29.鸡冠爵床
30.紫背竹芋
31.天鹅绒竹芋
32.龙吐珠
33.冷水花
34.金苞花
35.赤胫散
36.罗裙带
37.蓬莱松
38.叉花草
39.狐尾天门冬
40.彩叶朱蕉
41.赤苞花
42.‘小天使’蔓绿绒
43.萼距花
44.竹节海棠
45.非洲茉莉
46.海芋
47.蓝雪花
48.棕竹
49.蒲葵
50.春羽
51.猫尾红
52.美女樱
53.铁十字海棠
54.金莎蔓
55.重瓣百合
56.金雀花
57.马蓝
58.蓝花藤
59.紫娇花
60.束花石斛
61.鼓槌石斛
62.春石斛
63.报春石斛
64.流苏石斛
65.毛地黄
66.山桃草
67.红花鼠尾草
68.长寿花
69.萱草
70.蓝花茄
71.‘花叶’络石
72.银毛野牡丹
73.密花石斛
74.红背桂
75.小花紫薇
76.冬红
77.文心兰

侗寨新大门

60、61、64、63

60、61、64、63

23、60、61、64

23、64、77

23、77

原乔木

主干道

花境植物材料

序号	名称	科属	学名	花（叶）色	开花期及持续时间	长成高度(m)	种植面积（m^2）	种植密度（株 /m^2）	株数（株）
1	草豆蔻	姜科山姜属	*Alpinia katsumadai*	叶绿色花白色	3 ~ 5 月	3	10	9	90
2	‘花叶’艳山姜	姜科山姜属	*Alpinia zerumbet* ‘Variegata’	叶黄色花白色	6 ~ 7 月	2	1	16	16
3	绣球	绣球花科绣球属	*Hydrangea macrophylla*	花蓝色	5 ~ 6 月	0.6	2.5	16	40
4	蒜香藤	紫葳科蒜香藤属	*Mansoa alliacea*	花紫色	9 ~ 11 月	枝长 3 ~ 4			50
5	郎德木	茜草科郎德木属	*Rondeletia odorata*	花橘红色	7 ~ 9 月	2			3
6	巴西野牡丹	野牡丹科蒂牡花属	*Tibouchina semidecandra*	花紫色	全年，8 ~ 10 月盛花	1.4			2
7	山菅兰	阿福花科山菅兰属	*Dianella ensifolia*	叶银色		1	3		
8	‘彩叶’马尾铁	百合科丝兰属	*Yucca aloifolia* ‘Quadricolor’	叶红色		1.5	1.2	25	30
9	‘金边’吊兰	天门冬科吊兰属	*Chlorophytum comosum* ‘Variegatum’	叶黄色		0.4	2.6	36	94
10	石海椒	亚麻科石海椒属	*Reinwardtia indica*	花黄色	2 ~ 3 月	1.3	1.5	25	38
11	红檵木	金缕梅科檵木属	*Loropetalum chinense* var. *rubrum*	叶红色花粉色	3 ~ 4 月	1.4			1
12	虎耳草	虎耳草科虎耳草属	*Saxifraga stolonifera*	叶绿色		0.2	1	36	36
13	欧石竹	石竹科石竹属	*Dianthus carthusianorum*	花粉色	3 ~ 4 月	0.2	0.6	36	22
14	长叶沿阶草	百合科沿阶草属	*Ophiopogon bodinieri*	叶深绿色	6 ~ 8 月	0.2	3.2	36	115
15	沿阶草	百合科沿阶草属	*Ophiopogon japonicus*	绿色		0.12	0.2	49	10
16	紫花芦莉	爵床科单药花属	*Aphelandra ruellia*	花紫色	3 ~ 10 月	0.7	0.2	36	7
17	百子莲	石蒜科百子莲属	*Agapanthus africanus*	花紫色	7 ~ 8 月	0.4	0.6	25	15
18	木春菊	菊科木茼蒿属	*Argyranthemum frutescens*	花黄色	2 ~ 10 月	0.5		25	20
19	艳山姜	姜科山姜属	*Alpinia zerumbet*	叶绿色、花红色	3 ~ 5 月	2.0	1.5	25	38
20	金粟兰	金粟兰科金粟兰属	*Chloranthus spicatus*	绿色	8 ~ 10 月	0.4	3.6	36	130
21	嘉兰百合	百合科嘉兰属	*Gloriosa superba*	花红色	6 ~ 8 月	枝长 3 ~ 4			10
22	花叶沿阶草	百合科沿阶草属	*Ophiopogon jaburan*	浅灰色		0.3	1.8	36	65
23	槲蕨	蕨科槲蕨属	*Drynaria roosii*	叶浅蓝色			附生		3
24	可爱花	爵床科可爱花属	*Eranthemum nervosum*	花紫色	秋、冬季	0.7	3.2	36	115
25	乌毛蕨	乌毛蕨科乌毛蕨属	*Blechnum orientale*	叶绿色		0.5	2	25	50
26	天门冬	百合科天门冬属	*Asparagus cochinchinensis*	叶绿色		0.4	0.8	25	20
27	巴西鸢尾	鸢尾科巴西鸢尾属	*Neomarica gracilis*	花白、紫色		0.3	1.3	36	47
28	肾蕨	肾蕨科肾蕨属	*Nephrolepis auriculata*	叶绿色		0.3	1.5	36	54
29	鸡冠爵床	爵床科鸡冠爵床属	*Odontonema strictum*	花红色	9 ~ 12 月	0.8	2.3	36	83
30	紫背竹芋	竹芋科紫背竹芋属	*Stromanthe sanguinea*	叶紫红色		0.3	6	36	216
31	天鹅绒竹芋（斑叶竹芋）	竹芋科竹芋属	*Maranta arundinacea* var. *variegata*	叶浅绿色		0.3	2.3	36	83
32	龙吐珠	马鞭草科赪桐属	*Clerodendrum thomsonae*	花红色		枝长 3 ~ 4			20
33	冷水花	荨麻科冷水花属	*Pilea notata*	叶绿色		0.3	6	36	216
34	金苞花	爵床科金苞花属	*Pachystachys lutea*	花黄色	春、秋	0.5	1	36	36
35	赤胫散	蓼科蓼属	*Polygonum runcinatum*	暗红色		0.3	0.3	49	15
36	罗裙带	石蒜科文殊兰属	*Crinum asiaticum* var. *sinicum*	花白色	6 ~ 8 月	0.5			6
37	蓬莱松	百合科天门冬属	*Asparagus retrofractus*	叶绿色		0.6	6	9	54
38	叉花草	爵床科叉花草属	*Diflugossa colorata*	花粉色	9 ~ 12 月	1	0.3	49	15
39	狐尾天门冬	百合科天门冬属	*Asparagus densiflorus* ‘Myers’	叶浅绿色		0.6	3	16	50
40	彩叶朱蕉	百合科朱蕉属	*Cordyline fruticosa*	叶桃红色		0.8			40
41	赤苞花	爵床科赤苞花属	*Megaskepasma erythrochlamys*	花红色	7 月至翌年 2 月	3			20

（续）

序号	名称	科属	学名	花（叶）色	开花期及持续时间	长成高度(m)	种植面积（m²）	种植密度（株/m²）	株数（株）
42	‘小天使’蔓绿绒	天南星科蔓绿绒属	*Philodendron melanochrysum* ‘Xanadu’	叶绿色		0.6	2.6	25	65
43	萼距花	千屈菜科萼距花属	*Cuphea hookeriana*	粉紫色	全年，5 ~ 6 月盛花	0.3	2	36	72
44	竹节海棠	秋海棠科秋海棠属	*Begonia maculata*	叶红色、花淡粉色	全年 5 ~ 6 月盛花	0.8			15
45	非洲茉莉	马钱科灰莉属	*Fagraea ceilanica*	叶绿色		120			2
46	海芋	天南星科海芋属	*Alocasia macrorrhiza*	叶绿色		120			20
47	蓝雪花	白花丹科白花丹属	*Ceratostigma plumbaginoides*	花蓝色	7 ~ 9 月	0.8	1.2	25	30
48	棕竹	棕榈科棕竹属	*Rhapis excelsa*	叶绿色		3	12		108
49	蒲葵	棕榈科蒲葵属	*Livistona chinensis*	叶绿色		11			2
50	春羽	天南星科喜林芋属	*Philodendron selloum*	叶绿色		1.2			20
51	猫尾红	大戟科铁苋菜属	*Acalypha reptans*	花红色	春季、秋季	0.3	1	25	25
52	美女樱	马鞭草科美女樱属	*Galandularia* × *hybrida*	花混色	5 ~ 11 月	0.3	2	36	72
53	铁十字海棠	秋海棠科秋海棠属	*Begonia masoniana*	叶黄绿色		0.3	1	25	25
54	金莎蔓	车前科伏胁花属	*Mecardonia procumbens*	花黄色	3 ~ 12 月	0.1	1	36	36
55	重瓣百合	百合科百合属	*Lilium* cvs.	花粉色	1 ~ 2 月	0.6	1	9	10
56	金雀花	豆科紫雀花属	*Parochetus communis*	花黄色	1 ~ 4 月	0.4			5
57	马蓝	爵床科马蓝属	*Baphicacanthus cusia*	花紫色	4 ~ 5 月	0.8			4
58	蓝花藤	马鞭草科蓝花藤属	*Petrea volubilis*	花紫色	4 ~ 5 月	枝长 5			2
59	紫娇花	石蒜科紫娇花属	*Tulbaghia violacea*	花紫红色	5 ~ 7 月	0.3	1.5	36	54
60	束花石斛	兰科石斛属	*Dendrobium chrysanthum*	花黄色	9 ~ 10 月	附生			8
61	鼓槌石斛	兰科石斛属	*Dendrobium chrysotoxum*	花黄色	3 ~ 5 月	附生			10
62	春石斛	兰科石斛属	*Dendrboium hybrida*	花粉色	3 ~ 5 月	附生			15
63	报春石斛	兰科石斛属	*Dendrobium primulinum*	花粉色	3 ~ 4 月	附生			5
64	流苏石斛	兰科石斛属	*Dendrobium fimbriatum*	花黄色	4 ~ 6 月	附生			4
65	毛地黄	玄参科毛地黄属	*Digitalis purpurea*	花混色	3 ~ 5 月	0.3	1.8	25	45
66	山桃草	柳叶菜科山桃草属	*Gaura lindheimeri*	花粉色	5 ~ 8 月	0.3	2	25	50
67	红花鼠尾草	唇形科鼠尾草属	*Salvia coccinea*	花红色	4 ~ 5 月	0.5	3	25	75
68	长寿花	景天科伽蓝菜属	*Kalanchoe blossfeldiana*	花红色	3 ~ 4 月	0.3			2
69	萱草	百合科萱草属	*Hemerocallis fulva*	花橘黄色	7 ~ 8 月	0.3	0.8	25	20
70	蓝花茄	茄科红丝线属	*Lycianthes rantonnetii*	花蓝色	全年	1.5			3
71	‘花叶’络石	夹竹桃科络石属	*Trachelospermum jasminoides* ‘Flame’	叶红色		0.1	0.9	25	23
72	银毛野牡丹	野牡丹科蒂牡花属	*Tibouchina aspera* var. *asperrima*	花紫色	5 ~ 7 月	1.5			1
73	密花石斛	兰科石斛属	*Dendrobium densiflorum*	花黄色	4 ~ 5 月	附生			4
74	红背桂	大戟科海漆属	*Excoecaria cochinchinensis*	叶红色		1 ~ 1.8	2	25	50
75	小花紫薇	千屈菜科紫薇属	*Lagerstroemia micrantha*	花粉紫色		3.5			1
76	冬红	马鞭草科冬红属	*Holmskioldia sanguinea*	花红色		1.5 ~ 2			3

花境植物更换表

序号	原植物	更换植物	科属	学名	花（叶）色	开花期及持续时间	长成高度（m）	种植面积（m²）	种植密度（株/m²）	株数（株）	备注
1	美女樱	落新妇	虎耳草科落新妇属	*Astilbe chinensis*	花粉色	6-9 月	0.4	2	25	50	夏季
2	欧石竹	冷水花	荨麻科冷水花属	*Pilea notata*	叶绿色	常绿	0.3	0.6	36	22	夏季
3	毛地黄	时令花卉	车前科毛地黄属	*Digitalis purpurea*	花紫色	3 ~ 5 月	0.3	1.8			夏、秋

古城芳草翠

苏州满庭芳景观工程有限公司

覃乐梅

春季实景

夏季实景

设计说明

花境位于第十届中国花卉园艺博览会河北展园内古城墙前面坡地，为一个纯观赏草主题花境，希望营造一种“远芳侵古道，晴翠接荒城”的燕赵塞北风光意境。

为了区别于江南气候下的花团锦簇，本花境用20余种色彩丰富，或柔软飘逸或坚韧挺拔的观赏草品种组合搭配。有效结合上层银杏、红枫、金桂等乔木，体现出了古城芳草翠的花境主题。

秋季实景

花境植物材料

序号	名称	科属	学名	花（叶）色	开花期及持续时间	长成高度（cm）	冠幅（cm）	种植密度（株/m²）	面积（m²）	株数（株）
				花灌木类						
1	‘彩叶’杞柳	杨柳科柳属	*Salix integra* ‘Hakuro Nishiki’	花叶	春夏秋观叶	300	60 ~ 80	3	1.13	3
2	‘红巨人’澳洲朱蕉	百合科朱蕉属	*Cordyline australis* ‘Torbay Red’	红叶	四季观叶	60	30 ~ 40	16	0.29	5
3	‘无尽夏’绣球	虎耳草科绣球属	*Hydrangea macrophylla* ‘Endless Summer’	粉花	夏花，花期 6 ~ 9 月	100	30 ~ 40	16	3.44	55
4	金陵黄枫	槭树科槭属	*Acer palmatum*	金黄色叶	春夏秋观叶	200 ~ 300	40 ~ 60	9	0.48	4
5	金边丝兰	龙舌兰科丝兰属	*Yucca aloifolia*	绿叶金边、白花	四季观叶，夏秋花	50 ~ 80	40 ~ 60	9	1.55	14
				多年生花卉类						
1	蛇鞭菊	菊科蛇鞭菊属	*Liatris spicata*	紫色花	夏花，花期 7 ~ 8 月	50 ~ 70	20 ~ 30	25	1.99	50
2	天蓝鼠尾草	唇形科鼠尾草属	*Salvia uliginosa*	蓝花	春夏花，花期 6 ~ 7 月	150	20 ~ 30	25	2.14	54
3	彩叶草	唇形科鞘蕊花属	*Coleus scutellarioides*	红叶	四季观叶	70	30 ~ 40	16	1.47	24
4	‘深蓝’鼠尾草	唇形科鼠尾草属	*Salvia guaranitica* ‘Black and Blue’	深蓝色花	夏秋花，花期 4 ~ 11 月	100	20 ~ 30	25	1.28	32
5	姬小菊	菊科鹅河菊属	*Brachyscome angustifolia*	紫花	四季开花	30	15 ~ 25	36	3.99	144
6	‘法国’薰衣草	唇形科薰衣草属	*Lavandula angustifolia*	紫花	春秋花，花期 5 月、9 月、10 月	60	20 ~ 30	25	2.42	61
7	‘玫红’筋骨草	唇形科筋骨草属	*Ajuga ciliata*	蓝紫花	观叶观花，春花，花期 5 月	40	20 ~ 30	25	2.13	53
8	金边阔叶麦冬	百合科山麦冬属	*Liriope muscari*	紫花	春秋冬观叶，夏花，花期 6 ~ 9 月	40	20 ~ 30	25	0.78	20
9	蓝花鼠尾草	唇形科鼠尾草属	*Salvia farinacea*	蓝紫花	春夏花，花期 3 ~ 9 月	70	20 ~ 30	25	1.17	29
10	新西兰麻	龙舌兰科新西兰麻属	*Phormium tenax*	叶片深红色带粉边	四季观叶	40 ~ 50	40 ~ 60	9	0.94	8
11	‘花叶’络石	夹竹桃科络石属	*Trachelospermum jasminoides* ‘Flame’	粉叶	四季观叶	10 ~ 20	30 ~ 40	16	3.44	55
12	‘红唇’鼠尾草	唇形科鼠尾草属	*Salvia japonica* cv.	红花	夏秋花	40 ~ 60	20 ~ 30	25	5.00	125
13	‘幻紫’鼠尾草	唇形科鼠尾草属	*Salvia japonica* ‘Purple Majesty’	紫花	夏秋花	40 ~ 60	20 ~ 30	25	2.92	73
14	‘蔚蓝’鼠尾草	唇形科鼠尾草属	*Salvia japonica* cv.	蓝花	夏秋花	40 ~ 60	20 ~ 30	25	2.69	67
15	大花萱草	百合科萱草属	*Hemerocallis fulva*	橙花	春夏秋花，花期 6 ~ 10 月	40 ~ 100	20 ~ 30	25	1.64	41
				观赏草类						
1	‘重金属’柳枝稷	禾本科黍属	*Panicum virgatum*	花穗玫红色	夏秋花，花期 6 ~ 11 月	150 ~ 200	30 ~ 40	16	3.71	59
2	‘紫叶’狼尾草	禾本科狼尾草属	*Pennisetum setaceum* ‘Rubrum’	紫叶	观叶、观穗，穗期 6 ~ 9 月	60 ~ 80	30 ~ 40	16	3.80	61
3	‘细叶’芒	禾本科芒属	*Miscanthus sinensis* ‘Gracillimus’	花穗淡黄色	夏秋花，花期 7 ~ 11 月	80 ~ 150	30 ~ 40	16	3.83	61
4	细茎针茅	禾本科针茅属	*Stipa tenuissima*	春、夏、秋观叶	观叶	40 ~ 60	20 ~ 30	25	3.31	83
5	糖蜜草	禾本科糖蜜草属	*Melinis minutiflora*	粉色花穗	夏秋花，花期 7 ~ 10 月	30 ~ 50	20 ~ 30	25	6.99	175
6	‘细叶’画眉草	禾本科画眉草属	*Eragrostis pilosa*	花穗淡绿色带紫色	夏秋花，花期 7 ~ 10 月	50 ~ 70	30 ~ 40	16	5.92	95
7	‘小兔子’狼尾草	禾本科狼尾草属	*Pennisetum alopecuroides* ‘Little Bunny’	黄白花	观叶，秋季观花	30 ~ 50	20 ~ 30	25	6.95	174
8	蓝冰麦	禾本科印第安草属	*Sorghastrum nutans* ‘Sioux Blue’	蓝灰色叶片	春夏观叶，秋叶变黄	40 ~ 50	20 ~ 30	25	9.08	227
9	小盼草	禾本科小盼草属	*Chasmanthium latifolium*	花穗夏季淡绿色、秋季棕红色	夏秋花	50 ~ 70	20 ~ 30	25	6.43	161
10	‘歌舞’芒	禾本科芒属	*Miscanthus sinensis* ‘Cabaret’	绿叶金边	春夏秋观叶	50 ~ 70	30 ~ 40	16	8.44	135
11	‘花叶’玉带草	禾本科虉草属	*Phalaris arundinacea*	绿叶金边	春夏秋观叶	60 ~ 80	30 ~ 40	16	0.29	5
12	‘花叶’燕麦草	禾本科燕麦草属	*Arrhenatherum elatius*	绿叶金边	春夏秋观叶	20-25	20-30	25	0.81	20

花境植物更换表

序号	名称	科属	学名	花（叶）色	开花期及持续时间	长成高度（cm）	冠幅（cm）	种植密度（株/m²）	面积（m²）	株数（株）
1	萼距花	千屈菜科萼距花属	*Cuphea hookeriana*	玫红色花	春夏秋花，花期 5 ~ 12 月	60	15 ~ 25	36	3.99	144
2	‘小兔子’狼尾草	禾本科狼尾草属	*Pennisetum alopecuroides* ‘Little Bunny’	黄白花	观叶，秋季观花	30 ~ 50	20 ~ 30	25	2.42	61

科农·印迹

广东科贸职业学院

李智多　乔红　王慧蕾　冯应东　刘璐　彭彩玲

春季实景

夏季实景

设计说明

用花的语言生动阐述科教兴农的发展历史。

根据视觉效果从左到右，颜色从浅到深，品种从少到多。通过运用“绿”“黄”“红”“蓝”四色为主调的飘带状花境表达春耕、夏盛、秋实、冬藏四季之景。从浅绿到深绿充分展示春意欣欣向荣之景；从浅黄、浅红到橙黄、深红表达出热情奔放的盛夏；从深红、深蓝到浅红、浅蓝表达秋冬的惬意。

本花境采用多个观赏角度和“虽由人作，宛自天开”的艺术手法，将小乔木、灌木、宿根花卉、球根花卉等植物进行艺术配置，从层次、空间、色彩上创造自然、和谐、富有生机活力的花境景观。

秋季实景

设计阶段图纸

N

2m 4m 6m

44000

15300

20790

20000

1.藿香蓟
2.‘金叶’甘薯
3.玛格丽特（粉白）
4.玛格丽特（红）
5.蓝星花
6.‘金叶’石菖蒲
7.紫薇（瓶造型）
8.羽衣甘蓝（紫）
9.羽衣甘蓝（白）
10.观赏蔬菜
11.矾根
12.花叶玉簪
13.大花海棠
14.鸟巢蕨
15.木春菊
16.蓝花鼠尾草
17.花叶土人参
18.假蒿
19.‘金边’露兜
20.彩叶草
21.翠芦莉
22.马利筋
23.‘矮’蒲苇
24.宝塔花
25.狐尾天门冬
26.金红羽狼尾草
27.红花鼠尾草
28.金脉爵床
29.野牡丹（粉）
30.硬枝老鸦嘴
31.银叶金合欢
32.三角梅
33.黄金香柳
34.粉扑花
35.花叶女贞
36.细叶紫薇
37.海桐
38.红车
39.龟甲冬青
40.澳洲鸭脚木
41.山桃花
42.朱蕉
43.绣球花（蓝紫）
44.火炬花
45.砾石
46.草坪
47.木纹脚印

花境植物材料

序号	名称	学名	规格（m）		数量（m^2）	花（叶）色	花期及延续时长（月份）												更换说明
			高度	冠幅			1	2	3	4	5	6	7	8	9	10	11	12	
1	藿香蓟	*Ageratum conyzoides*	0.2 ~ 0.3	0.15 ~ 0.25	5.97	蓝紫色													
2	‘金叶’甘薯	*Ipomoea batatas* ‘Golden Summer’	0.2 ~ 0.25	0.25 ~ 0.3	2.30	黄绿色													
3	玛格丽特（粉白）	*Argyranthemum frutescens*	0.2	0.2	6.32	粉白													
4	玛格丽特（红）	*Argyranthemum frutescens*	0.2	0.2	4.37	红													
5	蓝星花	*Tweedia coerulea*	0.2 ~ 0.25	0.2	10.30	蓝色													
6	‘金叶’石菖蒲	*Acorus gramineus* ‘Ogan’	0.3 ~ 0.35	0.2 ~ 0.3	5.76	绿色（金边）													
7	紫薇（瓶造型）	*Lagerstroemia indica*	2	1.8	1.00														
8	羽衣甘蓝（紫）	*Brassica oleracea* var. *acephala* f. *tricolor*	0.2 ~ 0.3	0.2 ~ 0.3	1.35	紫色													
9	羽衣甘蓝（白）	*Brassica oleracea* var. *acephala* f. *tricolor*	0.2 ~ 0.3	0.2 ~ 0.3	2.12	白色													
10	观赏蔬菜		0.3 ~ 0.35	0.2 ~ 0.3	4.37	绿色、紫红色													
11	矾根	*Heuchera micrantha*	0.2 ~ 0.25	0.15 ~ 0.2	4.15	彩色													
12	花叶玉簪	*Hosta undulata*	0.25 ~ 0.3	0.4 ~ 0.5	6.68	绿色（花叶）													
13	大花海棠	*Begonia semperflorens*	0.2 ~ 0.25	0.3 ~ 0.4	1.82	红色													
14	鸟巢蕨	*Asplenium nidus*	0.3 ~ 0.4	0.4 ~ 0.5	0.66	绿色													
15	木春菊	*Argyranthemum frutescens*	0.3 ~ 0.45	0.3 ~ 0.4	3.33	黄色													
16	蓝花鼠尾草	*Salvia farinacea*	0.3 ~ 0.6	0.2 ~ 0.3	4.36	蓝色													穗花婆婆纳（蓝）
17	花叶土人参	*Talinum paniculatum*	0.3 ~ 0.4	0.2 ~ 0.3	4.79	花叶													
18	假蒿	*Kuhnia rosmarnifolia*	0.6 ~ 0.8	0.3 ~ 0.4	3.21	绿色													
19	‘金边’露兜	*Pandanus pygmaeus* ‘Golden Pygmy’	0.5 ~ 0.6	0.4 ~ 0.5	8.00	黄色													
20	彩叶草	*Coleus scutellarioides*	0.3 ~ 0.4	0.4 ~ 0.5	3.90	红色													
21	翠芦莉	*Ruellia simplex*	0.3 ~ 0.5	0.3 ~ 0.4	8.27	紫色													
22	马利筋	*Asclepias curassavica*	1.2 ~ 1.5	0.3 ~ 0.4	3.20	橙黄色													
23	‘矮’蒲苇	*Cortaderia selloana* ‘Pumila’	1.2 ~ 1.5	0.4 ~ 0.5	4.80	绿色													
24	宝塔花	*Caryopteris incana*	0.8 ~ 1.0	0.3 ~ 0.4	4.51	黄色													
25	狐尾天门冬	*Asparagus densiflorus* ‘Myers’	0.3 ~ 0.5	0.25 ~ 0.3	5.10	绿色													
26	金红羽狼尾草	*Pennisetum setaceum*	1.2 ~ 1.5	0.8 ~ 1.0	4.10	绿色													
27	红花鼠尾草	*Salvia coccinea*	0.4	0.4	2.40	红色													
28	金脉爵床	*Sanchezia speciosa*	1.0 ~ 1.2	0.3 ~ 0.4	1.30	红色													
29	野牡丹（粉）	*Melastoma candidum*	1.2 ~ 1.3	0.3 ~ 0.35	5.40	粉色													
30	硬枝老鸦嘴	*Thunbergia erecta*	0.6 ~ 0.8	0.3 ~ 0.4	3.35	银绿色													
31	银叶金合欢	*Acacia podalyriifolia*	1.5	0.8 ~ 1.0	2.00	银白色													
32	三角梅	*Bougainvillea spectabilis*	1.2 ~ 1.3	0.6 ~ 0.8	2.00	粉红色													
33	黄金香柳	*Melaleuca bracteata*	1.5	0.8 ~ 1.0	2.00	金黄色													
34	粉扑花	*Calliandra surinamensis*	0.8 ~ 1.0	0.6 ~ 0.8	1.00	粉色													
35	花叶女贞	*Ligustrum ovalisolium*	0.8 ~ 1.0	0.8 ~ 1.0	3.00	花色													
36	细叶紫薇	*Lagerstroemia indica*	2.0	1.5	1.00	花粉色													
37	海桐	*Pittosporum tobira*	1.0 ~ 1.2	0.6 ~ 0.8	1.00	墨绿色													
38	红车	*Syzyglum hancei*	1.5	0.6 ~ 0.8	5.00	红色													
39	龟甲冬青	*Ilex crenata* ‘Convexa Makino’	0.8 ~ 1.0	0.8 ~ 1.0	1.00	墨绿色													
40	澳洲鸭脚木	*Schefflera microphylla*	1.8	1.5	2.00	绿色													
41	山桃花	*Mountain persici*	0.3 ~ 0.4	0.3 ~ 0.35	1.50	粉红色													
42	朱蕉	*Cordyline fruticosa*	1.0 ~ 1.2	0.2 ~ 0.25	2.00	紫红色													
43	绣球花（蓝紫）	*Hydrangea macrophylla*	0.4 ~ 0.5	0.3 ~ 0.4	2.70	蓝紫色													
44	火炬花	*Kniphofia uvaria*	0.8 ~ 1.0	0.3 ~ 0.4	1.00	橙红色													

只有爱

江苏裕丰旅游开发有限公司

戴春艳　季晓娇　曹忠海　胡平

春季实景

设计说明

本花境为混合花境，季相分明，色彩丰富。多样性的植物组团配置，斑块自然，层次丰富，三季有花，四季有景。

本花境的特色是开花植物多，花期长，三季花开不断，并且在秋季还可以观果。常绿植物与开花植物相互映衬，使景观稳定中不失活泼。处于花海的主要游览路线节点上，给游客一个清新雅致的审美体验。

夏季实景

秋季实景

花境植物材料

序号	名称	科属	学名	规格	数量	观赏特性及花期												观赏说明	
						1	2	3	4	5	6	7	8	9	10	11	12	观赏期	花色、叶色
1	银杏	银杏科银杏属	*Ginkgo biloba*	6 ~ 6.5m	2 棵													1 ~ 12 月	绿色
2	天堂鸟	旅人蕉科鹤望兰属	*Strelitzia reginae*	5 加仑	4 棵													1 ~ 12 月	绿色
3	红叶石楠	蔷薇科石楠属	*Photinia* × *fraseri*	原有植物	1 棵													1 ~ 12 月	红色
4	榉树	榆科榉属	*Zelkova serrata*	原有植物	1 棵													1 ~ 12 月	绿色
5	树状三角梅	紫茉莉科叶子花属	*Bougainvillea spectabilis*	5 加仑	2 棵													8 ~ 10 月下旬	玫红色
6	龟甲冬青	冬青科冬青属	*Ilex chinensis*	3 加仑	9 棵													1 ~ 12 月	绿色
7	亮金女贞（球）	木樨科女贞属	*Ligustrum* × *vicaryi*	3 加仑	6 棵													1 ~ 12 月	亮金色
8	亮金女贞（塔）	木樨科女贞属	*Ligustrum* × *vicaryi*	m40 美植袋	1 棵													1 ~ 12 月	亮金色
9	‘金边’胡颓子	胡颓子科胡颓子属	*Elaeagnus pungens* ‘Aurea’	5 加仑	1 棵													1 ~ 12 月	叶边缘乳黄色
10	‘银姬’小蜡	木樨科女贞属	*Ligustrum sinense* ‘Variegatum’	3 加仑	1 棵													1 ~ 12 月	叶缘有银白色
11	红花檵木	金缕梅科檵木属	*Loropetalum chinense* var. *rubrum*	m40 美植袋	4 棵													1 ~ 12 月	红色
12	喷雪花	蔷薇科绣线菊属	*Spiraea thunbergii*	m40 美植袋	2 棵													3 月	花白色
13	佛甲草	景天科景天属	*Sedum lineare*	方盘	10 ㎡													9 月下旬至 11 月	黄色
14	红草	苋科莲子草属	*Alternanthera bettzickiana*	120	2 ㎡													9 月下旬至 11 月	红色
15	蓝雪花	白花丹科蓝雪花属	*Ceratostigma plumbaginoides*	150	10 棵													6 ~ 11 月	蓝色
16	黄金甘薯藤	旋花科薯蓣属	*Dioscorea esculenta*	210	$0.5m^2$													6 ~ 11 月	黄色
17	百合	百合科百合属	*Lilium* cvs.	160	$8m^2$													5 月下旬至 6 月下旬	红色、黄色
18	绣球	虎耳草科绣球属	*Hydrangea macrophylla*	3 加仑	$3m^2$													5 ~ 6 月	粉色、蓝色
19	国庆菊	菊科菊属	*Chrysanthemum morifolium*	160	$15m^2$													9 月下旬至 10 月下旬	黄色、红色、粉色
20	长春花	夹竹桃科长春花属	*Catharanthus roseus*	150	$2m^2$													9 月下旬至 11 月	红色白心
21	超级彩叶草	唇形科鞘蕊花属	*Plectranthus scutellarioides*	180	$2m^2$													4 月下旬至 11 月	黄色、暗黄色、红色
22	大花秋海棠	秋海棠科秋海棠属	*Begonia grandis*	160	$10m^2$													4 月下旬至 11 月	红色、粉色
23	四季秋海棠	秋海棠科秋海棠属	*Begonia cucullata*	120	$10m^2$													4 月下旬至 11 月	红色、粉色
24	万寿菊橙色	菊科万寿菊属	*Tagetes erecta*	150	$20m^2$													9 月下旬至 11 月	黄色、橙色
25	金叶满天星	石竹科石头花属	*Gypsophila paniculata*	120	$8m^2$													1 ~ 12 月	叶金黄色
26	‘金叶’薹草	莎草科薹草属	*Carex oshimensis* ‘Evergold’	210	$0.5m^2$													1 ~ 12 月	金色
27	铺地柏	柏科刺柏属	*Juniperus procumbens*	m30	1 棵													3 ~ 5 月	叶绿色
28	维多利亚鼠尾草	唇形科鼠尾草属	*Salvia japonica*	120	$2m^2$													9 月下旬至 11 月	蓝色
29	千日紫	苋科千日红属	*Gomphrena globosa*	150	$10m^2$													6 ~ 9 月	紫色

（续）

序号	名称	科属	学名	规格	数量	观赏特性及花期												观赏说明	
						1	2	3	4	5	6	7	8	9	10	11	12	观赏期	花色、叶色
30	鸟巢蕨	铁角蕨科巢蕨属	*Asplenium nidus*	210	10 棵													1 ~ 12 月	绿色
31	霸王蕨	肾蕨科肾蕨属	*Nephrolepis biserrata*	210	3 棵													1 ~ 12 月	绿色
32	玉簪	百合科玉簪属	*Hosta plantaginea*	160	$1m^2$													6 ~ 8 月	白色、淡紫色、淡粉色
33	吉姆蕨	蕨科蕨属	*Pteridium aquilinum* var. *latiusculum*	210	7 棵													1 ~ 12 月	绿色
34	老人须	凤梨科铁兰属	*Tillandsia usuneoides*	h=1m	100 挂													1 ~ 12 月	银灰色
35	黄金菊	菊科黄蓉菊属	*Euryops pectinatus*	210	$8m^2$													8 ~ 10 月	黄色
36	矾根	虎耳草科矾根属	*Heuchera micrantha*	150	$2m^2$													4 ~ 10 月	红色、紫色、枫叶红
37	藿香蓟	菊科藿香蓟属	*Ageratum conyzoides*	150	$1m^2$													1 ~ 12 月	粉色
38	鼠尾草	唇形科鼠尾草属	*Salvia japonica*	120	$12m^2$													6 ~ 9 月	紫色
39	散尾葵	棕榈科散尾葵属	*Chrysalidocarpus lutescens*	h=1.8m	3 棵													1 ~ 12 月	绿色
40	洋凤仙	凤仙花科凤仙花属	*Impatiens walleriana*	180	$6m^2$													7 ~ 10 月	橙色
41	郁金香	百合科郁金香属	*Tulipa gesneriana*	种球	$12m^2$													3 月下旬至 4 月	各色
42	洋水仙	石蒜科水仙属	*Narcissus pseudonarcissus*	种球	$3m^2$													3 月上旬至 4 月上旬	黄色
43	花葱	百合科葱属	*Allium giganteum*	1 加仑	$5m^2$													4 月下旬至 5 月中旬	紫色
44	角堇	堇菜科堇菜属	*Viola cornuta*	120	$20m^2$													2 ~ 5 月	多色
45	飞燕草	毛茛科飞燕草属	*Consolida ajacis*	150	$14m^2$													4 月下旬至 6 月	蓝色
46	黄晶菊	菊科菊属	*Chrysanthemum multicaule*	120	380 盆													3 ~ 5 月	黄色
47	白晶菊	菊科菊属	*Chrysanthemum paludosum*	120	120 盆													3 ~ 5 月	白色
48	鬼针草	菊科鬼针草属	*Bidens pilosa*	150	50 盆													5 ~ 6 月	橙色
49	葡萄风信子	石蒜科蓝壶花属	*Muscari botryoides*	种球	$8m^2$													3 月上旬至 4 月上旬	蓝色
	合计				3875														

花境植物更换表

序号	名称	科属	学名	规格	数量	观赏特性及花期												观赏说明	
						1	2	3	4	5	6	7	8	9	10	11	12	观赏期	花色、叶色
1	国庆菊	菊科菊属	*Chrysanthemum morifolium*	150	100 盆													9 月下旬至 10 月	绿色
2	四季海棠（粉色）	秋海棠科秋海棠属	*Begonia cucullata*	150	60 盆													9 ~ 11 月	绿色
3	百合	百合科百合属	*Lilium* cvs.	160	150 盆													9 月下旬至 10 月下旬	红色、黄色

天工水韵·山河之境

石家庄高新技术产业开发区供水排水公司

冯璇 刘梦 张艺潇 张宏岩 董沛菁

春季实景

设计说明

本作品依山（意指“石拱门”）而坐、傍水（意指“景观水池”）而立，晨揽朝阳、夜沐繁星，望境中四季更迭变化，听虫语鸟鸣清脆悦耳。

整个花境季相分明，春季以粉白、蓝紫色调为主，中前景的杜鹃、‘无尽夏’绣球、牡丹、珍珠绣线菊、喷雪花等与高层次的‘娇红一号’玉兰、红梅、石楠球构成宁静唯美又天真烂漫的红粉白色调，中后景的大花飞燕草与中景的法国薰衣草，和前景的美女樱构成高贵典雅的蓝紫色调。

夏季，在桧柏、洒金柏、石楠球等骨架植物的依托下，中景的各色月季、八宝景天、绣球、山桃草、落新妇等与前景的玉簪、矾根、美女樱相互搭配，形态各异的花朵争相开放，交相呼应。最具特点的是坚硬的石材与攀附其上的藤蔓、鲜花相映成趣。

秋季，中后景的南天竹，悄然间染红了叶子，红叶石楠球更加鲜红，墨西哥鼠尾草生出紫红色茸毛，细茎针芒轻盈飘舞着曼妙的身姿，与中前景的月季、粉黛乱子草和前景小丽花、‘金叶’薹草、‘金线’石菖蒲等构成一幅斑斓飞舞的画面。

夏季实景

秋季实景

天工水韵—山河之境

东区平面图

比例=1:100

编号	植物	编号	植物	编号	植物	编号	植物
1	朴树	16	芍药	31	喷雪花	46	佛甲草
2	龙柏	17	‘玛格丽特’爬藤月季	32	金雀儿	47	美女樱
3	桧柏	18	‘黄金庆典’爬藤月季	33	法国薰衣草	48	山丽花
4	云杉	19	‘蓝色阴雨’爬藤月季	34	大花飞燕	49	薄荷
5	洒金柏	20	‘龙沙宝石’爬藤月季	35	银叶菊	50	粉黛乱子草
6	"骄红一号"玉兰	21	‘甜梦’爬藤月季	36	大滨菊	51	金叶苔草
7	水蜡球	22	‘金丝雀’月季	37	八宝景天	52	细茎针茅
8	红叶石楠球	23	‘王妃’月季	38	山桃草	53	墨西哥鼠尾草
9	红梅	24	‘甜蜜马车’月季	39	矾根	54	金线石菖蒲
10	木绣球	25	‘薰衣草蕾丝’月季	40	常绿鸢尾	55	新西兰麻
11	‘无尽夏’绣球	26	矮生月季	41	德国鸢尾	56	亮叶忍冬
12	花叶八仙花	27	杜鹃	42	‘花叶’玉蝉花	57	落新妇
13	圆锥绣球	28	迎春	43	‘花叶’玉簪	58	九里香
14	‘赵粉’牡丹	29	南天竹	44	鸢尾	59	芭蕉
15	‘姚黄’牡丹	30	珍珠绣线菊	45	过路黄	60	水竹

注：

(0,0)点为绿化区域路牙石角点，方格网间距1m，

尺寸标注以m为单位。

花境植物材料

序号	名称	科属	学名	花（叶）色	开花期及持续时间	长成高度	种植面积（m^2）	种植密度（株/m^2）	株数（株）
1	朴树	榆科朴属	*Celtis sinensis*	绿色	4 ~ 10 月	4m	—	—	3
2	龙柏	柏科圆柏属	*Sabina chinensis* 'Kaizuca'	绿色	全年	5m	—	—	4
3	桧柏	柏科圆柏属	*Sabina chinensis*	绿色	全年	3.5m	—	—	5
4	云杉	松科云杉属	*Picea asperata*	绿色	全年	2.5m	—	—	1
5	'洒金'柏	柏科侧柏属	*Platycladus orientalis* 'Aurea Nana'	黄色、绿色	春季	40 ~ 60cm	2.5	36	90
6	'娇红一号'玉兰	木兰科木兰属	*Magnolia wufengensis* 'Jiaohong 1 Hao'	红色	3 月（7 天）	3m	—	—	5
7	水蜡（球）	木樨科女贞属	*Ligustrum obtusifolium*	白色	5 ~ 6 月	1.5m	—	—	1
8	红叶石楠（球）	蔷薇科石楠属	*Photinia serrulata*	红色	全年	2m	—	—	2
9	红梅	蔷薇科李属	*Prunus mume*	粉红色	3 月（7 天）	1.5m	—	—	2
10	木绣球	忍冬科荚蒾属	*Viburnum macrocephalum*	白色	4 ~ 5 月	1.5m	—	—	1
11	'无尽夏'绣球	虎耳草科绣球属	*Hydrangea macrophylla* 'Endless Summer'	粉色	6 ~ 9 月	40 ~ 50cm	5	4	20
12	花叶八仙花	虎耳草科八仙花属	*Viburnum macrocephalum*	粉色	6 ~ 7 月	1 ~ 4m	1	4	4
13	圆锥绣球	虎耳草科绣球属	*Hydrangea paniculata*	白色	7 ~ 8 月	1 ~ 5m	1	16	16
14	'赵粉'牡丹	芍药科芍药属	*Paeonia suffruticosa* 'Zhao Pink'	粉色	5 月	40 ~ 50cm	2	9	18
15	'姚黄'牡丹	芍药科芍药属	*Paeonia suffruticosa* 'Yaohuang'	黄色	5 月	40 ~ 50cm	2	9	18
16	芍药	芍药科芍药属	*Paeonia lactiflora*	粉色	5 ~ 6 月	40 ~ 70cm	1	9	9
17	'玛格丽特'爬藤月季	蔷薇科蔷薇属	*Rosa* cv.	黄色	4 ~ 9 月	2.5m	—	—	1
18	'黄金庆典'爬藤月季	蔷薇科蔷薇属	*Rosa* cv.	橙黄色	4 ~ 9 月	2.5m	—	—	1
19	'蓝色阴雨'爬藤月季	蔷薇科蔷薇属	*Rosa* cv.	紫色	4 ~ 9 月	2.5m	—	—	1
20	'龙沙宝石'爬藤月季	蔷薇科蔷薇属	*Rosa* cv.	粉色	4 ~ 9 月	2.5m	—	—	2
21	'甜梦'爬藤月季	蔷薇科蔷薇属	*Rosa* cv.	橙黄色	4 ~ 9 月	2m	—	—	1
22	'金丝雀'月季	蔷薇科蔷薇属	*Rosa* cv.	黄色	4 ~ 9 月	50 ~ 60cm	3	9	27
23	'王妃'月季	蔷薇科蔷薇属	*Rosa* cv.	黄色	4 ~ 9 月	50 ~ 60cm	1	9	9
24	'甜蜜马车'月季	蔷薇科蔷薇属	*Rosa* cv.	紫红色	5 ~ 10 月	40 ~ 50cm	2	9	18
25	'薰衣草蕾丝'月季	蔷薇科蔷薇属	*Rosa* cv.	蓝紫色	4 ~ 9 月	50 ~ 60cm	3	9	37
26	矮生月季	蔷薇科蔷薇属	*Rosa* cv.	各色	4 ~ 9 月	15 ~ 25cm	2	16	32
27	杜鹃	杜鹃花科杜鹃花属	*Rhododendron simsii*	粉红色	4 ~ 5 月	30 ~ 40cm	21	16	336
28	迎春	木樨科素馨属	*Jasminum nudiflorum*	黄色	2 ~ 4 月	50 ~ 80cm	6	25	150
29	南天竹	小檗科南天竹属	*Nandina domestica*	绿变红	3 ~ 6 月	1 ~ 3m	4	49	196
30	珍珠绣线菊	蔷薇科绣线菊属	*Spiraea thunbergii*	白色	4 ~ 5 月	60 ~ 150cm	4	49	196
31	喷雪花	蔷薇科珍珠梅属	*Sorbaria sorbifolia*	白色	3 ~ 4 月	1.5 ~ 2m	1	4	4
32	金雀儿	豆科金雀儿属	*Cytisus scoparius*	黄色	4 ~ 5 月	0.8 ~ 2m	4	16	64
33	法国薰衣草	唇形科薰衣草属	*Lavandula stoechas*	紫色	6 ~ 8 月	40 ~ 60cm	7	16	112
34	大花飞燕	毛茛科翠雀属	*Delphinium grandiflorum*	蓝紫色	5 ~ 10 月	70 ~ 100cm	6	16	96

（续）

序号	名称	科属	学名	花（叶）色	开花期及持续时间	长成高度	种植面积（m^2）	种植密度（株/m^2）	株数（株）
35	银叶菊	菊科瓠千里光属	*Jacobaea maritima*	黄色	10 月	15 ～ 25cm	1	49	49
36	大滨菊	菊科滨菊属	*Leucanthemum* × *superbum*	白色	5 ～ 7 月	40 ～ 110cm	3	16	48
37	八宝景天	景天科八宝属	*Hylotelephium erythrostictum*	粉色	7 ～ 10 月	30 ～ 50cm	3	49	147
38	山桃草	柳叶菜科山桃草属	*Gaura lindheimeri*	白变浅粉色	5 ～ 8 月	60 ～ 100cm	5	9	45
39	矾根	虎耳草科矾根属	*Heuchera micrantha*	红色、黄色	4 ～ 10 月	15 ～ 40cm	4	36	144
40	常绿鸢尾	鸢尾科鸢尾属	*Iris tectorum*	粉色	4 ～ 5 月	60 ～ 100cm	2	36	72
41	德国鸢尾	鸢尾科鸢尾属	*Iris germanica*	黄色	4 ～ 5 月	20 ～ 30cm	3	36	108
42	‘花叶’玉蝉花	鸢尾科鸢尾属	*Iris ensata*	深紫色	6 ～ 7 月	30 ～ 80cm	3	36	108
43	花叶玉簪	百合科玉簪属	*Hosta undulata*	暗紫色	7 ～ 8 月	20 ～ 40cm	8	25	200
44	鸢尾	鸢尾科鸢尾属	*Iris tectorum*	紫色	4 ～ 5 月	30 ～ 40cm	3	25	75
45	过路黄	报春花科珍珠菜属	*Lysimachia christinae*	黄色	5 ～ 7 月	20 ～ 60cm	5	49	245
46	佛甲草	景天科景天属	*Sedum lineare*	绿色	4 ～ 5 月	10 ～ 20cm	3	49	147
47	美女樱	马鞭草科美女樱属	*Galandularia* × *hybrida*	紫色	5 ～ 11 月	15 ～ 25cm	15	49	735
48	小丽花	菊科大丽花属	*Dahlia pinnata*	紫红色	7 ～ 10 月	30 ～ 60cm	8.5	16	136
49	薄荷	唇形科薄荷属	*Mentha haplocalyx*	淡紫色	7 ～ 9 月	30 ～ 60cm	2	49	98
50	粉黛乱子草	禾本科乱子草属	*Muhlenbergia capillaris*	粉色	9 ～ 11 月	30 ～ 90cm	3	36	108
51	金叶薹草	莎草科薹草属	*Carex oshimensis* ‘Evergold’	白绿色	4 ～ 5 月	40 ～ 60cm	6	16	96
52	细茎针茅	禾本科针茅属	*Stipa tenuissima*	绿色	4 ～ 10 月	60 ～ 100cm	3	16	48
53	墨西哥鼠尾草	唇形科鼠尾草属	*Salvia leucantha*	紫色	7 ～ 10 月	80 ～ 100cm	3	16	48
54	金线石菖蒲	天南星科菖蒲属	*Acorus gramineus* var. *pusillus*	黄色	5 ～ 6 月	20 ～ 30cm	2	16	32
55	新西兰麻	龙舌兰科新西兰麻属	*Phormium tenax*	棕红色	4 ～ 10 月	50 ～ 80cm	—	—	4
56	亮叶忍冬	忍冬科忍冬属	*Lonicera ligustrina* subsp. *yunnanensis*	黄白色	4 ～ 6 月	2 ～ 3m	2	9	18
57	落新妇	虎耳草科落新妇属	*Astilbe chinensis*	粉色	6 ～ 9 月	50 ～ 100cm	3	25	75
58	九里香	芸香科九里香属	*Murraya exotica*	白色	4 ～ 8 月	60 ～ 80cm	—	—	10
59	芭蕉	芭蕉科芭蕉属	*Musa basjoo*	绿色	4 ～ 10 月	2.5 ～ 4m	3	4	12
60	水竹	禾本科刚竹属	*Phyllostachys heteroclada*	绿色	4 ～ 10 月	1 ～ 2m	2	4	8

花境植物更换表

序号	名称	科属	学名	花（叶）色	开花期及持续时间	长成高度	种植面积（m^2）	种植密度（株/m^2）	株数（株）
1	丝兰	百合科丝兰属	*Yucca smalliana*	白色	8 ～ 9 月	100 ～ 150cm	—	—	4
2	扁叶刺芹	伞形科刺芹属	*Eryngium planum*	蓝色	7 ～ 8 月	50 ～ 75cm	—	—	10
3	绵毛水苏	唇形科水苏属	*Stachys lanata*	紫色	7 月	50 ～ 60cm	1	9	9
4	荆芥	唇形科荆芥属	*Nepeta cataria*	紫色	7 ～ 8 月	50 ～ 80cm	2	9	18

享·自由

晋城市园林绿化管护事务中心

赵永芳　马丽莎　梁浩雷

春季实景

夏季实景

秋季实景

设计说明

作品位于山西省晋城市白马寺山植物园内，面积约 110m^2，处于园区主要交通路线交叉口。整个花境依托原有假山为背景，以乔木、灌木和宿根花卉为主，点缀一年生花卉，三面观赏皆可成景。

设计阶段图纸

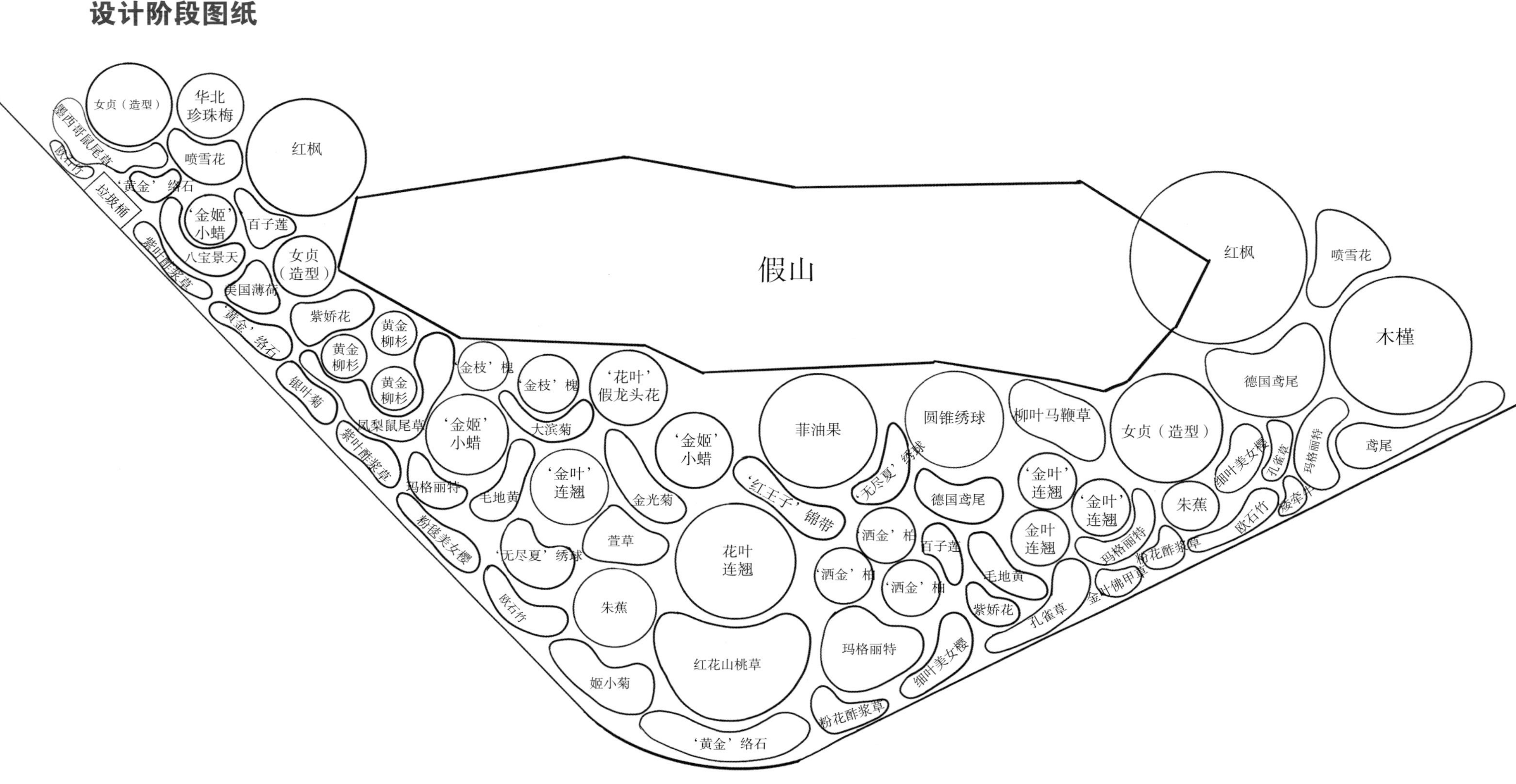
女贞（造型）
华北
珍珠梅
红枫
墨西哥鼠尾草
欧石竹
喷雪花
'黄金'络石
垃圾桶
'金姬'
小蜡
百子莲
紫叶酢浆草
八宝景天
女贞
（造型）
美国薄荷
假山
红枫
喷雪花
木槿
紫娇花
黄金
柳杉
'黄金'络石
黄金
柳杉
黄金
柳杉
银叶菊
'金枝'槐
'金枝'槐
'花叶'
假龙头花
'金姬'
小蜡
凤梨鼠尾草
紫叶酢浆草
大滨菊
'金姬'
小蜡
菲油果
圆锥绣球
柳叶马鞭草
女贞（造型）
德国鸢尾
鸢尾
玛格丽特
毛地黄
'金叶'
连翘
金光菊
'红王子'锦带
'无尽夏'绣球
德国鸢尾
'金叶'
连翘
'金叶'
连翘
朱蕉
细叶美女樱
孔雀草
玛格丽特
粉毯美女樱
萱草
'无尽夏'绣球
花叶
连翘
'洒金'柏
百子莲
金叶
连翘
玛格丽特
粉花酢浆草
欧石竹
'洒金'柏
'洒金'柏
毛地黄
金叶佛甲草
欧石竹
朱蕉
紫娇花
孔雀草
红花山桃草
玛格丽特
细叶美女樱
姬小菊
粉花酢浆草
'黄金'络石

花境植物材料

序号	名称	科属	学名	花（叶）色	开花期及持续时间	长成高度（cm）	种植面积（m^2）	种植密度（株/m^2）	株数（株）
1	‘金姬’小蜡	木樨科女贞属	*Ligustrum sinense* ‘Jinji’	叶心绿色，叶缘金黄色	春夏秋	110	3	1	3
2	红枫	槭树科槭属	*Acer palmatum*	叶红色	春夏秋	250	2	1	2
3	黄金柳杉	杉科柳杉属	*Cryptomeria fortunei*	叶金黄色	四季	180	3	1	3
4	‘洒金’柏	柏科圆柏属	*Sabina chinensis* ‘Aurea’	叶淡黄绿色	四季	60	3	1	3
5	菲油果	桃金娘科菲油果属	*Feijoa sellowiana*	叶深绿色	四季	180	1	1	1
6	珍珠梅	蔷薇科珍珠梅属	*Sorbaria sorbifolia*	白色	6～8月	150	2	2	1
7	‘黄金’络石	夹竹桃科络石属	*Trachelospermum asiaticum* ‘Ougonnishiki’	金黄色，间有红色和墨绿色斑点	四季	25	3	0.5	10
8	欧石竹	石竹科石竹属	*Dianthus carthusianorum*	粉色	4～6月	15	3	49	343
9	金叶佛甲草	景天科景天属	*Sedum lineare*	叶金黄色	春夏秋	15	3	81	243
10	玛格丽特	菊科木茼蒿属	*Argyranthemum frutescens*	粉色	4～10月	40	5	16	192
11	紫叶酢浆草	酢浆草科酢浆草属	*Oxalis triangularis*	叶深紫红色	春夏秋	25	3	36	216
12	粉花酢浆草	酢浆草科酢浆草属	*Oxalis rubra*	粉色	4～10月	25	3	36	216
13	美女樱	马鞭草科美女樱属	*Glandularia* × *hybrida*	粉红色	4～10月	25	3	36	144
14	毛地黄	玄参科毛地黄属	*Digitalis purpurea*	紫色	4～6月	50	3	9	54
15	德国鸢尾	鸢尾科鸢尾属	*Iris germanica*	蓝紫色	4～6月	80	4	16	160
16	鸢尾	鸢尾科鸢尾属	*Iris tectorum*	蓝紫色	4～6月	40	3	16	96
17	八宝景天	景天科八宝属	*Hylotelephium erythrostictum*	粉色	6～8月	50	3	9	27
18	‘无尽夏’绣球	虎耳草科绣球属	*Hydrangea macrophylla* ‘Endless Summer’	蓝紫色	5～9月	60	2	5	50
19	百子莲	石蒜科百子莲属	*Agapanthus africanus*	紫色	7～8月	40	3	16	96
20	紫娇花	石蒜科紫娇花属	*Tulbaghia violacea*	紫色	5～10月	35	3	16	144
21	孔雀草	菊科万寿菊属	*Tagetes patula*	橙色	4～9月	25	3	36	288
22	大滨菊	菊科滨菊属	*Leucanthemum* × *superbum*	白色	6～9月	50	2	25	50
23	‘花叶’假龙头花	唇形科假龙头花属	*Physostegia virginiana* ‘Variegata’	粉色	7～9月	100	2	2	8
24	美国薄荷	唇形科美国薄荷属	*Monarda didyma*	淡紫红色	7～8月	100	2.5	2	5
25	花叶连翘	木樨科连翘属	*Forsythia suspensa* var. *variegata*	深黄色	5～10月	65	2	0.5	1
26	墨西哥鼠尾草	唇形科鼠尾草属	*Salvia leucantha*	紫色	8～10月	80	2	2	4

（续）

序号	名称	科属	学名	花（叶）色	开花期及持续时间	长成高度（cm）	种植面积（m^2）	种植密度（株 /m^2）	株数（株）
27	银叶菊	菊科疆千里光属	*Jacobaea maritima*	黄色	6 ~ 9月	30	2	25	50
28	女贞（造型）	木樨科女贞属	*Ligustrum quihoui*	常绿	5 ~ 7月	150	3	1	3
29	凤梨鼠尾草	唇形科鼠尾草属	*Salvia elegans*	红色	8 ~ 10月	80	3	2	6
30	细叶美女樱	马鞭草科美女樱属	*Glandularia tenera*	粉红色	4 ~ 10月	30	4	36	216
31	姬小菊	菊科鹅河菊属	*Brachyscome angustifolia*	紫色	4 ~ 11月	15	4	49	196
32	圆锥绣球	虎耳草科绣球属	*Hydrangea paniculata*	粉白色等	7 ~ 8月	60	1	1	1
33	朱蕉	龙舌兰科朱蕉属	*Cordyline fruticosa*	叶暗红色	春夏秋	60	2	3	12
34	红花山桃草	柳叶菜科山桃草属	*Gaura lindheimeri*	花蕾白色略带粉，初花白色，谢花时浅粉	晚春至初秋	60	3	9	45
35	金光菊	菊科金光菊属	*Rudbeckia laciniata*	金黄色	7 ~ 10月	65	2	16	48
36	萱草	百合科萱草属	*Hemerocallis fulva*	橙色	5 ~ 7月	60	2	16	48
37	矮牵牛	茄科碧冬茄属	*Petunia hybrida*	粉色	4 ~ 10月	25	1	49	49
38	木槿	锦葵科木槿属	*Hibiscus syriacus*	纯白、淡粉红色	7 ~ 10月	300	1	1	1
39	‘红王子’锦带	忍冬科锦带花属	*Weigela florida* ‘Red Prince’	嫩枝淡红色，花冠胭脂红色	5 ~ 7月	150	2	0.2	4
40	柳叶马鞭草	马鞭草科马鞭草属	*Verbena bonariensis*	花冠淡紫色或蓝色	6 ~ 8月	110	2	9	36
41	‘金枝’槐	豆科槐属	*Sophora japonica* ‘Winter Gold’	枝条金黄色，花黄色	5 ~ 8月	200	2	1	2
42	喷雪花	蔷薇科绣线菊属	*Spiraea thunbergii*	白色	4 ~ 5月	150	3	1	4
43	‘金叶’连翘	木樨科连翘属	*Forsythia koreana* ‘Sun Gold’	叶金黄色	3 ~ 4月	100	4	1`	4

花境植物更换表

序号	名称	科属	学名	花（叶）色	开花期及持续时间	长成高度（cm）	种植面积（m^2）	种植密度（株 /m^2）	株数（株）
1	荷兰菊	菊科联毛紫菀属	*Symphyotrichum novi-belgii*	紫色	10月	60	1	15	15
2	孔雀草	菊科万寿菊属	*Tagetes patula*	橙色、黄色	4 ~ 10月	25	2	49	98
3	矮牵牛	茄科碧冬茄属	*Petunia hybrida*	粉色	4 ~ 10月	20	2	49	98
4	粉毯美女樱	马鞭草科美女樱属	*Glandularia × hybrida*	粉红色	4 ~ 10月	25	2.5	49	122.5
5	酢浆草	酢浆草科酢浆草属	*Oxalis violacea*	叶紫红色	春夏秋	25	1	16	16

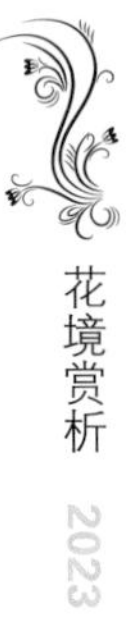

华彩飞扬

广东科贸职业学院

朱庆竖　方中健　谭卫萍　林薇　高祥云　李鹏

春季实景

夏季实景

设计说明

红色代表壮志、热血、革命和果实；蓝色代表理想、波澜壮阔和革命的浪漫；黄色代表目标、方向、道路和振奋。本作品由“红”“黄”“蓝”三色为主调的飘带状花境组成党旗飘扬的造型，通过华丽丰富的植物景观表达建党以来的艰辛与辉煌。

秋季实景

设计阶段图纸

01.红花羊蹄甲
02.丛生细叶紫薇
03.粉扑花
04.‘金叶’假连翘
05.银叶金合欢
06.黄金香柳（球）
07.水红簕杜鹃
08.红车
09.角茎野牡丹
10.花叶女贞（球）
11.蓝星花
12.‘无尽夏’绣球
13.山桃草（粉）
14.林荫鼠尾草
15.坡地毛冠草
16.百子莲
17.粉花玛格丽特
18.金叶佛甲草
19.狐尾天门冬
20.芙蓉菊
21.藿香蓟
22.龟甲冬青（球）
23.澳洲朱蕉
24.蓝雪花
25.‘小兔子’狼尾草
26.‘金脉’美人蕉
27.矾根
28.黄金菊
29.‘金边’露兜
30.‘花叶’玉簪
31.欧石竹
32.‘金叶’甘薯
33.红花凤梨鼠尾草
34.马利筋
35.朱蕉
36.马缨丹（黄）
37.花叶十万错
38.‘紫叶’狼尾草
39.雪花木
40.松果菊
41.彩叶草
42.‘金叶’满天星
43.翠芦莉
44.‘花叶’蒲苇
45.墨西哥鼠尾草
46.金红羽狼尾草
47.‘彩虹’鸟蕉
48.灰莉（球）
49.黄色覆盖物
50.树皮覆盖物

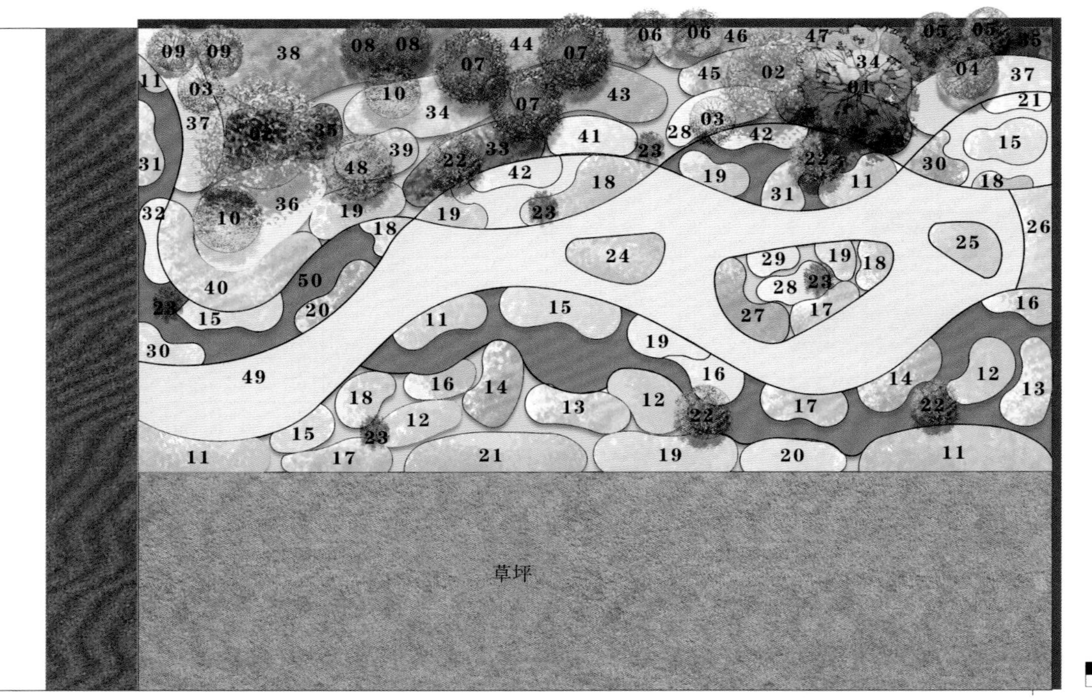

花境植物材料

序号	名称	学名	规格（m）			单位	数量	种植密度（株/m^2）	花（叶）色	花期及延续时长（月份）												更换说明	备注
			高度	冠幅	胸径					1	2	3	4	5	6	7	8	9	10	11	12		
1	红花羊蹄甲	*Bauhinia blakeana*	3.5	2.5	8	株	1	-	花大，紫红色														
2	丛生细叶紫薇（A）	*Lagerstroemia indica*	2.5	2.0	-	株	1	-	花粉色														
	丛生细叶紫薇（B）	*Lagerstroemia indica*	2.0	1.5	-	株	1	-	花粉色														
3	粉扑花	*Calliandra surinamensis*	1.0	1.0	-	株	2	-	花冠黄绿色，上部粉色；花期春夏秋														
4	‘金叶’假连翘（球）	*Duranta erecta* ‘Golden Leaves’	1.3	1.3	-	株	1	-	常绿，叶片金黄														
5	银叶金合欢	*Acacia podalyriifolia*	1.5	0.8 ~ 1.0	-	株	2	-	叶色银白，晚冬早春开花														
6	黄金香柳	*Melaleuca bracteata*	1.5	0.8 ~ 1.0	-	株	2	-	叶色全年金黄														
7	水红簕杜鹃	*Bougainvillea spectabilis*	1.8 ~ 2.0	1.0	-	株	3	-	苞片叶状，花洋红色														
8	红车	*Syzyglum hancei*	1.5	0.8 ~ 1.0	-	株	2	-	红色叶，全年观叶														
9	角茎野牡丹	*Melastoma candidum*	1.5	1.5	-	株	2	-	紫色花，叶常绿														
10	花叶女贞（球）	*Ligustrum ovalisolium*	1.3 ~ 1.5	1.5	-	株	2	-	叶色黄白														
11	蓝星花	*Tweedia caerulea*	0.2 ~ 0.25	0.2	-	m^2	9.0	36	花蓝色														
12	‘无尽夏’绣球	*Hydrangea macrophylla* ‘Endless Summer’	0.4 ~ 0.5	0.3 ~ 0.4	-	m^2	4.5	16	白、蓝、红、粉														
13	山桃草（粉）	*Mountain persici*	0.25 ~ 0.3	0.25 ~ 0.3	-	m^2	3.3	25	花粉色														
14	林荫鼠尾草	*Salvia nemorosa*	0.3	0.25	-	m^2	3.0	36	蓝紫色														
15	坡地毛冠草	*Mellinis nerviglumis* ‘Savannah’	0.3	0.3 ~ 0.5	-	m^2	5.5	25	红宝石色花穗														
16	百子莲	*Agapanthus africanus*	0.3 ~ 0.4	0.3 ~ 0.4	-	m^2	3.3	25	蓝色														
17	粉花玛格丽特	*Argyranthemum frutescens*	0.2	0.2	-	m^2	3.6	36	花粉色														
18	金叶佛甲草	*Sedum lineare*	0.15	0.15	-	m^2	4.5	100	叶色金黄														
19	狐尾天门冬	*Asparagus densiflorus* ‘Myers’	0.3	0.25 ~ 0.3	-	m^2	7.7	36	绿色														
20	芙蓉菊	*Crossostephium chinense*	0.2 ~ 0.25	0.25	-	m^2	2.6	25	黄绿色														
21	藿香蓟	*Ageratum conyzoides*	0.2 ~ 0.3	0.15 ~ 0.25	-	m^2	3.2	25	蓝色														
22	龟甲冬青（球）	*Ilex crenata* ‘Convexa Makino’	1.2	1.2	-	株	4	-	绿色														
23	澳洲朱蕉	*Cordyline Australis*	0.6 ~ 0.8	0.4	-	株	5	-	叶红褐色														
24	蓝雪花	*Ceratostigma plumbaginoides*	0.25 ~ 0.3	0.3	-	m^2	1.9	25	花蓝色														
25	‘小兔子’狼尾草	*Pennisetum alopecuroides* ‘Little Bunny’	0.4	0.3 ~ 0.5	-	m^2	1.4	25	白色														
26	‘金脉’美人蕉	*Cannaceae generalis* ‘Striatus’	1.2 ~ 1.5	0.8 ~ 1.0	-	m^2	1.6	4	叶黄色、花橙色														
27	矾根	*Heuchera micrantha*	0.2 ~ 0.25	0.15 ~ 0.2	-	m^2	1.6	100	红色、黄色、绿色														
28	黄金菊	*Chrysanthemum frutescens*	0.35 ~ 0.4	0.4	-	m^2	3.2	25	黄色														
29	‘金边’露兜	*Pandanus pygmaeus* ‘Golden Pygmy’	0.2 ~ 0.25	0.2	-	m^2	0.6	49	黄色														
30	花叶玉簪	*Hosta undulata*	0.25 ~ 0.3	0.4 ~ 0.5	-	m^2	1.8	9	浓绿色，叶面中部有乳黄色和白色纵纹														
31	欧石竹	*Dianthus carthusianorum*	0.2 ~ 0.25	0.25 ~ 0.3	-	m^2	2.2	36	粉红色													秋冬季用‘桑倍斯’凤仙替换	
32	‘金叶’甘薯	*Ipomoea batatas* ‘Golden Summer’	0.2 ~ 0.25	0.25 ~ 0.3	-	m^2	0.8	49	黄色														
33	红花凤梨鼠尾草	*Salvia coccinea*	0.4	0.4	-	m^2	5.8	25	红色														
34	马利筋	*Asclepias curassavica*	0.6 ~ 0.8	0.35 ~ 0.4	-	m^2	5.8	25	橙色														
35	朱蕉	*Cordyline fruticosa*	0.6 ~ 0.8	0.4	-	m^2	6.0	9	暗红色														
36	马缨丹（黄）	*Lantana camara*	0.4 ~ 0.5	0.4 ~ 0.6	-	m^2	5.0	25	黄色														
37	花叶十万错	*Asystaaia gangetica*	0.2 ~ 0.25	0.2	-	m^2	6.7	49	花叶，花粉色														
38	‘紫叶’狼尾草	*Pennisetum* × *advena* ‘Rubrum’	1.2 ~ 1.5	0.8 ~ 1.0	-	m^2	7.6	9	紫红色														
39	雪花木	*Breynia disticha*	0.4 ~ 0.5	0.4	-	m^2	1.6	25	白色														
40	松果菊	*Echinacea purpurea*	0.3	0.25	-	m^2	4.0	36	粉色														
41	彩叶草	*Plectranthus scutellarioides*	0.25	0.25	-	m^2	1.5	36	黄色、红色														
42	金叶满天星	*Gypsophila paniculata*	0.2 ~ 0.25	0.25	-	m^2	2.0	36	叶黄色、花粉色														
43	翠芦莉	*Ruellia simplex*	0.5	0.4 ~ 0.5	-	m^2	3.6	25	粉、紫色														
44	‘花叶’蒲苇	*Cortaderia selloana* ‘Silver Comet’	1.2 ~ 1.5	0.8 ~ 1.0	-	m^2	3.4	9	银白色														
45	墨西哥鼠尾草	*Salvia leucantha*	0.4 ~ 0.5	0.35 ~ 0.4	-	m^2	2.5	25	紫红色														
46	金红羽狼尾草	*Pennisetum setaceum*	1.2 ~ 1.5	0.8 ~ 1.0	-	m^2	1.8	9	粉、白色														
47	‘彩虹’鸟蕉	*Heliconia psittacorum* ‘Sassy’	1.2	0.8 ~ 1.0	-	m^2	1.0	9	橙色														
48	灰莉（球）	*Fagraea ceilanica*	1.3	1.3	-	株	1	-	绿色														

气冲牛斗，花开百里杜鹃

贵州师范大学 2018 级园林

马慧　李加仪　范明旭　罗方

春季实景

设计说明

花境位于贵州省百里杜鹃景区内。百里杜鹃的主要观赏时期为 3 月底至 4 月中旬，因此，花境所选用植物的花期尽量与百里杜鹃最佳观赏期相吻合。同时为便于养护管理，尽量选取能适应高海拔、能越冬的多年生花卉。

以毛地黄为焦点植物；三色堇、玛格丽特、欧石竹、‘金叶’石菖蒲等为填充植物，高秆石竹、虞美人、花叶玉蝉、新西兰亚麻为中层植物，直立冬青、龙柱碧桃、紫花木槿、高山杜鹃、日本红枫为骨架植物，形成丰富的立面和色彩效果。

夏季实景

秋季实景

设计阶段图纸

N

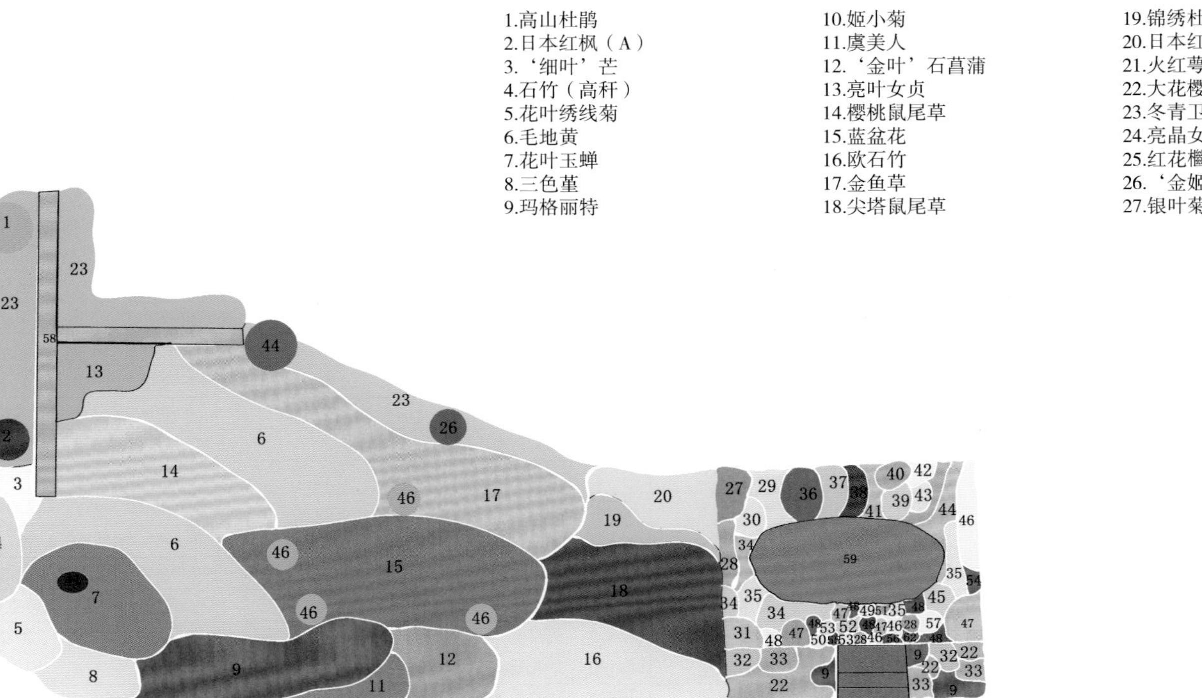

1.高山杜鹃
2.日本红枫（A）
3.‘细叶’芒
4.石竹（高秆）
5.花叶绣线菊
6.毛地黄
7.花叶玉蝉
8.三色堇
9.玛格丽特
10.姬小菊
11.虞美人
12.‘金叶’石菖蒲
13.亮叶女贞
14.樱桃鼠尾草
15.蓝盆花
16.欧石竹
17.金鱼草
18.尖塔鼠尾草
19.锦绣杜鹃
20.日本红枫（B）
21.火红萼距花
22.大花樱草
23.冬青卫矛
24.亮晶女贞
25.红花檵木
26.‘金姬’小蜡
27.银叶菊
28.栀子花
29.紫花木槿
30.火炬花
31.剑麻
32.天目地黄
33.矮康乃馨
34.百子莲
35.直立冬青
36.澳洲朱蕉
37.老鹳草
38.‘幻紫’鼠尾草
39.蜀葵
40.新西兰亚麻
41.风铃草
42.夏枯草
43.‘金边细叶’芒
44.龙柱碧桃
45.木绣球
46.马利筋
47.‘花叶’锦带花
48.松果菊
49.蓝雪花
50.红叶矾根
51.春鹃（棒棒糖）
52.迷迭香
53.八宝景天
54.贴梗海棠
55.细叶美女樱
56.绿叶矾根
57.鸢尾

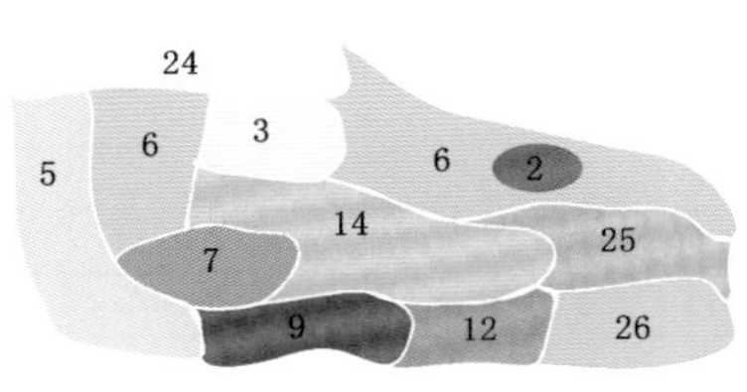

58.墙垣
59.斗牛雕塑

比例：1∶50

花境植物材料

序号	名称	科属	学名	花（叶）色	开花期及持续时间	长成高度（cm）	种植面积（m^2）	种植密度（株/m^2）	株数（株）
1	高山杜鹃	杜鹃花科杜鹃花属	*Rhododendron lapponicum*	粉红、淡紫、紫色	5 ~ 7 月	60 ~ 300	2	1	2
2	日本红枫（A）	槭树科槭属	*Acer palmatum*	叶绿色	5 月	100 ~ 250	2	2	4
3	‘细叶’芒	禾本科芒属	*Miscanthus sinensis* ‘Gracillimus’	叶绿色	9 ~ 10 月	100 ~ 200	9	9	81
4	石竹（高秆）	石竹科石竹属	*Dianthus chinensis*	白、粉红、紫红、红色	3 ~ 6 月	40 ~ 70	1	25	25
5	花叶绣线菊	蔷薇科绣线菊属	*Spiraea salicifolia*	白、粉色	6 ~ 8 月	40 ~ 70	2	16	32
6	毛地黄	玄参科毛地黄属	*Digitalis purpurea*	白、粉、深红、紫色	4 ~ 6 月	60 ~ 120	10	16	160
7	花叶玉蝉	鸢尾科鸢尾属	*Iris ensata*	紫色	5 ~ 6 月	30 ~ 60	4	30	120
8	三色堇	堇菜科堇菜属	*Viola tricolor*	白、黄、紫色	12 月至翌年 4 月	10 ~ 40	2.5	81	202.5
9	玛格丽特	菊科木茼蒿属	*Argyranthemum frutescens*	白、粉、黄色	2 ~ 10 月	20 ~ 40	1.2	49	58.8
10	姬小菊	菊科鹅河菊属	*Brachyscome angustifolia*	白、粉、紫	4 ~ 11 月	20 ~ 40	1.5	30	45
11	虞美人	罂粟科罂粟属	*Papaver rhoeas*	白、黄、粉红、红色	2 ~ 8 月	25 ~ 90	2	36	72
12	‘金叶’石菖蒲	天南星科菖蒲属	*Acorus gramineus* ‘Ogan’	叶绿色带有金边	4 ~ 5 月	30 ~ 40	4	16	64
13	亮叶女贞	木樨科女贞属	*Ligustrum × vicaryi*	白色	5 ~ 6 月	200 ~ 350	1	1	1
14	樱桃鼠尾草	唇形科鼠尾草属	*Salvia greggii*	桃红、深红、粉红色	3 ~ 9 月	30 ~ 100	6	36	216
15	蓝盆花	川续断科蓝盆花属	*Scabiosa atropurea*	白、蓝色	3 ~ 5 月	30 ~ 50	9	25	225
16	欧石竹	石竹科石竹属	*Dianthus carthusianorum*	粉红色	4 ~ 7 月	20 ~ 60	2	25	50
17	金鱼草	车前科金鱼草属	*Antirrhinum majus*	白、黄、红、紫、橙色	3 ~ 7 月	20 ~ 70	4	4	16
18	尖塔鼠尾草	唇形科鼠尾草属	*Salvia japonica*	紫色	3 ~ 9 月	30 ~ 100	3	40	120
19	锦绣杜鹃	杜鹃花科杜鹃花属	*Rhododendron pulchrum*	白、黄、分、红色	4 ~ 5 月	60 ~ 150	1.5	10	15
20	日本红枫 B	槭树科槭属	*Acer palmatum*	叶红色	5 月	100 ~ 250	2	2	4
21	火红萼距花	千屈菜科萼距花属	*Cuphea platycentra*	红色	3 ~ 6 月	20 ~ 50	2	49	98
22	大花樱草	报春花科报春花属	*Primula sieboldii*	粉红色	4 ~ 5 月	15 ~ 40	3	3	9
23	冬青卫矛	卫矛科卫矛属	*Euonymus japonicus*	白绿色	6 ~ 7 月	60 ~ 300	9	10	90
24	亮晶女贞	木樨科女贞属	*Ligustrum × vicaryi*	白色	5 ~ 6 月	200 ~ 300	2	2	4
25	红花檵木	金缕梅科檵木属	*Loropetalum chinense* var. *rubrum*	紫红色	4 ~ 5 月	70 ~ 150	3	3	9
26	‘金姬’小蜡	木樨科女贞属	*Ligustrum sinense* ‘Jinji’	白色	3 ~ 6 月	60 ~ 300	1.5	12	18
27	银叶菊	菊科疆千里光属	*Jacobaea maritima*	黄色	6 ~ 9 月	40 ~ 60	2	20	40
28	栀子花	茜草科栀子属	*Gardenia jasminoides*	白色	5 ~ 8 月	30 ~ 50	2	18	36
29	紫花木槿	锦葵科木槿属	*Hibiscus syriacus* f. *violaceus*	紫色	4 ~ 9 月	60 ~ 150	2	2	4
30	火炬花	百合科火把莲属	*Kniphofia uvaria*	黄	4 ~ 10 月	40 ~ 80	1.1	5	5.5
31	剑麻	龙舌兰科龙舌兰属	*Agave sisalana*	叶深蓝绿色	夏季开花	60 ~ 150	1	4	4
32	天目地黄	玄参科地黄属	*Rehmannia chingii*	紫红色	4 ~ 5 月	30 ~ 60	0.7	16	11.2
33	矮康乃馨	石竹科石竹属	*Dianthus caryophyllus*	白、鹅黄、大红、粉红色	3 ~ 10 月	25 ~ 60	2	25	50
34	百子莲	石蒜科百子莲属	*Agapanthus africanus*	白、蓝、紫色	7 ~ 9 月	50 ~ 70	4	16	64
35	直立冬青	冬青科冬青属	*Ilex chinensis*	白、粉、红色	4 ~ 6 月	150 ~ 200	4	8	32

（续）

序号	名称	科属	学名	花（叶）色	开花期及持续时间	长成高度（cm）	种植面积（m^2）	种植密度（株/m^2）	株数（株）
36	澳洲朱蕉（红巨人）	百合科朱蕉属	*Cordyline fruticosa*	叶红色	11月至翌年3月	100 ~ 300	0.5	4	2
37	老鹳草	牻牛儿苗科老鹳草属	*Geranium wilfordii*	白、红色	3 ~ 8月	30 ~ 50	1.5	36	54
38	‘幻紫’鼠尾草	唇形科鼠尾草属	*Salvia japonica* ‘Purple Majesty’	浅紫红色	3 ~ 9月	30 ~ 100	2	30	60
39	蜀葵	锦葵科蜀葵属	*Althaea rosea*	白、粉红、紫、黄色	2 ~ 8月	50 ~ 200	3	25	75
40	新西兰亚麻	龙舌兰科新西兰麻属	*Phormium tenax*	黄红色	夏季开花	50 ~ 70	2	4	8
41	风铃草	桔梗科风铃草属	*Campanula medium*	白、蓝、紫色	4 ~ 6月	50 ~ 120	1	30	30
42	夏枯草	唇形科夏枯草属	*Prunella vulgaris*	白、紫色	4 ~ 6月	20 ~ 30	0.7	25	17.5
43	‘金边细叶’芒	禾本科芒属	*Miscanthus sinensis* cv.	叶绿色带有金边	9 ~ 10月	100 ~ 200	1.5	15	22.5
44	龙柱碧桃	蔷薇科李属	*Prunus persica* var. *persica* f. *duplex*	红	3 ~ 4月	200 ~ 400	2	2	4
45	木绣球	忍冬科荚蒾属	*Viburnum macrocephalum*	白色	4 ~ 5月	200 ~ 400	0.8	25	20
46	马利筋	萝藦科马利筋属	*Asclepias curassavica*	橙黄、红黄色	全年	60 ~ 80	1.5	36	54
47	‘花叶’锦带花	忍冬科锦带花属	*Weigela florida* ‘Variegata’	白、红色	4 ~ 5月	60 ~ 200	1	40	40
48	松果菊	菊科松果菊属	*Echinacea purpurea*	紫红色	3 ~ 9月	50 ~ 150	3	25	75
49	蓝雪花	白花丹科蓝雪花属	*Ceratostigma plumbaginoides*	蓝色	4 ~ 9月	20 ~ 60	1.5	30	45
50	红叶矾根	虎耳草科矾根属	*Heuchera micrantha*	粉红、白、红色	4 ~ 6月	10 ~ 50	1.5	15	22.5
51	春鹃（棒棒糖）	杜鹃花科杜鹃花属	*Rhododendron hybrida*	粉红色	4 ~ 5月	60 ~ 200	2	10	20
52	迷迭香	唇形科迷迭香属	*Rosmarinus officinalis*	白色	11月	40 ~ 60	1	30	30
53	八宝景天	景天科八宝属	*Hylotelephium erythrostictum*	白、红色	7 ~ 10月	30 ~ 50	2	25	50
54	贴梗海棠	蔷薇科木瓜属	*Chaenomeles speciosa*	猩红色	3 ~ 5月	160 ~ 250	2	2	4
55	细叶美女樱	马鞭草科美女樱属	*Glandularia tenera*	粉、紫色	6 ~ 10月	20 ~ 60	2	36	72
56	绿叶矾根	虎耳草科矾根属	*Heuchera micrantha*	粉红、白、红色	4 ~ 6月	10 ~ 50	1.5	15	22.5
57	鸢尾	鸢尾科鸢尾属	*Iris tectorum*	蓝紫色	4 ~ 5月	30 ~ 60	2	25	50

花境植物更换表

序号	原植物名称	计划更换植物名称	科属	学名	花（叶）色	开花期及持续时间	更换时间	长成高度（cm）	种植面积（m^2）	种植密度（株/m^2）	株数（株）
1	蓝盆花	天人菊	菊科天人菊属	*Gaillardia pulchella*	红色	7 ~ 10月	6 ~ 7月	20 ~ 60	9	23	207
2	风铃草	波斯菊	菊科秋英属	*Cosmos bipinnata*	白、黄、粉、紫、杂色	6 ~ 10月	5 ~ 6月	30 ~ 150	1	25	25
4	红叶矾根	美女樱	马鞭草科美女樱属	*Galandularia* × *hybrida*	白色、粉色、红色、	5 ~ 11月	4 ~ 5月	10 ~ 50	1.5	20	30
5	高杆石竹	鸡冠花	苋科青葙属	*Celosia cristatal*	红色	5 ~ 8月	4 ~ 5月	30 ~ 80	1	20	20
6	剑麻	花烟草	茄科烟草属	*Nicotiana alata*	粉红色	5 ~ 7月	4 ~ 5月	60 ~ 150	1	32	32
7	火红萼距花	矮康乃馨	石竹科石竹属	*Dianthus caryophyllus*	粉红色	5 ~ 8月	4 ~ 5月	40 ~ 60	0.7	25	17.5
9	大花樱草	角堇	堇菜科堇菜属	*Viola tricolor*	白、黄、紫色	全年均可开花	5 ~ 6月	10 ~ 40	3	30	90
10	龙柱碧桃	火棘	蔷薇科火棘属	*Pyracantha fortuneana*	白色	3 ~ 5月	1 ~ 2月	100 ~ 300	2	5	10
11	百子莲	香雪兰	鸢尾科香雪兰属	*Fressia hybrida*	黄色 黄绿色	4 ~ 5月	3 ~ 4月	15 ~ 40	4	26	104

旖旎自然

沈阳蓝花楹花境景观工程有限公司

曲径　王子一

春季实景

设计说明

本作品为疗愈功能花境。

蓬勃的绿色，神秘的紫色，温暖的粉色，治愈的蓝色，跳跃的黄色，活泼的红色，这些颜色有艺术感地融合在花境中，让人们从不同的角度，不同的光线下近距离地欣赏品鉴，体会自然的真趣。

夏季实景

秋季实景

设计阶段图纸

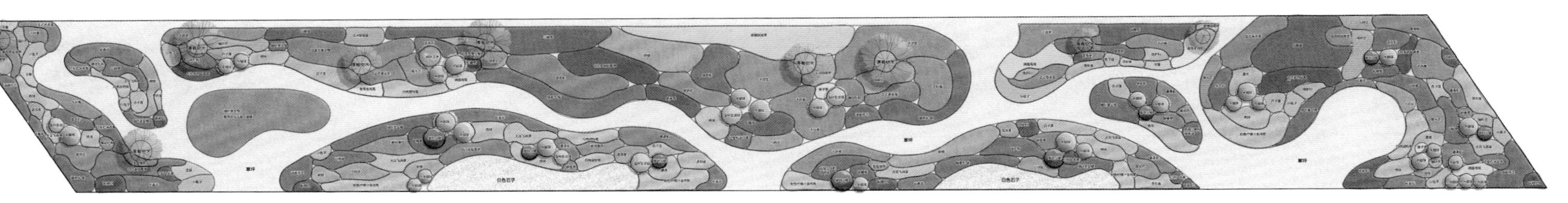

花境植物材料

序号	名称	科属	学名	花（叶）色	开花期及持续时间	长成高度（cm）	种植面积（m^2）	种植密度（株/m^2）	株数（株）
1	‘卡尔’拂子茅	禾本科拂子茅属	*Calamagrostis acutiflora* ‘Karl Foerster’	花米白色	6 ~ 10 月	100 ~ 120	1.5	25	38
2	夏日覆盆子藿香	唇形科藿香属	*Agastache rugosa* cv.	花粉红色	6 ~ 8 月	60 ~ 70	6.4	25	160
3	筋骨草	唇形科筋骨草属	*Ajuga ciliata*	花蓝紫色	5 ~ 10 月	15 ~ 20	3.8	49	186
4	非洲狼尾草	禾本科狼尾草属	*Pennisetum alopecuroides*	叶绿色，白穗	7 ~ 10 月	150 ~ 200	6.2	16	99
5	大花藿香蓟	菊科藿香蓟属	*Ageratum houstonianum*	花蓝紫色	5 ~ 10 月	40 ~ 60	33.3	36	1199
6	翠芦莉	爵床科芦莉草属	*Ruellia simplex*	花蓝紫色	5 ~ 10 月	60 ~ 80	29.8	36	1073
7	紫娇花	石蒜科紫娇花属	*Tulbaghia violacea*	花紫色	5 ~ 7 月	30 ~ 50	8.7	36	313
8	宿根六倍利	桔梗科半边莲属	*Lobelia erinus*	花红色	5 ~ 8 月	15 ~ 30	2.5	36	90
9	醉鱼草	马钱科醉鱼草属	*Buddleja lindleyana*	花粉色	7 ~ 10 月	120 ~ 150	4.6	16	74
10	‘细叶’芒	禾本科芒属	*Miscanthus sinensis* ‘Gracillimus’	叶绿色	6 ~ 11 月	80 ~ 100	10.6	36	382
11	柳叶马鞭草	马鞭草科马鞭草属	*Verbena bonariensis*	花蓝紫色	5 ~ 9 月	100 ~ 120	40.8	25	1020
12	红宝石冰月季	蔷薇科蔷薇属	*Rosa* cv.	花红色	5 ~ 9 月	30 ~ 40	5	25	125
13	‘无尽夏’绣球	虎耳草科绣球属	*Hydrangea macrophylla* ‘Endless Summer’	花粉红到蓝紫色	5 ~ 10 月	40 ~ 50	30.9	36	1112
14	玛格丽特	菊科木茼蒿属	*Argyranthemum frutescens*	花粉色	5 ~ 7 月	30 ~ 40	13.9	49	681
15	矮牵牛	茄科碧冬茄属	*Petunia hybrida*	花紫色	6 ~ 10 月	20 ~ 40	30.2	81	2446
16	‘法兰西’玉簪	百合科玉簪属	*Hosta* ‘Francee’	叶绿色	7 ~ 9 月	20 ~ 30	5.2	36	187
17	矾根	虎耳草科矾根属	*Heuchera micrantha*	叶红色	5 ~ 11 月	25 ~ 35	10.5	36	378
18	大花飞燕草	毛茛科翠雀属	*Delphinium grandiflorum*	花蓝紫色	5 ~ 6 月	80 ~ 100	15.5	25	388
19	美国薄荷	唇形科美国薄荷属	*Monarda didyma*	叶绿色	7 ~ 8 月	60 ~ 80	7.6	25	190
20	‘激情’金鸡菊	菊科金鸡菊属	*Coreopsis basalis* ‘Solanna Glow’	花黄色	5 ~ 9 月	30 ~ 40	5.1	25	128
21	粉色柠檬汁金鸡菊	菊科金鸡菊属	*Coreopsis basalis* cv.	花粉色	6 ~ 8 月	20 ~ 25	22.7	25	568
22	‘晨光’芒	禾本科芒属	*Miscanthus sinensis* ‘Morning Light’	叶银白色	6 ~ 11 月	50 ~ 70	11	36	396

（续）

序号	名称	科属	学名	花（叶）色	开花期及持续时间	长成高度（cm）	种植面积（m^2）	种植密度（株/m^2）	株数（株）
23	醉蝶花	白花菜科醉蝶花属	*Tarenaya hassleriana*	粉色	6 ~ 9月	60 ~ 80	27.4	49	1343
24	进口千屈菜	千屈菜科千屈菜属	*Lythrum salicaria*	粉紫色	6 ~ 8月	60 ~ 80	30	64	1920
25	穗花牡荆	马鞭草科牡荆属	*Vitex agnus-castus*	紫色	6 ~ 10月	80 ~ 120	6	16	96
26	山桃草	柳叶菜科山桃草属	*Gaura lindheimeri*	新叶酒红色，花粉色	5 ~ 10月	40 ~ 60	13	36	468
27	‘四月夜’鼠尾草	唇形科鼠尾草属	*Salvia nemorosa* ‘April Night’	蓝色	6 ~ 9月	40 ~ 50	18	25	450
28	‘卡拉多纳’鼠尾草	唇形科鼠尾草属	*Salvia nemorosa* ‘Caradonna’	深紫色	5 ~ 6月	35 ~ 45	15.6	36	562
29	墨西哥鼠尾草	唇形科鼠尾草属	*Salvia leucantha*	蓝紫色	6 ~ 9月	80 ~ 120	4.6	16	74
30	蛇鞭菊	菊科蛇鞭菊属	*Liatris spicata*	紫色	7 ~ 9月	60 ~ 100	10	49	490
31	细叶美女樱	马鞭草科美女樱属	*Glandularia tenera*	紫色	5 ~ 10月	40 ~ 60	36.1	49	1769
32	香彩雀	玄参科香彩雀属	*Angelonia angustifolia*	蓝色、紫色	6 ~ 10月	20 ~ 30	17	100	1700
33	长春花	夹竹桃科长春花属	*Catharanthus roseus*	深粉色	6 ~ 10月	30 ~ 50	23.2	64	1485
34	千叶蓍	菊科蓍草属	*Achillea millefolium*	白色	7 ~ 9月	50 ~ 70	29	16	464
35	落新妇	虎耳草科落新妇属	*Astilbe chinensis*	粉色	6 ~ 9月	25 ~ 30	6.9	36	248
36	‘小兔子’狼尾草	禾本科狼尾草属	*Pennisetum alopecuroides* ‘Little Bunny’	奶白到棕褐色	7 ~ 10月	50 ~ 60	13.8	49	676
37	蓝滨麦	禾本科披碱草属	*Elymus magellanicus*	叶灰色	5 ~ 10月	20 ~ 25	3.8	36	137
38	细茎针茅	禾本科针茅属	*Stipa tenuissima*	叶绿色	5 ~ 10月	20 ~ 25	15	36	540
39	‘紫穗’狼尾草	禾本科狼尾草属	*Pennisetum orientale* ‘Purple’	叶绿色，穗紫色	5 ~ 10月	60 ~ 90	22.4	25	560
40	小丽花	菊科大丽花属	*Dahlia pinnata*	粉色	6 ~ 9月	30 ~ 40	6	49	294
41	德国鸢尾	鸢尾科鸢尾属	*Iris germanica*	紫色	5 ~ 6月	50 ~ 80	7.8	49	382
42	‘莫娜紫’香茶菜	唇形科香茶菜属	*Plectranthus ecklonii* ‘Mona Lavender’	暗紫色	5 ~ 9月	50 ~ 70	15	25	375
43	吊兰	天门冬科吊兰属	*Chlorophytum comosum*	紫色	4 ~ 5月	30 ~ 40	13.2	36	475
44	加拿大美女樱	马鞭草科美女樱属	*Glandularia canadensis*	蓝紫色	7 ~ 8月	50 ~ 70	10.9	49	534
45	红巨人朱蕉	百合科朱蕉属	*Cordyline fruticosa*	红色	5 ~ 10月	50 ~ 60	2.2	5	11
46	百子莲	石蒜科百子莲属	*Agapanthus africanus*	蓝色	6月	60 ~ 80	18.3	16	293
47	水蜡（球）	木樨科女贞属	*Ligustrum obtusifolum*	绿色	5 ~ 11月	130	22	1.5	33
48	金叶女贞	木樨科女贞属	*Ligustrum × vicaryi*	金色	5 ~ 7月	50 ~ 60			5
49	紫叶小檗	小檗科小檗属	*Berberis thunbergii* var. *atropurpurea*	紫色	5 ~ 11月	100 ~ 110			8
50	小水蜡（球）	木樨科女贞属	*Ligustrum obtusifolum*	绿色	5 ~ 7月	50 ~ 60			6
51	桃叶卫矛	卫矛科卫矛属	*Euonymus bungeanus*	绿色	5 ~ 8月	60 ~ 70			1
总计							693		26630

花境植物更换表

序号	名称	科属	学名	花（叶）色	开花期及持续时间	长成高度（cm）	种植面积（m^2）	种植密度（株/m^2）	株数（株）
1	蓝霸鼠尾草	唇形科鼠尾草属	*Salvia* ‘Mystic Spires Blue’	花蓝紫色	8 ~ 10月	90 ~ 100	15.5	25	388
2	千日紫	苋科千日红属	*Gomphrena globosa*	紫色	7 ~ 10月	20 ~ 50	30.2	36	1087
总计							45.7		1475

天工水韵·林音泽蕙

石家庄高新技术产业开发区供水排水公司

刘梦　张艺潇　董沛菁　冯璇　成鹏文

春季实景

设计说明

林音泽蕙，形容景观中的树木、花卉生机勃勃，宛如歌唱般生机盎然。

春季，骨架植物杜鹃呈现出清新亮丽的玫红色，搭配粉色的常夏石竹及青翠欲滴的绿叶植物，如玉簪、佛甲草等，营造色调清新、野趣闲花的自然感。

夏季，选用蓝紫色系的欧月，如‘蔚蓝’‘蓝色风暴’等作为组团焦点，结合各种叶形的灌木球，将紫菀、紫娇花等前景植物整体串联起来。整个花境意在用紫色打造一个优雅安静的气质，让人在享受这芬芳气息的时候，能给心理带来一丝的安宁。

金秋，红叶石楠、南天竹的叶色如火焰般，配合盛花期的八宝景天、前景植物矾根，整个花境洋溢着丰收的喜悦。

夏季实景

秋季实景

设计阶段图纸

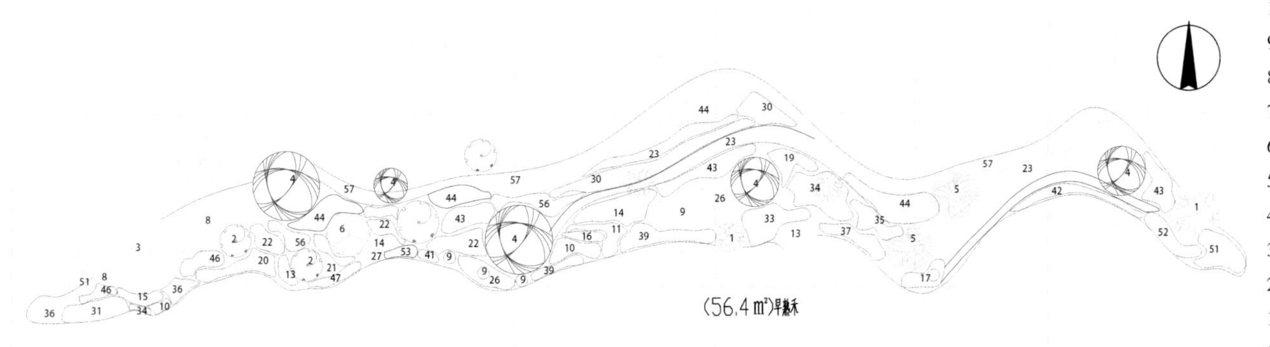

37 36 35 34 33 32 31 30 29 28 27 26 25 24 23 22 21 20 19 18 17 16 15 14 13 12 11 10 9 8 7 6 5 4 3 2 1 0

东区平面图

1：1000

注：（0,0）为绿化区域路牙石角点，方格网间距1m，尺寸标注以m为单位。

1.鸡爪槭
2.红梅
3.蜡梅
4.红叶石楠（球）
5.‘洒金’柏（球）
6.瓜子黄杨（球）
7.水蜡（球）
8.‘金丝雀’月季
9.‘蔚蓝’月季
10.‘果汁阳台’月季
11.‘龙沙宝石’月季
12.‘朱丽叶’月季
13.‘甜梦’月季
14.‘奶油宝石’月季
15.‘蓝色风暴’月季
16.‘绿樱’月季
17.‘王妃’月季
18.狐尾天门冬
19.喷雪花
20.金雀儿
21.芍药
22.‘金焰’绣线菊
23.南天竹
24.‘无尽夏’绣球
25.花叶八仙花
26.‘蒙娜丽莎’绣球
27.‘太阳神殿’绣球
28.法国薰衣草
29.山桃草
30.八宝景天
31.大花楼斗菜
32.火祭（多肉）
33.紫菀
34.常夏石竹
35.大花飞燕
3.美女樱
37.‘花叶’玉蝉花
38.花叶玉簪
39.矾根
40.黄金万年草
41.佛甲草
42.德国鸢尾
43.常绿鸢尾
44.唐菖蒲
45.薄荷
46.紫娇花
47.金线石菖蒲
48.‘金叶’薹草
49.新西兰亚麻
50.松红梅
51.洒金柏
52.玛格丽特
53.金叶满天星
54.迷迭香
55.栀子
56.九里香
57.韩国杜鹃

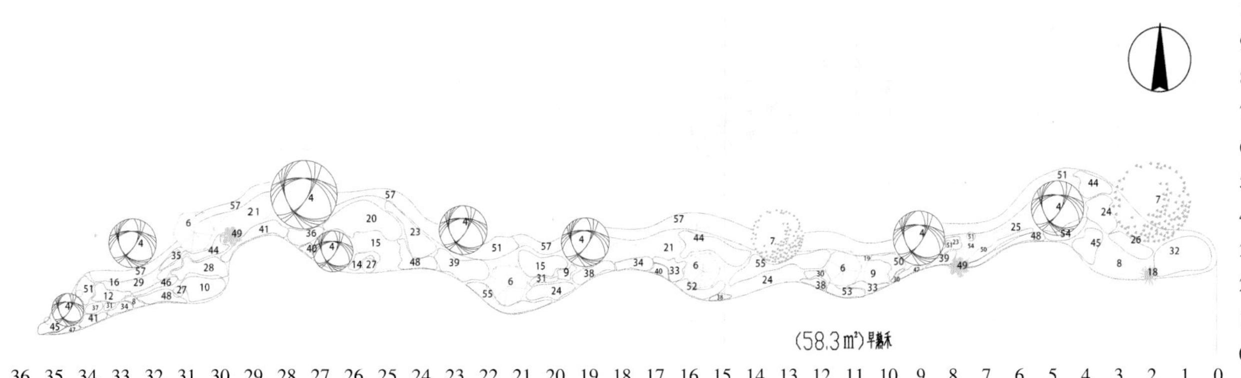

37 36 35 34 33 32 31 30 29 28 27 26 25 24 23 22 21 20 19 18 17 16 15 14 13 12 11 10 9 8 7 6 5 4 3 2 1 0

注：（0,0）为绿化区域路牙石角点，方格网间距1m，尺寸标注以m为单位。

西区平面图

1：1000

1.鸡爪槭
2.红梅
3.蜡梅
4.红叶石楠（球）
5.‘洒金’柏（球）
6.瓜子黄杨（球）
7.水蜡（球）
8.‘金丝雀’月季
9.‘蔚蓝’月季
10.‘果汁阳台’月季
11.‘龙沙宝石’月季
12.‘朱丽叶’月季
13.‘甜梦’月季
14.‘奶油宝石’月季
15.‘蓝色风暴’月季
16.‘绿樱’月季
17.‘王妃’月季
18.狐尾天门冬
19.喷雪花
20.金雀儿
21.芍药
22.‘金焰’绣线菊
23.南天竹
24.‘无尽夏’绣球
25.花叶八仙花
26.‘蒙娜丽莎’绣球
27.‘太阳神殿’绣球
28.法国薰衣草
29.山桃草
30.八宝景天
31.大花楼斗菜
32.火祭（多肉）
33.紫菀
34.常夏石竹
35.大花飞燕
3.美女樱
37.‘花叶’玉蝉花
38.花叶玉簪
39.矾根
40.黄金万年草
41.佛甲草
42.德国鸢尾
43.常绿鸢尾
44.唐菖蒲
45.薄荷
46.紫娇花
47.金线石菖蒲
48.‘金叶’薹草
49.新西兰亚麻
50.松红梅
51.洒金柏
52.玛格丽特
53.金叶满天星
54.迷迭香
55.栀子
56.九里香
57.韩国杜鹃

花境植物材料

序号	名称	科属	学名	花（叶）色	开花期及持续时间	长成高度	种植面积（m^2）	种植密度（株 /m^2）	株数（株）
1	鸡爪槭	槭树科槭属	*Acer palmatum*	绿色变红色	5 月	2 ~ 3m	—	—	4
2	红梅	蔷薇科李属	*Prunus mume*	粉色	3 月	2 ~ 2.5m	—	—	3
3	蜡梅	蜡梅科蜡梅属	*Chimonanthus praecox*	黄色	12 月至翌年 3 月	4 ~ 6m	—	—	1
4	红叶石楠（球）	蔷薇科石楠属	*Photinia serrulata*	红色	5 ~ 7 月	2 ~ 3m	—	—	13
5	‘洒金’柏（球）	柏科侧柏属	*Platycladus orientalis* ‘Aurea Nana’	绿色、黄色	春季	30 ~ 70cm	—	—	2
6	瓜子黄杨（球）	黄杨科黄杨属	*Buxus sinica*	绿色	四季常绿	2 ~ 3m	—	—	5
7	水蜡（球）	木樨科女贞属	*Ligustrum obtusifolium* subsp. *suave*	绿色	4 ~ 11 月	2 ~ 3m	—	—	2
8	‘金丝雀’月季	蔷薇科蔷薇属	*Rosa* cv.	黄色	4 ~ 9 月	50 ~ 60cm	4.9	4	20
9	‘蔚蓝’月季	蔷薇科蔷薇属	*Rosa* cv.	淡紫色	4 ~ 10 月	50 ~ 60cm	3.4	4	14
10	‘果汁阳台’月季	蔷薇科蔷薇属	*Rosa* cv.	橘黄色	4 ~ 11 月	50cm	2.3	4	9
11	‘龙沙宝石’月季	蔷薇科蔷薇属	*Rosa* cv.	蓝紫色	4 ~ 10 月	50 ~ 60cm	0.9	4	4
12	‘朱丽叶’月季	蔷薇科蔷薇属	*Rosa* cv.	软桃色	4 ~ 10 月	105 ~ 150cm	0.4	4	2
13	‘甜梦’月季	蔷薇科蔷薇属	*Rosa* cv.	黄色	4 ~ 10 月	45 ~ 90cm	0.8	4	3
14	‘奶油龙沙宝石’月季	蔷薇科蔷薇属	*Rosa* cv.	浅黄色	4 ~ 10 月	45 ~ 90cm	0.5	4	2
15	‘蓝色风暴’月季	蔷薇科蔷薇属	*Rosa* cv.	淡紫色	4 ~ 10 月	45 ~ 90cm	2.2	4	9
16	‘绿樱’月季	蔷薇科蔷薇属	*Rosa* cv.	黄绿色	4 ~ 10 月	45 ~ 90cm	0.5	4	2
17	‘王妃’月季	蔷薇科蔷薇属	*Rosa* cv.	黄色	4 ~ 10 月	45 ~ 90cm	0.7	4	3
18	狐尾天门冬	百合科天门冬属	*Asparagus densiflorus* ‘Myers’	绿色	5 ~ 8 月	40 ~ 50cm	—	—	1
19	喷雪花	蔷薇科绣线菊属	*Spiraea thunbergii*	白色	3 ~ 4 月	1.5 ~ 2m	—	—	3
20	金雀儿	豆科金雀儿属	*Cytisus scoparius*	黄色	4 ~ 5 月	0.8 ~ 2m	4.8	9	36
21	芍药	芍药科芍药属	*Paeonia lactiflora*	粉色	5 ~ 6 月	40 ~ 70cm	2.8	9	27
22	‘金焰’绣线菊	蔷薇科绣线菊属	*Spiraea* × *bumalda* ‘Gold Flame’	红色	4 ~ 5 月	60 ~ 110cm	0.9	25	25
23	南天竹	小檗科南天竹属	*Nandina domestica*	绿色变红色	3 ~ 6 月	1 ~ 3m	5.6	16	90
24	‘无尽夏’绣球	虎耳草科绣球属	*Hydrangea macrophylla* ‘Endless Summer’	粉色	6 ~ 9 月	40 ~ 50cm	2.7	9	27
25	花叶八仙花	虎耳草科八仙花属	*Viburnum macrocephalum*	粉色	6 ~ 7 月	1 ~ 4m	0.5	9	45
26	‘蒙娜丽莎’绣球	虎耳草科绣球属	*Hydrangea macrophylla*	粉色	6 ~ 9 月	40 ~ 50cm	1.2	9	11
27	‘太阳神殿’绣球	虎耳草科绣球属	*Hydrangea macrophylla*	粉色	6 ~ 9 月	40 ~ 50cm	0.4	9	4
28	法国薰衣草	唇形科薰衣草属	*Lavandula stoechas*	紫色	6 ~ 8 月	40 ~ 60cm	1.3	16	20
29	山桃草	柳叶菜科山桃草属	*Gaura lindheimeri*	白色变浅粉色	5 ~ 8 月	60 ~ 100cm	0.3	9	3
30	八宝景天	景天科八宝属	*Hylotelephium erythrostictum*	粉色	7 ~ 10 月	30 ~ 50cm	3.8	16	60
31	大花耧斗菜	毛茛科耧斗菜属	*Aquilegia viridiflora*	浅红色	4 ~ 6 月	20 ~ 40cm	1.3	16	20

（续）

序号	名称	科属	学名	花（叶）色	开花期及持续时间	长成高度	种植面积（m^2）	种植密度（株/m^2）	株数（株）
32	火祭（多肉）	景天科青锁龙属	*Crassula capitella* 'Campfire'	红色	夏季或秋季	10cm	1.8	36	65
33	紫菀	菊科紫菀属	*Aster tataricus*	紫色	7 ~ 9 月	2.5m	2.6	25	65
34	常夏石竹	石竹科石竹属	*Dianthus plumarius*	紫色	6 月	30cm	3.1	25	78
35	大花飞燕	毛茛科翠雀属	*Delphinium grandiflorum*	蓝紫色	5 ~ 10 月	70 ~ 100cm	2.4	16	38
36	美女樱	马鞭草科美女樱属	*Galandularia* × *hybrida*	紫色	5 ~ 11 月	15 ~ 25cm	2.1	25	52
37	'花叶'玉蝉花	鸢尾科鸢尾属	*Iris ensata*	深紫色	6 ~ 7 月	30 ~ 80cm	1.5	25	38
38	花叶玉簪	百合科玉簪属	*Hosta undulata*	暗紫色	7 ~ 8 月	20 ~ 40cm	0.8	16	13
39	矾根	虎耳草科矾根属	*Heuchera micrantha*	红色	4 ~ 10 月	15 ~ 40cm	2.4	25	60
40	黄金万年草	景天科景天属	*Sedum acre*	金黄色	4 ~ 9 月	5 ~ 12cm	0.5	36	18
41	佛甲草	景天科景天属	*Sedum lineare*	绿色	4 ~ 5 月	10 ~ 20cm	0.8	36	30
42	德国鸢尾	鸢尾科鸢尾属	*Iris germanica*	黄色	4 ~ 5 月	20 ~ 30cm	0.8	25	20
43	常绿鸢尾	鸢尾科鸢尾属	*Iris tectorum*	紫色	5 月（20 天）	60 ~ 100cm	0.9	16	15
44	唐菖蒲	鸢尾科唐菖蒲属	*Gladiolus gandavensis*	黄色	7 ~ 9 月	50 ~ 80cm	2.1	16	33
45	薄荷	唇形科薄荷属	*Mentha haplocalyx*	淡紫色	7 ~ 9 月	30 ~ 60cm	0.8	25	20
46	紫娇花	石蒜科紫娇花属	*Tulbaghia violacea*	紫色	5 ~ 7 月	30 ~ 50cm	1.1	16	18
47	金线石菖蒲	天南星科菖蒲属	*Acorus gramineus* var. *pusillus*	黄绿色	5 ~ 6 月	20 ~ 30cm	1.5	16	25
48	'金叶'薹草	莎草科薹草属	*Carex* 'Evergold'	白绿色	4 ~ 5 月	40 ~ 60cm	0.8	16	13
49	新西兰麻	龙舌兰科新西兰麻属	*Phormium colensoi*	棕红色	4 ~ 11 月	1 ~ 3m	—	—	2
50	松红梅	桃金娘科薄子木属	*Leptospermum scoparium*	红棕色	4 ~ 6 月	30 ~ 70cm	0.7	25	18
51	'洒金'柏	柏科侧柏属	*Platycladus orientalis* 'Aurea Nana'	绿色、黄色	四季常黄绿	30 ~ 70cm	4.9	25	123
52	玛格丽特	菊科木茼蒿属	*Argyranthemum frutescens*	粉色	4 ~ 6 月	2.5m	1.1	25	28
53	金叶满天星	石竹科石头花属	*Gypsophila paniculata*	白色或淡红色	6 ~ 8 月	30 ~ 80cm	0.6	16	9.6
54	迷迭香	唇形科迷迭香属	*Rosmarinus officinalis*	蓝紫色	11 月	2m	2.2	16	36
55	栀子	茜草科栀子属	*Gardenia jasminoides*	白色或乳黄色	3 ~ 7 月	30 ~ 70cm	1.8	9	16
56	九里香	芸香科九里香属	*Murraya exotica*	叶绿色，花白色	6 ~ 10 月	30 ~ 70cm	1.2	9	11
57	杜鹃	杜鹃花科杜鹃花属	*Rhododendron* cv.	粉红色	3 ~ 5 月	30 ~ 50cm	45	9	405

花境植物更换表

序号	名称	科属	学名	替换品种	花（叶）色	开花期及持续时间	长成高度	种植面积（m^2）	种植密度（株/m^2）	株数（株）	替换时间
1	大花马齿苋	马齿苋科马齿苋属	*Portulaca grandiflora*	松红梅	红黄混色	7 ~ 10 月	5 ~ 10cm	0.7	25	18	7 月
2	三色堇	堇菜科堇菜属	*Viola tricolor*	玛格丽特	黄紫色	7 ~ 9 月	10 ~ 20cm	1.1	25	28	7 月

滨水花境

成都漫诗地园艺有限公司

程筱婉

春季实景

设计说明

本作品是雨水花园的组成部分，植物种植区域分为蓄水区、缓冲区和边缘区。

在满足其抗性要求的前提下，选择形态、色彩、质地、体量适合场地且具有观赏特征的植物。

边缘区模拟河滩生境，种植相对低矮且具观赏性的植物，如佛甲草、迷迭香、‘花叶’络石、‘金叶’石菖蒲等色彩丰富或有香味的植物。

蓄水区则需要最耐水湿的植物，如西伯利亚鸢尾、灯芯草。

缓冲区介于二者之间，选用了‘银叶’石菖蒲、花叶玉蝉花等水旱两栖的植物。

夏季实景

秋季实景

花境植物材料

序号	名称	花期								面积（m^2）	高度（cm）	蓬径（cm）	密度（株/m^2）	数量
		4月	5月	6月	7月	8月	9月	10月	11月					
1	山桃草									109.83	30 ~ 40	25 ~ 30	12	1280
2	蔓马缨丹									121.05	30 ~ 35	25 ~ 30	13	1530
3	糖蜜草									97	25 ~ 30	20 ~ 30	7	640
4	金姬小蜡									39.11	100	80	2	57
5	银姬小蜡									26.58	100	80	1	27
6	天蓝鼠尾草									58.38	40 ~ 50	30	8	490
7	墨西哥鼠尾草									41.5	30 ~ 40	20 ~ 25	9	373
8	紫娇花									26.2	25 ~ 30	20	17	430
9	‘无尽夏’绣球									67	30 ~ 40	25 ~ 35	6	410
10	松果菊									35.32	20	15	26	910
11	‘蓝霸’鼠尾草									71.96	30	15	25	1800
12	细叶芒									67.88	30 ~ 40	20 ~ 30	6	410
13	‘矮’蒲苇									11.6	80	40 ~ 50	2	17
14	马利筋									12.6	60 ~ 70	30 ~ 40	10	130
15	‘紫叶’狼尾草									32.69	50 ~ 60	30 ~ 40	9	282
16	佛甲草									282.86	10	15	35	9850
17	‘花叶’蒲苇									42.4	100 ~ 150	80 ~ 100	2	60
18	绣线菊									15.27	40	30 ~ 35	10	150
19	八宝景天									34.62	40 ~ 60	30	9	300
20	过路黄									59.84	10	15	25	1500
21	曼陀罗									32.71	60 ~ 80	40 ~ 50	2	46
22	‘蓝鸟’鼠尾草									20.7	30 ~ 40	30	15	302
23	千屈菜									3	30 ~ 40	25 ~ 30	67	200
24	紫珠									17.5	120 ~ 150	40 ~ 50	2	32
25	萱草									26.46	30 ~ 35	25 ~ 30	9	245
26	山菅兰									17.27	30	30	6	100
27	美女樱									32.96	20 ~ 25	20 ~ 25	19	620
28	‘紫穗’狼尾草									12.6	80 ~ 120	30 ~ 40	3	40
29	木春菊									39.18	100	100	3	97
30	剑麻									2.36	60 ~ 70	40 ~ 45	4	10
31	迷迭香									36.68	35 ~ 40	30 ~ 35	17	500
32	天竺葵									8.56	15 ~ 20	15	26	220
33	亚麻									4.28	60 ~ 80	30 ~ 40	3	13
34	澳洲朱蕉									0.6	60	30 ~ 40	3	2
35	姜花									17.5	120 ~ 150	30 ~ 45	3	44
36	美人蕉									105.38	50 ~ 70	40 ~ 50	3	340
37	‘玲珑’芒									96.03	40 ~ 50	25 ~ 30	5	450
38	玉带草									27.8	40 ~ 50	25 ~ 30	4	100
39	西伯利亚鸢尾									85.36	40 ~ 50	30 ~ 40	6	540
40	花叶玉蝉花									37.87	40 ~ 50	30 ~ 35	11	430
41	一叶兰									1.67	40 ~ 50	30 ~ 40	6	10
42	花叶芦竹									8.2	60 ~ 80	30 ~ 40	6	50
43	百子莲									70.92	60 ~ 80	30 ~ 40	10	700
44	肾蕨									49.65	30 ~ 35	25 ~ 30	13	650
45	滴水观音									2.5	120 ~ 150	80 ~ 90	5	11
46	翠芦莉									19.51	40 ~ 50	40 ~ 50	33	650
47	蓝雪花									83.05	50 ~ 60	30 ~ 35	10	850
48	‘花叶’络石									4.73	15	15 ~ 20	53	250
49	‘凤凰绿’薹草									62.55	25 ~ 30	15 ~ 20	6	400
50	蒲棒菊									12.91	30 ~ 40	20 ~ 30	1	15
51	旱伞草									7.9	40 ~ 45	40 ~ 45	4	30
52	‘小兔子’狼尾草									19.2	40 ~ 50	30 ~ 40	10	185
53	‘大布尼’狼尾草									5.8	50 ~ 80	30 ~ 40	2	10
54	结香									2.2	100	30 ~ 40	1	3
55	喷雪花									29.16	70 ~ 75	30 ~ 40	2	58
56	‘金叶’锦带									1.7	50 ~ 70	30 ~ 40	2	4
57	金光菊									9.91	15 ~ 30	15 ~ 30	7	70
58	‘银叶’石菖蒲									48.01	20 ~ 25	15 ~ 20	17	830
59	蓝冰麦									2.08	35 ~ 45	35 ~ 45	24	50
60	富贵草									2.53	40 ~ 50	30 ~ 40	6	15
61	玉簪									3.3	30 ~ 35	30 ~ 35	18	60
62	火山石									31.4			1	40
63	晨光芒									24.76	40 ~ 50	30	8	200
64	灯芯草									30	40 ~ 50	25 ~ 30	2	60
65	多花筋骨草									20.05	3 ~ 5	3 ~ 5	20	400
66	矾根									10.28	15	15	25	260
67	飞蓬									29.03	15 ~ 20	10 ~ 20	38	1100
68	红瑞木									6	80 ~ 100	50 ~ 60	3	15
69	‘金叶’石菖蒲									14.1	20	15	36	500
70	龙舌兰									1.5	20 ~ 40	20 ~ 40	3	5
71	马鞭草									9.12	40 ~ 50	20	29	260
72	木麻黄									3.76	40 ~ 45	40 ~ 45	3	10
73	佩兰									5	80 ~ 100	30 ~ 40	5	25
74	水果蓝									6.63	40 ~ 50	35	7	48
75	吴风草									3.06	20 ~ 30	20 ~ 30	26	80
76	亚菊									0.5	20 ~ 30	20 ~ 30	18	9

光辉百年

厦门上林美地建设工程股份有限公司

王回南　吴华　何美琴　陈光耀

春季实景

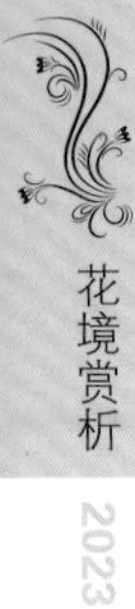

夏季实景

设计说明

本作品将本土植物与闽南文化相互融合，营造“光辉百年”立体画卷。用多种花境植物相互搭配，从左到右：‘光辉岁月’向日葵、百子莲、千年木等，借用植物语言诠释作品主题。白卵石覆盖形状如“1”，两个浮岛花境形如两个“0”；大地作画，百花争艳，为建党“百年庆”献礼。

设计阶段图纸

"光辉百年"花境 | 总平面图

"Glorious century" flower border

区位图

01 小百日草（混色）
02 '亮晶'女贞（球）
03 '彩叶'蚌兰
04 松果菊
05 金叶满天星
06 '焰火'千日红
07 '蓝霸'鼠尾草
08 大花百日草（六色）
09 欧石竹
10 狐尾天门冬
11 '红巨人'朱蕉
12 多杆亮叶朱蕉
13 观赏谷子
14 洋金凤
15 姜荷花
16 澳洲金合欢
17 墨西哥鼠尾草
18 粉花曼陀罗
19 鹤望兰
20 '花叶'蒲苇
21 五雀三角梅
22 红车
23 '矮'蒲苇
24 '黄金'宝树
25 矮生马鞭草
26 紫叶拟美花
27 '无尽夏'绣球
28 百子莲
29 '光辉岁月'向日葵
30 '红火箭'紫薇
31 天人菊
32 '七彩'马尾铁
33 '先正达'五色梅
34 穗花牡荆

'光辉岁月'向日葵 大花百日草（六色），寓意：建党"光辉百年"

平面图1：200

花境植物材料

序号	植物名称	科	学名	花（叶）色	开花期及持续时间	长成高度（cm）	种植面积（m^2）	种植密度（株/m^2）	株数（株）
1	小花百日草（混）	菊科	*Zinnia elegans*	粉、橙、黄等	5～11月	20～25	2.41	81	115
2	'亮晶'女贞（球）	木樨科	*Ligustrum quihoui* 'Lemon Light'	叶金黄色		80～100			6
3	'彩叶'蚌兰	鸭跖草科	*Rhoeo spathaceo* 'Compacta Variegata'	暗绿色、紫色	5～7月	20～25	1.96	81	78
4	矮生松果菊	菊科	*Echinacea purpurea*	紫、粉等多色	11月至翌年4月	30～50	6.15	25	154
5	金叶满天星	石竹科	*Gypsophila paniculata*	叶金黄、花紫色	6～8月	20～30	6.88	36	241
6	'焰火'千日红	苋科	*Gomphrena globosa* 'Fireworks Coated'	紫红色	全年	100～120	2.42	25	36
7	'蓝霸'鼠尾草	唇形科	*Salvia* 'Mystic Spires Blue'	紫色	全年	30～50	7.92	25	148
8	大花百日草	菊科	*Zinnia elegans*	红色、白色等	6～9月	40～50	3.45	25	62
9	欧石竹	石竹科	*Dianthus carthusianorum*	深粉红色	全年	20	7.23	36	225
10	狐尾天门冬	百合科	*Asparagus densiflorus* 'Myersii'	叶翠绿色		40～50	3.26	16	36
11	红巨人朱蕉	百合科	*Cordyline fruticosa*	叶紫红色		60～80	2.2	12	15
12	多杆亮叶朱蕉	百合科	*Cordyline fruticosa*	叶紫红色		130～150	2.34	12	18
13	观赏谷子	禾本科	*Pennisetum americarum*	深紫色	6～10月	120～140	2.14	16	18
14	洋金凤	豆科	*Caesalpinia pulcherrima*	橘黄色	全年	150～180	3.55	4	10
15	姜荷花	姜科	*Curcuma alismatifolia*	桃红色	6～10月	30～50	2.38	36	50
16	澳洲金合欢	豆科	*Acacia mearnsii*	淡黄色、白色	6月	130～150	3.64	4	11
17	墨西哥鼠尾草	唇形科	*Salvia leucantha*	紫色	8～10月	30～40	4.26	25	82
18	粉花曼陀罗	茄科	*Brufmansia versicolor*	粉红色	7～9月	120～140	4.64	3	11
19	红花鹤望兰	芭蕉科	*Strelitzia reginae*	红色	10月至翌年2月	50～70	5.01	12	48
20	'花叶'蒲苇	禾本科	*Cortaderia selloana* 'Silver Comet''	银边叶，花银白色	9月至翌年1月	100～140	7.34	4	25
21	五雀三角梅（球）	紫茉莉科	*Bougainvillea spectabilis* cv.	多色	全年	60～80	3.23	2	5
22	红车	桃金娘科	*Syzygium myrtifolium*	新叶粉红色		100～120	2.53	4	6
23	'矮'蒲苇	禾本科	*Cortaderia selloana* 'Pumila'	银白色	全年	100～140	4.44	4	14
24	'黄金'宝树	桃金娘科	*Melaleuca bracteata* 'Revolution Gold'	叶金黄色		130～150	5.65	2	11
25	矮生马鞭草	马鞭草科	*Verbena officinalis*	蓝紫色	5～11月	30～40	1.97	36	35
26	紫叶拟美花	爵床科	*Pseuderanthemum reticulatum*	叶紫红色		50～70	4.46	16	55
27	'无尽夏'绣球	虎耳草科	*Hydrangea macrophylla* 'Endless Summer'	蓝色、粉色	6～8月	40～60	2.86	9	17
28	百子莲	石蒜科	*Agapanthus africanus*	紫色	7～9月	30～50	2.32	16	22
29	'光辉岁月'向日葵	菊科	*Helianthus annuus* 'Sunbelievable'	黄色	5～11月	60～80	3.22	9	20
30	'红火箭'紫薇	千屈菜科	*Lagerstroemia indica* 'Red Rocket'	红色	6～11月	100～120	2.67	2	3
31	天人菊	菊科	*Gaillardia pulchella*	红黄复色	6～8月	30～50	4.68	25	92
32	'七彩'马尾铁	百合科	*Dracaena marginata* 'Tricolor'	三色叶		120～140	2.29	4	5
33	先正达五色梅	马鞭草科	*Lantana camara*	紫色、黄色	5～10月	30～50	4.34	25	84
34	穗花牡荆	马鞭草科	*Vitex agnus-castus*	蓝紫色	7～8月	160～200	4.16	1	3

花境植物更换表

序号	植物名称	科	学名	花（叶）色	开花期及持续时间	长成高度（cm）	种植面积（m^2）	种植密度（株/m^2）	株数（株）
1	小花百日草（混）	菊科	*Zinnia elegans*	粉、橙、黄等	5～11月	20～25	2.41	81	115
	蓝星花	旋花科	*Evolvulus nuttallianus*	蓝色	全年	15～20	2.41	25	35
4	矮生松果菊	菊科	*Echinacea purpurea*	紫、粉等多色	6～11月	30～50	6.15	25	154
	繁星花（粉、红）	茜草科	*Pentas lanceolata*	粉色、紫色	3～10月	30	6.15	16	98
8	大花百日草	菊科	*Zinnia elegans*	红色、白色等	6～9月	40～50	3.45	25	62
	百万小铃	茄科	*Calibrachoa hybrids*	紫、粉等多色	10月至翌年6月	30	3.45	25	62
13	观赏谷子	禾本科	*Pennisetum americarum*	深紫色	6～10月	120～140	2.14	16	18
	金红羽狼尾草	禾本科	*Pennisetum setaceum*	粉白色	4～12月	120～140	2.14	16	18
25	矮生马鞭草	马鞭草科	*Verbena officinalis*	蓝紫色	5～11月	30～40	1.97	36	35
	火红萼距花	千屈菜科	*Cuphea platycentra*	火焰红色	10月至翌年6月	40～50	1.97	16	15
29	'光辉岁月'向日葵	菊科	*Helianthus annuus* 'Sunbelievable'	黄色	5～11月	60～80	3.22	9	20
	木春菊	菊科	*Argyranthemum frutescens*	黄色	全年	30～50	3.22	16	35
31	天人菊	菊科	*Gaillardia pulchella*	红黄复色	6～8月	30～50	4.68	25	92
	大花香彩雀	玄参科	*Angelonia angustifolia*	紫、粉、复色	4～11月	30～50	4.68	16	58
	南非万寿菊	菊科	*Osteospermum ecklonis*	粉、红、蓝紫	11月至翌年4月	30～40	4.68	25	92

炙热圣诞

上海林玄园艺有限公司

牛传玲　龚洁　周雪

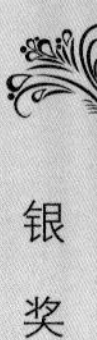

春季实景

设计说明

本作品以“炙热圣诞”为主题，旨在寒冷的冬季打造一个热情似火、氛围浓烈的花境景观。

整个花境跳跃性地保留大小不一的团状观赏草作为背景，观赏草细腻的质地为整个空间增加了丝丝朦胧。在色调上以圣诞节“红、黄、绿”三色为基础，整体以红色为主，采用上层植物红瑞木、南天竹，下层植物‘火焰’南天竹作为主要基调，贯穿整个花境，再增加黄色和绿色等植物合理搭配增加节日的热烈感。适量点缀一些紫色、银白色的植物，将圣诞的氛围推向高潮。

冬季实景

花境植物材料

序号	名称	学名	花期	最佳观赏期	花色变化	叶色变化	规格（cm）	数量（株）
1	‘矮’蒲苇	*Cortaderia selloana* ‘Pumila’	9～10月	90天	花色洁白	亮绿色叶片，深秋叶子变成金黄色，冬季落叶	H1000～120 P50～60	34
2	澳洲朱蕉	*Cordyline australis*	观叶植物	全年	花白色	全年深红色	H50～60 P30～40	26
3	茶梅（球）	*Camellia sasanqua*	11月至翌年3月	120天	花苞浅色，随生长逐渐变粉，花朵艳丽，多为粉红或玫红色，花蕊黄色，花衰败后枯黄	叶革质，椭圆形，表面深绿色，背面褐绿色，全年常绿	H100～120 P100～120	3
4	常绿山姜	*Alpinia japonica*	4～8月	120天	花苞红色，底端白色，花朵白色，具有大片红色纹路，色彩鲜艳	新叶浅绿色，具有深绿色叶脉，老叶深绿色，颜色逐渐加深	H60～80 P60～80	40
5	多花筋骨草	*Ajuga multiflora*	4～5月	60天	花苞灰紫色，花朵蓝紫色，花萼覆有银灰色茸毛	叶片纸质，椭圆状长圆形或椭圆状卵圆形，叶绿色，冬季遇冷呈暗红色	P20～30	350
6	刚直红千层	*Callistemon rigidus*	6～8月	60天	穗状花序，花瓣绿色，雄蕊鲜红色，花药暗紫色，花蕊远长于花瓣，花朵呈正红色	叶片坚革质，线形，叶深绿色，冬季暗红色	H150～160 P120～150	20
7	龟甲冬青（球）	*Ilex crenata* f. *convexa*	5～6月	全年	观叶植物	常绿	H120～150 P120	3
8	红花檵木	*Loropetalum chinense* var. *rubrum*	4～5月	30～40天	簇生头状花序，花紫红色	叶片常年暗红色	H120～150 P100～120	1
9	红瑞木	*Cornus alba*	6～7月	全年	聚伞花序顶生，花乳白色	叶绿色，秋叶鲜红，小果洁白，落叶后枝干红艳如珊瑚	H150～160	1405
10	‘花叶’山菅兰	*Dianella ensifolia* ‘Silvery Stripe’	4～6月	全年	圆锥花序，花多朵，淡紫色，花谢浆果紫蓝色	叶近基生，狭条状披针形，革质，叶绿色，带有白色金边，常绿	H40～50 P30～40	9
11	‘花叶’香桃木	*Myrfus communis* ‘Variegata’	5～6月	全年	花腋生，花色洁白，浆果黑紫色	叶片常年绿色带金边	H80～100 P60～80	16
12	黄金菊	*Euryops pectinatus*	8～12月	120天	头状花序，舌状花及管状花均为金黄色	叶子常年绿色	H40～50 P30～40	560
13	‘火焰’南天竹	*Nandina domestica* ‘Firepower’	3～6月	全年	花小，白色，具芳香，浆果球形，熟时鲜红色，稀橙红色	幼叶为暗红色，后变绿色或带红晕，入冬呈红色，红叶经冬不凋	H30～40 P20～30	2000
14	角堇（黄）	*Viola cornuta*	12月至翌年4月	150天	花瓣黄色，常有花斑，花色以浅色居多，中间没有深色的圆点，有些品种有猫胡须一样的黑线	嫩叶绿色，老叶常为紫绿色	P15～20	72
15	角堇（蓝）	*Viola cornuta*	12月至翌年4月	150天	花瓣蓝色，常有花斑，花色以浅色居多，中间没有深色的圆点，有些品种有猫胡须一样的黑线	嫩叶绿色，老叶常为紫绿色	P15～20	72
16	角堇（蓝白）	*Viola cornuta*	12月至翌年4月	150天	花瓣蓝白两色，上瓣与下瓣不同色，中间有黄色花斑，有猫胡须一样的黑线	嫩叶绿色，老叶常为紫绿色	P15～20	72
17	金鸡菊	*Coreopsis basalis*	7～9月	60天	头状花序，花苞黑褐色，舌状花瓣黄色，基部紫褐色	叶片羽状分裂，叶片绿色，老叶枯黄	P20～30	480
18	‘金姬’水蜡（球）	*Ligustrum obtusifolium* ‘Jinji’	6～7月	全年	观叶植物	叶片常年金黄	H120 P120	10

（续）

序号	名称	学名	花期	最佳观赏期	花色变化	叶色变化	规格（cm）	数量（株）
19	‘金叶’石菖蒲	*Acorus gramineus* ‘Ogan’	4 ~ 5 月	30 天	花蓝色或紫蓝色	叶绿色	H20 ~ 30 P20 ~ 30	1700
20	‘蓝冰’柏	*Cupressus arizonica* var. *glabra* ‘Blue Ice’	0	全年	观叶植物	鳞叶蓝色或蓝绿色，常年霜蓝色	H150 ~ 160	12
21	蓝杉	*Picea pungens*	4 ~ 5 月	全年	雄球花最初为玫瑰红，成熟后会变成黄绿色，雌球花鳞片呈现灰绿色，授粉能力最强的时候，会呈现红色	叶色呈蓝色、蓝绿色、银白色	H80 ~ 100 P60 ~ 80	5
22	亮金女贞（球）	*Ligustrum × vicaryi*	5 ~ 6 月	全年	观叶植物	叶金黄色，冬季叶色变暗发红	H80 ~ 100 P60 ~ 80	48
23	毛地黄	*Digitalis purpurea*	5 ~ 6 月	30 天	顶生总状花序，花冠紫红色，内面有浅白斑点，常见品种有白、粉和深红色等	叶粗糙、皱缩，叶片绿色	P20 ~ 30	250
24	墨西哥鼠尾草	*Salvia leucantha*	5 ~ 9 月	120 天	花朵全体被蓝紫色茸毛，唇形花瓣蓝紫色	披针形叶片，新叶银白色，展开后逐渐变绿，叶背覆有白色茸毛	H30 ~ 40 P30 ~ 40	140
25	南天竹	*Nandina domestica*	3 ~ 6 月	90 天	圆锥花序，花小白色，花谢后浆果红色	小叶薄革质，顶端渐尖，基部楔形，全缘，上面深绿色，冬季变红色	H80 ~ 100	52
26	喷雪花	*Spiraea thunbergii*	3 ~ 4 月	60 天	伞形花序，白色	单叶互生，叶披针形，小叶嫩黄色，老叶浅绿色	H100 ~ 120 P100 ~ 120	5
27	千层金	*Melaleuca bracteata*	0	60 天	穗状花序，花瓣绿白色	嫩枝红色，叶片常年金黄色	H120 ~ 150	10
28	肾蕨	*Nephrolepis auriculata*	全年	全年	观叶植物	叶簇生，新叶覆有暗褐色茸毛，叶片叶脉明显，呈嫩绿色，老叶颜色加深，叶坚草质或草质，干后棕绿色或褐棕色，条件适宜可常绿	H50 ~ 60 P40 ~ 50	51
29	水果蓝	*Teucrium fruticans*	4 ~ 6 月	全年	花淡蓝色	叶对生，全株覆有白色茸毛，叶绿色，叶背白色，全株常年霜蓝色	H60 ~ 80 P60 ~ 80	31
30	无刺枸骨（球）	*Ilex cornuta*	4~5 月	全年	开黄绿色小花，花谢核果球形，初为绿色，入秋成熟转红，冬季不凋	叶片光滑有光泽，常年深绿色	H120 ~ 150 P120	4
31	西伯利亚鸢尾	*Iris sibirica*	4 ~ 5 月	全年	花蓝紫色	叶灰绿色，条形，顶端渐尖	H30 ~ 40	22
32	‘小丑’火棘	*Pyracantha fortuneana* ‘Harlequin’	3 ~ 5 月	全年	初夏白花点点，入秋果红如火	春、秋两季嫩叶为白、黄、绿相间的花白色，夏季叶色以绿为主，叶缘略带嫩黄，冬季，凡阳光直射到的叶片，都渐变成粉红色，翌年春季老叶也逐渐转绿，渐变为花白色	H150 ~ 160 P120	9
33	‘银霜’女贞	*Ligustrum japonicum* ‘Jack Frost’	5~6 月	全年	圆锥花序顶生，花白色	嫩叶绿，边缘粉红，成熟叶边缘由粉红逐渐转金黄，老叶少数会全部转绿	H120 ~ 150 P100 ~ 120	9
34	银叶菊	*Jacobaea maritima*	6 ~ 9 月	90 天	头状花序单生枝顶，花小、黄色	全株终年银白色，正背面均有茸毛	H15 ~ 20 P15 ~ 20	2570
35	紫罗兰	*Matthiola incana*	4 ~ 5 月	60 天	花苞白绿色，花瓣紫红、淡红色	叶片长圆形至倒披针形或匙形，深绿色	H15 ~ 20 P15 ~ 20	2100
36	熊猫堇	*Viola banksii*	全年	全年	花苞白绿色，随生长渐渐呈紫色，花朵中心呈紫色，外缘白色过渡，花谢后枯黄	叶绿色，养护得当可常绿	P20 ~ 25	4850

H：株高；P：蓬径。

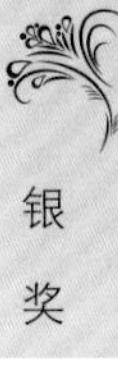

银奖

园林科研之路

重庆市风景园林科学研究院

田中　张贝　李婷　邹世慧　王宝宁　贺奕洁

春季实景

设计说明

科研的道路不是宽阔的坦途，这条路上一定会有曲折。

本作品用一条顺应地块形状的蜿蜒曲折的道路，分割地块空间，并延长了花境的观赏面，也寓意科研之路的曲折。

在植物应用方面，选用 13 种乡土植物和引种的新优植物。使用污泥园林资源化利用成果改良花境种植床土壤。通过花境展示研究成果，并期待花果不断，惊喜连连。

夏季实景

秋季实景

设计阶段图纸

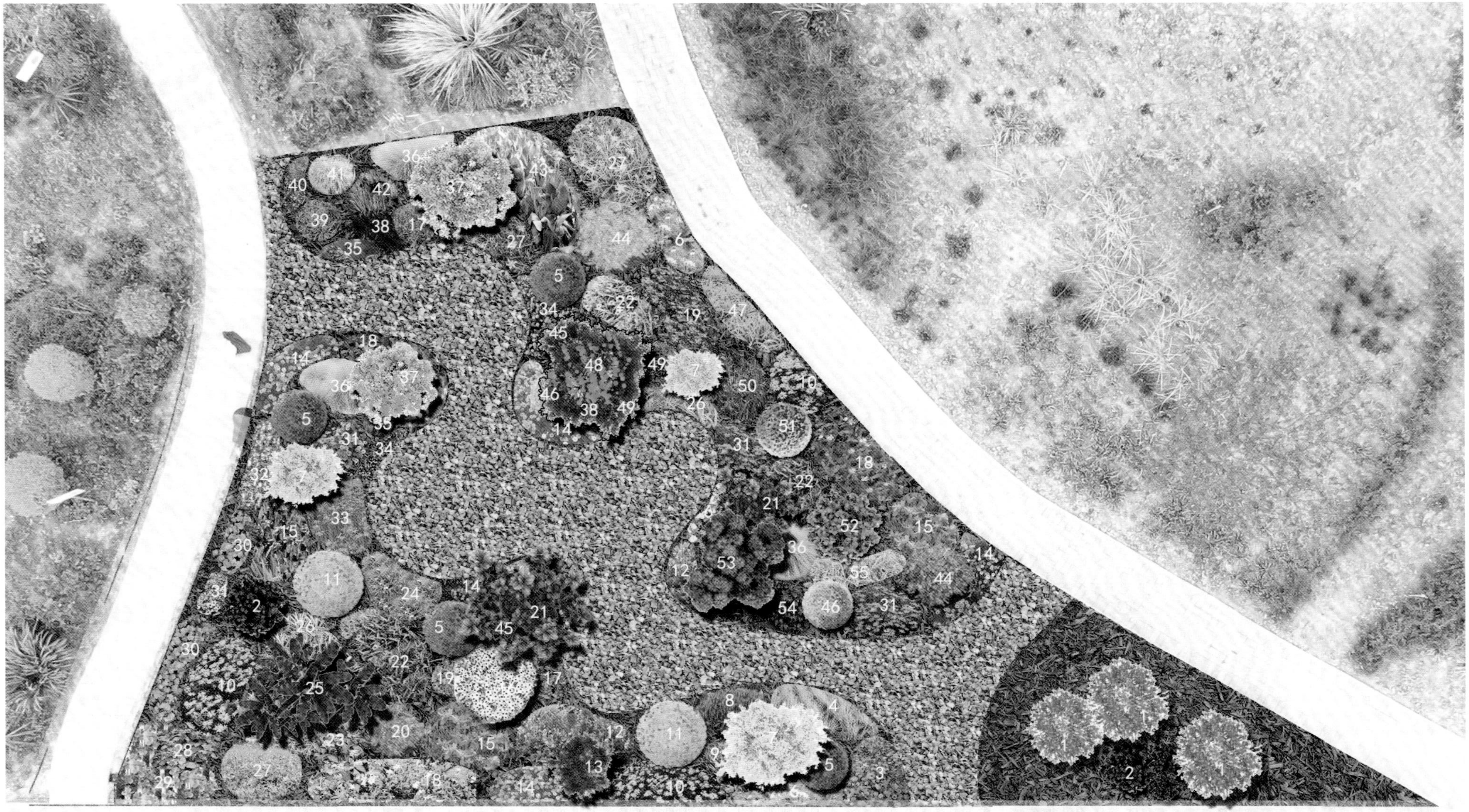

注：与“花境植物材料”表中的序号相对应。

花境植物材料

序号	名称	科属	学名	花（叶）色	开花期及持续时间	长成高度（m）	种植面积（m^2）	种植密度（株 /m^2）	株数（株）
1	‘美人’梅	蔷薇科李属	*Prunus* × *blireana* ‘Meiren’	花粉色	2 月中旬至 3 月上旬	2.5	3	0.5	3
2	‘黑色宝塔’接骨木	忍冬科接骨木属	*Sambucus nigra* ‘Black Tower’	花淡粉色，叶紫黑色	4 ~ 5 月	1	2	2	4
3	地被石竹	石竹科石竹属	*Dianthus plumarius*	花深粉色	3 ~ 4 月	0.2	0.77	20	15
4	‘金叶’石菖蒲	天南星科菖蒲属	*Acorus gramineus* ‘Ogan’	叶线状、金黄色，花绿色	4 ~ 5 月	0.3	1.16	30	34
5	‘先令’冬青	冬青科冬青属	*Ilex vomitoria* ‘Schilling’	叶灰绿色，花白色	4 月	0.5	4	1	4
6	七星莲	堇菜科堇菜属	*Viola diffusa*	花白色	2 月	0.15	1.62	50	80
7	‘帕丽达’金缕梅	金缕梅科金缕梅属	*Hamamelis mollis* ‘Pallida’	花金黄色	2 ~ 3 月	1.5	3	1	3
8	‘蓝山’林荫鼠尾草	唇形科鼠尾草属	*Salvia nemorosa* ‘Blauhugel’	花蓝紫色	4 ~ 5 月	0.4	0.78	9	7
9	西伯利亚鸢尾	鸢尾科鸢尾属	*Iris sibirica*	花蓝紫色	4 ~ 5 月	0.7	0.72	25	18
10	黄金菊	菊科黄蓉菊属	*Euryops pectinatus*	花黄色	春夏秋	0.5	1.68	25	42
11	‘法兰西’六道木	忍冬科六道木属	*Abelia*×*grandiflora* ‘Francis Mason’	花色白，新叶嫩黄	3 ~ 6 月	0.8	2	1	2
12	南一笼鸡	爵床科马蓝属	*Strobilanthes henryi*	花白色	10 ~ 11 月	0.6,	2.24	16	36
13	‘拿铁咖啡’美国矮紫薇	千屈菜科紫薇属	*Lagerstroemia* ‘Like a latte’	花白色，叶红铜色至绿色	6 ~ 9 月	1	1	1	1
14	细裂美女樱	马鞭草科美女樱属	*Glandularia tenera*	花淡蓝紫色	春、秋	0.4	2.88	25	72
15	大花鸢尾	鸢尾科鸢尾属	*Iris* × *amplifora*	花蓝紫色	3 月底至 4 月初	0.8	3.01	3	8
16	‘斑丽’溲疏	虎耳草科溲疏属	*Deutzia scabra* ‘Plena’	白色略带粉色	5 ~ 6 月	1.9	1	1	1
17	金疮小草	唇形科筋骨草属	*Ajuga decumbens*	花淡蓝紫色	3 ~ 4 月	0.3	1.13	25	28
18	日本马蓝	爵床科马蓝属	*Strobilanthes japonica*	花淡蓝紫色	5 ~ 6 月	0.4	4.19	16	67
19	超级一串红	唇形科鼠尾草属	*Salvia splendens* ‘Salmi’	花紫红色	4 ~ 5 月，9 ~ 10 月	1.2	1.31	5	6
20	‘花叶’柊树	木樨科木樨属	*Osmanthus heterophyllus* ‘Tricolor’	花白色，叶深绿色带黄色斑纹	11 ~ 12 月	0.8	1	1	1
21	‘洒脱米’多花梾木	山茱萸科梾木属	*Cornus kousa* ‘Satomi’	花深粉色	5 ~ 7 月	1.3	2	1	2
22	翠芦莉	爵床科芦莉草属	*Ruellia simplex*	花蓝紫色	5 ~ 10 月	0.8	2.62	50	128
23	常山	绣球科常山属	*Dichroa febrifuga*	花淡蓝色	5 ~ 6 月	0.8	0.32	6	2
24	紫露草	鸭跖草科紫露草属	*Tradescantia virginiana*	花瓣白色，中心蓝色	4 ~ 6 月	0.35	0.86	8	7
25	美人蕉	美人蕉科美人蕉属	*Canna indica*	叶绿色，边缘暗红色，花橙红色	9 ~ 10 月	2.5	2.14	0.5	1
26	金边吊兰	天门冬科吊兰属	*Chlorophytum comosum* ‘Variegatum’	叶绿色带金边	5 ~ 6 月	0.3	0.6	25	15
27	常绿萱草	百合科萱草属	*Hemerocallis fulva* var. *aurantiaca*	花淡橙黄色	7 ~ 9 月	1	3.26	9	29

（续）

序号	名称	科属	学名	花（叶）色	开花期及持续时间	长成高度（m）	种植面积（m^2）	种植密度（株/m^2）	株数（株）
28	臭牡丹	马鞭草科大青属	*Clerodendrum bungei*	花冠淡红色	5 ~ 10 月	1.2	0.45	9	4
29	‘幻想曲’秋牡丹	毛茛科银莲花属	*Anemone cathayensis* ‘Fantasy’	花粉色	8 ~ 10 月	0.5	1.05	10	11
30	红马蹄草	五加科天胡荽属	*Hydrocotyle nepalensis*	叶绿色，花绿白色	5 ~ 11 月	0.25	1.13	25	28
31	荷兰菊	菊科联毛紫菀属	*Symphyotrichum novi-belgii*	花蓝紫色	8 ~ 10 月	0.5	1.74	9	16
32	‘雪山’林荫鼠尾草	唇形科鼠尾草属	*Salvia nemorosa* ‘Schneehuegel’	花白色	4 ~ 5 月	0.4	1.12	10	11
33	紫娇花	石蒜科紫娇花属	*Tulbaghia violacea*	花粉紫色	5 ~ 10 月	0.6	0.96	25	24
34	头花蓼	蓼科蓼属	*Polygonum capitatum*	花淡红色	3 ~ 6 月	0.15	0.65	26	17
35	‘蓝筹股’醉鱼草	马钱科醉鱼草属	*Buddleja lindleyana* ‘Blue Chip’	花蓝色	5 ~ 9 月	0.8	0.48	12	6
36	‘细叶’芒	禾本科芒属	*Miscanthus sinensis* ‘Gracillimus’	叶绿色	10 ~ 12 月	1.5	0.69	1.5	1
37	黄荆	马鞭草科牡荆属	*Vitex negundo*	花淡蓝紫色	5 ~ 6 月	2.7	2	1	2
38	‘紫叶’狼尾草	禾本科狼尾草属	*Pennisetum* × *advena* ‘Rubrum’	叶花淡紫红色	6 ~ 8 月	1.0	0.29	10	3
39	薹草	莎草科薹草属	*Carex* sp.	叶绿色	5 ~ 6 月	0.5	0.38	3	1
40	‘夏日美人’小花葱	百合科葱属	*Allium sativum* ‘Summer Beauty’	花淡粉紫色	6 ~ 7 月	0.3	0.26	27	7
41	花叶蒲苇	禾本科蒲苇属	*Cortaderia selloana* ‘Silver Comet’	叶带白色条纹	9 ~ 12 月	1.8	1	1	1
42	花叶玉蝉花	鸢尾科鸢尾属	*Iris ensata*	花蓝紫色	5 ~ 6 月	0.5	1	9	9
43	紫叶美人蕉	美人蕉科美人蕉属	*Canna warscewiezii*	花橙红色	9 ~ 12 月	1.6	2.5	4.5	12
44	‘哈诺’花叶柳	杨柳科柳属	*Salix integra* ‘Hakuro Nishiki’	新叶白色	—	1.0	2	2	2
45	灯芯草	灯芯草科灯芯草属	*Juncus effusus*	叶蓝绿色	—	0.8	2	2	4
46	‘花叶’香桃木	桃金娘科桃金娘属	*Myrfus communis* ‘Variegata’	花白色，叶绿色白边	5 ~ 6 月	0.5	2	1	2
47	宽叶韭	百合科葱属	*Allium hookeri*	叶绿色，花白色	8 ~ 9 月	0.5	0.78	25	20
48	穗花牡荆	马鞭草科牡荆属	*Vitex agnus-castus*	花蓝紫色	6 ~ 7 月	2.2	1	1	1
49	安酷杜鹃	杜鹃花科杜鹃花属	*Rhododendron* ‘Pink Jewel’	花粉色	3 ~ 4 月	0.7	2	1	2
50	火星花	鸢尾科雄黄兰属	*Crocosmia crocosmiflora*	花橙红色	6 ~ 7 月	1.0	0.82	9	7
51	‘火焰’卫矛	卫矛科卫矛属	*Euonymus alatus* ‘Compactus’	秋叶红色	—	1.0	1	1	1
52	红叶山茶	山茶科山茶属	*Camellia cuspidata*	花白色，幼叶紫红色	2 ~ 3 月	0.7	1	1	1
53	小梾木	山茱萸科梾木属	*Cornus quinquenervis*	花白色	6 ~ 7 月	2.0	1	1	1
54	四季海棠	秋海棠科秋海棠属	*Begonia cucullata*	叶红铜色，花红色	3 ~ 12 月	0.25	0.72	25	18
55	毛萼紫露草	鸭跖草科紫露草属	*Tradescantia virginiana*	花蓝紫色	4 ~ 6 月	0.5	0.68	9	6

梦幻绿洲

厦门大冶景观工程有限公司

连捷　姜黄巍

春季实景

设计说明

本作品以热带植物为主，展现海南植物的艳丽与多样性。通过上、中、下层植物的巧妙穿插，形成动静结合的花境景观。

夏季实景

秋季实景

设计阶段图纸

总平面图

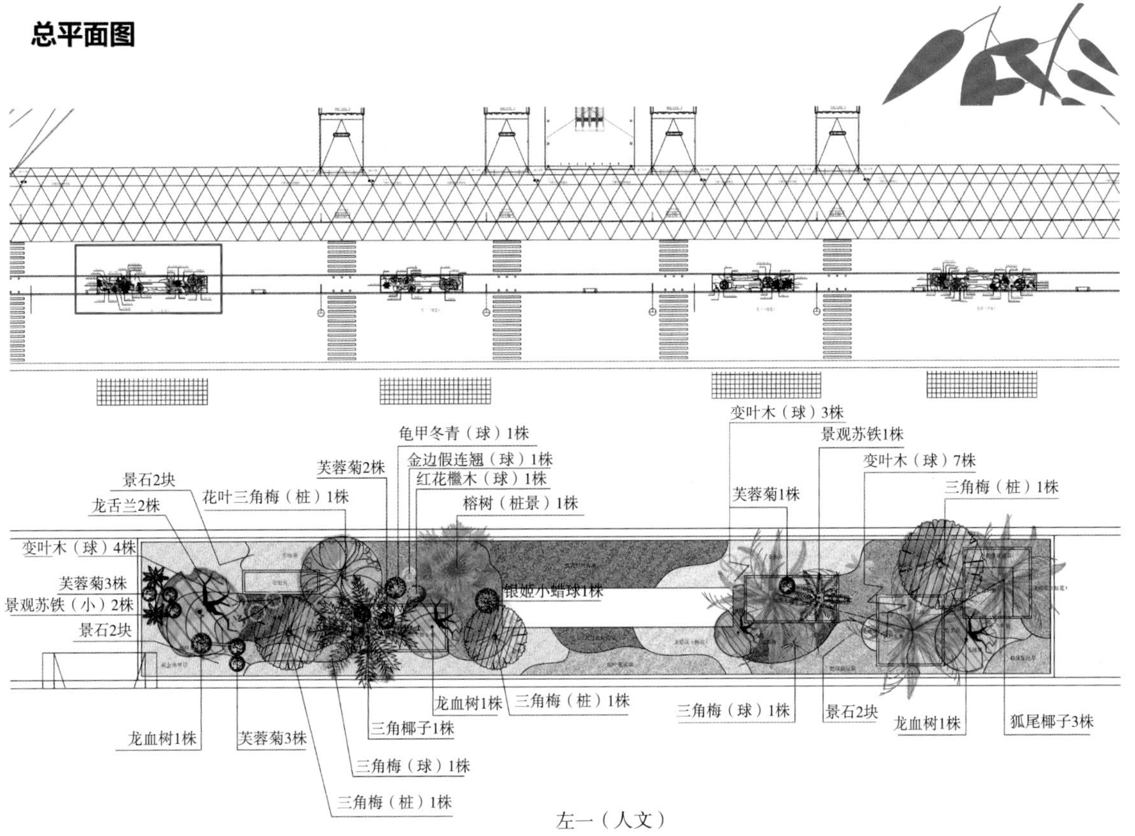

左一（人文）

总平面图

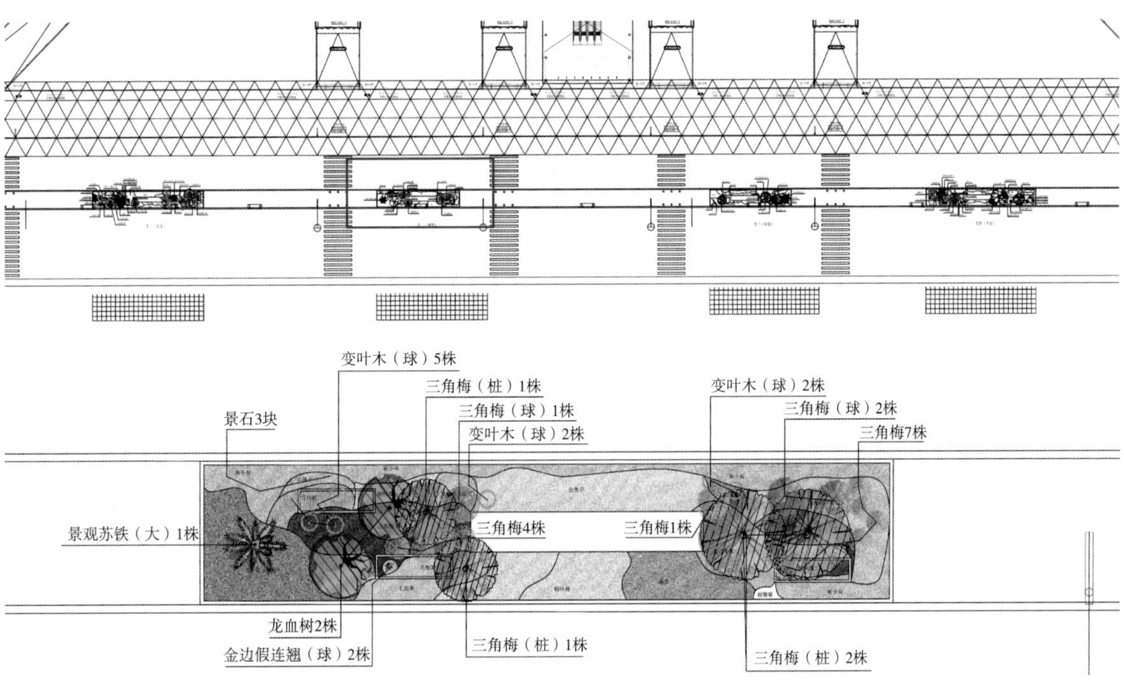

左二（智慧）

总平面图

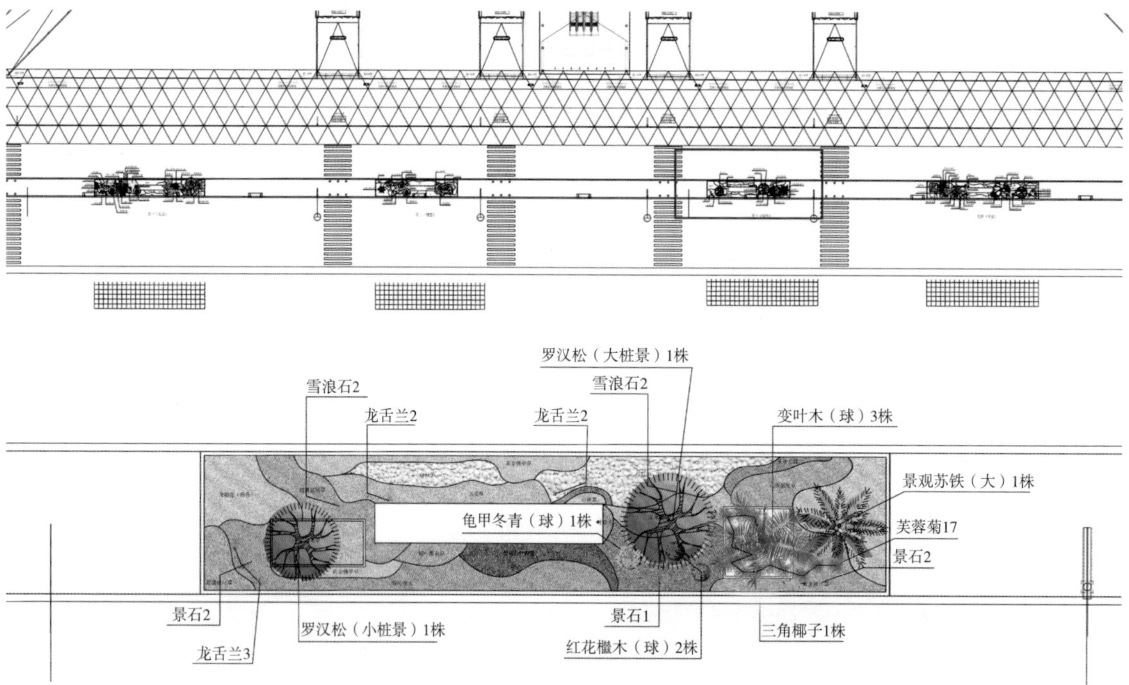

左三（绿色）

总平面图

General layout

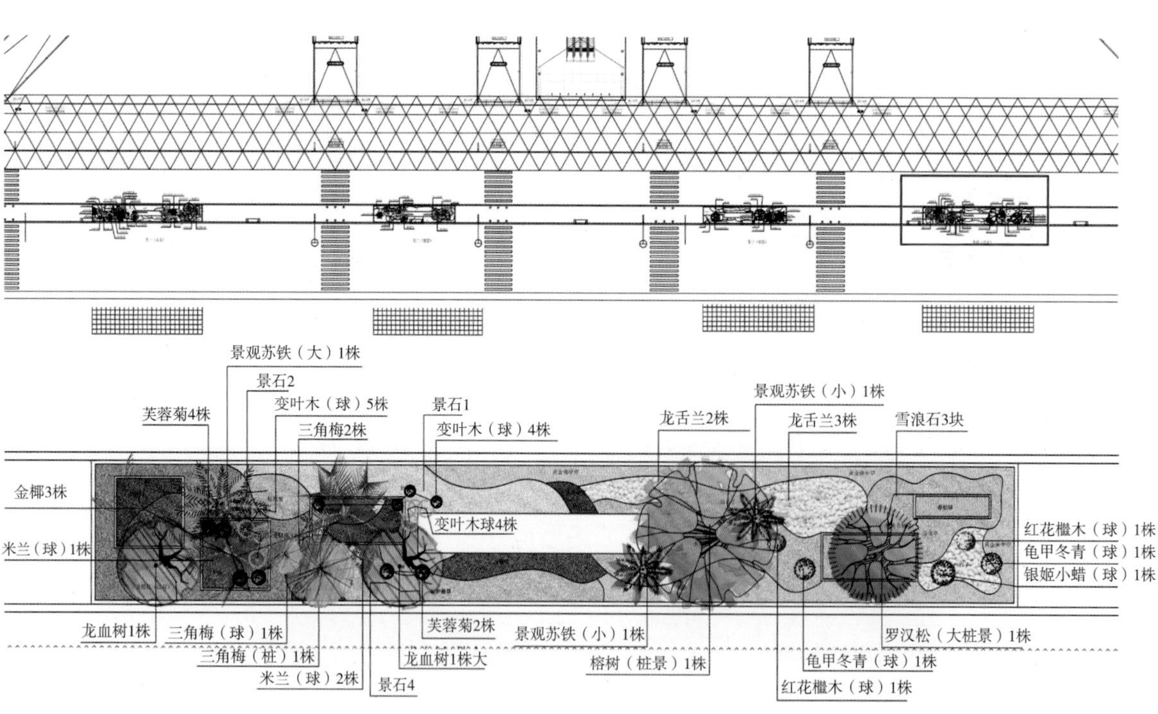

左四（平安）

花境植物材料

序号	植物名称	科	学名	花（叶）色	开花期及持续时间	长成高度（m）	种植面积（m^2）	种植密度（株/m^2）	株数（株）
1	椰子树	棕榈科	*Cocos nucifera*	叶绿色	—	6.5	—	—	3
2	罗汉松	罗汉松科	*Podocarpus macrophyllus*	叶绿色	—	3.5	—	—	1
3	三角椰子	棕榈科	*Dypsis decaryi*	叶绿色	—	6.5	—	—	4
4	狐尾椰子	棕榈科	*Wodyetia bifurcata*	叶绿色	—	5.5	—	—	3
5	榕树（桩景）	桑科	*Ficus microcarpa*	叶绿色	5 ~ 6月	2.5	—	—	1
6	红花三角梅（桩）	紫茉莉科	*Bougainvillea spectabilis* cv.	花红色	2 ~ 7月	2.5	—	—	1
7	紫花三角梅（球）	紫茉莉科	*Bougainvillea spectabilis* cv.	花紫色	2 ~ 7月	1.5	—	—	1
8	多花三角梅（球）	紫茉莉科	*Bougainvillea spectabilis* cv.	花多色	2 ~ 7月	1.2	—	—	2
9	三角梅（混色）	紫茉莉科	*Bougainvillea spectabilis* cv.	花多色	2 ~ 7月	0.5	—	—	35
10	苏铁（大多头）	苏铁科	*Cycas revoluta*	叶绿色	—	3.2	—	—	1
11	苏铁（小多头）	苏铁科	*Cycas revoluta*	叶绿色	—	1.5	—	—	2
12	龙血树	龙舌兰科	*Dracaena draco*	叶绿色	—	3.5	—	—	2
13	米兰（球）	楝科	*Aglaia odorata*	花黄色	5 ~ 12月	1.6	—	—	3
14	红花檵木（球）	金缕梅科	*Loropetalum chinense* var. *rubrum*	花红色	4 ~ 5月、10 ~ 11月	1.2	—	—	2
15	龟甲冬青（球）	冬青科	*Ilex crenata* f. *convexa*	花黄色	5 ~ 6月	1	—	—	2
17	变叶木（球）	大戟科	*Codiaeum variegatum*	花多色	9 ~ 10月	1.5	—	—	9
18	芙蓉菊	菊科	*Crossostephium chinense*	花青色	6 ~ 8月	0.5	—	—	15
19	银边龙舌兰	石蒜科	*Agave americana* var. *marginata-alba*	叶绿色	—	0.7	—	—	2
20	龙舌兰	石蒜科	*Agave americana*	叶绿色	—	0.4	—	—	2
21	翡翠盘龙舌兰	石蒜科	*Agave attenuata*	叶绿色	—	0.6	—	—	2
22	超级鼠尾草	唇形科	*Salvia* × *sylvestris*	花紫色	4 ~ 10月	0.4	10	—	80
23	朱蕉	百合科	*Cordyline fruticosa*	花红色	11月至翌年3月	0.5	3	—	20
24	‘彩虹’朱蕉	百合科	*Cordyline terminalis* ‘Rubra’	花多色	3 ~ 4月	0.6	2	—	16
25	墨西哥羽毛草	禾本科	*Nassella tenuissima*	花黄色	—	0.4	2	—	15
26	坡地毛冠草	禾本科	*Melinis minutiflora*	花红色	—	0.4	3	—	15
27	毛地黄	玄参科	*Digitalis purpurea*	花紫色	5 ~ 6月	0.5	20	—	160
28	金脉蝴蝶草	千屈菜科	*Ammannia senegalensis*	花红色	—	0.4	1	—	6
29	仙丹	茜草科	*Ixora chinensis*	花橙色	2 ~ 12月	0.5	52	8	408
30	马鞭草	马鞭草科	*Verbena officinalis*	花紫色	6 ~ 10月	0.3	4.5	9	40
31	金鱼草	车前科	*Antirrhinum majus*	花紫色	5 ~ 8月	2.5	18	16	288
32	玉龙草	百合科	*Ophiopogon japonicus* ‘Nanus’	叶绿色	—	0.2	20	16	320
33	黄金佛甲草	景天科	*Sedum lineare*	叶绿色	—	—	50	—	61盘
34	姬岩垂草	马鞭草科	*Phyla canescens*	叶绿色	—	—	13	—	15盘
35	绿叶景天	景天科	*Rhodiola viridula*	叶绿色	—	—	55	—	73盘
36	蛇鞭菊	菊科	*Liatris spicata*	花紫色	7 ~ 8月	0.3	4	—	40
37	禾叶大戟	大戟科	*Euphorbia graminea*	花白色	8 ~ 10月	0.2	6	—	40
38	马利筋	萝藦科	*Asclepias curassavica*	花红、黄色	全年	0.5	7	—	65
39	红叶红花海棠	蔷薇科	*Malus spectabilis*	花红色	3 ~ 5月	0.5	20	—	235

一隅江南

苏州江南园林景观设计院有限公司

刘迎哲　孙向丽　王薇贞　焦其琛　周筠怡

春季实景

夏季实景

设计说明

本作品整体为混合型花境。骨架植物选择成熟稳定、观赏效果佳的多年生植物，搭配不同季节开花的宿根类花卉、爬藤植物、不同色系的观赏草等，达到四季皆有景、三季皆有花的景观效果。

本作品既可远观，也可近赏。在注重植物的群落整体构图之外，细细观赏不同层次的植物更能感受到设计中的巧思。在骨架植物中设置一定比例的常绿植物，以保证花境的长效性。常绿植物与其他落叶类植物的比例为 6∶4，两种类型的植物交替出现，以确保冬季景观效果。植物层次丰富，配色冷暖有致，每个季节都值得细赏。

秋季实景

花境植物材料

序号	名称	科属	学名	花（叶）色	开花期及持续时间（月）	长成高度（cm）	种植面积（m^2）	种植密度（株/m^2）	株数（株）
1	‘金叶’石菖蒲	天南星科菖蒲属	*Acorus gramineus* ‘Ogan’	浅绿色	3 ~ 4	25 ~ 30	6	16	96
2	‘火焰’南天竹	小檗科南天竹属	*Nandina domestica* ‘Firepower’	红色	1 ~ 12（观叶）	30 ~ 35（修剪）	6	16	96
3	水果蓝	唇形科香科科属	*Teucrium fruticans*	浅灰色	4 ~ 5	30 ~ 35（修剪）	2	9	18
4	‘花叶’蒲苇	禾本科蒲苇属	*Cortaderia selloana* ‘Silver Comet’	浅绿色	9 ~ 10	90 ~ 100	1	1	1
5	大麻叶泽兰	菊科泽兰属	*Eupatorium cannabinum*	绿色	5 ~ 6，9 ~ 10	50 ~ 80	1	9	9
6	‘金叶’六道木	忍冬科六道木属	*Abelia grandiflora* ‘Francis Mason’	金色	5 ~ 10	（修剪）30 ~ 35	1	9	9
7	多花筋骨草	唇形科筋骨草属	*Ajuga multiflora*	紫色	3 ~ 4	10 ~ 15	2	16	32
8	美枫	槭树科槭属	*Acer plamatum* ‘Bi hou’	绿色	9 ~ 12	120 ~ 150	3	1	3
9	耧斗菜	毛茛科耧斗菜属	*Aquilegia viridiflora*	混色	4 ~ 5	30 ~ 35（开花）	1.5	16	24
10	‘金叶’佛甲草	景天科景天属	*Sedum mexicanum* ‘Gold Mound’	黄色	4 ~ 5	5 ~ 10	1	25	25
11	白羽朱蕉	百合科朱蕉属	*Cordyline fruticosa*	浅绿色	1 ~ 12（观叶）	40 ~ 50	3	5	15
12	欧石竹	石竹科石竹属	*Dianthus carthusianorum*	红色	3 ~ 6，9 ~ 11	10 ~ 15	1.5	16	24
13	银叶菊	菊科疆千里光属	*Jacobaea maritima*	浅灰色	5 ~ 6	20 ~ 25	1.5	16	24
14	英国山营兰	百合科山菅兰属	*Dianella ensifolia*	浅绿色	4 ~ 5	25 ~ 30	1	16	16
15	进口千叶蓍	菊科蓍属	*Achillea millefolium*	混色	4 ~ 6，9 ~ 10	40 ~ 50（开花）	3	16	48
16	姬十二单	唇形科筋骨草属	*Ajuga multiflora*	紫色	3 ~ 4	10 ~ 15	1	9	9
17	岩点庭菖蒲	鸢尾科庭菖蒲属	*Sisyrinchium rosulatum*	紫色	4 ~ 5	10 ~ 15	1	16	16
18	喷雪花	蔷薇科绣线菊属	*Spiraea thunbergii*	白色	2 ~ 3	150 ~ 180	1	1	1
19	‘金叶’薹草	莎草科薹草属	*Carex* ‘Evergold’	浅绿色	3 ~ 6	30 ~ 35	1.5	9	15
20	胖丽丽风雨兰	石蒜科葱莲属	*Zaphyrabthes grandiflora*	粉色	5 ~ 10	10 ~ 15	2.5	36	90
21	‘花叶’芒	莎草科薹草属	*Miscanthus sinensis* ‘Variegatus’	浅绿色	3 ~ 11（观叶）	90 ~ 100	2	5	10
22	迷迭香	唇形科迷迭香属	*Rosmarinus officinalis*	深绿色	11	30 ~ 35	1	9	9
23	朱蕉	百合科朱蕉属	*Cordyline fruticosa*	紫色	1 ~ 12（观叶）	30 ~ 35	1	9	9
24	‘金色发丝’薹草	莎草科薹草属	*Carex* cv.	金色	4 ~ 5	25 ~ 30	3	16	48
25	安酷杜鹃（粉）	杜鹃花科杜鹃花属	*Rhododendron* cv.	粉色	4 ~ 6，9 ~ 10	100 ~ 120	3	2	6
26	毛地黄钓钟柳	玄参科钓钟柳属	*Penstemon digitalis*	白色	5 ~ 6	60 ~ 80	2	16	32
27	‘花叶’假龙头花	唇形科假龙头花属	*Physostegia virginiana* ‘Variegata’	粉色	6 ~ 7	40 ~ 50	2	16	32
28	牛至	唇形科牛至属	*Origanum vulgare*	白色	7 ~ 9	25 ~ 30	2	16	32
29	‘火云’刺柏	柏科刺柏属	*Juniperus occidentalis* ‘Rheingold’	红色	1 ~ 12（观叶）	40 ~ 50	3	1	3
30	荷兰鼠刺	虎耳草科鼠刺属	*Itea virginica* ‘Henry’s Garnet’	白色	4 ~ 6	50 ~ 60	2.5	3	8

（续）

序号	名称	科属	学名	花（叶）色	开花期及持续时间（月）	长成高度（cm）	种植面积（m^2）	种植密度（株/m^2）	株数（株）
31	‘金线’柏	柏科扁柏属	*Chamaecyparis pisifera* ‘Filifera Aurea’	黄色	1 ~ 12（观叶）	90 ~ 100	4	1	4
32	火炬花	百合科火炬花属	*Kniphofia uvaria*	橘红	6 ~ 7	40 ~ 50（开花）	1.5	16	24
33	穗花婆婆纳	玄参科婆婆纳属	*Veronica spicata*	紫色	5 ~ 6	20 ~ 25	2	16	32
34	‘小丑’火棘	蔷薇科火棘属	*Pyracantha fortuneana* ‘Harlequin’	红色	1 ~ 12（观叶）	60 ~ 80	1	1	1
35	紫叶千鸟花	柳叶菜科山桃草属	*Gaura lindheimeri* ‘Crimson Bunny’	粉色	4 ~ 6，10 ~ 11	40 ~ 50	3	16	48
36	‘路易斯安那’鸢尾	鸢尾科鸢尾属	*Iris hybrids* ‘Louisiana’	混色	4 ~ 6	60 ~ 80	4	16	64
37	粉花溲疏	虎耳草科溲疏属	*Deutzia* × *elegantissima* ‘Rosealiud’	粉色	4 ~ 6	40 ~ 50	2	5	10
38	安酷杜鹃（红）	杜鹃花科杜鹃花属	*Rhododendron* cv.	红色	2 ~ 6	50 ~ 60	1	1	1
39	‘银纹’沿阶草	百合科沿阶草属	*Ophiopogon jaburan* ‘Argenteivittatus’	浅灰	1 ~ 12（观叶）	15 ~ 20	2	25	50
40	斑点吴风草	菊科大吴风草属	*Farfugium japonicum*	黄色	12 月至翌年 1 月	40 ~ 50	1	16	16
41	欧紫珠	马鞭草科紫珠属	*Callicarpa catbayana*	白色	6 ~ 7	100 ~ 120	1	3	3
42	蒲棒菊	菊科金光菊属	*Rudbeckia maxima*	黄色	5 ~ 6	120 ~ 150	3	5	15
43	柳枝稷	禾本科黍属	*Panicum virgatum*	绿色	9 ~ 11	100 ~ 120	2	5	10
44	‘黄金’香柳	桃金娘科白千层属	*Melaleuca bracteata* ‘Revolution Gold’	黄色	1 ~ 12（观叶）	60 ~ 80	1	3	3
45	‘翡翠’卫矛	卫矛科卫矛属	*Euonymus alatus* cv.	红色	10 ~ 12	30 ~ 35	1.5	16	24
46	松果菊（进口）	菊科松果菊属	*Echinacea purpurea*	粉色	4 ~ 6，9 ~ 11	40 ~ 50	2	16	32
47	大花滨菊	菊科滨菊属	*Leucanthemum maximum*	白色	4 ~ 6，9 ~ 11	40 ~ 50	2	16	32
48	凌风草	禾本科凌风草属	*Briza media*	绿色	5 ~ 6	40 ~ 50	1	9	9
49	绵毛水苏	唇形科水苏属	*Stachys lanata*	浅灰	4 ~ 5	15 ~ 20	2	16	32
50	‘花叶’山菅兰	百合科山菅属	*Dianella ensifolia* ‘Silvery Stripe’	黄色	4 ~ 5	20 ~ 30	1	16	16
51	‘紫叶’风箱果	蔷薇科风箱果属	*Physocarpus opulifolius* ‘Summer Wine’	白色	6 ~ 7	100 ~ 120	1	3	3
52	萱草	百合科萱草属	*Hemerocallis hybrida*	混色	5 ~ 7	50 ~ 60	2	9	18
53	火星花	鸢尾科雄黄兰属	*Crocosmia crocosmiflora*	红色	6 ~ 7	40 ~ 50	1	16	16
54	彩纹美人蕉	美人蕉科美人蕉属	*Canna generalis*	粉色	5 ~ 10	50 ~ 60	2	3	6
55	‘花叶’香桃木	桃金娘科桃金娘属	*Myrfus communis* ‘Variegata’	白色	7 ~ 8	30 ~ 35	2	5	10
56	朝雾草	菊科艾属	*Artemisia schmidtianai*	银色	6 ~ 7	30 ~ 35	2	9	18
57	彩叶鱼腥草	三白草科蕺菜属	*Houttuynia cordata* var. *variegata*	白色	6 ~ 8	10 ~ 15	1	16	16
58	高砂芙蓉葵	锦葵科粉葵属	*Pavonia hastata*	紫色	4 ~ 11	50 ~ 60	1	3	3
59	地果榕	桑科榕属	*Ficus tikoua*	绿色	1 ~ 12（观叶）	15 ~ 20	1	16	16
60	芳香万寿菊	菊科万寿菊属	*Tagetes lemmonii*	黄色	9 ~ 11	50 ~ 60	1	3	3

青松长存·境韵花香

厦门闽坤集团有限公司

洪春强

春季实景

设计说明

本作品平面上采用自然块状混植方式，各花丛大小有变化。立面上植株高低错落有致、花色分明。植物选择上根据植物的生态习性，综合考虑植株的株高、花期、花色、质地等观赏特点。季相设计上达到6~10月皆有花可赏的效果，色彩上以蓝紫色为主，红黄作为点缀，与党旗色彩相呼应。运用新型“垒土”技术，尽可能地运用场地资源，建设生态花境。

夏季实景

秋季实景

总平面图 1:100

花境植物材料

序号	名称	科属	学名	花（叶）色	开花期及持续时间	长成高度（cm）	种植面积（m^2）	种植密度（株/m^2）	株数（株）
1	罗汉松（造型）	罗汉松科罗汉松属	*Podocarpus macrophyllus* ‘Sweet’	观叶	全年	220	3	1	2
2	红枫	槭树科槭属	*Acer palmatum* ‘Atropurpureum’	观叶	10 ~ 11 月	180	2	1	1
3	三角梅	紫茉莉科叶子花属	*Bougainvillea spectabilis*	叶绿色，花红色	全年	180	0.2	4	5
4	红边龙血树	龙舌兰科龙血树属	*Dracaena marginata*	观叶	全年	100	1	2	2
5	鹤望兰（A）	芭蕉科鹤望兰属	*Strelitzia reginae*	花瓣为橙黄色	12 ~ 2 月	120	1	1	1
6	鹤望兰（B）	芭蕉科鹤望兰属	*Strelitzia reginae*	花瓣为橙黄色	12 ~ 2 月	100	2	1	2
7	圆锥绣球	虎耳草科绣球属	*Hydrangea paniculata*	白色	7 ~ 8 月	100	1	1	1
8	芙蓉菊（A）	菊科芙蓉菊属	*Crossostephium chinense*	叶银白	全年	80	1	1	1
9	芙蓉菊（B）	菊科芙蓉菊属	*Crossostephium chinense*	叶银白	全年	60	1	2	2
10	芙蓉菊（C）	菊科芙蓉菊属	*Crossostephium chinense*	叶银白	全年	40	0.75	4	3
11	向日葵	菊科向日葵属	*Helianthus annuus*	黄色	7 ~ 9 月	40	4	5	20
12	狐尾天门冬	百合科天门冬属	*Asparagus densiflorus* ‘Myersii’	观叶	全年	30	2	5	10
13	‘紫穗’狼尾草	禾本科狼尾草属	*Pennisetum orientale* ‘Purple’	紫色刚毛	7 ~ 10 月	150	4	2	9
14	金红羽狼尾草	禾本科狼尾草属	*Pennisetum setaceum*	粉白色	6 ~ 10 月	130	3	2	6
15	‘歌舞’芒	禾本科芒属	*Miscanthus sinensis* ‘Cabaret’	紫色	6 ~ 10 月	130	2	2	4
16	火焰狼尾草	禾本科狼尾草属	*Pennisetum alopecuroides* cv.	紫红色	6 ~ 10 月	100	2	4	8
17	大布尼狼尾草	禾本科狼尾草属	*Pennisetum alopecuroides* cv.	白色	6 ~ 11 月	100	2	4	8
18	天使花	玄参科香彩雀属	*Angelonia salicariifolia*	紫色	3 ~ 11 月	70	2	4	7
19	糖蜜草	禾本科糖蜜草属	*Melinis minutiflora*	粉色	7 ~ 10 月	35	4	9	36
20	变叶芦竹	禾本科芦竹属	*Arundo donax* var. *versicolor*	观叶	全年	60	1	9	6
21	血苋	苋科血苋属	*Iresine herbstii*	观叶	全年	50	1	4	4
22	木贼	木贼科木贼属	*Equisetum hyemale*	观叶	全年	60	1	4	5
23	丰花月季	蔷薇科蔷薇属	*Rosa hybrida*	深红、橙黄等色	5 ~ 11 月	60	4	4	15
24	‘果汁阳台’月季	蔷薇科蔷薇属	*Rosa chinensis* ‘Juicy Terrazza’	红、粉、黄、白等	4 ~ 9 月	30	1	9	10
25	钻石玫瑰	蔷薇科蔷薇属	*Rosa chinensis* var. *minima*	橙色、红色等	4 ~ 11 月	40	5	4	20
26	蓝雪花（A）	白花丹科蓝雪花属	*Ceratostigma plumbaginoides*	蓝色	7 ~ 9 月	100	1	1	1
27	蓝雪花（B）	白花丹科蓝雪花属	*Ceratostigma plumbaginoides*	蓝色	7 ~ 9 月	60	2	2	4
28	蓝雪花（C）	白花丹科蓝雪花属	*Ceratostigma plumbaginoides*	蓝色	7 ~ 9 月	40	3	16	45
29	变叶木	大戟科变叶木属	*Codiaeum variegatum*	观叶	全年	30	2.5	16	40
30	鹅掌柴	五加科鹅掌柴属	*Schefflera heptaphylla*	观叶	全年	30	4	49	200
31	金边菖蒲	天南星科菖蒲属	*Acorus tatarinowii*	观叶	全年	30	4	49	200

（续）

序号	名称	科属	学名	花（叶）色	开花期及持续时间	长成高度（cm）	种植面积（m^2）	种植密度（株 /m^2）	株数（株）
32	‘无尽夏’绣球（A）	虎耳草科绣球属	*Hydrangea macrophylla* ‘Endless Summer’	蓝色、粉色花	6 ~ 9 月	70	1.5	2	3
33	‘无尽夏’绣球（B）	虎耳草科绣球属	*Hydrangea macrophylla* ‘Endless Summer’	蓝色、粉色花	6 ~ 9 月	30	6	9	70
34	鸢尾（A）	鸢尾科鸢尾属	*Iris tectorum*	蓝紫色	4 ~ 6 月	70	1	2	2
35	鸢尾（B）	鸢尾科鸢尾属	*Iris tectorum*	蓝紫色	4 ~ 6 月	50	0.5	4	2
36	假蒿	菊科假蒿属	*Kuhnia rosmarnifolia*	观叶	全年	70	1.5	4	6
37	蛇鞭菊	菊科蛇鞭菊属	*Liatris spicata*	红紫色	6 ~ 11 月	40	0.6	16	10
38	花叶万年青	天南星科花叶万年青属	*Dieffenbachia picta*	观叶	全年	30	4	9	35
39	‘金叶’番薯	旋花科番薯属	*Ipomoea batatas* ‘Tainon No.62’	观叶	全年	30	4	9	35
40	‘紫叶’番薯	旋花科番薯属	*Ipomoea batatas* ‘Black Heart’	观叶	全年	30	2	9	16
41	肖竹芋	竹芋科肖竹芋属	*Calathea ornata*	观叶	全年	40	0.5	4	2
42	松果菊	菊科松果菊属	*Echinacea purpurea*	橙黄色	6 ~ 11 月	30	1.5	16	20
43	半边黄	爵床科十字爵床属	*Crossandra infundibuliformis*	花橙红或橙粉红色	3 ~ 8 月	40	1.5	9	16
44	翠芦莉	爵床科单药花属	*Ruellia simplex*	白色、粉色	3 ~ 10 月	20	5	36	165
45	肾蕨（A）	肾蕨科肾蕨属	*Nephrolepis auriculata*	观叶	全年	40	0.3	9	2
46	肾蕨（B）	肾蕨科肾蕨属	*Nephrolepis auriculata*	观叶	全年	20	1.8	25	40
47	彩叶草	唇形科鞘蕊花属	*Coleus scutellarioides*	观叶	全年	30	0.5	16	8
48	佛甲草	景天科景天属	*Sedum lineare*	观叶	全年	10	8	100	800
49	喷雪花	蔷薇科绣线菊属	*Spiraea thunbergii*	花白色	3 ~ 4 月	20	1	16	16
50	穗花婆婆纳	玄参科婆婆纳属	*Veronica spicata*	蓝紫色	7 ~ 9 月	30	3.5	16	55
51	醉蝶花（粉花）	白花菜科白花菜属	*Cleome spinosa*	花苞红色，花瓣呈玫瑰红色或白色	6 ~ 9 月	40	7	16	110
52	万寿菊	菊科万寿菊属	*Tagetes erecta*	黄色或暗橙色	7 ~ 9 月	40	3	16	50
53	长春花	夹竹桃科长春花属	*Catharanthus roseus*	白、粉、黄多色	全年	30	3	16	43
54	天蓝鼠尾草	唇形科鼠尾草属	*Salvia uliginosa*	蓝紫色至粉紫色花	6 ~ 8 月	30	2	25	55
55	百日菊	菊科百日菊属	*Zinnia elegans*	深红色、玫瑰色、紫堇色或白色	6 ~ 9 月	40	2.5	16	40

花境植物更换表

序号	名称	科属	学名	花（叶）色	开花期及持续时间	更换时间	长成高度（cm）	种植面积（m^2）	种植密度（株 /m^2）	株数（株）
1	香彩雀	玄参科香彩雀属	*Angelonia angustifolia*	红紫、粉、白色	6 ~ 9 月	8 月	30	4	25	100
2	‘钻石’玫瑰	蔷薇科蔷薇属	*Rosa chinensis* ‘Minima’	橙色、红色等	4 ~ 11 月	9 月	40	5	16	80
3	马缨丹	马鞭草科马缨丹属	*Lantana camara*	淡紫、紫红、粉红、橙黄、深黄	全年开花	8 月	50	5	25	120
4	银边草	禾本科燕麦草属	*Arrhenatherum elatius* f. *variegatum*	观叶	全年	10 月	30	5	36	200

且等清风来

天津市园林花圃

陈宏　李响　张津硕　李靖玉

春季实景

夏季实景

设计说明

本作品以蓝紫色系为主色调，带给人清新自然之感。在自然惬意的雅致之境中，随风摇曳的细茎针茅与清新典雅的落新妇互致问候，传递着生命中最暖心的关怀与思念；人见人爱的飞燕草与颜值极高的‘卡拉多纳’鼠尾草相携相依，展现着生活里最动人的美好和纯真；高耸挺拔的蛇鞭菊和缤纷妩媚的大花萱草遥相呼应，彰显着尘世间最绚烂的绽放和激情。

秋季实景

设计阶段图纸

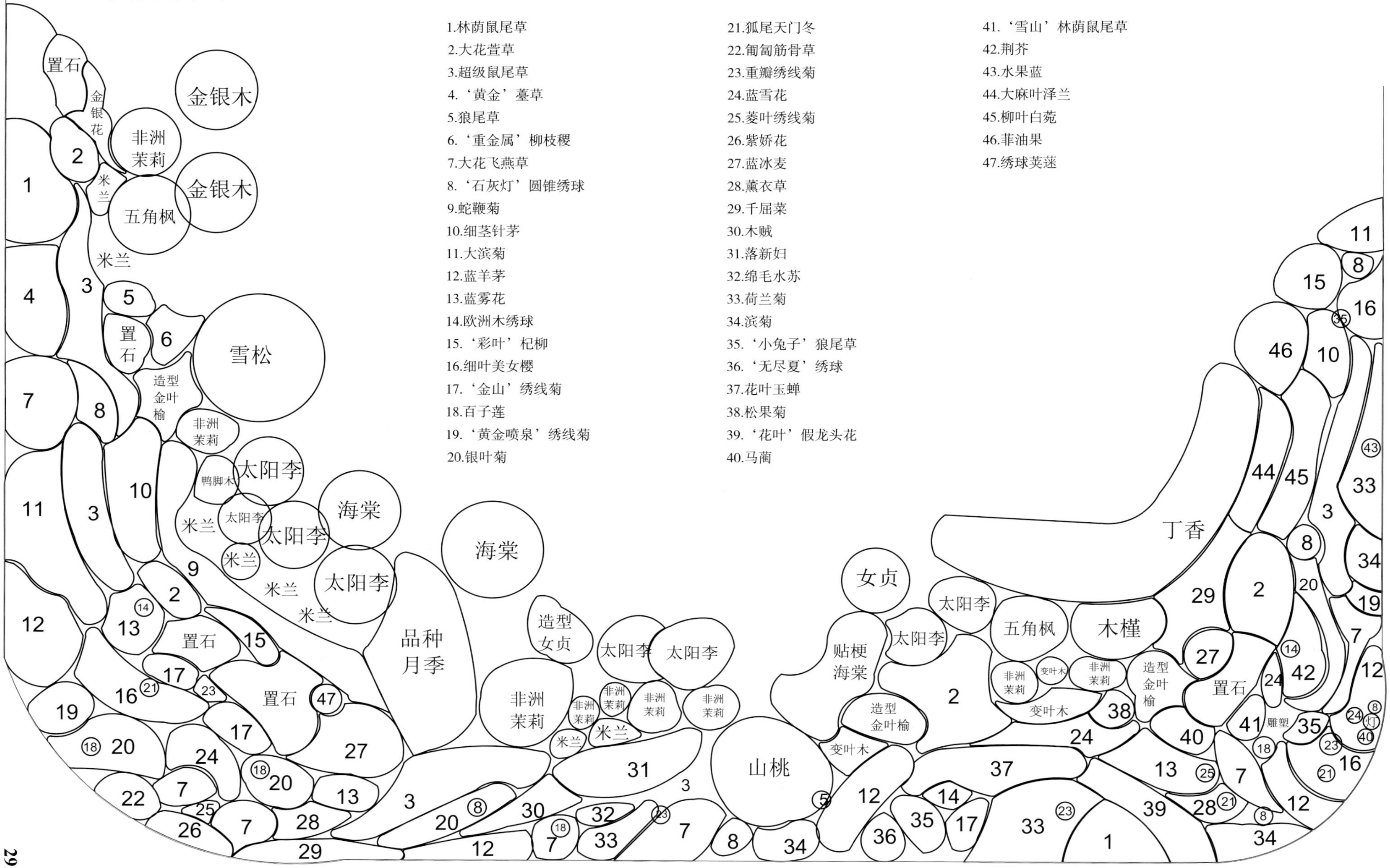

1.林荫鼠尾草
2.大花萱草
3.超级鼠尾草
4.‘黄金’薹草
5.狼尾草
6.‘重金属’柳枝稷
7.大花飞燕草
8.‘石灰灯’圆锥绣球
9.蛇鞭菊
10.细茎针茅
11.大滨菊
12.蓝羊茅
13.蓝雾花
14.欧洲木绣球
15.‘彩叶’杞柳
16.细叶美女樱
17.‘金山’绣线菊
18.百子莲
19.‘黄金喷泉’绣线菊
20.银叶菊
21.狐尾天门冬
22.匍匐筋骨草
23.重瓣绣线菊
24.蓝雪花
25.菱叶绣线菊
26.紫娇花
27.蓝冰麦
28.薰衣草
29.千屈菜
30.木贼
31.落新妇
32.绵毛水苏
33.荷兰菊
34.滨菊
35.‘小兔子’狼尾草
36.‘无尽夏’绣球
37.花叶玉蝉
38.松果菊
39.‘花叶’假龙头花
40.马蔺
41.‘雪山’林荫鼠尾草
42.荆芥
43.水果蓝
44.大麻叶泽兰
45.柳叶白菀
46.菲油果
47.绣球荚蒾

花境植物材料

序号	名称	科属	学名	花（叶）色	开花期及持续时间	长成高度（cm）	种植面积（m^2）	种植密度（株/m^2）	株数（株）
1	林荫鼠尾草	唇形科鼠尾草属	*Salvia nemorosa*	蓝紫色	5 ~ 7月	30 ~ 60	1.6	25	40
2	大花萱草	百合科萱草属	*Hemerocallis hybrida*	浅粉色	6 ~ 9月	40 ~ 100	8	10	80
3	超级鼠尾草	唇形科鼠尾草属	*Salvia superba*	蓝紫色	5 ~ 9月	40 ~ 80	12	13	160
4	‘黄金’薹草	莎草科薹草属	*Carex oshimensis* ‘Evergold’	金黄色	4 ~ 5月	30 ~ 60	1.6	16	26
5	狼尾草	禾本科狼尾草属	*Pennisetum alopecuroides*	棕褐色	6 ~ 10月	30 ~ 120	0.8	9	7
6	‘重金属’柳枝稷	禾本科黍属	*Panicum virgatum* ‘Heavy Metal’	灰白色	8 ~ 11月	90 ~ 160	1	9	9
7	大花飞燕草	毛茛科翠雀属	*Delphinium grandiflorum*	蓝紫色	4 ~ 6月	40 ~ 80	7.5	16	120
8	‘石灰灯’圆锥绣球	虎耳草科绣球属	*Hydrangea paniculata* ‘Limelight’	白色	7 ~ 8月	60 ~ 100	3.5	2	7
9	蛇鞭菊	菊科蛇鞭菊属	*Liatris spicata*	紫色	7 ~ 9月	30 ~ 120	5	10	50
10	细茎针茅	禾本科针茅属	*Stipa tenuissima*	观叶	观叶	40 ~ 70	2.7	20	54
11	大滨菊	菊科滨菊属	*Leucanthemum* × *superbum*	白色	5 ~ 8月	60 ~ 120	3.6	14	51
12	蓝羊茅	禾本科羊茅属	*Festuca glauca*	观叶	观叶	30 ~ 50	10.5	16	165
13	蓝雾花	菊科雾泽兰属	*Conoclinium coelestinum*	蓝紫色	6 ~ 8月	30 ~ 60	3	9	28
14	欧洲木绣球	忍冬科荚蒾属	*Viburnum macrocephalum*	白色	5 ~ 6月	60 ~ 120	1.2	4	5
15	‘彩叶’杞柳	杨柳科柳属	*Salix integra* ‘Hakuro Nishiki’	观叶	观叶	80 ~ 150	2	2	4
16	细叶美女樱	马鞭草科美女樱属	*Galandularia tenera*	紫色	5 ~ 9月	20 ~ 40	5	25	125
17	‘金山’绣线菊	蔷薇科绣线菊属	*Spiraea japonica* ‘Gold Mound’	观叶	观叶	50 ~ 80	1.2	8	9
18	百子莲	石蒜科百子莲属	*Agapanthus africanus*	紫色	7 ~ 8月	40 ~ 60	1	15	15
19	‘黄金喷泉’绣线菊	蔷薇科绣线菊属	*Spiraea vanhouttei* ‘Gold Fountain’	白色	5 ~ 6月	40 ~ 70	0.6	3	2
20	银叶菊	菊科疆千里光属	*Jacobaea maritima*	观叶白色	观叶	30 ~ 50	5	25	125
21	狐尾天门冬	百合科天门冬属	*Asparagus densiflorus* ‘Myers’	观叶	观叶	30 ~ 50	0.2	30	6
22	匍匐筋骨草	唇形科筋骨草属	*Ajuga reptans* ‘Atropurpurea’	暗紫色	5 ~ 9月	20 ~ 30	1	25	25
23	重瓣绣线菊	蔷薇科绣线菊属	*Spiraea prunifolia*	白色	5 ~ 6月	40 ~ 60	0.8	5	4
24	蓝雪花	白花丹科蓝雪花属	*Ceratostigma plumbaginoides*	蓝色	7 ~ 9月	40 ~ 70	3.5	14	50
25	菱叶绣线菊	蔷薇科绣线菊属	*Spiraea vanhouttei*	白色	5 ~ 6月	40 ~ 70	2	1	2
26	紫娇花	石蒜科紫娇花属	*Tulbaghia violacea*	淡紫红色	5 ~ 10月	30 ~ 50	1	25	25
27	蓝冰麦	禾本科滨麦属	*Leymus arenarius*	观叶	观叶	90 ~ 150	3.8	6	22
28	薰衣草	唇形科薰衣草属	*Lavandula angustifolia*	紫色	5 ~ 6月	30 ~ 60	1.6	25	40
29	千屈菜	千屈菜科千屈菜属	*Lythrum salicaria*	淡紫色	6 ~ 8月	30 ~ 100	5.2	25	130
30	木贼	木贼科木贼属	*Equisetum hyemale*	观叶	观叶	30 ~ 100	2	15	30
31	落新妇	虎耳草科落新妇属	*Astilbe chinensis*	白色	6 ~ 7月	30 ~ 50	2	14	28
32	绵毛水苏	唇形科水苏属	*Stachys lanata*	紫红色	5 ~ 7月	30 ~ 60	0.5	16	8
33	荷兰菊	菊科联毛紫菀属	*Symphyotrichum novi-belgii*	紫色	9 ~ 10月	30 ~ 60	5.5	50	275
34	滨菊	菊科滨菊属	*Leucanthemum vulgare*	白色	5 ~ 7月	30 ~ 60	2	16	32
35	‘小兔子’狼尾草	禾本科狼尾草属	*Pennisetum alopecuroides* ‘Little Bunny’	棕色	6 ~ 10月	30 ~ 80	1.7	14	24
36	‘无尽夏’绣球	虎耳草科绣球属	*Hydrangea macrophylla* ‘Endless Summer’	蓝色	6 ~ 9月	30 ~ 60	0.2	15	3
37	花叶玉蝉	鸢尾科鸢尾属	*Iris ensata*	紫色	6 ~ 7月	30 ~ 50	2	25	50
38	松果菊	菊科紫松果菊属	*Echinacea purpurea*	粉色	6 ~ 9月	30 ~ 110	0.35	16	6
39	‘花叶’假龙头花	唇形科假龙头花属	*Physostegia virginiana*	粉色	8 ~ 10月	30 ~ 50	1.5	16	24
40	马蔺	鸢尾科鸢尾属	*Iris lactea*	紫色	5 ~ 6月	30 ~ 60	0.5	10	5
41	‘雪山’林荫鼠尾草	唇形科鼠尾草属	*Salvia nemorosa* ‘Schneehügel’	白色	5 ~ 8月	30 ~ 60	1	25	25
42	荆芥	唇形科荆芥属	*Nepeta cataria*	淡蓝色	5 ~ 7月	30 ~ 60	2	25	50
43	水果蓝	唇形科香科科属	*Teucrium fruticans*	浅蓝紫色	3 ~ 5月	40 ~ 150	0.3	7	2
44	大麻叶泽兰	菊科泽兰属	*Eupatorium cannabinum*	粉色	7 ~ 8月	50 ~ 150	2	9	18
45	柳叶白菀	菊科紫菀属	*Aster ericoides*	白色	7 ~ 9月	30 ~ 100	2	9	18
46	菲油果	桃金娘科野凤榴属	*Acca sellowiana*	观叶	观叶	100 ~ 160	1	2	2
47	绣球荚蒾	忍冬科荚蒾属	*Viburnum keteleeri* ‘Sterile’	白色	5 ~ 6月	160 ~ 200	1	1	1

勒勒车之梦

呼和浩特市园林科研所

李爱珍　王建国　田川　王东红　于红梅　郭晓雷　王炜

春季实景

设计说明

本作品以物言志、以花咏今。以观赏草为主，配以不同高度、叶形叶色、花形花色的宿根花卉及少量的一年生草花，以及大大小小的勒勒车车轮，用绘画艺术的眼光，模拟林缘植物自然生长状态，营建了一处以观赏草为主的具有鲜明草原文化风光特色的三季有花、四季有景、季相分明的长效花境。

夏季实景

秋季实景

设计阶段图纸

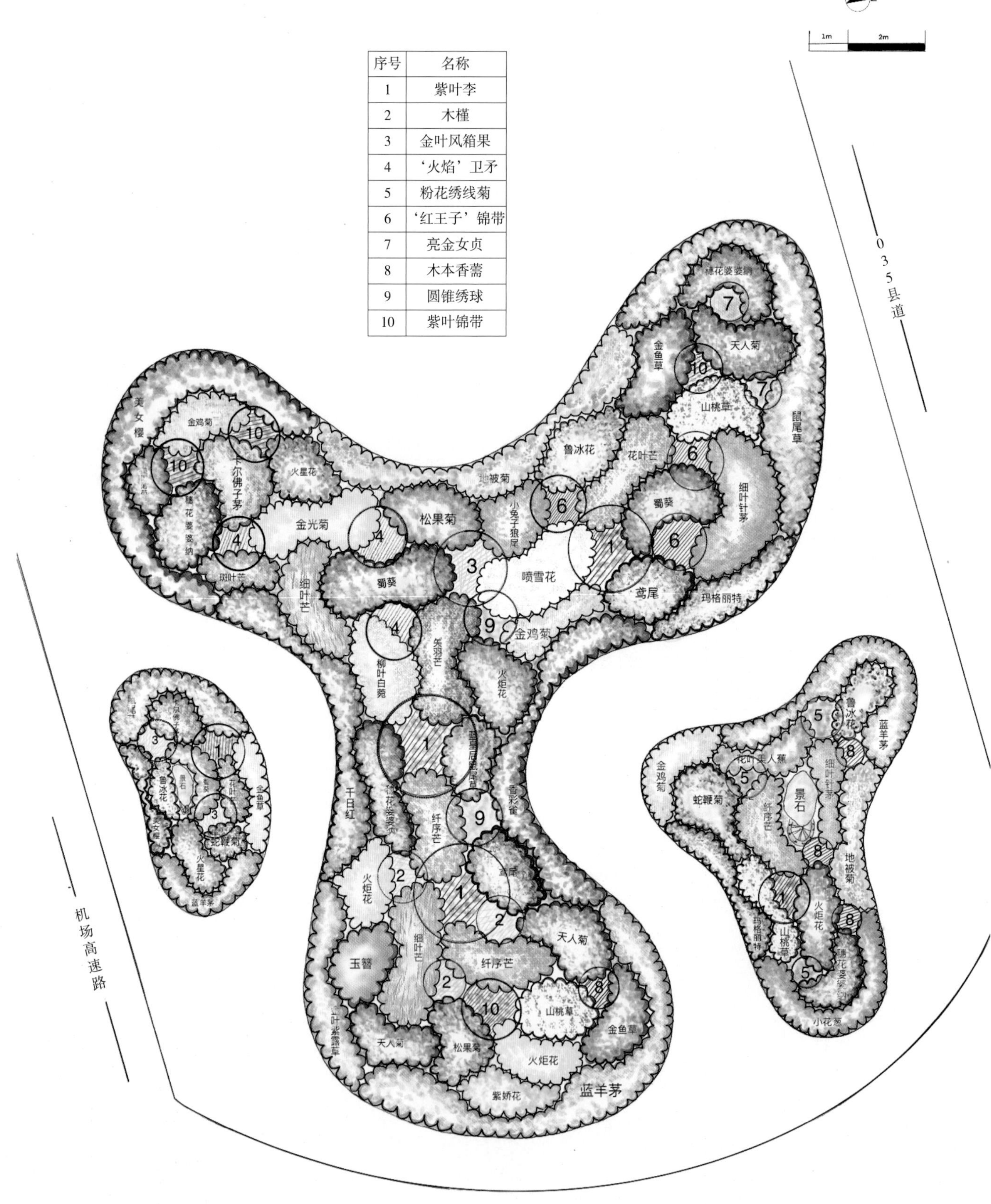

序号	名称
1	紫叶李
2	木槿
3	金叶风箱果
4	‘火焰’卫矛
5	粉花绣线菊
6	‘红王子’锦带
7	亮金女贞
8	木本香薷
9	圆锥绣球
10	紫叶锦带

总平

花境植物材料

序号	名称	科属	学名	花（叶）色	开花期持续时间	长成高度（cm）	种植面积（m^2）	种植密度（株/m^2）	株数（株）	类别	规格	高度和冠幅（cm）
1	紫叶李	蔷薇科李属	*Prunus cerasifera* f. *atropurpurea*	叶紫红色	4 ~ 11 月	原有	4	1	4	小乔木	原有	
2	木槿	锦葵科木槿属	*Hibiscus syriacus*	花淡粉红	7 ~ 10 月	200 ~ 300	3	1	3	落叶灌木	40 × 50 美织袋	H160，P50
3	金叶风箱果	蔷薇科风箱果属	*Physocarpus opulifolius* var. *luteus*	花白色，叶片生长期金黄色，落前黄绿色，秋末叶呈黄、红相间色	6 ~ 10 月	100 ~ 200	2	4	8	落叶灌木	5 加仑	H140，P40
4	‘火焰’卫矛	卫矛科卫矛属	*Euonymus alatus* ‘Compacta’	叶红、花黄、红	6 ~ 8 月	150 ~ 300	3	1	3	落叶小灌木	50 × 50 美织袋	H150，P100
5	粉花绣线菊	蔷薇科绣线菊属	*Spiraea japonica*	花粉红色	6 ~ 7 月	150	3	1	3	直立灌木	5 加仑	H130，P60
6	‘红王子’锦带	忍冬科锦带花属	*Weigela florida* ‘Red Prince’	叶绿色、花红色	5 ~ 9 月	150 ~ 200	3	1	3	落叶丛生灌木	40 × 30 美织袋	H160，P100
7	亮金女贞	木樨科女贞属	*Ligustrum* × *vicaryi*	叶亮金色	5 ~ 6 月	70 ~ 150	2	1	4	落叶灌木	40 × 50 美织袋	H120，P70
8	喷雪花	蔷薇科绣线菊属	*Spiraea thunbergii*	花白色	4 ~ 8 月		7	4	28	丛生落叶灌木	30 × 40 美织袋	H60，P40
9	花叶溲疏	虎耳草科溲疏属	*Deutzia scabra*	花白色	5 ~ 6 月（1 ~ 2 月）		1	1	1	丛生落叶灌木	50 × 50 美织袋	H150，P100
10	木本香薷	唇形科香薷属	*Elsholtzia stauntoni*	花紫色	8 ~ 10 月	70 ~ 150	1	3	3	丛生落叶灌木	3 加仑	H50，P40
11	金叶芦竹	禾本科芦竹属	*Arundo donax*	叶金黄间绿		100 ~ 250	5	16	80	多年生草本	3 加仑	H50，P30
12	‘花叶’芒	禾本科芒属	*Miscanthus sinensis* ‘Variegatus’	花序深粉色	9 ~ 10 月	20 ~ 60	9	16	145	多年生草本	3 加仑	H50，P30
13	‘细叶’芒	禾本科芒属	*Miscanthus sinensis* ‘Gracillimus’	粉渐变白	9 ~ 10 月	100 ~ 200	10	16	160	多年生草本	5 加仑	H50，P30
14	细叶针茅	禾本科针茅属	*Stipa lessingiana*	穗黄色	5 ~ 7 月	30 ~ 60	6	25	150	多年生草本	1 加仑	H30，P20
15	矢羽芒	禾本科芒属	*Miscanthus sinensis* ‘Silberfeder’	叶深秋变红	9 ~ 10 月	150	3	9	27	多年生草本	5 加仑	H50，P40
16	雪花芒	禾本科芒属	*Miscanthus sinensis* cv.	叶绿色、穗白色			5	9	45	多年生草本	5 加仑	H50，P40
17	高斑芒	禾本科芒属	*Miscanthus sinensis* cv.				3	9	27	多年生草本	5 加仑	H50，P40
18	蓝羊茅	禾本科羊茅属	*Festuca glauca*	叶蓝绿色	5 月	40	7	25	175	多年生草本	1 加仑	H15，P15
19	美女樱	马鞭草科美女樱属	*Glandularia* × *hybrida*	花粉红、红色	5 ~ 10 月	10 ~ 50	7	25	175	多年生草本	1 加仑	
20	‘蓝皇后’鼠尾草	唇形科鼠尾草属	*Salvia guaranitica* ‘Black and Blue’	深蓝色	5 ~ 10 月	60 ~ 150	2	16	35	宿根花卉	2 加仑	H30，P20
21	穗花婆婆纳	玄参科婆婆纳属	*Veronica spicata*	花蓝紫色	7 ~ 9 月	15 ~ 50	8	25	125	宿根花卉	1 加仑	H50，P20
22	金鸡菊	菊科金鸡菊属	*Coreopsis basalis*	花黄色	7 ~ 9 月	60	5	36	180	一年生草本	1 加仑	H30，P20
23	火炬花	百合科火把莲属	*Kniphofia uvaria*	花橘红色	6 ~ 10 月	120	2	16	32	多年生草本	2 加仑	H30，P30
24	蓝花荆芥	唇形科荆芥属	*Nepeta cataria*	花蓝色	7 ~ 9 月	40 ~ 150	5	16	80	宿根花卉	2 加仑	H30，P30
25	山桃草	柳叶菜科山桃草属	*Gaura lindheimeri*	浅粉红色	5 ~ 8 月	60 ~ 100	7	25	105	多年生草本	180 号盆	H60，P30
26	天人菊	菊科天人菊属	*Gaillardia pulchella*	花红黄色	7 ~ 10	20 ~ 60	7	25	175	一年生草本	180 号盆	H20，P20

（续）

序号	名称	科属	学名	花（叶）色	开花期持续时间	长成高度（cm）	种植面积（m^2）	种植密度（株/m^2）	株数（株）	类别	规格	高度和冠幅（cm）
27	柳叶白菀	菊科紫菀属	*Aster ericoides*	花白色	8 ~ 10 月	50 ~ 80	3.5	36	126	宿根花卉	77# 盆	H50，P40
28	松果菊	菊科松果菊属	*Echinacea purpurea*	花橙黄色	6 ~ 10 月	50 ~ 150	5	25	75	多年生草本	150# 盆	H25，P20
29	火星花	鸢尾科雄黄兰属	*Crocosmia crocosmiflora*	花红色	6 ~ 8 月	50 ~ 120	3.0	16	48	多年生草本	2 加仑	H50，P40
30	‘桑托斯’马鞭草	马鞭草科马鞭草属	*Verbena rigida* ‘Santos’	花蓝紫色	6 ~ 10 月	30	3	25	75	多年生直立草本	150# 盆	H25，P20
31	金叶紫露草	鸭跖草科紫露草属	*Tradescantia ohiensis*	花蓝紫色	6 ~ 9 月	30 ~ 50	3	25	75	多年生草本	180 盆	H20，P15
32	蛇鞭菊	菊科蛇鞭菊属	*Liatris spicata*	花粉白、紫红	7 ~ 8 月	30 ~ 60	4	25	100	宿根花卉	1 加仑	H30，P20
33	‘花叶’美人蕉	美人蕉科美人蕉属	*Canna generalis* ‘Striatus’	花红色	6 ~ 10 月	150 ~ 200	4	9	36	宿根花卉	5 加仑	H50，P30
34	紫娇花	石蒜科紫娇花属	*Tulbaghia violacea*	花淡紫色	5 ~ 7 月	30 ~ 60	3	25	75	多年生草本	基地供苗	
35	千日红（红＋粉）	苋科千日红属	*Gomphrena globosa*	花苞紫红、红色	7 ~ 10 月	20 ~ 60	红 3、粉 3	25	150	一年生草本	基地供苗	
36	金鱼草	车前科金鱼草属	*Antirrhinum majus*	花洋红、白色	5 ~ 10 月	30 ~ 80	4	36	144	一年生草本	基地供苗	
37	鸢尾	鸢尾科鸢尾属	*Iris tectorum*	花紫、明黄色	5 ~ 8 月	30 ~ 60	4	25	100	多年生草本	基地供苗	
38	‘火球’美国薄荷	唇形科美国薄荷属	*Monarda × didyma* ‘Firebair’	花紫红色	7 ~ 10 月	40 ~ 50	3	25	75	一年生草本	基地供苗	
39	萱草	百合科萱草属	*Hemerocallis fulva*	花橙黄色	5 ~ 7 月	10 ~ 50	3	25	75	多年生草本	基地供苗	
40	鼠尾草	唇形科鼠尾草属	*Salvia guaranitica* ‘Black and Blue’	深蓝色	5 ~ 10 月	30 ~ 50	6	25	150	多年生草本	基地供苗	
41	鲁冰花	豆科羽扇豆属	*Lupinus micranthus*	花白、蓝、紫色	5 ~ 7 月	30 ~ 70	3	16	48	一年生草本	基地供苗	
42	孔雀草	菊科万寿菊属	*Tagetes patula*	花黄色	7 ~ 9 月	30 ~ 100	3	25	75	一年生草本	基地供苗	
43	夏菊	菊科菊属	*Chrysanthemum morifolium*	花粉、黄色	5 ~ 10 月	30 ~ 50	4	25	100	多年生草本	基地供苗	
45	金光菊	菊科金光菊属	*Rudbeckia laciniata*	花黄、黄绿色	7 ~ 10 月	50 ~ 120	3	25	75	多年生草本	基地供苗	
46	蜀葵	锦葵科蜀葵属	*Alcea rosea*	花红、粉、黄、白色	5 ~ 9 月	50 ~ 200	4	9	36	一年生草本	基地供苗	

花境植物更换表

序号	名称	科属	学名	花（叶）色	开花期持续时间	长成高度（cm）	种植面积（m^2）	种植密度（株/m^2）	株数（株）
1	超级一串红	唇形科鼠尾草属	*Salvia splendens* cv.	花冠红色、叶绿色	9 ~ 10 月	90	3	25	75
2	超级一串红	唇形科鼠尾草属	*Salvia splendens* cv.	花冠紫红色、叶绿色	9 ~ 10 月	90	1	25	25
3	金鱼草	车前科金鱼草属	*Antirrhinum majus*	花粉色、叶绿色	5 ~ 10 月	30 ~ 50	1.5	36	54

百草境

北京市紫竹院公园管理处

马昂　范蕊　赵钰　王雪

春季实景

设计说明

本作品位于北京紫竹院公园科普花园中，这里是一处以自然生态景观为理念，体现园林之美的科普花园。花境由园路贯穿分为两部分：南部以适应北京地区生长的宿根植物为主；北部与一条旱溪相交，根据科普花园的功能分区以既耐旱又耐涝的植物为主。

在植物的选择方面，以较耐旱的马蔺、鸢尾、拂子茅、藿香、蓍草、婆婆纳等降低花境的需水量，达到节约的目的；在色彩上，用紫色系营造出生态、节水、可持续的氛围，点缀白色、黄色提亮整体色彩。

夏季实景

秋季实景

设计阶段图纸

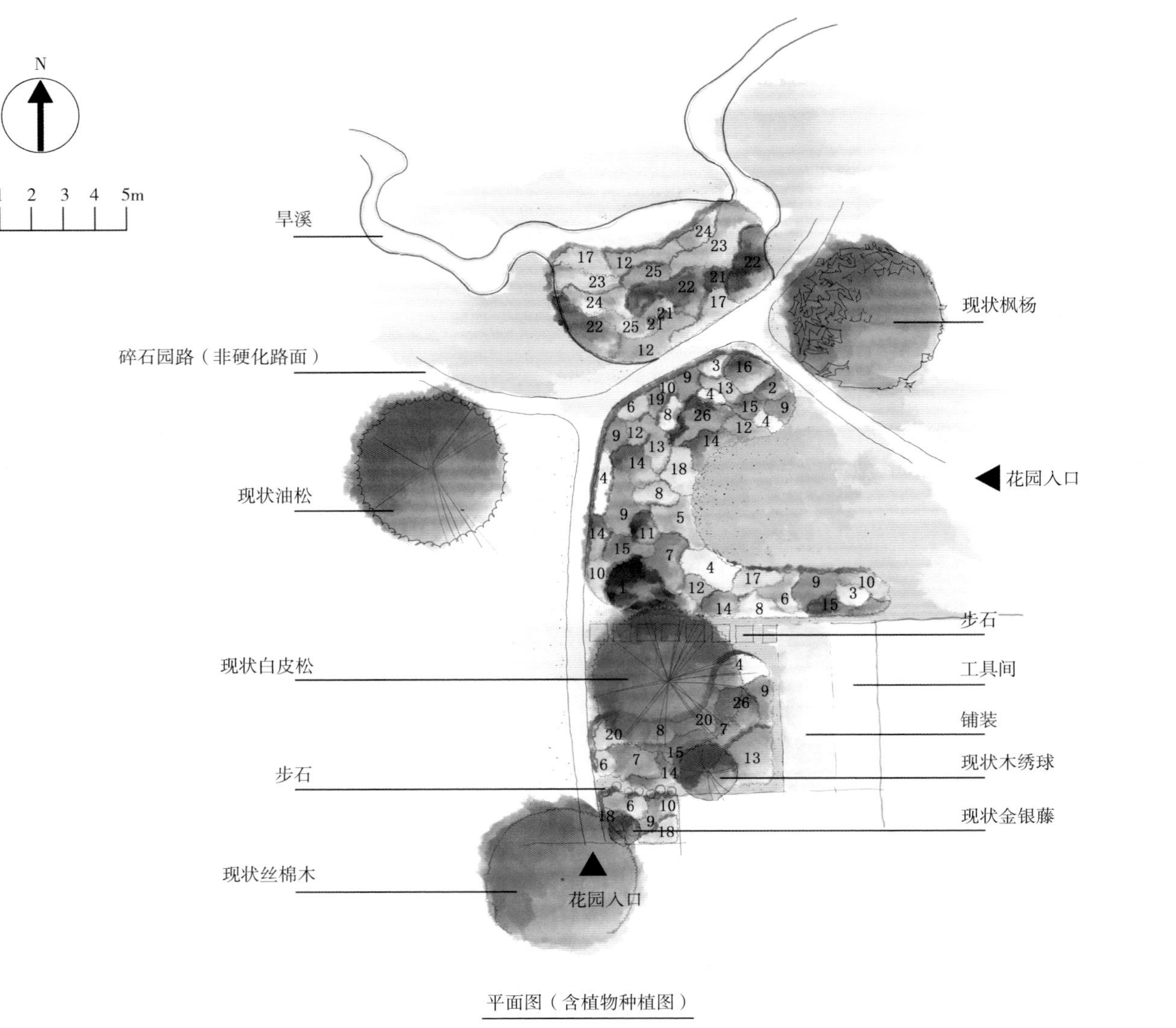

平面图（含植物种植图）

苗木表：

序号	植物名称
1	墨西哥鼠尾草
2	蛇鞭菊
3	蛇鞭菊
4	‘雪山’林荫鼠尾草
5	‘蓝山’林荫鼠尾草
6	‘抉择’荆芥
7	‘金色庆典’藿香
8	‘雪冠’假龙头花
9	玉带草
10	‘皇冠’蓍草
11	柳叶马鞭草
12	荚果蕨
13	‘卡尔’拂子茅
14	‘米特米尔’紫菀
15	‘卡拉多纳’林荫鼠尾草
16	‘漩涡’千屈菜
17	鸢尾
18	‘白与蓝’多季花鸢尾
19	‘达尔文之蓝’婆婆纳
20	马蔺
21	红秋葵
22	‘罗伯特’千屈菜
23	菖蒲
24	‘闪耀的玫瑰’西伯利亚鸢尾
25	再力花
26	华北香薷

花境植物材料

序号	名称	科属	学名	花（叶）色	开花期及持续时间	长成高度（cm）	种植面积（m^2）	种植密度（株/m^2）	株数（株）
1	墨西哥鼠尾草	唇形科鼠尾草属	*Salvia leucantha*	紫红色	8～10月	80～100	4	9	36
2	蛇鞭菊	菊科蛇鞭菊属	*Liatris spicata*	紫色	8～9月	50～60	1	16	16
3	蛇鞭菊	菊科蛇鞭菊属	*Liatris spicata*	白色	8～9月	50～60	2	16	32
4	‘雪山’林荫鼠尾草	唇形科鼠尾草属	*Salvia nemorosa* ‘Schneehügel’	白色	5～6月、9～10月	35～45	6	25	150
5	‘蓝山’林荫鼠尾草	唇形科鼠尾草属	*Salvia nemorosa* ‘Blauhügel’	紫色	5～7月、9～10月	35～45	2	25	50
6	‘抉择’荆芥	唇形科荆芥属	*Nepeta faassenii* ‘Select’	紫色	5～6月、10月	35～45	4	25	100
7	‘金色庆典’藿香	唇形科藿香属	*Agastache foeniculum* ‘Golden Jubilee’	淡紫蓝色	6～7月	65～85	5	9	45
8	‘雪冠’假龙头花	唇形科假龙头花属	*Physostegia virginiana* ‘Crown of Snow’	白色	7～8月	55～75	4	16	64
9	玉带草	禾本科虉草属	*Phalaris arundinacea*	白绿花叶	—	40～60	8	9	72
10	‘皇冠’蓍草	菊科蓍属	*Achillea* ‘Coronation Gold ’	黄色	6～7月	35～55	3	9	27
11	柳叶马鞭草	马鞭草科马鞭草属	*Verbena bonariensis*	蓝紫色	7～10月	90～110	1	25	25
12	荚果蕨	球子蕨科荚果蕨属	*Matteuccia struthiopteris*	绿叶	—	40～50	6	9	54
13	‘卡尔’拂子茅	禾本科拂子茅属	*Calamagrostis* × *acutiflora* ‘Karl Foerster’	黄色	7～8月	90～140	5	9	45
14	‘米特米尔’紫菀	菊科紫菀属	*Aster dumosus*	紫色	9～10月	35～45	6	9	54
15	‘卡拉多纳’林荫鼠尾草	唇形科鼠尾草属	*Salvia nemorosa* ‘Caradonna’	紫罗兰色	5～7月、9～10月	40～55	5	25	125
16	‘漩涡’千屈菜	千屈菜科千屈菜属	*Lythrum salicaria* ‘Swirl’	淡粉色	6～8月	75～85	2	6	12
17	鸢尾	鸢尾科鸢尾属	*Iris germanica*	黄色	5～6月	30～35	4	16	64
18	‘白与蓝’多季花鸢尾	鸢尾科鸢尾属	*Iris germanica* cv.	白色	5～6月、10月	45～65	3	16	48
19	‘达尔文之蓝’婆婆纳	玄参科婆婆纳属	*Veronica polita* ‘Darwin's Blue’	蓝色	5～7月	30～45	2	9	18
20	马蔺	鸢尾科鸢尾属	*Iris lactea*	蓝紫色	4～5月	35～40	3	25	75
21	红秋葵	锦葵科木槿属	*Hibiscus coccineus*	粉红至深红色	7～10月	150～250	1	9	9
22	‘罗伯特’千屈菜	千屈菜科千屈菜属	*Lythrum salicaria* ‘Robert’	玫红色	6～8月	55～65	8	9	72
23	菖蒲	菖蒲科菖蒲属	*Acorus calamus*	黄色	4～5月	80～110	5	9	45
24	‘闪耀的玫瑰’西伯利亚鸢尾	鸢尾科鸢尾属	*Iris sibirica* ‘Sparkling Rose’	紫色	4～5月	55～75	3	25	75
25	再力花	竹芋科水竹芋属	*Thalia dealbata*	紫堇色	4～10月	150～200	3	4	12
26	华北香薷	唇形科香薷属	*Elsholtzia stauntoni*	淡红紫色	7～10月	100～150	4	9	36

花海之舟

江苏裕丰旅游开发有限公司

胡平　曹忠海　季晓娇　戴春艳

银奖

春季实景

夏季实景

设计说明

本作品运用套种方法，把各类种球与三色堇、角堇、羽衣甘蓝等花卉结合种植。春季，郁金香、葡萄风信子、大花葱等球根类花卉成为焦点植物，与整个花海内所有的球根类花卉相互呼应，凸显花海生机勃勃的繁荣景象；初夏，以鲁冰花、毛地黄、'桑蓓斯'凤仙、绣球、百合、鼠尾草、五彩锦带为焦点植物，勾勒出花海灿烂绚丽的景象；盛夏，以鼠尾草、天竺葵、美人蕉、海棠、凤仙为焦点植物，富有蓝紫色的清凉但也不失热情；秋季，以球菊、海棠、百合等为焦点植物，衬托金秋十月花海百合文化月的主题。

秋季实景

设计阶段图纸

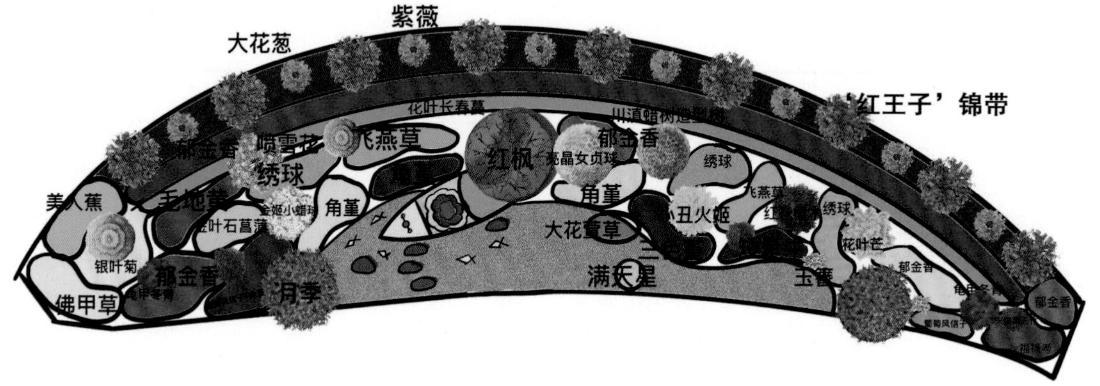

紫薇
大花葱
'红王子'锦带
花叶长春蔓
郁金香
喷雪花
飞燕草
红枫
亮晶女贞球
郁金香
绣球
美人蕉
角堇
大花萱草
小丑火姬
飞燕草
绣球
银叶菊
满天星
花叶芒
郁金香
佛甲草
月季
玉簪
郁金香
葡萄风信子

花境植物材料

序号	名称	学名	科	特性	观赏特性	花期	规格（cm）	长成高度（cm）	种植面积（m^2）	种植密度	种植数量（株）
1	‘红王子’锦带	*Weigela florida* ‘Red Prince’	忍冬科	乔木	观花	5 ~ 6月	h=160 ~ 180 d=120 ~ 140	180 ~ 200		孤植	9
2	大红枫	*Acer palmatum* ‘Atropurpureum’	槭树科	乔木	观叶		h=120 ~ 140 d=120 ~ 140	170 ~ 180		孤植	1
3	‘天鹅绒’紫薇	*Lagerstroemia indica* ‘Whit III’	千屈菜科	乔木	观花	6 ~ 10月	h=80 ~ 100 d=40 ~ 50	120 ~ 150		孤植	6
4	卫矛	*Euonymus alatus*	卫矛科	灌木	观叶		h=40 ~ 50 d=40 ~ 50	50 ~ 60		孤植	1
5	‘小丑’火棘	*Pyracantha fortuneana* ‘Harlequin’	蔷薇科	常绿灌木	观花、叶果	3 ~ 11月	h=40 ~ 50 d=40 ~ 50	50 ~ 60		孤植	1
6	‘柠檬之光’小叶女贞	*Ligustrum quihoui* cv.	木樨科	灌木	观叶		h=40 ~ 50 d=40 ~ 50	60 ~ 70		孤植	1
7	川滇蜡树	*Ligustrum delavayanum*	木樨科	灌木	观叶	5 ~ 7月	h=40 ~ 50 d=40 ~ 50	170 ~ 180		孤植	1
8	龟甲冬青	*Ilex crenata* f. *convexa*	冬青科	灌木	观叶		h=50 ~ 60 d=60 ~ 70	60 ~ 70		孤植	2
9	喷雪花	*Spiraea thunbergii*	蔷薇科	灌木	观花	3月	h=60 ~ 80 d=60 ~ 80	80 ~ 100		孤植	1
10	红花檵木	*Loropetalum chinense* var. *rubrum*	金缕梅科	灌木	观叶、观花		h=80 ~ 90 d=60 ~ 80	60 ~ 70		孤植	1
11	树状月季	*Rosa hybrida*	蔷薇科	灌木	观花	5 ~ 10月	h=180	180 ~ 200		孤植	2
12	南天竹‘湾流’	*Nandina domestica* cv.	小檗科	灌木	观叶		h=30	35 ~ 45		孤植	2
13	花叶芒	*Miscanthus sinensis* ‘Variegatus’	禾本科	草本	观叶、观花	6 ~ 10月	h=60 ~ 80	100 ~ 120		孤植	1
14	大花萱草	*Hemerocallis fulva*	百合科	多年生宿根	观花	5 ~ 7月	h=40 ~ 50 d=40 ~ 50	40 ~ 50		孤植	3
15	玉簪	*Hosta plantaginea*	天门冬科	多年生宿根	观花	7 ~ 9月	h=30 ~ 40	40 ~ 50			2
16	‘花叶’长春蔓	*Vinca major* ‘Variegata Loud’	夹竹桃科	多年生蔓性半灌木	观叶	4 ~ 11月	θ120	20 ~ 30		连片	80
17	绣球	*Hydrangea macrophylla*	虎耳草科	宿根	观花	6 ~ 8月	h=40 ~ 50 d=40 ~ 50	50 ~ 60			6
18	美人蕉	*Canna indica*	美人蕉科	多年生宿根草本	观花	3 ~ 12月	θ180	120 ~ 150	1.5		3
19	郁金香	*Tulipa gesneriana*	百合科	多年生草本，球茎	观花	3 ~ 4月	12+	50 ~ 55	40	50球/m^2	2000
20	葡萄风信子	*Muscari botryoides*	百合科	多年生草本，球根	观花	3 ~ 5月	2 ~ 3cm	15 ~ 20	2	150球/m^2	300
21	角堇	*Viola cornuta*	堇菜科	多年生草本	观花	12月至翌年5月	θ120	15 ~ 20	5	60株/m^2	300
22	三色堇	*Viola tricolor*	堇菜科	二年或多年生草本	观花	12月至翌年5月	θ120	15 ~ 20	3	60株/m^2	150
23	鲁冰花	*Lupinus micranthus*	豆科	宿根	观花	3 ~ 5月	θ150	60 ~ 80	1.6	25棵/m^2	40
24	毛地黄	*Digitalis purpurea*	玄参科	二年或多年生草本	观花	5 ~ 6月	θ150	60 ~ 80	12	25棵/m^2	300
25	大花葱	*Allium giganteum*	百合科	多年生球根	观花	4 ~ 5月	θ120	100 ~ 120	6	25棵/m^2	150
26	福禄考	*Phlox drummondii*	花荵科	草本	观花		θ120	20 ~ 25	2.6	36棵/m^2	94
27	超级牵牛	*Petunia hybrida*	茄科	二年或多年生草本	观花	4月至霜降	θ120	20 ~ 25	2.2	36棵/m^2	80
28	矾根	*Heuchera micrantha*	虎耳草科	多年生宿根	观花	4 ~ 10月	θ120	20 ~ 25	0.8	25棵/m^2	20
29	佛甲草	*Sedum lineare*	景天科	多年生草本	观叶、观花	5 ~ 10月	θ120	15 ~ 20	4.4	60棵/m^2	264
30	百合	*Lilium* cvs.	百合科	多年生草本，球根	观花	6 ~ 7月	θ160	80 ~ 120	2.5	25棵/m^2	20
31	金叶满天星	*Cuphea hookeriana*	千屈菜科	多年生草本	观叶、观花	5 ~ 11月	θ120	35 ~ 45	0.3	34棵/m^2	4
32	马鞭草	*Verbena officinalis*	马鞭草科	多年生草本	观花	5 ~ 10月	θ120	80 ~ 120	15	33棵/m^2	150
33	银叶菊	*Jacobaea maritima*	菊科	多年生草本	观叶	全年	θ120	40 ~ 50	2.5	16棵/m^2	40
	合计										3995

花境植物更换表

序号	名称	学名	科	特性	观赏特性	花期	规格（cm）	长成高度（cm）	种植面积（m^2）	种植密度	种植数量（株）
1	凤仙	*Impatiens balsamina*	凤仙花科	一年生草本	观花	5 ~ 10月	θ120	30 ~ 45	2.2	36棵/m^2	80
2	天竺葵	*Pelargonium hortorum*	牻牛儿苗科	多年生肉质	观花	5 ~ 7月	θ150	30 ~ 35	0.6	16棵/m^2	10
3	大花海棠	*Begonia benariensis*	秋海棠科	一年生草本	观花	5 ~ 11月	θ120	30 ~ 40	1.6	16棵/m^2	25
4	四季海棠	*Begonia semperflorens*	秋海棠科	一年生草本	观花	5 ~ 11月	θ120	20 ~ 25	3	25棵/m^2	75
6	‘桑蓓斯’凤仙	*Impatiens* ‘Sunpatiens’	凤仙花科	多年生草本	观花	4 ~ 10月	θ120	20 ~ 29	0.9	16棵/m^2	15
7	芍药	*Paeonia lactiflora*	芍药科	多年生草本	观花	5 ~ 6月	10加仑	45 ~ 60		孤植	3
8	维多利亚鼠尾草	*Salvia leucantha*	唇形科	多年生宿根草本	观花	9 ~ 11月	θ120	35 ~ 45	16	25棵/m^2	400
9	千鸟花	*Gaura lindheimeri*	柳叶菜科	多年生宿根草本	观花	3 ~ 11月	θ150	80 ~ 100	3.4	16棵/m^2	54
10	金叶甘薯藤	*Dioscorea esculenta*	薯蓣科	多年生草本	观叶	5 ~ 11月	θ150	15 ~ 20	2.5	16棵/m^2	40
11	矮牵牛	*Petunia hybrida*	茄科	二年或多年生草本	观花	4月至霜降	θ120	20 ~ 25	2.2	36棵/m^2	80
12	‘金边’吊兰	*Chlorophytum comosum* ‘Variegatum’	百合科	多年生草本	观叶	3 ~ 11月	θ150	25 ~ 35			3
	合计										785

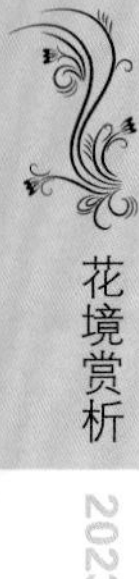

满庭芳

开封市园林绿化处

娄智永　郑重玖　申涛　边海峰　王伟静　孙利强

赵峻玉　赵瑜萌　张楠　陈春阳　翟卫兵　刘国辉

春季实景

夏季实景

设计说明

本作品由三块花境组成。其中，两块绿地以单面花境为主，呈对应式分布，沿路两旁以自然斑块形式混种，高低错落，色彩缤纷。

植物以紫娇花、宿根天人菊、蓝花荆芥等宿根花卉为主，结合配置醉蝶花、藿香蓟、向日葵等少量一二年生花卉。再以亮晶女贞、金姬小蜡、无刺枸骨等花灌木，构建层次分明、季相鲜明的花境景观。在色彩选择上，红橙黄绿蓝紫各色交错融合，如同《满庭芳》词牌名，在变化中体现出韵律感。

秋季实景

设计阶段图纸

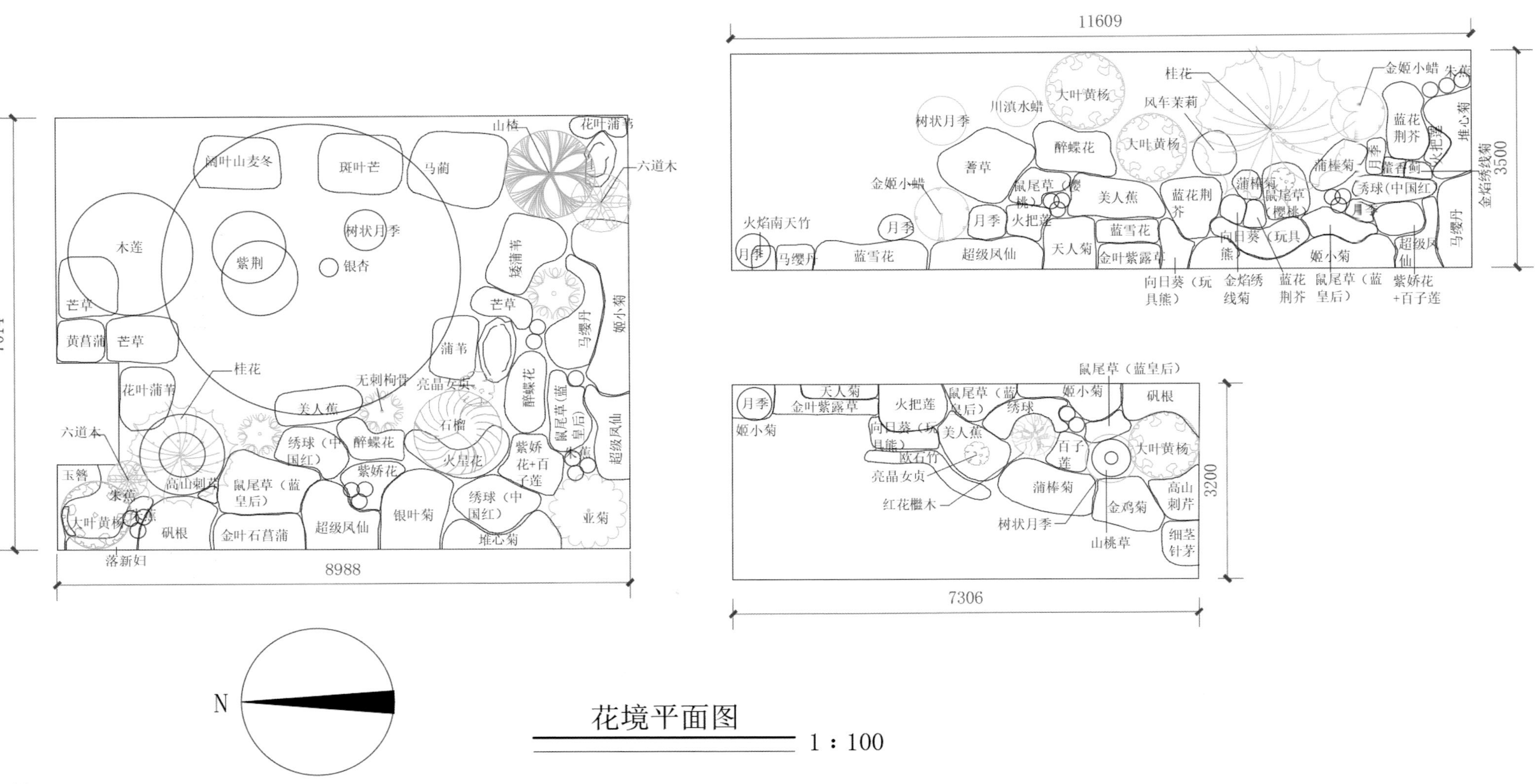

花境平面图 1：100

花境植物材料

序号	名称	科属	学名	花（叶）色	开花期及持续时间	长成高度（cm）	种植面积（m^2）	种植密度（株/m^2）	株数（株）
1	姬小菊	菊科鹅河菊属	*Brachyscome angustifolia*	紫色	4 ~ 11 月	10 ~ 20	3.77	81	305
2	欧石竹	石竹科石竹属	*Dianthus carthusianorum*	蓝紫色	3 ~ 12 月	5 ~ 10	0.44	100	44
3	蓝雪花	白花丹科蓝雪花属	*Ceratostigma plumbaginoides*	蓝色	7 ~ 9 月	20 ~ 30	0.79	64	51
4	蓝花荆芥	唇形科荆芥属	*Nepeta coerulescens*	蓝色	7 ~ 8 月	25 ~ 40	1.56	64	100
5	马缨丹	马鞭草科马缨丹属	*Lantana camara*	红色、黄色	1 ~ 12 月	30	1.91	81	155
6	银叶菊	菊科疆千里光属	*Jacobaea maritima*	花黄色，叶银色	6 ~ 9 月	30 ~ 40	1.25	100	125
7	向日葵（玩具熊）	菊科向日葵属	*Helianthus annuus*	黄色	7 ~ 9 月	30 ~ 50	1.3	49	64
8	金鸡菊	菊科金鸡菊属	*Coreopsis basalis*	黄色	5 ~ 9 月	30 ~ 60	0.77	144	111
9	天人菊	菊科天人菊属	*Gaillardia pulchella*	橙色	5 ~ 8 月	30 ~ 60	0.93	81	75
10	落新妇	虎耳草科落新妇属	*Astilbe chinensis*	粉色	6 ~ 9 月	40 ~ 80	0.32	81	26
11	紫娇花	石蒜科紫娇花属	*Tulbaghia violacea*	紫色	5 ~ 7 月	40 ~ 60	1.05	64	67
12	醉蝶花	白花菜科醉蝶花属	*Tarenaya hassleriana*	粉色	5 ~ 9 月	40 ~ 60	2.08	64	133
13	鼠尾草（蓝皇后）	唇形科鼠尾草属	*Salvia japonica*	蓝色	6 ~ 9 月	40	3.31	49	162
14	百子莲	石蒜科百子莲属	*Agapanthus africanus*	蓝色	7 ~ 9 月	50 ~ 70	0.84	36	30
15	堆心菊	菊科堆心菊属	*Helenium autumnale*	黄色	5 ~ 10 月	50	1.46	64	93
16	樱桃鼠尾草	唇形科鼠尾草属	*Salvia greggii*	桃红、白色	5 ~ 11 月	60 ~ 80	0.94	49	46
17	火星花	鸢尾科雄黄兰属	*Crocosmia crocosmiflora*	橙红色	6 ~ 8 月	60	0.83	81	67
18	藿香蓟	菊科藿香蓟属	*Ageratum conyzoides*	蓝紫色	1 ~ 12 月	50 ~ 100	0.11	64	7
19	山桃草	柳叶菜科山桃草属	*Gaura lindheimeri*	粉色	5 ~ 8 月	30 ~ 50	0.35	81	28
20	超级凤仙	凤仙花科凤仙花属	*Impatiens hybrids* ‘Sunpatience’	红色、粉色	6 ~ 10 月	30 ~ 50	3.17	64	203
21	绣球（中国红）	虎耳草科绣球属	*Hydrangea macrophylla*	红色	5 ~ 9 月	60 ~ 100	2.49	36	90
22	蒲棒菊	菊科金光菊属	*Rudbeckia maxima*	黄色	7 ~ 10 月	90 ~ 150	1.67	64	107
23	火把莲	百合科火把莲属	*Kniphofia uvaria*	橘红色	6 ~ 10 月	80 ~ 120	1.22	81	99
24	金叶紫露草	鸭跖草科紫露草属	*Tradescantia ohiensis*	花紫色、叶金黄色	4 ~ 11 月	25 ~ 50	0.92	100	92
25	蓍草	菊科蓍属	*Achillea wilsoniana*	粉白	5 ~ 9 月	60 ~ 100	1.24	100	124
26	金焰绣线菊	蔷薇科绣线菊属	*Spiraea japonica* ‘Goldflame’	花玫红色、叶金黄色	5 ~ 8 月	25 ~ 35	0.26	25	7
27	月季	蔷薇科蔷薇属	*Rosa hybrida*	红色、粉色	4 ~ 9 月	20 ~ 40	1.30	9	12
28	高山刺芹	伞形科刺芹属	*Eryngium foetidum*	蓝色、白色	7 ~ 8 月	80 ~ 100	1.49	25	37
29	风车茉莉	夹竹桃科络石属	*Trachelospermum jasminoides*	白色	4 ~ 6 月	15	0.4	9	4
30	花叶玉簪	百合科玉簪属	*Hosta undulata*	花紫色、叶白绿色	7 ~ 8 月	20 ~ 30	0.45	25	11
31	细茎针茅	禾本科针茅属	*Stipa tenuissima*	花银白色，叶绿色	6 ~ 9 月	30 ~ 50	0.4	81	32

（续）

序号	名称	科属	学名	花（叶）色	开花期及持续时间	长成高度（cm）	种植面积（m^2）	种植密度（株/m^2）	株数（株）
32	马蔺	鸢尾科鸢尾属	*Iris lactea*	花紫色、叶绿色	5 ~ 6 月	40 ~ 60	1.63	49	80
33	阔叶山麦冬	天门冬科山麦冬属	*Liriope muscari*	花紫色、叶绿色	7 ~ 8 月	40 ~ 60	1.06	64	68
34	黄菖蒲	鸢尾科鸢尾属	*Iris pseudacorus*	黄色	5 月	100 ~ 120	0.5	100	50
35	蒲苇	禾本科蒲苇属	*Cortaderia selloana*	叶绿色		100	0.69	9	6
36	矾根	虎耳草科矾根属	*Heuchera micrantha*	黄绿色、紫红色		20 ~ 25	1.55	25	39
37	‘矮’蒲苇	禾本科蒲苇属	*Cortaderia selloana* ‘Pumila’	叶绿色		40 ~ 60	1.1	9	10
38	‘花叶’蒲苇	禾本科蒲苇属	*Cortaderia selloana* ‘Silver Comet’	叶绿色		120 ~ 150	1.03	9	9
39	朱蕉	百合科朱蕉属	*Cordyline fruticosa*	叶紫红色		100 ~ 300			23
40	芒草	禾本科芒属	*Miscanthus sinensis*	叶绿色		30	2.06	4	8
41	‘斑叶’芒	禾本科芒属	*Miscanthus sinensis* ‘Zebrinus’	叶绿色		120 ~ 150	1.18	4	5
42	美人蕉	美人蕉科美人蕉属	*Canna generalis* ‘Striatus’	花黄色，叶绿色	6 ~ 10 月	150 ~ 200	2.37	16	38
43	‘金叶’石菖蒲	天南星科菖蒲属	*Acorus gramineus* ‘Ogan’	金黄色		30 ~ 40	0.8	36	29
44	亚菊	菊科亚菊属	*Ajania pallasiana*	黄色	8 ~ 9 月	60			1
45	‘火焰’南天竹	小檗科南天竹属	*Nandina domestica* ‘Firepower’	叶红色		30 ~ 40	0.14	16	2
46	‘金姬’小蜡（球）	木樨科女贞属	*Ligustrum sinense* ‘Jinji’	叶金黄色		60 ~ 80			2
47	红花檵木（球）	金缕梅科檵木属	*Loropetalum chinense* var. *rubrum*	花紫红色、叶红色	3 ~ 4 月	60 ~ 80			1
48	无刺枸骨	冬青科冬青属	*Ilex cornuta*	叶绿色		100			3
49	六道木	忍冬科六道木属	*Zabelia biflora*	花白色、叶绿色	3 月	60			2
50	亮晶女贞	木樨科女贞属	*Ligustrum lucidum*	叶金黄色		100 ~ 150			3
51	川滇水蜡	木樨科女贞属	*Ligustrum delavayanum*	叶绿色		100 ~ 400			1
52	树状月季	蔷薇科蔷薇属	*Rosa hybrida*	红色、粉色	4 ~ 9 月	120 ~ 150			2
53	紫荆	豆科紫荆属	*Cercis chinensis*	紫红色	3 ~ 4 月	200 ~ 300			2
54	木莲	木兰科木莲属	*Manglietia fordiana*	花白色、叶绿色	5 月	400			1
55	山楂	蔷薇科山楂属	*Crataegus pinnatifida*	花白色、叶绿色	5 ~ 6 月	200			1
56	石榴	千屈菜科石榴属	*Punica granatum*	花红色、叶绿色	5 ~ 6 月	200 ~ 300			1
57	银杏	银杏科银杏属	*Ginkgo biloba*	叶绿色、秋季变黄		800			1

花境植物更换表

序号	名称	科属	学名	花（叶）色	开花期及持续时间	长成高度（cm）	种植面积（m^2）	种植密度（株/m^2）	株数（株）	更换时间	更换方式
1	角堇	堇菜科堇菜属	*Viola cornuta*	黄色、橙色	12 月至翌年 4 月	10 ~ 30	0.11	121	13	冬季	藿香蓟更换为角堇
2	甘蓝	十字花科芸薹属	*Brassica oleracea* var. *capitata*	玫红	4 ~ 5 月	10 ~ 30	3.38	16	54	冬季	醉蝶花、玩具熊向日葵更换为甘蓝

小园花莳

北京草源生态园林工程有限公司

周康　刘海波　赵越　李富强　鹿畅　马子涵　赵鹏翔

春季实景

夏季实景

设计说明

本作品花卉搭配错落有致，展现出丰富的景观层次，同时配植‘金叶’薹草、‘歌舞’芒、‘小兔子’狼尾草等观赏草，表现出自然野趣之感。花卉以蓝、紫色为主色调，渲染出优雅宁静的一帘幽色。

在植物的选择上，选用大量乡土植物，例如‘金叶’风箱果、‘红王子’锦带、串叶松香草、电灯花、赛菊芋、山韭、黄芩、大叶铁线莲、大花夏枯草、大花滨菊、败酱等，满足因地制宜的植物配置要求；同时选择了一些园林新优品种，如‘球王’大花葱、‘四月夜’鼠尾草、花叶羊角芹、红脉酸模、‘海伦娜’堆心菊、月季等，丰富了景观效果。

秋季实景

花境植物材料

序号	名称	科属	学名	花（叶）色	开花期及持续时间	长成高度（cm）	种植面积（m²）	种植密度（株/m²）	株数（株）
1	串叶松香草	菊科松香草属	*Silphium perfoliatum*	花黄色	7 ~ 9月	80 ~ 100	3	16	48
2	长芒草	禾本科针茅属	*Stipa bungeana*	花乳黄色	8 ~ 10月	80 ~ 100	6	9	60
3	蒲棒菊	菊科金光菊属	*Rudbeckia maxima*	花黄色	6 ~ 8月	70 ~ 90	3	16	48
4	大麻叶泽兰	菊科泽兰属	*Eupatorium cannabinum*	花淡粉色	8 ~ 10月	70 ~ 80	11	9	96
5	‘全景’美国薄荷	唇形科美国薄荷属	*Monarda didyma*	花淡紫色	6 ~ 8月	60 ~ 80	3.75	16	60
6	高山紫菀	菊科紫菀属	*Aster alpinus*	花紫色	7 ~ 9月	60 ~ 80	6	16	96
7	龙芽草	蔷薇科龙芽草属	*Agrimonia pilosa*	花黄色	6 ~ 8月	50 ~ 70	2	16	32
8	‘焰火’皱叶一枝黄花	菊科一枝黄花属	*Solidago rugosa* ‘Fireworks’	花黄色	6 ~ 8月	60 ~ 80	2.3	9	20
9	柳叶白菀	菊科紫菀属	*Aster ericoides*	花白色	9 ~ 10月	60 ~ 80	2.3	9	20
10	大花滨菊	菊科滨菊属	*Leucanthemum maximum*	花白色	4 ~ 5月	50 ~ 60	1	16	16
11	‘白雪公主’滨菊	菊科滨菊属	*Leucanthemum vulgare*	花白色	5 ~ 7月	20 ~ 30	1	16	16
12	‘银公主’滨菊	菊科滨菊属	*Leucanthemum* ‘Silver Princess’	花白色	5 ~ 7月	40 ~ 50	1	16	16
13	‘新娘手捧花’滨菊	菊科滨菊属	*Leucanthemum vulgare*	花白色	4 ~ 6月	30 ~ 40	1	16	16
14	草原吊钟柳	玄参科钓钟柳属	*Penstemon barbatus*	花紫色	6 ~ 8月	40 ~ 50	3	16	48
15	‘太阳吻’金鸡菊	菊科金鸡菊属	*Coreopsis grandiflora* ‘Silver Princess’	花黄色	6 ~ 8月	20 ~ 30	2.4	25	60
16	‘橙色精灵’金鸡菊	菊科金鸡菊属	*Coreopsis grandiflora* ‘Orange Elf’	花橙色	6 ~ 8月	20 ~ 30	1	16	16
17	‘星团’金鸡菊	菊科金鸡菊属	*Coreopsis drummondii* cv.	花白色	6 ~ 8月	20 ~ 30	1	16	16
18	‘柠檬酒’金鸡菊	菊科金鸡菊属	*Coreopsis grandiflora* cv.	花淡黄色	6 ~ 8月	20 ~ 30	1	16	16
19	电灯花	花葱科电灯花属	*Cobaea scandens*	花紫色	5 ~ 6月	20 ~ 30	1	16	16
20	黄金花柏	柏科扁柏属	*Chamaecyparis pisifera* cv.	叶金黄色	4 ~ 11月	40 ~ 50	3	2	6
21	丝兰	天门冬科丝兰属	*Yucca smalliana*	花白色	8 ~ 9月	50 ~ 60	2.6	3	8
22	‘海伦娜’堆心菊	菊科堆心菊属	*Helenium autumnale* cv.	花红色	7 ~ 9月	60 ~ 80	2	25	50
23	‘歌舞’芒	禾本科芒属	*Miscanthus sinensis* ‘Cabaret’	叶白绿相间	5 ~ 10月	60 ~ 80	4.5	9	40
24	金叶风箱果	蔷薇科风箱果属	*Physocarpus opulifolius* var.*luteus*	叶金黄色	5 ~ 10月	60 ~ 70	1.2	9	10
25	‘红王子’锦带	忍冬科锦带花属	*Weigela florida* ‘Red Prince’	花红色	5 ~ 6月	80 ~ 100	4	2	8
26	‘粉霜’菱叶绣线菊	蔷薇科绣线菊属	*Spiraea* × *vanhouttii* ‘Pink Ice’	花粉色	4 ~ 5月	50 ~ 60	3	2	6
27	喷雪花	木樨科雪柳属	*Fontanesia fortunei*	花白色	4 ~ 5月	80 ~ 100	3	2	6
28	赛菊芋	菊科赛菊芋属	*Heliopsis scabra*	花黄色	6 ~ 8月	60 ~ 80	3.4	9	30
29	‘粉色伊娃’重瓣荷兰菊	菊科联毛紫菀属	*Symphyotrichum novi-belgii*	花粉色	8 ~ 10月	20 ~ 30	5	16	80
30	‘雪山’鼠尾草	唇形科鼠尾草属	*Salvia nemorosa* ‘Schneehugel’	花白色	4 ~ 6月	20 ~ 30	5.1	25	128
31	‘蓝山’鼠尾草	唇形科鼠尾草属	*Salvia nemorosa* ‘Blauhugel’	花蓝色	4 ~ 6月	20 ~ 30	3.75	16	60
32	‘卡拉多那’鼠尾草	唇形科鼠尾草属	*Salvia nemorosa* ‘Caradonna’	花紫色	4 ~ 6月	30 ~ 40	8	9	72
33	‘球王’大花葱	百合科葱属	*Allium giganteum*	花紫色	4 ~ 5月	40 ~ 50	6.7	9	60
34	败酱	败酱科败酱属	*Patrinia scabiosaefolia*	花黄色	6 ~ 8月	60 ~ 80	1	16	16
35	‘漩涡’千屈菜	千屈菜科千屈菜属	*Lythrum salicaria* ‘Swirl’	花粉色	6 ~ 8月	50 ~ 60	1.4	9	12
36	‘罗伯特’千屈菜	千屈菜科千屈菜属	*Lythrum salicaria* ‘Zigeunerblut’	花粉色	6 ~ 8月	50 ~ 60	2	9	18
37	‘秘密’毛地黄钓钟柳	玄参科钓钟柳属	*Penstemon digitalis*	花粉色，叶紫红色	5 ~ 6月	30 ~ 40	4	16	64
38	‘蓝闪光’刺芹	伞形科刺芹属	*Eryngium planum* cv.	花蓝色	6 ~ 7月	40 ~ 50	2	16	32
39	‘盛世’紫松果菊	菊科松果菊属	*Echinacea purpurea* cv.	花紫色	6 ~ 7月	40 ~ 50	3.2	25	80
40	‘秋之问候’紫菀	菊科紫菀属	*Aster tataricus* cv.	花紫色	6 ~ 8月	50 ~ 60	6	16	96
41	‘紫麒麟’蛇鞭菊	菊科蛇鞭菊属	*Liatris spicata* cv.	花紫色	6 ~ 7月	50 ~ 60	5	16	80
42	射干	鸢尾科射干属	*Belamcanda chinensis*	花橙色	7 ~ 8月	50 ~ 60	4	16	64
43	花菖蒲	鸢尾科鸢尾属	*Iris ensata* var. *hortensis*	花紫色	4 ~ 5月	40 ~ 50	3.4	9	30
44	‘紫韵’钓钟柳	玄参科钓钟柳属	*Penstemon* ‘Purple Charm’	花粉色	5 ~ 6月	30 ~ 40	6	16	96
45	‘金焰’绣线菊	蔷薇科绣线菊属	*Spiraea* × *bumalda* ‘Gold Flame’	花粉色，叶黄色	6 ~ 7月	30 ~ 40	2.3	9	20
46	月季	蔷薇科蔷薇属	*Rosa hybrida*	花红色	6 ~ 8月	40 ~ 50	6.7	9	60
47	华北香薷	唇形科香薷属	*Elsholtzia stauntonii*	花粉色	6 ~ 8月	50 ~ 60	2.3	9	20
48	‘马尾’细茎针茅	禾本科针茅属	*Stipa tenuissima*	观叶，叶绿色	4 ~ 5月	20 ~ 30	5	16	80
49	‘四月夜’鼠尾草	唇形科鼠尾草属	*Salvia nemorosa* ‘April Night’	花蓝色	4 ~ 5月	20 ~ 30	6.7	9	60
50	‘冰刃’加纳利鼠尾草	唇形科鼠尾草属	*Salvia canariensis* ‘Lancelot’	花淡紫色	6 ~ 8月	40 ~ 50	1.2	9	10
51	银灰鼠尾草	唇形科鼠尾草属	*Salvia candidissima*	花白色，叶银白色	5 ~ 6月	40 ~ 50	1.2	9	10
52	黄芩	唇形科黄芩属	*Scutellaria baicalensis*	花紫色	6 ~ 8月	20 ~ 30	2	16	32

（续）

序号	名称	科属	学名	花（叶）色	开花期及持续时间	长成高度（cm）	种植面积（m²）	种植密度（株/m²）	株数（株）
53	‘蓝色忧伤’荆芥	唇形科荆芥属	*Nepeta coerulescens* ‘Walkers Low’	花蓝色	5～10月	30～40	4	25	100
54	‘烟花’山桃草	柳叶菜科山桃草属	*Gaura lindheimeri* ‘Sparkle White’	花白色	5～10月	30～40	5	25	125
55	‘太妃’山桃草	柳叶菜科山桃草属	*Gaura lindheimeri* ‘Engelm. et Gray’	花粉色	5～10月	30～40	2.4	25	60
56	茴香味藿香	唇形科藿香属	*Agastache foeniculum*	花淡紫色	7～8月	60～80	3	16	48
57	虾夷葱	百合科葱属	*Allium schoenoprasum*	花淡紫色	4～5月	20～30	1	16	16
58	‘夏季莓’蓍草	菊科蓍属	*Achillea sibirca* cv.	花粉色	5～6月	20～30	2	16	32
59	‘棉花糖’珍珠蓍草	菊科蓍属	*Achillea Ptarmica* ‘Benary’s Pearl’	花白色	5～6月	20～30	1	16	16
60	‘金色风暴’金光菊	菊科金光菊属	*Rudbeckia hirta* ‘Goldsturm’	花黄色	6～8月	40～50	6.7	9	60
61	‘面包师’福禄考	花荵科天蓝绣球属	*Phlox drummondii* cv.	花粉色	4～5月	30～40	6.7	9	60
62	山韭	百合科葱属	*Allium senescens*	花淡紫色	7～8月	20～30	1	16	16
63	大花芙蓉葵	锦葵科木槿属	*Hibiscus grandiflorus*	花粉色	7～8月	40～50	4	9	36
64	知母	百合科知母属	*Anemarrhena asphodeloides*	花紫色	7～8月	30～40	1	16	16
65	簇花石竹	石竹科石竹属	*Dianthus repens*	花粉色	5～6月	30～40	6.25	16	100
66	‘天使红脸’毛剪秋罗	石竹科剪秋罗属	*Lychnis coronaria* cv.	花红色	6～8月	50～60	1.5	16	24
67	红色剪秋罗	石竹科剪秋罗属	*Lychnis coronaria* ‘Alba’	花红色	5～7月	30～40	4	16	64
68	垂枝丁香	木樨科丁香属	*Syringa oblata*	花淡紫色	4～5月	100～120	2	1	2
69	高枝铺地柏	柏科圆柏属	*Sabina procumbens*	叶绿色	4～11月	100～120	2	1	2
70	丽色画眉草	禾本科画眉草属	*Eragrostis elliottii*	花粉色	8～10月	20～30	1.8	16	30
71	盈逸画眉草	禾本科画眉草属	*Eragrostis spectabilis* ‘Elegant’	花乳黄色	8～10月	30～40	3	16	48
72	‘紫水晶’落新妇	虎耳草科落新妇属	*Astilbe chinensis* cv.	花紫色	5～6月	40～50	1	16	16
73	‘华盛顿’落新妇	虎耳草科落新妇属	*Astilbe chinensis* cv.	花白色	5～6月	40～50	1	16	16
74	‘范娜尔’落新妇	虎耳草科落新妇属	*Astilbe chinensis* cv.	花红色	5～6月	30～40	1	16	16
75	大叶铁线莲	毛茛科铁线莲属	*Clematis heracleifolia*	花淡蓝色	6～8月	40～50	2	16	32
76	金叶紫露草	鸭跖草科紫露草属	*Tradescantia ohiensis*	花紫色，叶金黄色	4～5月	30～40	1.2	9	10
77	绿叶紫露草	鸭跖草科紫露草属	*Tradescantia ohiensis*	花紫色	4～5月	30～40	1.2	9	10
78	‘香草草莓’圆锥绣球	虎耳草科绣球属	*Hydrangea paniculata* ‘Strawberry’	花白色	6～8月	60～80	11	4	45
79	金叶石菖蒲	天南星科菖蒲属	*Acorus gramineus* ‘Ogan’	叶金黄色	4～10月	20～30	6	16	96
80	银线石菖蒲	天南星科菖蒲属	*Acorus gramineus* cv.	叶银白色	4～10月	20～30	3	16	48
81	‘饴糖’矾根	虎耳草科矾根属	*Heuchera* ‘Caramel’	叶橙黄色	5～10月	15～20	2.2	16	35
82	‘黄金斑马’矾根	虎耳草科矾根属	*Heuchera* ‘Gold Zebra’	叶黄绿色	5～10月	15～20	3.1	16	50
83	‘红辣椒’矾根	虎耳草科矾根属	*Heuchera* ‘Paprika’	叶红色	5～10月	15～20	1.6	16	25
84	‘巨无霸’玉簪	百合科玉簪属	*Hosta plantaginea* cv.	花淡紫色，叶绿色	5～10月	40～50	1.2	9	10
85	‘黄金万两’玉簪	百合科玉簪属	*Hosta plantaginea* cv.	花淡紫色，叶金黄色	5～10月	20～30	2.3	9	20
86	‘宁静’玉簪	百合科玉簪属	*Hosta plantaginea* cv.	花淡紫色，叶淡蓝色	5～10月	20～30	1.2	9	10
87	‘爱国者’玉簪	百合科玉簪属	*Hosta plantaginea* cv.	花淡紫色，叶白绿相间	5～10月	20～30	2.3	9	20
88	‘彩色玻璃’玉簪	百合科玉簪属	*Hosta plantaginea* cv.	花淡紫色，绿叶黄色花边	5～10月	40～50	1.2	9	10
89	湖北银莲花	毛茛科银莲花属	*Anemone hupehensis*	花粉色	6～8月	40～50	1.2	9	10
90	大花银莲花	毛茛科银莲花属	*Anemone sylvestris*	花白色	5～6月	30～40	1	16	16
91	‘双响炮’萱草	百合科萱草属	*Hemerocallis fulva*	花粉色	5～6月	30～40	1	16	16
92	西伯利亚鸢尾	鸢尾科鸢尾属	*Iris sibirica*	花紫色	5～6月	30～40	2	16	32
93	花叶羊角芹	伞形科羊角芹属	*Aegopodium podagraria* ‘Variegatum’	叶白绿相间	4～10月	15～20	1	16	16
94	红脉酸模	蓼科酸模属	*Rumex sanguineus*	叶红色	4～10月	20～30	1	16	16
95	路边青	蔷薇科路边青属	*Geum aleppicum*	花黄色	5～7月	20～30	3	16	48
96	‘巴龙’重瓣耧斗菜	毛茛科耧斗菜属	*Aquilegia viridiflora*	花紫色	4～6月	40～50	4	16	64
97	唐松草	毛茛科唐松草属	*Thalictrum aquilegiifolium*	花紫色	6～8月	50～60	2	16	32
98	花叶玉蝉花	鸢尾科鸢尾属	*Iris ensata*	叶白绿相间	5～10月	20～30	2	16	32
99	‘金心’薹草	莎草科薹草属	*Carex* ‘Gold Heart Grass’	叶白绿相间	5～10月	20～30	2.3	9	20
100	‘艾弗里斯特’薹草	莎草科薹草属	*Carex* cv.	叶白绿相间	5～10月	20～30	3.4	9	30
101	香根草	禾本科金须茅属	*Chrysopogon zizanioides*	叶金黄色	4～10月	20～30	2	16	32
102	‘金带子’金边阔叶麦冬	百合科山麦冬属	*Liriope spicata* var.*variegata*	花紫色，叶带金色花边	4～10月	20～30	4	16	64
103	大花夏枯草	唇形科夏枯草属	*Prunella grandiflora*	花紫色	6～8月	20～30	8	16	128
104	‘金叶’过路黄	报春花科珍珠菜属	*Lysimachia nummularia* ‘Aurea’	叶金黄色	4～10月	10～15	5	16	80
105	‘小兔子’狼尾草	禾本科狼尾草属	*Pennisetum alopecuroides* ‘Little Bunny’	花乳白色	7～9月	50～60	10	9	90

天堂草原

呼和浩特市园林科研所

李爱珍　王建国　田川　王东红　于红梅　郭晓雷　王炜

春季实景

夏季实景

设计说明

作品主题为“天堂草原”，体现了建设更有活力、更具魅力的美丽青城、草原都市新形象，再现天苍苍，野茫茫，风吹草低见牛羊的敕勒川美景的呼和浩特市城市绿化理念，为区内外旅客和游人提供了一处放松心情、感知草原文化、体味人与自然和谐相生的休闲空间，唤醒人们保护生态、热爱大自然的意识。

秋季实景

设计阶段图纸

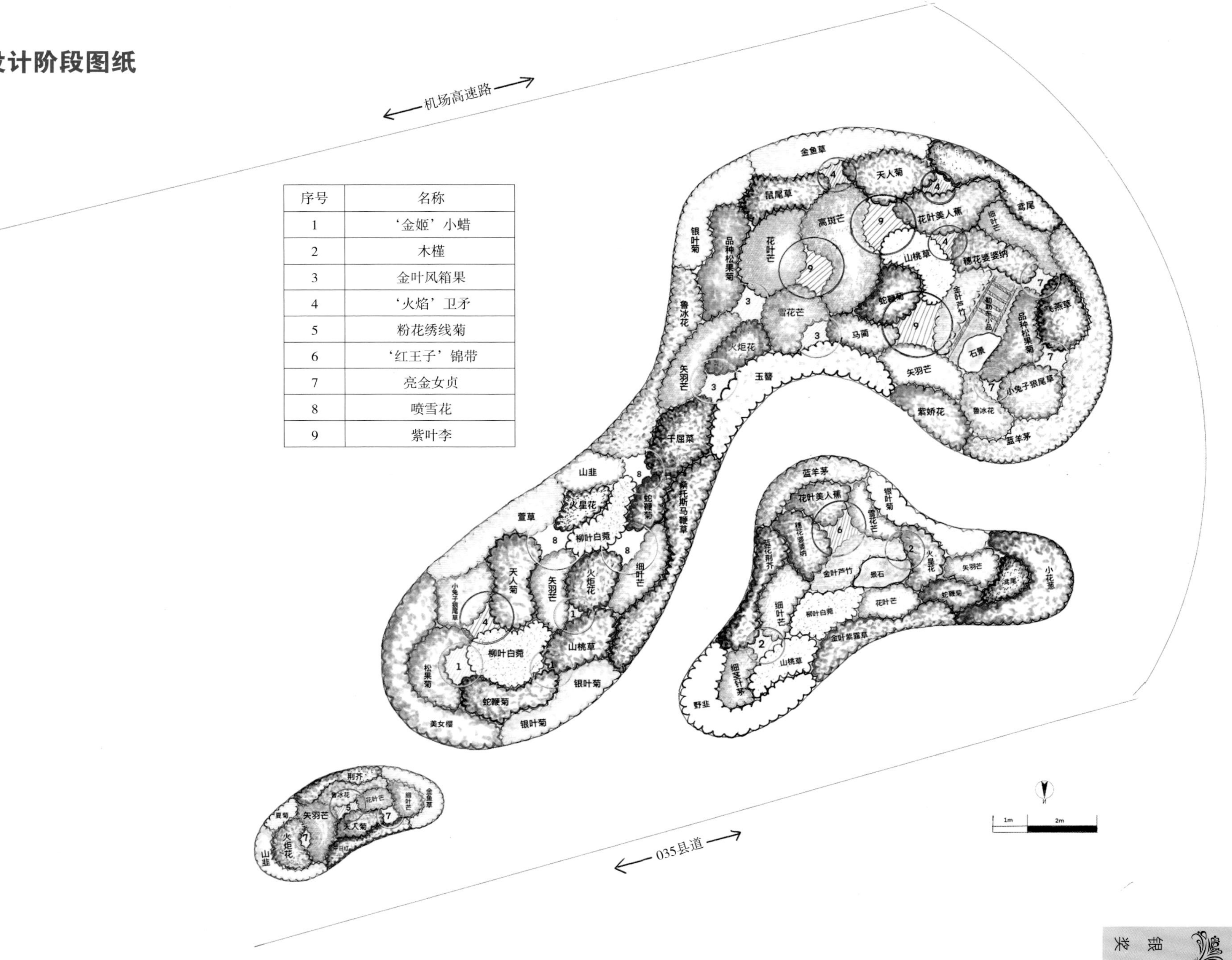

序号	名称
1	‘金姬’小蜡
2	木槿
3	金叶风箱果
4	‘火焰’卫矛
5	粉花绣线菊
6	‘红王子’锦带
7	亮金女贞
8	喷雪花
9	紫叶李

花境植物材料

序号	名称	科属	学名	花（叶）色	开花期	长成高度（cm）	种植面积（m^2）	种植密度（株/m^2）	株数（株）	类别	规格	高度和冠幅（cm）
1	‘金姬’小蜡	木樨科女贞属	*Ligustrum sinense* ‘Jinji’	花绿白色，叶绿变黄绿色	6 ~ 7月	120	1.5	3	3	落叶灌木	30×40 美织袋	H120，P70
2	木槿	锦葵科木槿属	*Hibiscus syriacus*	花淡粉红	7 ~ 9月	200	2	1	2	木本	40×50 美织袋	H160，P50
3	金叶风箱果	蔷薇科风箱果属	*Physocarpus opulifolius* var. *luteus*	花白色，叶片生长期金黄色，落前黄绿色，秋末叶呈黄、红相间色	6月	100 ~ 200	3	3	9	落叶小灌木	5 加仑	H140，P40
4	‘火焰’卫矛	卫矛科卫矛属	*Euonymus alatus* ‘Compacta’	叶红，花黄红色	5 ~ 6月	150 ~ 300	2	1	4	落叶小灌木	50×40 美织袋	H150，P100
5	粉花绣线菊	蔷薇科绣线菊属	*Spiraea japonica*	花粉红色，叶绿色	6 ~ 7月	150	1	3	3	直立灌木	5 加仑	H130，P60
6	‘红王子’锦带	忍冬科锦带花属	*Weigela florida* ‘Red Prince’	花红色，叶绿色	5 ~ 9月	150 ~ 200	1	1	1	落叶丛生灌木	5 加仑	H160，P100
7	亮金女贞	木樨科女贞属	*Ligustrum* × *vicaryi*	叶亮金色，花白色	5 ~ 6月	80	2.5	2	5	落叶灌木	50×40 美织袋	H120，P70
8	紫叶李	蔷薇科李属	*Prunus cerasifera* f. *atropurpurea*	花白色，叶紫红色	6月	200 ~ 300	1.5		3	小乔木	50×40 美织袋	H180，P90
9	金叶芦竹	禾本科芦竹属	*Arundo donax*	叶金黄间绿秋变黄白	6 ~ 10月（叶）	100 ~ 250	4	9	36	多年生草本	3 加仑	H50，P30
10	‘花叶’芒	禾本科芒属	*Miscanthus sinensis* ‘Variegatus’	花序深粉色，叶绿白秋变黄	9 ~ 10月（穗）	20 ~ 60	4	16	64	多年生草本	3 加仑	H50，P30
11	‘细叶’芒	禾本科芒属	*Miscanthus sinensis* ‘Gracillimus’	叶绿秋渐变白，穗白色	9 ~ 10月（穗）	100 ~ 200	5	16	80	多年生草本	30×28 美织袋	H50，P30
12	细叶针茅	禾本科针茅属	*Stipa lessingiana*	穗黄色，叶绿秋变黄色	5 ~ 7月（穗）	30 ~ 60	2	25	50	多年生草本	1 加仑	H30，P20
13	‘矢羽’芒	禾本科芒属	*Miscanthus sinensis* ‘Silberfeder’	叶绿深秋变红	9 ~ 10月（穗）	150	5	9	45	多年生草本	5 加仑	H50，P40
14	雪花芒	禾本科芒属	*Miscanthus sinensis* cv.	叶绿秋变黄色，穗黄白色	9 ~ 10月（穗）	150	2	9	20	多年生草本	5 加仑	H50，P40
15	高斑芒	禾本科芒属	*Miscanthus sinensis* cv.	叶黄绿相间秋变黄，穗灰白色	9 ~ 10月（穗）	150	2.5	9	25	多年生草本	5 加仑	H50，P40
16	蓝羊茅	禾本科羊茅属	*Festuca glauca*	叶蓝绿色，穗灰白色	5月（穗）	40	2	25	50	多年生草本	1 加仑	H15，P15
17	‘小兔子’狼尾草	禾本科狼尾草属	*Pennisetum alopecuroides* ‘Little Bunny’	花序白色，叶秋变红色	6 ~ 9月	15 ~ 30	3	16	48	多年生草本	2 加仑	H50，P30
18	火炬花	百合科火把莲属	*Kniphofia uvaria*	花橘红色，叶绿色	6 ~ 10月	120	3.0	16	48	多年生草本	2 加仑	H30，P30
19	蓝花荆芥	唇形科荆芥属	*Nepeta cataria*	花蓝色，叶灰绿色	7 ~ 9月	40 ~ 150	4	16	64	宿根花卉	2 加仑	H30，P30
20	小花葱	百合科葱属	*Allium giganteum*	花紫红色，叶绿色	4 ~ 5月	30 ~ 60	5	25	125	多年生草本	1 加仑	H25，P20
21	山桃草	柳叶菜科山桃草属	*Gaura lindheimeri*	浅粉红，叶绿色	5 ~ 8月	60 ~ 100	5	25	175	多年生草本	180 号盆	H60，P30
22	天人菊	菊科天人菊属	*Gaillardia pulchella*	花红黄色，叶绿色	7 ~ 10月	20 ~ 60	4	25	100	一年生草本	180 号盆	H20，P20
23	柳叶白菀	菊科紫菀属	*Aster ericoides*	花白色，叶绿色	8 ~ 10月	50 ~ 80	3	36	108	宿根花卉	77# 盆	H50，P40
24	松果菊	菊科松果菊属	*Echinacea purpurea*	花橙黄色，叶绿色	6 ~ 10月	50 ~ 150	4.5	25	75	多年生草本	150# 盆	H25，P20
25	火星花	鸢尾科雄黄兰属	*Crocosmia crocosmiflora*	花红色，叶绿色	6 ~ 8月	50 ~ 120	2	16	36	多年生草本	2 加仑	H50，P40

（续）

序号	名称	科属	学名	花（叶）色	开花期	长成高度（cm）	种植面积（m^2）	种植密度（株 /m^2）	株数（株）	类别	规格	高度和冠幅（cm）
26	‘桑托斯’马鞭草	马鞭草科马鞭草属	*Verbena rigida* ‘Santos’	花蓝紫色，叶绿色	6 ~ 10 月	30	7	25	175	多年生直立草本	150# 盆	H25，P20
27	‘金叶’紫露草	鸭跖草科紫露草属	*Tradescantia* ‘Sweet Kate’	花蓝紫色，叶绿色	6 ~ 9 月	30 ~ 50	2	25	50	多年生草本	180 盆	H20，P15
28	蛇鞭菊	菊科蛇鞭菊属	*Liatris spicata*	花粉蓝紫色，叶绿色	7 ~ 8 月	30 ~ 60	3	25	75	宿根花卉	1 加仑	H30，P20
29	‘花叶’美人蕉	美人蕉科美人蕉属	*Canna generalis* ‘Striatus’	花红色，叶绿白色	6 ~ 10 月	150 ~ 200	2.5	9	25	宿根花卉	5 加仑	H50，P30
30	紫娇花	石蒜科紫娇花属	*Tulbaghia violacea*	花淡紫色，叶绿色	5 ~ 7 月	30 ~ 60	2	25	50	多年生草本	150# 盆	H25，P20
31	千日红	苋科千日红属	*Gomphrena globosa*	花包紫红，叶绿色	7 ~ 10 月	20 ~ 60	4	25	100	一年生草本	基地供苗	
32	美女樱	马鞭草科美女樱属	*Glandularia* × *hybrida*	花粉红，叶绿色	5 ~ 10 月	10 ~ 50	6.5	25	160	多年生草本	基地供苗	
33	林荫鼠尾草	唇形科鼠尾草属	*Salvia nemorosa* ‘Black and Blue’	花蓝紫色，叶绿色	5 ~ 10 月	60 ~ 150	5	16	90	宿根花卉	基地供苗	
34	穗花婆婆纳	玄参科婆婆纳属	*Veronica spicata*	花蓝紫色，叶绿色	7 ~ 9 月	15 ~ 50	3	25	75	宿根花卉	基地供苗	
35	金鱼草	车前科金鱼草属	*Antirrhinum majus*	花黄色，叶绿色	5 ~ 10 月	30 ~ 50	3	36	110	一年生草本	基地供苗	
36	鸢尾	鸢尾科鸢尾属	*Iris tectorum*	花紫色，叶绿色	5 ~ 8 月	30 ~ 60	3	25	75	多年生草本	基地供苗	
37	萱草	百合科萱草属	*Hemerocallis fulva*	花橙黄色，叶绿色	5 ~ 7 月	10 ~ 50	3	16	48	多年生宿根草本	基地供苗	
38	山韭	百合科葱属	*Allium ramosum*	花白色，叶绿色	6 ~ 9 月	30 ~ 50	4	25	100	多年生草本	基地供苗	
39	鲁冰花	豆科羽扇豆属	*Lupinus micranthus*	花白、蓝、紫、粉色，叶绿色	5 ~ 7 月	30 ~ 70	5	16	80	一年生草本	基地供苗	
40	玉簪	百合科玉簪属	*Hosta plantaginea*	花白色，叶白绿相间色	8 ~ 10 月	40 ~ 80	3	25	75	多年生草本	基地供苗	
41	千屈菜	千屈菜科千屈菜属	*Lythrum salicaria*	花紫色，叶绿色	5 ~ 9 月	30 ~ 100	3	25	80	多年生草本	基地供苗	
42	马蔺	鸢尾科鸢尾属	*Iris lactea*	花淡蓝色，叶绿色	4 ~ 6 月	30 ~ 125	2	4	8	多年生草本	基地供苗	
43	银叶菊	菊科疆千里光属	*Jacobaea maritima*	花黄色，叶银白色	6 ~ 9 月	60	4	25	100	多年生草本	基地供苗	
44	蜀葵	锦葵科蜀葵属	*Alcea rosea*	花红、粉、黄、白色	5 ~ 9 月	50 ~ 200	4	9	36	一年生草本	基地供苗	
45	夏菊	菊科菊属	*Chrysanthemum morifolium*	花粉、黄色	5 ~ 10 月	30 ~ 50	4	25	100	多年生草本	基地供苗	

H：高度；P：冠幅。

花境植物更换表

序号	名称	科属	学名	花（叶）色	开花期	长成高度（cm）	种植面积（m^2）	种植密度（株 /m^2）	株数（株）
1	超级一串红	唇形科鼠尾草属	*Salvia splendens* cv.	花冠红色，叶绿色	9 ~ 10 月	90	3	25	75
2	超级一串红	唇形科鼠尾草属	*Salvia splendens* cv.	花冠紫红色，叶绿色	9 ~ 10 月	90	1	25	25
3	金鱼草	车前科金鱼草属	*Antirrhinum majus*	花粉色，叶绿色	5 ~ 10 月	30 ~ 50	1.5	36	54

花屿意趣，绿韵生香

合肥湖滨物业管理有限公司

吴友勤　耿华　纪在栓

春季实景

夏季实景

设计说明

本作品以“花屿意趣，绿韵生香”为主题，打造多面观赏型花境景观。

以宿根花卉、观赏草等为主要植物材料，结合合肥本地文化，打造具有合肥地方特色的混合花境。

选用花型饱满、色彩艳丽的品种，色彩上以红色、黄色、粉色等暖色调为主，适当搭配蓝色、紫色。

秋季实景

设计阶段图纸

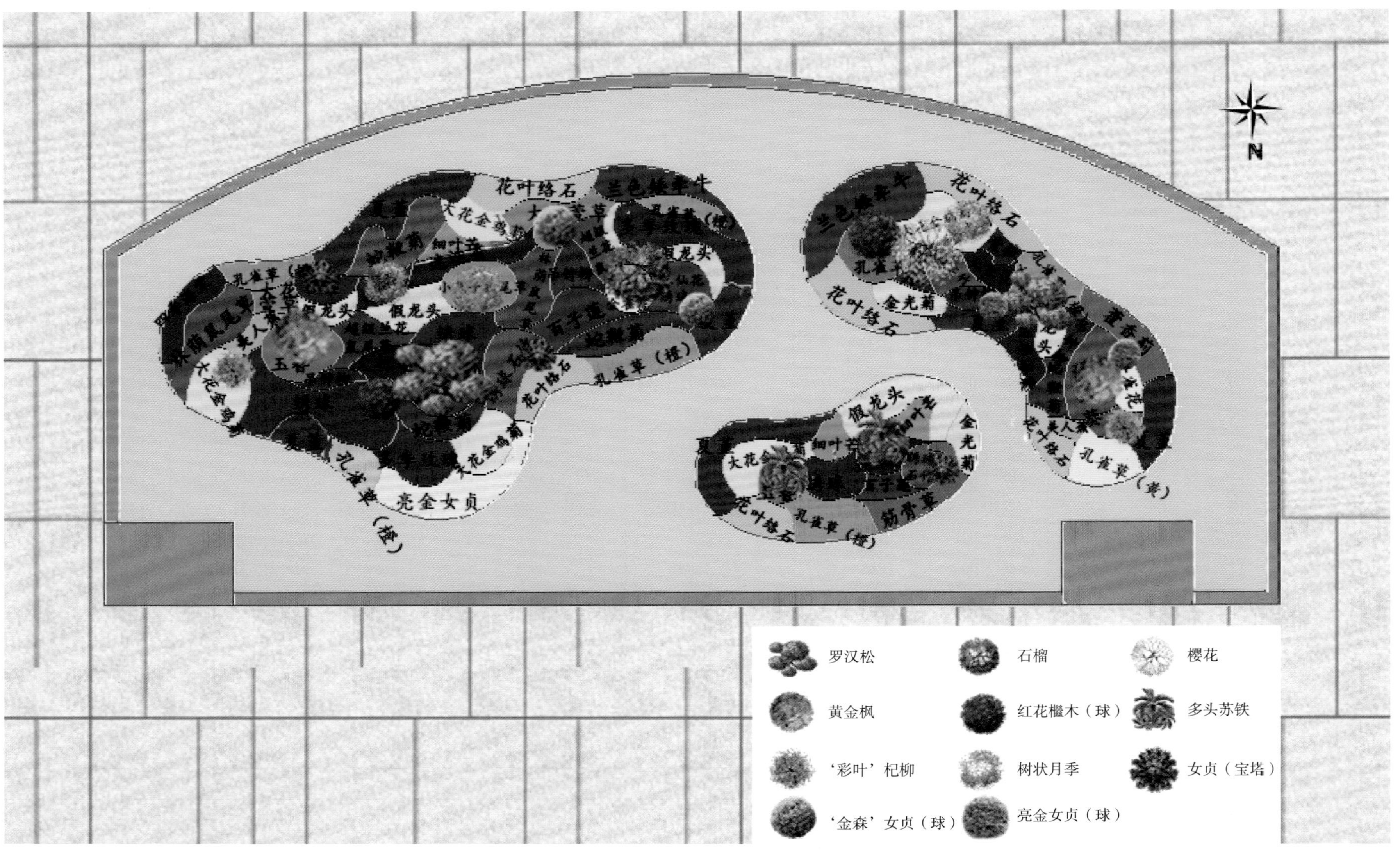
N
花叶络石
兰色矮牵牛
大花金鸡菊
细叶芒
假龙头
孔雀草（橙）
亮金女贞
百子莲
金光菊
筋骨草
孔雀草（黄）
黄金菊
罗汉松
石榴
樱花
黄金枫
红花檵木（球）
多头苏铁
‘彩叶’杞柳
树状月季
女贞（宝塔）
‘金森’女贞（球）
亮金女贞（球）

花境植物材料

序号	名称	科属	学名	花（叶）色	开花期及持续时间	长成高度（cm）	种植面积（m^2）	种植密度（株/m^2）	株数（株）
1	玉簪	百合科玉簪属	*Hosta plantaginea*	花白色	8～10月	40～80	4	13	50
2	百子莲	石蒜科百子莲属	*Agapanthus africanus*	花深蓝或白色	7～8月	30～60	5	16	80
3	大花萱草	百合科萱草属	*Hemerocallis hybrida*	花橙色	5～10月	20～110	5	24	120
4	金光菊	菊科金光菊属	*Rudbeckia laciniata*	花黄色	7～10月	50～200	2	80	160
5	大花金鸡菊	菊科金鸡菊属	*Coreopsis drummondii*	花黄色	6～10月	50～60	5	80	400
6	筋骨草	唇形科筋骨草属	*Ajuga ciliata*	花紫红、绿紫色	4～8月	25～40	3	25	75
7	花叶美人蕉	美人蕉科美人蕉属	*Canna indica*	花黄色	3～10月	100～150	3	10	30
8	蛇鞭菊	菊科蛇鞭菊属	*Liatris spicata*	花红紫色	7～8月	70～120	7	24	170
9	火把莲	百合科火炬花属	*Kniphofia uvaria*	花红、黄色	6～10月	60～90	4	15	60
10	绣球	虎耳草科绣球属	*Hydrangea macrophylla*	花红色	6～8月	100～400	10	12	120
11	‘花叶’络石	夹竹桃科络石属	*Trachelospermum jasminoides* ‘Flame’	花粉红、叶绿色	全年	10	14	20	280
12	多季玫瑰	蔷薇科蔷薇属	*Rosa rugosa*	花红色	5～6月	30～50	4	20	80
13	金雀花	豆科紫雀花属	*Parochetus communis*	花黄色	4～11月	20～40	3	20	60
14	四季海棠	秋海棠科秋海棠属	*Begonia semperflorens*	花红色	3～9月	30～50	5	20	100
15	矮牵牛（蓝花）	茄科碧冬茄属	*Petunia hybrida*	花蓝色	4～10月	20～45	4	60	240
16	孔雀草（橙色）	菊科万寿菊属	*Tagetes patula*	花橙色	3～10月	30～100	13	60	780
17	孔雀草（黄色）	菊科万寿菊属	*Tagetes patula*	花黄色	3～10月	30～100	5	60	300
18	藿香蓟	菊科藿香蓟属	*Ageratum conyzoides*	花淡紫色	全年	50～100	6	20	120
19	‘细叶’芒	禾本科芒属	*Miscanthus sinensis* ‘Gracillimus’	花粉红渐变红色	9～10月	100	4	9	36
20	石竹	石竹科石竹属	*Dianthus chinensis*	花红色	5～6月	30～50	5	24	120
21	林荫鼠尾草	唇形科鼠尾草属	*Salvia nemorosa*	花紫色	5～7月	30～50	6	20	120
22	迷迭香	唇形科迷迭香属	*Rosmarinus officinalis*	花蓝紫色	11月	30～50	4	15	60
23	天竺葵	牻牛儿苗科天竺葵属	*Pelargonium hortorum*	花红、橙红色	5～7月	30～60	5	20	100
24	钓钟柳	玄参科钓钟柳属	*Penstemon campanulatus*	花白色	5～10月	50	5	24	120
25	扶桑	锦葵科木槿属	*Hibiscus rosa-sinensis*	花红色	全年	100～300	4	9	36
26	绣球	虎耳草科绣球属	*Hydrangea macrophylla*	花淡蓝、红色	6～8月	100～400	5	12	60
27	超级蓝花鼠尾草	唇形科鼠尾草属	*Salvia farinacea*	花粉蓝、粉紫色	5～9月	50～70	4	25	100
28	‘小兔子’狼尾草	禾本科狼尾草属	*Pennisetum alopecuroides* ‘Little Bunny’	花白色	6～9月	15～30	4	13	50

（续）

序号	名称	科属	学名	花（叶）色	开花期及持续时间	长成高度（cm）	种植面积（m^2）	种植密度（株/m^2）	株数（株）
29	假龙头花	唇形科假龙头花属	*Physostegia virginiana*	花淡蓝、紫红、粉红色	7 ~ 9月	60 ~ 120	6	25	150
30	亮金女贞	木樨科女贞属	*Ligustrum × vicaryi*	叶金绿色	6 ~ 7月	20	3	30	90
31	紫薇	千屈菜科紫薇属	*Lagerstroemia indica*	花紫色	6 ~ 9月	50 ~ 100	1	20	20
32	夏堇	玄参科夏堇属	*Torenia fournieri*	花粉红色	7 ~ 10月	15 ~ 30	20	60	1200
33	苏铁	苏铁科苏铁属	*Cycas revoluta*	叶绿色	6 ~ 8月	150 ~ 170			2
34	罗汉松	罗汉松科罗汉松属	*Podocarpus macrophyllus*	花红色或紫红色	4 ~ 5月	300			2
35	石榴	石榴科石榴属	*Punica granatum*	花红色	4 ~ 5月	300			1
36	黄金枫	槭树科槭属	*Acer mono*	花黄色	5月	200			2
37	树状月季	蔷薇科蔷薇属	*Rosa hybrida*	花深红色、粉红色	5 ~ 8月	150			3
38	‘彩叶’杞柳	杨柳科柳属	*Salix integra* ‘Hakuro Nishiki’	叶粉白、粉红色	5月	120			2
39	红花檵木（球）	金缕梅科檵木属	*Loropetalum chinense* var.*rubrum*	花红色	4 ~ 5月	120			2
40	金森女贞（球）	木樨科女贞属	*Ligustrum japonicum*	叶绿色	6 ~ 7月	120			2
42	亮金女贞（宝塔）	木樨科女贞属	*Ligustrum × vicaryi*	叶黄色	6 ~ 7月	60			3
43	晚樱	蔷薇科李属	*Prunus serrulata* var. *lannesiana*	花粉白色	4 ~ 5月	200			1

花境植物更换表

序号	名称	科属	学名	花（叶）色	开花期及持续时间	长成高度（cm）	种植面积（m^2）	种植密度（株/m^2）	株数（株）
				夏季					
1	夏堇	玄参科蝴蝶草属	*Torenia fournieri*	花红色	6 ~ 12月	15 ~ 50	10	80	800
2	夏堇	玄参科蝴蝶草属	*Torenia fournieri*	花蓝色	6 ~ 12月	15 ~ 50	10	80	800
				秋季					
1	一串红	唇形科鼠尾草属	*Salvia splendens*	花红色	9 ~ 12月	15 ~ 30	10	80	800
2	孔雀草	菊科万寿菊属	*Tagetes patula*	花黄色	9 ~ 12月	15 ~ 30	5	80	400
3	五星花	茜草科五星花属	*Pentas lanceolata*	花绯红色	9 ~ 12月	15 ~ 30	5	80	400
				冬季					
1	羽衣甘蓝	十字花科芸薹属	*Brassica oleracea* var. *acephala* f. *tricolor*	叶乳白色	12月至翌年5月	10 ~ 30	10	80	800
2	角堇	堇菜科堇菜属	*Viola cornuta*	花蓝色	12月至翌年5月	10 ~ 30	10	80	800
3	三色堇	堇菜科堇菜属	*Viola tricolor*	花黄色	12月至翌年5月	10 ~ 30	10	80	800

仲夏夜之梦

上海无尽夏景观设计事务所

赵奕

春季实景

夏季实景

设计说明

本作品分为林荫区和草甸区。林荫区以高大乔木，弱化挡土墙的高耸感。同时配合林荫质感的植物，行走其中，让人有在茂密林下漫步的感觉。草甸区，柔软的青草摇曳着一幅茂盛绿色的仲夏风景。同时，利用现场存在的高差，用不太高的乔灌木营造出浓密的丛林感。

雾森系统的运用，对于花境气氛的渲染，也起到了至关重要的作用。

秋季实景

设计阶段图纸

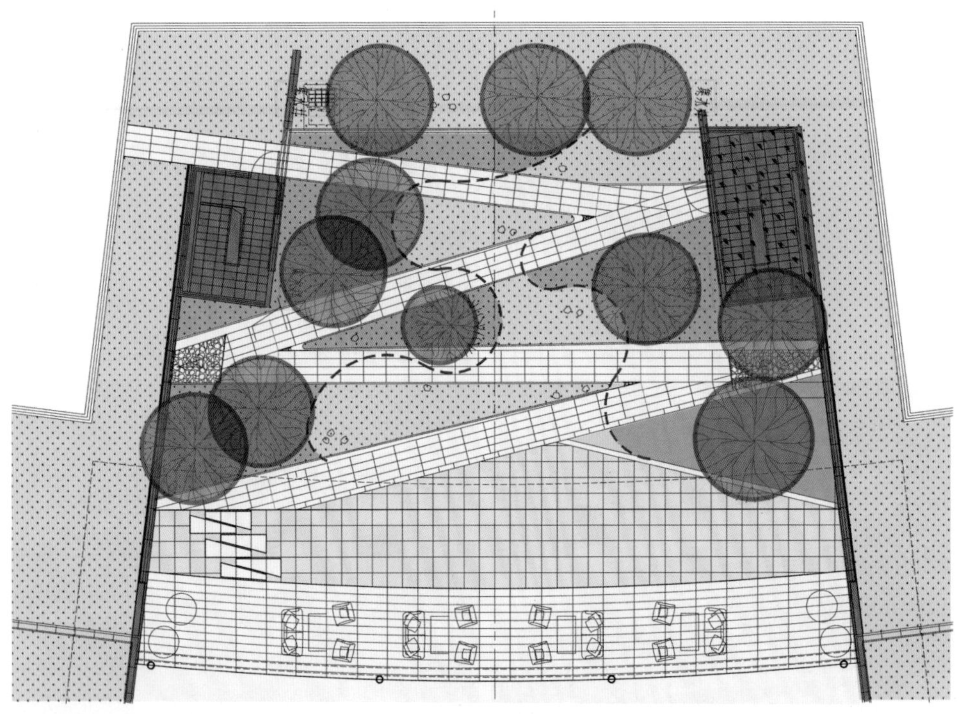

花境植物材料

序号	名称	科属	学名	花（叶）色	开花期及持续时间	长成高度	种植面积（m²）	种植密度（株/m²）	株数（株）
1	南天竹	小檗科南天竹属	*Nandina domestica*	红	10～12月	H100 P100	—	—	35
2	结香	瑞香科结香属	*Edgeworthia chrysantha*	黄	2～3月	H100 P120	—	—	14
3	八角金盘	五加科八角金盘属	*Fatsia japonica*	绿	观叶	H120 P80	—	—	11
4	胎生狗脊蕨	乌毛蕨科狗脊蕨属	*Woodwardia prolifera*	绿	观叶	H80 P100	—	—	32
5	地中海荚蒾	忍冬科荚蒾属	*Viburnum tinus*	白	3～4月	H80 P100	—	—	5
6	圆锥绣球	虎耳草科绣球属	*Hydrangea paniculata*	白	6～9月	P120	—	—	33
7	喷雪花	蔷薇科绣线菊属	*Spiraea thunbergii*	白	3月	P100	—	—	1
8	‘银边’绣球	虎耳草科绣球属	*Hydrangea macrophylla* ‘Maculata’	白	5～6月	P80	—	—	24
9	金丝桃	藤黄科金丝桃属	*Hypericum monogynum*	黄	5月	P80	—	—	20
10	‘火焰’卫矛	卫矛科卫矛属	*Euonymus alatus* ‘Compacta’	红	秋冬叶变红	P70	—	—	18
11	一叶兰	百合科蜘蛛抱蛋属	*Aspidistra elatior*	绿	观叶	P60	—	—	33
12	虾蟆花	爵床科老鼠簕属	*Acanthus mollis*	粉	6～7月	P50	—	—	72
13	‘无尽夏’绣球	虎耳草科绣球属	*Hydrangea macrophylla* ‘Endless Summer’	蓝紫	5～6月	P100	—	—	10
14	湖北十大功劳	小檗科十大功劳属	*Mahonia fortunei*	黄	9～10月	P80	—	—	10
15	‘小丑’火棘	蔷薇科火棘属	*Pyracantha fortuneana* ‘Harlequin’	红	8～10月	P70	—	—	6
16	绣线菊	蔷薇科绣线菊属	*Spiraea salicifolia*	白	4月	P80	—	—	6
17	茶梅	山茶科山茶属	*Camellia sasanqua*	红	2～3月	P80	—	—	5
18	金叶大花六道木	忍冬科六道木属	*Abelia × grandiflora*	白	3～10月	P60	—	—	6
19	‘亮晶’女贞	木樨科女贞属	*Ligustrum quihoui* ‘Lemon Light’	黄	观叶	P80	—	—	3
20	大叶毛鹃	杜鹃花科杜鹃花属	*Rhododendron × pulchrum*	紫红	4月	P60-80	—	—	2
21	矾根	虎耳草科矾根属	*Heuchera micrantha*	红	观叶	—	6	25	150
22	赤胫散	蓼科萹蓄属	*Polygonum runcinatum*	白	10～11月	—	4	4	16
23	虎耳草	虎耳草科虎耳草属	*Saxifraga stolonifera*	白	观叶	—	4	25	100
24	大吴风草	菊科大吴风草属	*Farfugrium japonicum*	黄	10～11月	—	4	16	64
25	花叶玉簪	百合科玉簪属	*Hosta undulata*	淡紫	5～6月	—	4	16	64
26	地果榕	桑科榕属	*Ficus tikoua*	绿	观叶	—	3	25	75
27	‘金边’阔叶麦冬	百合科山麦冬属	*Liriope muscari* ‘Variegata’	紫	9～10月	—	2	25	50
28	多花筋骨草	唇形科筋骨草属	*Ajuga multiflora*	紫	4～5月	—	2	25	50
29	常春藤	五加科常春藤属	*Hedera nepalensis* var. *sinensis*	绿	观叶	—	2	16	32
30	墨西哥鼠尾草	唇形科鼠尾草属	*Salvia leucantha*	紫	9～10月	—	4	16	64

H：高度；P：冠幅。

昭华拾温

沈阳蓝花楹花境景观工程有限公司

曲径　王艺蒙　张爽

银奖

春季实景

夏季实景

设计说明

本作品在色彩上遵循“二八”原则，在绿色基调上，八分主题色，两分点缀色。整体设计没有很明亮的花色，而是选用‘无尽夏’绣球作为点缀色，星星点点的在花境中更加彰显生态自然。各种植物高低错落搭配，显得更有层次感。

本作品让人们在一花一木里，感受自然的温度，远离城市喧嚣，欣赏自然带来的美好，赋予生活一份难得的宁静。

秋季实景

花境植物材料

序号	名称	科属	学名	花（叶）色	开花期及持续时间	长成高度（cm）	种植面积（m^2）	种植密度（株/m^2）	株数（株）
1	‘无尽夏’绣球	虎耳草科绣球属	*Hydrangea macrophylla* ‘Endless Summer’	花蓝色	5 ~ 10月	60 ~ 80	11.4	49	238
2	大花飞燕草	毛茛科飞燕草属	*Consolida ajacis*	花蓝色	5 ~ 10月	50 ~ 60	8.9	49	355
3	翠菊	菊科翠菊属	*Callistephus chinensis*	花粉色	7 ~ 9月	50 ~ 60	3.8	16	175
4	毛地黄钓钟柳	玄参科钓钟柳属	*Penstemon digitalis*	花粉色	7 ~ 9月	100 ~ 120	9.2	49	154
5	荆芥	唇形科荆芥属	*Nepeta cataria*	花蓝色	6 ~ 7月	60 ~ 80	27.6	16	1370
6	毛地黄	玄参科毛地黄属	*Digitalis purpurea*	花粉色	7 ~ 10月	80 ~ 90	5.2	36	145
7	‘卡拉多纳’鼠尾草	唇形科鼠尾草属	*Salvia nemorosa* ‘Caradonna’	花蓝色	7 ~ 8月	50 ~ 60	13.5	25	231
8	佛甲草	景天科景天属	*Sedum lineare*	叶绿色	8 ~ 10月	20 ~ 30	15.1	25	1812
9	矾根	虎耳草科矾根属	*Heuchera sanguinea*	叶红色	5 ~ 10月	40 ~ 50	3.4	49	231
10	耧斗菜	毛茛科耧斗菜属	*Aquilegia viridiflora*	花蓝色	5 ~ 8月	70 ~ 80	1.5	36	59
11	玛格丽特	菊科木茼蒿属	*Argyranthemum frutescens*	花粉色	7 ~ 9月	20 ~ 25	19.1	36	968
12	‘四月夜’鼠尾草	唇形科鼠尾草属	*Salvia nemorosa* ‘April Night’	花蓝色	4 ~ 5月	40 ~ 50	3.3	16	84
13	‘细叶’芒	禾本科芒属	*Miscanthus sinensis* ‘Gracillimus’	叶绿色	8 ~ 10月	40 ~ 50	3.1	9	103
14	花叶玉簪	百合科玉簪属	*Hosta undulata*	叶绿色	8 ~ 10月	60 ~ 70	3.9	16	123
15	‘金叶’石菖蒲	天南星科菖蒲属	*Acorus gramineus* ‘Ogan’	叶绿色	7 ~ 9月	60 ~ 80	1	16	21
16	‘小兔子’狼尾草	禾本科狼尾草属	*Pennisetum alopecuroides* ‘Little Bunny’	叶绿色	8 ~ 10月	50 ~ 60	2.2	16	78
17	‘紫水晶’落新妇	虎耳草科落新妇属	*Astilbe chinensis*	花粉色	3 ~ 12月	50 ~ 60	1.5	9	27
18	‘矮’蒲苇	禾本科蒲苇属	*Cortaderia selloana* ‘Pumila’	叶绿色	5 ~ 10月	100 ~ 120	1.1	16	23
19	‘卡尔’拂子茅	禾本科拂子茅属	*Calamagrostis acutiflora* ‘Karl Foerster’	叶绿色	5 ~ 10月	60 ~ 80	0.3	25	10
20	红巨人朱蕉	百合科朱蕉属	*Cordyline fruticosa*	叶红色	4 ~ 10月	80 ~ 90	0.9	25	9
21	百子莲	石蒜科百子莲属	*Agapanthus africanus*	花蓝色	4 ~ 10月	50 ~ 60	7.1	16	70
22	细叶美女樱	马鞭草科美女樱属	*Glandularia tenera*	花粉色	6 ~ 7月	20 ~ 30	3.8	16	420
23	满天星	石竹科石头花属	*Gypsophila paniculata*	花粉色	5 ~ 10月	40 ~ 50	4.6	36	231
24	非洲凤仙（玫粉色）	凤仙花科凤仙花属	*Impatiens balsamina*	花粉色	5 ~ 10月	70 ~ 80	12.5	16	1700
25	龙血树（大）	龙舌兰科龙血树属	*Dracaena draco*	叶绿色	7 ~ 9月	20 ~ 25	2.5	16	25
26	美丽针葵	棕榈科刺葵属	*Phoenix loureirii*	叶绿色	6 ~ 7月	40 ~ 50	1.8	16	6
27	蓝山鼠尾草	唇形科鼠尾草属	*Salvia farinacea*	花蓝色	7 ~ 10月	60 ~ 70	1.2	16	50
28	大花剪秋罗	石竹科剪秋罗属	*Lychnis fulgens*	花红色	8 ~ 10月	50 ~ 60	0.7	49	19
29	金鱼草诗韵系列	玄参科金鱼草属	*Antirrhinum majus*	花粉色	5 ~ 10月	50 ~ 60	2.5	16	179
30	醉鱼草	马钱科醉鱼草属	*Buddleja lindleyana*	花蓝紫色	5 ~ 8月	100 ~ 120	0.6	49	7
31	毛剪秋罗	石竹科剪秋罗属	*Lychnis fulgens*	叶银灰色	7 ~ 9月	60 ~ 80	1	16	16
32	穗花牡荆	马鞭草科牡荆属	*Vitex agnus-castus*	花蓝紫色	4 ~ 5月	80 ~ 90	0.4	36	6
33	绵毛水苏	唇形科水苏属	*Stachys lanata*	叶灰绿色	8 ~ 10月	20 ~ 30	0.3	25	6
34	山桃草	柳叶菜科山桃草属	*Gaura lindheimeri*	花粉色	7 ~ 9月	40 ~ 50	2.1	49	70
35	金叶藿香	唇形科藿香属	*Agastache rugosa*	叶黄绿色	8 ~ 10月	70 ~ 80	0.9	36	22
36	繁星花	茜草科五星花属	*Pentas lanceolata*	花玫红色	3 ~ 12月	20 ~ 25	0.6	36	27

（续）

序号	名称	科属	学名	花（叶）色	开花期及持续时间	长成高度（cm）	种植面积（m^2）	种植密度（株/m^2）	株数（株）
37	琉璃菊	菊科琉璃菊属	*Stokesia laevis*	花蓝紫色	5 ~ 10 月	40 ~ 50	0.2	16	3
38	龙血树（高杆）	龙舌兰科龙血树属	*Dracaena draco*	叶绿色	4 ~ 10 月	140 ~ 150	0.2	16	1
39	宝萝	—	—	叶绿色	6 ~ 7 月	180 ~ 190	0.2	16	1
40	米兰（大球）	楝科米仔兰属	*Aglaia odorata*	叶绿色	5 ~ 10 月	80 ~ 100	1	9	5
41	散尾葵（大）	棕榈科散尾葵属	*Chrysalidocarpus lutescens*	叶绿色	5 ~ 10 月	250 ~ 260	0.9	16	3
42	天堂鸟	鹤望兰科鹤望兰属	*Strelitzia reginae*	叶绿色	7 ~ 9 月	250 ~ 260	0.6	25	3
43	变叶木	大戟科变叶木属	*Codiaeum variegatum*	叶红色	7 ~ 9 月	120 ~ 130	0.2	25	1
44	金心也门铁	百合科龙血树属	*Dracaena arborea*	叶绿色带黄心	6 ~ 7 月	80 ~ 90	0.4	16	4
45	非洲茉莉	马钱科灰莉属	*Fagraea ceilanica*	叶绿色	7 ~ 10 月	80 ~ 90	1	16	5
46	山茶	山茶科山茶属	*Camellia japonica*	花粉色	7 ~ 8 月	90 ~ 100	0.4	36	2
47	棕竹	棕榈科棕竹属	*Rhapis excelsa*	叶绿色	8 ~ 10 月	170 ~ 180	0.3	16	1
48	金山钟	—	—	叶绿色	5 ~ 10 月	140 ~ 150	0.4	16	2
49	琴叶榕	桑科榕属	*Ficus pandurata*	叶绿色	5 ~ 8 月	190 ~ 210	0.2	16	1
50	变叶木（多叉）	大戟科变叶木属	*Codiaeum variegatum*	叶红色	4 ~ 5 月	190 ~ 210	0.4	16	2
51	变叶木（高杆）	大戟科变叶木属	*Codiaeum variegatum*	叶红色	8 ~ 10 月	140 ~ 150	0.4	49	3
52	金冠女贞	木樨科女贞属	*Ligustrum × vicaryi*	叶黄色	8 ~ 10 月	100 ~ 110	0.4	49	2
53	绿宝（单杆）	紫葳科菜豆树属	*Radermachera hainanensis*	叶绿色	7 ~ 9 月	140 ~ 150	0.1	16	1
54	千年木	百合科朱蕉属	*Cordyline fruticosa*	叶肉粉色	3 ~ 12 月	180 ~ 200	0.2	16	1
55	鸭脚木	五加科鹅掌柴属	*Heptapleurum heptaphyllum*	叶绿色	5 ~ 10 月	180 ~ 200	0.2	36	1

花境植物更换表

序号	名称	科属	学名	花（叶）色	开花期及持续时间	长成高度（cm）	种植面积（m^2）	种植密度（株 m^2）	株数（株）
1	‘无尽夏’绣球	虎耳草科绣球属	*Hydrangea macrophylla* ‘Endless Summer’	蓝色	5 ~ 10 月	60 ~ 80	2.8	49	66
2	大花飞燕草	毛茛科飞燕草属	*Consolida ajacis*	蓝色	5 ~ 10 月	50 ~ 60	2.3	49	105
3	六倍利	桔梗科半边莲属	*Lobelia erinus*	蓝色	4 ~ 6 月	15 ~ 30	3.3	49	335
4	翠菊	菊科翠菊属	*Callistephus chinensis*	粉色	5 ~ 10 月	30 ~ 100	0.9	16	30
5	毛地黄钓钟柳	玄参科钓钟柳属	*Penstemon digitalis*	粉色	7 ~ 9 月	100 ~ 120	1.3	36	27
6	毛地黄	玄参科毛地黄属	*Digitalis purpurea*	粉色	7 ~ 10 月	80 ~ 90	0.8	25	15
7	佛甲草	景天科景天属	*Sedum lineare*	绿色	8 ~ 10 月	20 ~ 30	7.7	25	925
8	矾根	虎耳草科矾根属	*Heuchera sanguinea*	红色	5 ~ 10 月	40 ~ 50	0.1	49	3
9	玛格丽特	菊科木茼蒿属	*Argyranthemum frutescens*	粉色	7 ~ 9 月	20 ~ 25	0.9	36	31
10	‘金叶’石菖蒲	天南星科菖蒲属	*Acorus gramineus* ‘Ogan’	绿色	7 ~ 9 月	60 ~ 80	0.1	36	3
11	‘红巨人’朱蕉	百合科朱蕉属	*Cordyline fruticosa*	红色	4 ~ 10 月	80 ~ 90	0.8	16	8
12	满天星	石竹科石头花属	*Gypsophila paniculata*	粉色	5 ~ 10 月	40 ~ 50	2	9	107

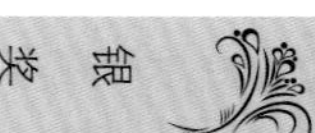

穿花梦蝶，如月随行

岭南师范学院　湛江寸金桥公园管理处

刘洋　李海峰　张陆森　徐俊华　李嘉怡

春季实景

夏季实景

秋季实景

设计说明

本作品通过白色花（白花翠芦莉、离被鸢尾、珍珠狗牙花、葱兰、晚香玉等）、粉色花（花旗木等）、蓝紫色（百子莲、假马鞭、蓝星花、香彩雀等）搭配种植，以粉色花（乱子草、凤仙花等）作点缀，各类植物色调、形态、质感相互映衬，长久稳定，营造出如梦如幻又生机勃勃的意境。

设计阶段图纸

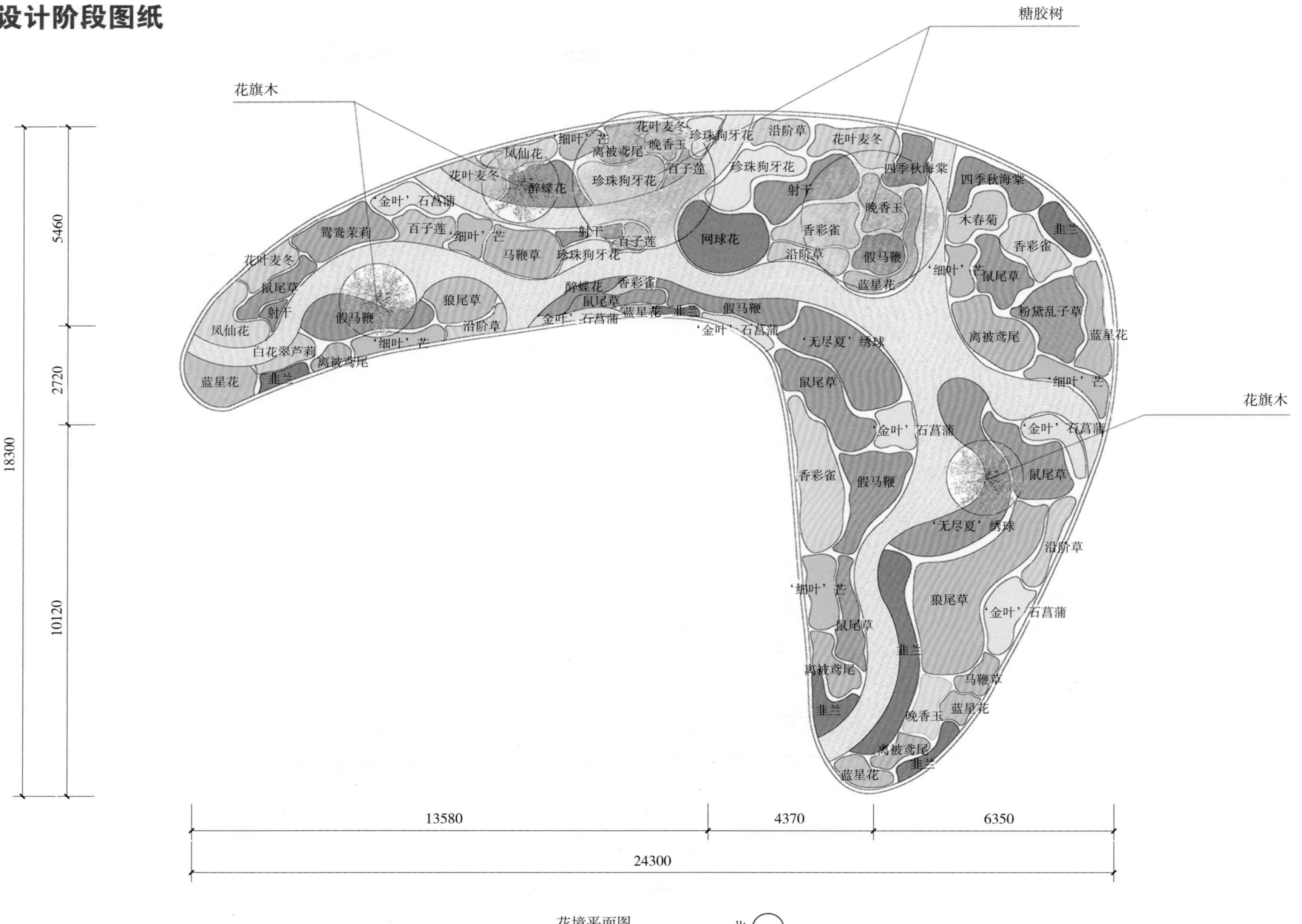
花旗木
糖胶树
花旗木
凤仙花
'细叶'芒
花叶麦冬
离被鸢尾
晚香玉
珍珠狗牙花
沿阶草
醉蝶花
百子莲
射干
四季秋海棠
'金叶'石菖蒲
鸳鸯茉莉
马鞭草
网球花
香彩雀
木春菊
韭兰
假马鞭
鼠尾草
狼尾草
粉黛乱子草
蓝星花
白花翠芦莉
'无尽夏'绣球
5460
2720
10120
18300
13580
4370
6350
24300
花境平面图 1:100
北

花境植物材料

序号	名称	科属	学名	花（叶）色	开花期及持续时间	长成高度（cm）	种植面积（m^2）	种植密度（株/m^2）	株数（株）	备注
1	韭兰	石蒜科葱莲属	*Zephyranthes grandiflora*	桃红色	6 ~ 9 月	30	6.85	64	438	
2	花旗木	豆科决明属	*Cassia bakeriana*	粉色	3 ~ 4 月	350	3	1	3	
3	糖胶树（场地原有）	楝科非洲楝属	*Alstonia scholaris*	淡黄色	10 ~ 12 月	1000	2	1	2	
4	蓝星花	旋花科蓝星花属	*Evolvulus nuttallianus*	蓝色	1 ~ 12 月	45	6.76	9	60	
5	沿阶草	百合科沿阶草属	*Ophiopogon bodinieri*	白紫色	6 ~ 8 月	30	3.88	25	97	
6	金鱼草	车前科金鱼草属	*Antirrhinum majus*	白色、黄色、浅粉色	2 ~ 4 月	70	2.69	25	67	夏季更换醉蝶花
7	晚香玉	石蒜科晚香玉属	*Polianthes tuberosa*	乳白色	6 ~ 11 月	470	6.02	16	97	
8	香彩雀	玄参科香彩雀属	*Angelonia angustifolia*	蓝紫色	3 ~ 12 月	70	7.86	25	197	
9	鼠尾草	唇形科鼠尾草属	*Salvia farinacea*	蓝紫色	11 月至翌年 6 月	60	10.97	16	176	
10	离被鸢尾	鸢尾科离被鸢尾属	*Dietes iridioides*	白紫色	2 ~ 4 月	80	10.85	9	98	
11	百子莲	石蒜科百子莲属	*Agapanthus africanus*	淡蓝色	5 ~ 6 月	100	2.04	9	18	
12	凤仙花	凤仙花科凤仙花属	*Impatiens balsamina*	白色、粉色	3 ~ 12 月	100	2.78	36	100	
13	粉黛乱子草	禾本科乱子草属	*Muhlenbergia capillaris*	粉色	8 ~ 11 月	90	2.69	4	11	
14	狼尾草	禾本科狼尾草属	*Pennisetum alopecuroides*	粉色	1 ~ 12 月	130	8.91	1	9	
15	‘无尽夏’绣球	虎耳草科绣球属	*Hydrangea macrophylla* ‘Endless Summer’	蓝色、白色	3 ~ 6 月	50	9.59	4	38	
16	葱兰	石蒜科葱莲属	*Zephyranthes candida*	白色	7 ~ 11 月	30	6.85	49	336	
17	假马鞭	马鞭草科假马鞭属	*Stachytarpheta jamaicensis*	蓝紫色	4 ~ 12 月	100cn	8.74	2	18	
18	‘金叶’石菖蒲	天南星科菖蒲属	*Acorus gramineus* ‘Ogan’	柠檬黄色	1 ~ 12 月	40	6.06	16	97	
19	网球花	石蒜科网球花属	*Haemanthus multiflorus*	红色	5 ~ 6 月	45	3.4	16	54	
20	珍珠狗牙花	夹竹桃科山辣椒属	*Tabernaemontana divaricata* ‘Dwarf’	白色	5 ~ 11 月	50	3.38	2	7	
21	射干	鸢尾科射干属	*Belamcanda chinensis*	橙红色	3 ~ 12 月	120	2.8	36	100	
22	‘白花’翠芦莉	爵床科单药花属	*Ruellia simplex* ‘Mayan White’	白色	3 ~ 12 月	110	0.75	16	30	
23	鸳鸯茉莉	茄科鸳鸯茉莉属	*Brunfelsia latifolia*	淡紫色、白色	2 ~ 4 月，9 ~ 11 月	90	2.2	2	5	
24	四季秋海棠	秋海棠科秋海棠属	*Begonia cucullata*	淡红色	12 月至翌年 5 月	30	2.97	25	75	
25	‘细叶’芒	禾本科芒属	*Miscanthus sinensis* ‘Gracillimus’	银白色	5 ~ 11 月	100	6.3	1	6	
26	花叶麦冬	百合科沿阶草属	*Othiopogon japanicus*	白紫色	4 ~ 6 月	30	3	25	75	
27	木春菊	菊科木茼蒿属	*Argyranthemum frutescens*	金黄色	2 ~ 8 月	50	1.34	16	21	夏季更换孔雀草
28	藿香蓟	菊科藿香蓟属	*Ageratum conyzoides*	淡紫色	1 ~ 4 月	90	2.92	25	73	夏季更换马鞭草

花境植物更换表

序号	名称	科属	学名	花（叶）色	开花期及持续时间	长成高度（cm）	种植面积（m^2）	种植密度（株/m^2）	株数（株）	备注
1	醉蝶花	白花菜科醉蝶花属	*Tarenaya hassleriana*	玫瑰红、白色	3 ~ 12 月	130	2.69	16	43	
2	孔雀草	菊科万寿菊属	*Tagetes patula*	花橙红色	5 ~ 10 月	60	1.34	16	21	
3	马鞭草	马鞭草科马鞭草属	*Verbena officinalis*	蓝紫色	3 ~ 6 月	120	2.92	16	47	

注：花期以湛江地区实际花期为准。

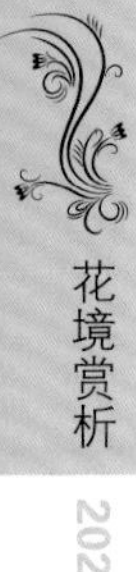

蓄势·蓬勃

安阳市道路绿化管理站

马元旭　马春萍　王云飞　崔院院　张群　杨威　程东

春季实景

夏季实景

秋季实景

设计说明

本作品设计主题为“蓄势·蓬勃”，意指宿根花卉在冬日苦寒中积蓄能量，只为夏日的蓬勃，向下扎根，向上生长。

本作品在层次上以油松为背景，点植紫薇、银姬小蜡、龟甲冬青等花灌木作为骨架；中层填充各类花卉、观赏草，底层用过路黄、美女樱等地被材料，布局高低错落、疏密得当，富有节奏。春花过后夏花将至，花境中有观花植物近30种，花期错落，次第花开，流淌出植物季相变化的生动韵律，充分展现出植物个体特有的自然美和植物组合的景观群落美。

设计阶段图纸

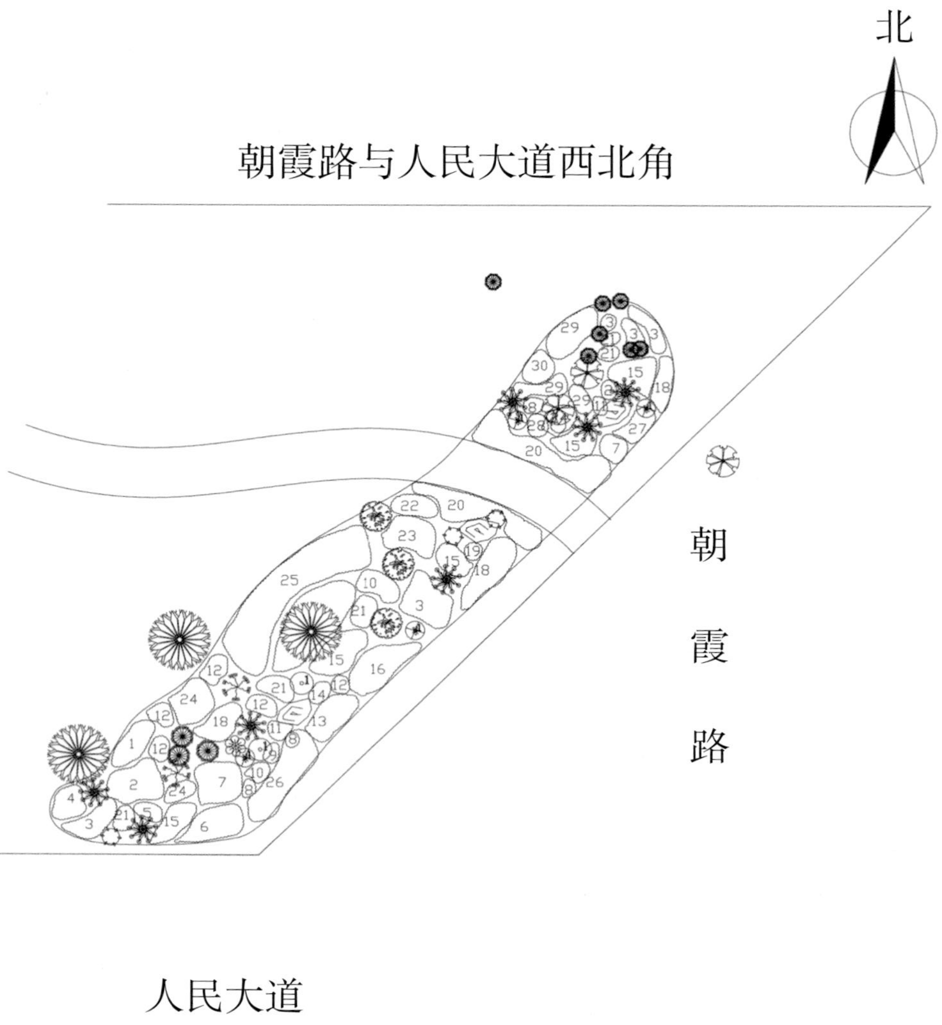

朝霞路与人民大道西北角

北

朝霞路

人民大道

1.玉簪
2.裂叶金鸡菊
3.蜜糖草
4.红叶酢浆草
5.松果菊（橘色）
6.反曲景天
7.‘桑托斯’马鞭草
8.朱蕉
9.萱草
10.山桃草
11.针茅
12.玉蝉花
13.绵毛水苏
14.玉带草
15.金光菊
16.粉花美女樱
17.柳叶马鞭草
18.蓍草
19.‘小兔子’狼尾草
20.过路黄
21.蓝滨麦
22.荆芥
23.千屈菜
24.松果菊（黄色）
25.柳叶马鞭草
26.松果菊（红色
27.香彩雀
28.芙蓉菊
29.金鸡菊
30.钓钟柳

花境植物材料

序号	名称	科属	学名	花（叶）色	开花期及持续时间	长成高度（cm）	种植面积（m²）	种植密度（株/m²）	株数（株）
1	无刺枸骨（球）	冬青科冬青属	*Ilex cornuta*	绿色	—	80	1	1	7
2	水果蓝	唇形科香科科属	*Teucrium fruticans*	蓝色	—	50	3	1	3
3	花叶卫矛	卫矛科卫矛属	*Euonymus alatus*	黄绿相间	—	100	2	1	2
4	丛生紫薇（红）	千屈菜科紫薇属	*Lagerstroemia indica*	红色	6～9月	80	9	1	9
5	千屈菜	千屈菜科千屈菜属	*Lythrum salicaria*	紫色	7～9月	80	1	1	16
6	亮晶女贞（球）	木樨科女贞属	*Ligustrum* × *vicaryi*	叶黄	—	60	4	1	4
7	龟甲冬青	冬青科冬青属	*Ilex crenata* var. *convexa*	绿色	—	100	2	1	2
8	红枫	槭树科槭属	*Acer palmatum* 'Atropurpureum'	红色	—	110	1	1	1
9	黄杨（球）	黄杨科黄杨属	*Buxus sinica*	绿色	—	100	1	1	1
10	红叶石楠（球）	蔷薇科石楠属	*Photinia* × *fraseri*	红色	—	110	3	1	3
11	油松	松科松属	*Pinus tabuliformis*	绿色	—	200	3	1	3
12	玉簪	百合科玉簪属	*Hosta plantaginea*	绿色	—	25	5.5	9	50
13	裂叶金鸡菊	菊科金鸡菊属	*Coreopsis verticillata*	黄色	6～9月	30	2	25	50
14	蜜糖草	禾本科糖蜜草属	*Melinis minutiflora*	粉色	7～10月	50	5	16	80
15	蓝滨麦	禾本科滨麦属	*Leymus arenarius*	蓝绿色	—	80	2.6	16	42
16	松果菊	菊科松果菊属	*Echinacea purpurea*	橘色	5～9月	50	0.5	25	13
17	松果菊	菊科松果菊属	*Echinacea purpurea*	黄色	5～9月	50	2.8	25	70
18	松果菊	菊科松果菊属	*Echinacea purpurea*	红色	5～9月	50	3	25	75
19	反曲景天	景天科景天属	*Sedum rupestre*	绿色	—	10	2	25	50
20	'桑托斯' 马鞭草	马鞭草科马鞭草属	*Verbena rigida* 'Santos'	紫色	5～10月	15	2.7	25	69
21	朱蕉	百合科朱蕉属	*Cordyline fruticosa*	红褐色	—	40	0.7	16	11
22	萱草	百合科萱草属	*Hemerocallis fulva*	黄色	4～7月	40	0.3	16	5
23	山桃草	柳叶菜科山桃草属	*Gaura lindheimeri*	红色	5～8月	70	1.4	16	23
24	针茅	禾本科针茅属	*Stipa capillata*	浅绿色	—	50	0.7	25	18
25	玉蝉花	鸢尾科鸢尾属	*Iris ensata*	紫色	6～7月	40	2.5	16	40
26	绵毛水苏	唇形科水苏属	*Stachys lanata*	灰白	—	20	1.65	10	17
27	玉带草	禾本科虉草属	*Phalaris arundinacea*	绿色	—	20	0.4	9	4
28	金光菊	菊科金光菊属	*Rudbeckia hirta*	黄色	6～9月	50	6.5	25	163
29	美女樱	马鞭草科美女樱属	*Glandularia* × *hybrida*	粉色、红色	5～11月	15	2.2	25	55
30	萱草	百合科萱草属	*Hemerocallis fulva*	黄色	4～7月	40	4	16	64
31	'小兔子' 狼尾草	禾本科狼尾草属	*Pennisetum alopecuroides* 'Little Bunny'	紫色	—	60	0.3	16	5
32	过路黄	报春花科珍珠菜属	*Lysimachia christiniae*	黄色	—	5	6	25	150
33	荆芥	唇形科荆芥属	*Nepeta cataria*	淡紫色	5～9月	40	1	4	4
34	千屈菜	千屈菜科千屈菜属	*Lythrum salicaria*	紫色	7～9月	80	1.7	16	27
35	柳叶马鞭草	马鞭草科马鞭草属	*Verbena bonariensis*	紫色	5～10月	15	7.5	25	188
36	香彩雀	玄参科香彩雀属	*Angelonia angustifolia*	紫色	5～9月	20	1	36	36
37	芙蓉菊	菊科芙蓉菊属	*Crossostephium chinense*	灰白色	—	15	1	4	4
38	金鸡菊	菊科金鸡菊属	*Coreopsis basalis*	黄色	6～9月	30	3	25	75
39	红叶酢浆草	酢浆草科酢浆草属	*Oxalis triangularis* 'Urpurea'	叶紫，花白	5～10月	15	1	25	25
40	钓钟柳	玄参科钓钟柳属	*Penstemon campanulatus*	红色	5～10月	40	0.9	25	25